산업안전기술자를 위한

안전성평가

이내우 · 김정훈 · 백종배 · 이수길
이영순 · 이진우 · 정영진

도서출판 동화기술

머리말

전 세계적으로 발생되고 있는 대형재해 중에서 특히 산업현장에서 발생하는 화재, 폭발 및 유독물질 누출 등의 중대사고에 대한 대책의 필요성은 현장의 근로자 및 인근 주민에 대한 인명존중을 위하여 필요할 뿐만 아니라, 기업의 손실방지 및 환경문제 등과 관련하여 그 중요성은 아무리 강조하여도 지나치지 않게 되었다.

따라서 우리나라에도 이와 같은 중대재해를 방지하기 위한 조치로 입법화가 실행되었으나 기업에서는 관련업무에 대한 기본적인 지식과 자료부족으로 어려움을 겪고 있을 뿐만 아니라, 이 분야를 전공하는 학생들에게도 길잡이가 될 수 있는 지침서가 부족함을 걱정하던중 본 교재를 편찬하게 되었다.

본 교재는 근원적인 안전조치를 위한 여러 가지 분야 중에서 가장 문제가 되고 있는 공정안전관리(process safety management : PSM) 제도를 원활히 수행하기 위하여 공정의 위험성평가 기법에 대하여 상세히 기술하였고, 사업장에서 취급되고 있는 여러 가지의 위험물질에 대한 물질안전보건자료(material safety data sheet : MSDS) 제도에 관한 내용을 아주 구체적으로 다루었다. 이러한 유해화학물질의 생성에 따른 속도론적인 내용과 저장설비에 대한 구체적인 내용도 다루었다. 또한 독성물질이 대기로 방출되었을 때를 가정하여 확산이론에 대한 기본적인 내용과 사용범위에 대하여도 언급하였다.

최종적으로 현장에서 공정안전관리에 관련된 행정처리를 할 때에도 문제점이 없도록 그 절차와 양식을 견본으로 사용하여 설명하고, 실제 업무에 지장이 없도록 하는데 최선의 노력을 하였다.

특히 부식 및 방식부분은 재해방지라고 하는 측면에서 무시할 수 없는 부분임에도 불구하고 안전분야에서 소홀히 취급되어 왔다고 하는 것은 대단히 유감스러운 일이라고 할 수 있다. 이러한 점을 고려하여 부식에 관련되는 기초분야와 공정과 설비에서 적용할 수 있는 실용적인 문제를 다루려고 노력하였다.

동서고금을 통하여 석유화학제품을 취급하는 사업장은 대형재해의 주범이라고 할 수 있으며, 이에 관련된 Heavy gas의 깊은 이론을 다루는 데는 본 교재의 성격상 다소 부적합한 부분으로 사료되어 그 사고사례와 개요만을 다루었다. 다행스러운 것은 독일 Wuppertal 대학교의 안전공학부에서 사용되는 강의 자료와 한국산업안전공단 등의 관련기관에서 발행된 많은 자료들을 참고할 수 있었던 점이다.

본 교재를 사용하여 수업을 하는 경우, 한 학기에 교재전체를 다루기에는 약간의 무리가 있을 것으로 사료되므로 강의를 담당하는 교수의 재량에 따라 필요한 부분을 택하여 강의가 가능하도록 하였고 관련되는 자료를 보완하여 강의한다면 금상첨화가 될 것이다.

그러나 필자가 천학비재인데다가 바쁘게 집필하게 되어 부족한 부분이 많을 것으로 사료되기에 여러 선배 또는 독자제위께서 많은 지도 편달해 주시기를 앙망하는 바이다.

끝으로 원고정리와 교정에 많은 도움을 준 부경대학교 안전공학부 소속 안전성평가실의 여러 학생들에게도 감사하는 바이다.

용당골에서 저자 대표

차 례

1 chapter 안전성평가와 위험물질론

2 chapter 위험성 평가

3 chapter 물질안전보건제도

4 chapter 위험물질의 생성과 저장

5 chapter 유해물질의 관리

6 chapter 사업장의 부식 및 방식

7 chapter 안전성평가의 실제

안전성평가와 위험물질론

1

1. 안전성평가의 의의

우리가 일반적으로 생각하고 있는 안전성평가란 사업장 내에 존재하는 유해위험인자, 즉 불안전행위, 불안전상태 등을 측정하여 각 라인의 근로자, 책임자 혹은 회사 전체적으로 안전활동이 잘 수행되고 있는가를 평가하는 것이다. 따라서 안전성평가는 공정의 안전성을 정량적으로 해석하는 방법이며, 주로 산업활동에 수반하여 발생하는 재해의 원인, 결과의 규명과 그 방지에 필요한 이론 및 기술에 관한 계통적인 지식체계라 할 수 있다.

산업안전보건법 제33조, 34조, 36조, 48조 및 49조 2항에서는 특히 제조업 분야와 관련하여 사업장의 설비에 대한 방호조치, 법정검사, 자체검사, 물질안전보건자료, 유해위험성평가 및 공정안전관리제도 등으로 구분하여 그 필요성을 강조하였다. 특히 심각하게 대두되고 있는 건설공사시의 사고방지를 위하여 공사의 계획단계에서부터 완료시까지 재해발생이 예측되는 각 공정별, 공종별 재해요인에 대한 인자를 사전에 기술적, 관리적 기법에 의해 도출하고 도출된 인자에 대한 예방대책을 수립하여야 한다. 이는 시공 초기단계에서부터 수립된 예방계획을 적극적인 방법으로 대처함으로써 발생가능한 재해를 근원적으로 제거하고자하는 제도적 기법을 의미한다.

이상과 같이 발생될 수 있는 모든 산업재해의 방지에 대한 기법을 분류하면 문제점 출발형과 문제점 발견형으로 나눌 수 있다. 문제점 출발형에서도 문제점 해결형은 동종의 사업장이나 유사 사업장에서 발생한 재해정보를 수집하여 이러한 재해의 원인을 정확하게 분석함으로써 유사재해가 다시 발생되지 않도록 그 원인을 제거하고 완벽한 대책을 세우고자 하는 방법이다. 여기에서 대체기술 개발형은 문제점이 직접 해결되지 않고 유사한 사고가 빈번하게 되면 재해가 발생하지 않는 새로운 공정으로 개발 혹은 변경하거나, 문제가 되는 원료 전환에 관한 검토를 하는 것이다.

그러나 현실적으로 문제점 출발형의 단점은 작업장의 규모, 행정처리의 관습 및 데이타 처리방법 등에 따라 실제성이 없는 것이 우리 사업장의 큰 문제점이다. 그리고 대그룹의 경우는 사업장간의 안전관리 성과를 비교평가하기 때문에 고의적인 자료의 누락 및 부정확성도 부인할 수 없는 사실이다.

문제점 발견형은 목적지향 기술형이라고도 하며 장래 발생할지도 모르는 새로운 재해를 미리 예상하여 재해사고의 문제점을 분석하고 해결하여 나가는 방법이다. 이 방법을 더 구체적으로 구분하면 안전 샘플링법과 결정인자기법으로 나눌 수 있으며, 안전 샘플링법은 통계적인 방법을 사용하여 재해가 발생하기 전에 각 라인의 안전활동을 측정하는 방법으로 행위 또는 활동 샘플링법이라고도 하며 불안전행위를 찾는 것이다. 그리고 결정인자기법은 모집단에서 계층무작위 샘플링방법으로 추출한 참여자－관찰자들에 의해 주어진 모집단의 위험 잠재요인 또는 실제 부상재해의 요인이 되는 불안전상태와 잘못을 파악하는 방법이다. 실제적으로 이 방법은 이론에 의한 정성적이고 연역적인 분석 방법이기 때문에 너무 논리적으로 될 가능성이 있고 경험에 의한 문제점 보완이 미흡하게 될 가능성이 있다.

특히 석유화학공정 등 중요한 위험설비는 유해·위험물질을 다량으로 취급할 뿐만 아니라 복잡하고 정밀한 장치나 설비가 자동적으로 제어되는 연속공정으로 되어 있다. 이렇게 위험물질을 취급하는 특수한 사업체에서의 화재·폭발 및 유독물질누출 등의 중대산업사고에 대한 예방대책의 수립은 절대적인 것이기 때문에 산업안전보건법 제49조의 2에 공정안전관리(process safety management)제도를 도입하여 그 시행을 명시하였다.

공정안전보고서에는 공정의 위험성평가 및 위험의 제거 또는 제어하는 것과 같은 설비 및 공정 등에 관한 기술적인 요인 이외에 인간과 기계와의 관계, 인간심리, 안전관리 이론 및 체계, 안전교육 등 여러 가지 요인이 포함된다. 이와 같이 위험을 관리하는 데는 어느 한 분야의 정교한 전문지식만으로는 불가능하다. 여러 분야의 기술이 종합되어 하나의 목표에 모아져야 하고 여기에 방법론적인 요소가 가미되어야 한다. 즉, 효율적인 안전관리를 위해서는 공정안전관리체제, 공정관련지식, 공정위험관리, 협력업체관리, 변경관리, 장치보전, 운영절차, 안전작업요령, 인간공학적인 요인, 교육훈련, 사고조사, 비상계획, 법률 및 기준, 감독과 같은 여러 가지 요인이 함께 관련되는 종합안전관리제도가 이루어져야 한다.

이것을 철저히 수행하기 위한 공정안전보고서의 필요성과 관련되는 기초이론 및 실무에 대하여는 계속되는 장에서 충분히 설명될 것이다.

2. 위험물질과 안전성

2.1 위험물질론의 정의

안전분야에서 위험물질이란 인간에게 피해를 주는 물질이란 뜻으로 쓰이고 있다. 피해를 주는 방법에서는 화재, 폭발과 독성물질의 누출 등에 의하여 대형재해를 유발시킴으로써 고귀한 근로자의 생명을 빼앗거나 상처를 입히는 일에서부터 시작하여 작업장의 기계 및 설비의 손상 등에 이르기까지 직접 간접으로 손실을 가져오는 것이 있고, 생산활동을 하는 과정에서 원료, 중간제품 및 완제품 등에서 발생하는 유해한 물질들로부터 근로자들이 직업병에 이환되는 것 등을 생각할 수 있다. 물론 안전성평가라고 하는 측면에서는 어느 한 쪽도 중요하지 않은 것은 없다.

따라서 위험물질론을 배우는 목적은 위와 같은 문제점을 가지고 있는 물질들로 부터 발생할 수 있는 여러 가지의 재해발생 가능성을 사전에 예방하고 유사시에는 긴급히 대처할 수 있는 물리적, 화학적인 기초이론과 사고사례 등을 다루어 현장에서 근무하는 안전분야의 기술자들뿐만 아니라, 이러한 분야를 전공하는 학생들에게도 기본 이론과 안전성 평가 기술을 습득시키고자 함에 있다.

2.2 위험요소

우리가 일상생활을 하는 과정에서 무의식적으로 혹은 자각하고 있는 상태에서도 어쩔 수 없이 위험한 상태나 그 행동반경을 벗어나지 못하고 있는 일들이 매우 많고 이로 인한 재해율을 실감하지 못하는 경우도 대단히 많다. 최근에는 비산업활동 즉, 가정업무, 교통수단, 운동경기 혹은 등산 등 여러 가지가 있지만 이러한 안전사고를 감소시키기 위해서는 많은 연구와 노력이 필요하리라 생각한다.

그러나 기업의 생산활동 과정에서 발생하는 재해율이 높은 것도 문제이지만 일단 재해가 발생하면 그 영향이 엄청나게 크다는 것이 최근에 발생한 일련의 사고사례들로부터 명백해졌고 이러한 사고의 대부분이 위험한 화학물질을 사용하는 사업장에서 발생했다는 것이 더욱 중요한 사실이다. 그 원인으로는 대량생산 및 정밀화학 제품생산을 위한 공정의 대형화 및 구조의 복잡화에 따라 각종 위험물질의 제조, 수송, 저장시의 취급 잘못으로 인한 폭발, 화재, 독성가스 누출 등이며, 대부분의 사업장에는 중대재해 발생가능성이 잠재적으로 내포하고 있다는 점에 있다.

특히 중요한 것은 최근의 화학공업진보와 정밀기계공업의 발전에 따른 초정밀 화학제품의 생산에 의해, 원료 및 제품 또는 제조공정 중에서 생성되는 각종 위험물질의 연소성, 유독성 등으로 재해발생의 가능성이 점점 증가하고 있는 실정이다.

화학공장 사고들은 특징적인 경향이 있다. 이러한 경향을 연구하는 것은 차후에 발생할 수 있는 사고를 예측하는데 대단히 중요하다. 표 1-1에서 보는 바와 같이 화재가 가장 보편적이고, 그 다음은 폭발과 독성물질의 누출사고 등이다. 치명적인 사망율의 관점에서 보면 독성물질의 누출이 가장 큰 사상자를 낼 확율이 높다.

표 1-1 화학공장의 중요한 사고형태

사고의 형태	발생 가능성	치명도	경제적인 손실
화재	높음	낮음	중간
폭발	중간	중간	높음
독성물질의 누출	낮음	높음	낮음

가장 경제적 손실이 큰 폭발사고의 형태는 개방계의 증기운 폭발형태인데 인화성이고 휘발성 증기가 공장전체에 유출되어 화재 및 폭발사고가 일어나는 형태이다. 화학공장에서 일어나는 사고 중에서 가장 많은 것을 그림 1-1에 나타내었는데 이는 경제적 손실을 바탕으로 분석된 것이다.

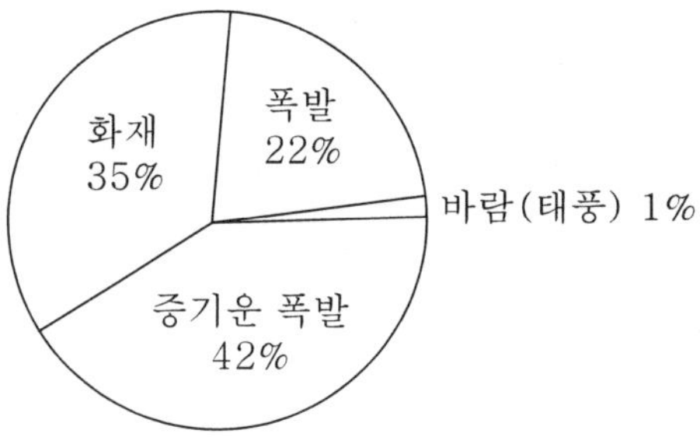

그림 1-1 화학공장의 중요한 사고형태

독성물질의 유출사고는 일반적으로 공장설비에는 적은 손실을 입히지만 부상 및 인명손실, 법적보상 및 오염물질의 제거 등의 문제에서는 심각할 정도의 피해를 가져온다. 그림 1-2에서는 아주 심각할 정도로 큰 화학공장사고의 원인들이 나타나 있다. 화학공장에서 가장 큰 손실의 원인으로는 기계적 고장에 의한 것으로 나타나 있다. 이러한 기계적 고장은 보통 정비와 관련된 문제에 기인한다. 펌프, 밸브, 제의장치 등의 고장은 주로 부적절한 유지관리에 의해 일어난다. 두 번째 큰 요인으로는 운전잘못으로 일어나는 사고형태인데, 즉 밸브가 정해진 순서대로 열리고 닫히지 않을 경우 또는 반응물이 적절한 순서에 의해 반응기에 주입되지 않을 경우 등이다. 예를 들면, 전기 또는 냉각수 고장으로 공정의 과열에 의한 사고가 거의 전체의 10%를 차지하고 있다.

근로자의 실수가 많은 사고의 원인을 차지하고 있으며, 자연재해에 의한 사고원인을 제외하고는 대부분의 사고는 근로자의 실수에 의해 일어난다. 예를 들면, 기계적 고장에 의한 사고들은 거의 잘못된 정비 또는 검사 등의 사람의 실수로 일어나는 것이다.

그림 1-3은 대형 사고를 유발시킨 여러 가지 설비를 조사한 결과이다.

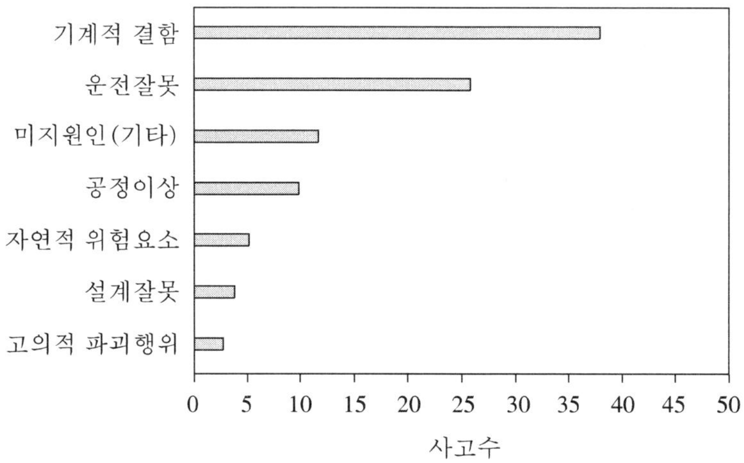

그림 1-2 대형 화학공장사고의 손실발생원인

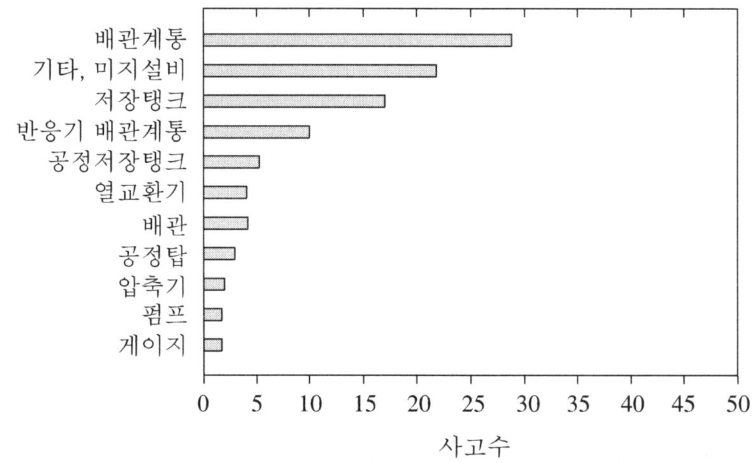

그림 1-3 큰 손실을 가져오는 설비

그림에서 알 수 있는 바와 같이 배관계통의 고장이 가장 큰 사고원인이 되며 그 다음은 저장탱크와 반응기 등으로 되어 있다. 흥미있는 현상은 복잡한 기계부속들, 즉 펌프와 압축기 등은 대형 사고에서 가장 큰 원인이라는 점이다. 그리고 대부분의 화학공장사고는 다음과 같은 세단계의 과정을 거친다. 예를 들면, 어느 근로자가 공정의 높은 곳에 있는 좁은 길을 걷다가 사소한 것에 걸려 넘어졌다. 넘어지면서 굴러 떨어지게 되었고 추락하면서 주위에 있는 밸브를 잡았다. 이 때 불행하게도 밸브의 스템이 이탈되면서 가연성 액체가 흘러 나왔다. 가연성액체는 기화되어 증기운이 형성되었고 주위에 있는 점화원에 의해 발화되어 폭발과 함께 순식간에 화재가 발생하여 주위설비로 번져간다. 따라서 대부분의 사고들은 다음과 같은 세단계의 순서를 밟는다.

첫째, 발단(initiation) : 사고가 시작되는 사건
둘째, 전파(propagation) : 시작된 사고가 계속 번져가는 단계
셋째, 종결(termination) : 발생한 사고가 끝나거나 없어져 버리는 단계

위에서 예로 사용한 사건에서는 작업자가 넘어지는 것이 사건의 발단단계이다. 이 사건은 밸브를 개방시킴으로써 전파되었고, 계속 전개되어 폭발과 화재가 발생되었고, 이 사고는 모든 가연성물질을 태운 뒤에 종결되었다.

2.3 주요 사고 사례

2.3.1 인도 보팔의 교훈

1) 사고개요

1984년 12월 2일 인도 중부의 보팔(Bhopal)에 있는 Union Carbide India Ltd의 MIC (methyl isocyanate)저장 탱크에서 독성물질인 MIC가 누출되어 발생된 안전사고는 금세기 최대의 산업재해로 알려져 있다. 이 사고로 인하여 발생된 피해규모는 인명피해만 하더라도 사망자가 2,000명 이상이고 5,000명 이상의 중상을 입었으며 10만명 이상의 피난민이 발생하는 등 상상할 수 없는 최악의 실수가 되었다.

MIC제조공장 및 저장설비는 1978년에 설치되었으며 MIC를 원료로 하는 농약의 생산용량은 년 5,000톤이나 되었다. 문제의 MIC저장설비는 탱크 3기(각 탱크 저장용량 100Ton)와 MIC배기가스의 흡수설비(vent gas scrubber) 및 배소로(flare stack)가 각각 1기씩으로

구성되었다. MIC저장탱크는 지하에 설치되어 있었고 MIC가 휘발성이 강하기 때문에(비등점 39.1℃), 탱크주위에 냉매를 통하여 MIC증발을 억제하고 탱크내부 온도를 0℃로 유지토록 되어 있었다. 또한 탱크주위는 콘크리트로 쌓여 있으며 안전장치로써는 탱크내의 압력이 40 psig가 되면 자동적으로 안전판이 터지도록 되었고, 동시에 안전변이 열리게 되어 MIC가스는 흡수설비를 통과하게 되어 있었다(그림 1-4 참조). 배출된 MIC가스는 흡수설비를 통하면서 가성소다 용액에 흡수되도록 되어 있고, 미 흡수된 MIC가스는 배소로(flare stack)에서 연소되도록 하였다. 또한 탱크내부의 온도와 액면을 알 수 있도록 온도지시계와 액면지시계가 1개씩 탱크상단에 설치되었다.

사고당일에는 MIC 지하 저장탱크 3기 중에서 "A" 탱크에는 MIC가 비어 있었고 "B" 탱크는 약 15톤의 MIC가 "C"탱크에는 약 45톤의 MIC가 저장되어 있었다. MIC가스 누출은 "C"탱크에서 발생되었으며 45톤의 MIC 중 25톤이 흡수설비를 통해 대기로 빠져 나가면서 대형사고가 발생케 되었다. 이 때 흡수설비와 배소로간의 연결배관은 이를 보수하기 위해 해체되어 있는 상태였으며, MIC가스 흡수제인 가성소다용액은 흡수설비에 공급되지 않아 MIC가스는 흡수설비에서 전혀 흡수될 수 없었으며, 이로 인해 25톤의 MIC가스가 전량 대기로 방출하게 되었다(그림 1-5 참조). 또한 탱크의 자케트를 통해 순환토록 되어있는 냉매는 경제적인 이유로 순환되지 않음으로써 MIC의 증발속도를 억제하지 못했던 것으로 판명되었다.

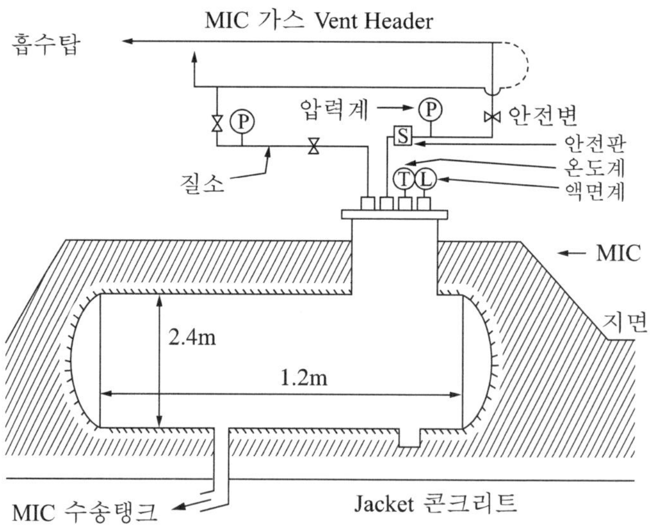

그림 1-4 MIC저장탱크 시스템

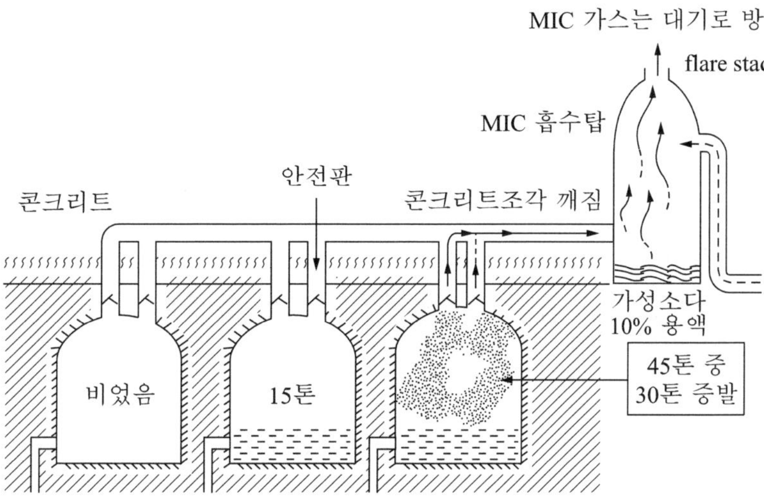

그림 1-5 MIC가스 누출경로

2) 위험물질의 발생

① MIC의 일반 특성

MIC는 무색의 자극성이 강한 불쾌한 냄새가 나는 가연성 액체로써 그 증기는 눈물을 나게 하는 액체이다. 이는 벼멸구 농약의 제조원료로 사용되며 우리나라에서는 농약원료 합성공장 4개소에서 제조 취급되고 있다. MIC는 매우 위험한 가스이므로 제조 취급하기 위해서는 특별교육을 받아야 한다. 증기 흡입 및 피부접촉을 해서는 안되므로 공기호흡용 보호구를 착용하고 방호복과 보호안경을 착용해야하는 등 많은 주의를 요하며, 특히 MIC 누출이나 화재시에는 완벽한 보호복과 자기공급식 공기호흡기를 착용해야 한다.

또한 MIC는 가연성이 매우 높기 때문에 담배불이나 용접불티 등을 완벽히 차단해야하며 화재시에는 CO_2나 분말소화약제 또는 다량의 물이 유효한 것으로 알려지고 있다. 액체나 증기의 MIC에 근로자가 조금만 노출되어도 치명적이며 마시거나 접촉하면 생명이 위험하다. 액체나 증기에 노출되면 우선 기침과 함께 호흡곤란이 오며 가슴에 통증이 오고 폐에 이동하게 되어 죽음에 이르게 된다. MIC의 주요 물질특성을 살펴보면 다음과 같은 특성이 있다.

- 비점 : 39.1℃
- 융점 : －45℃

- 인화점 : −7℃
- 발화점 : 535℃
- 폭발한계 : 5.3~26%
- 안전성

  인화성이 큰 물질이며 많은 다른 물질과 반응하여 화재폭발을 일으킬 수 있다. 공기와 혼합물은 폭발성이 있고, 가열되거나 물이나 촉매와 접촉시에는 화재폭발의 위험이 있다. 증기는 공기보다 무거워 낮은 곳으로 흘러 먼 곳의 점화원에 의한 역화위험이 있다.
- 혼합금지물질

  물, 산, 아연, 알코올, 산화제, 철, 주석, 구리, 염기, 아민, 플라스틱, 고무 코팅제품을 부식시킨다.
- 분해 · 중합위험성

  가열하거나 물이나 촉매에 의해 중합반응이 일어날 수 있으며, 가열, 분해시에 유독성 가스(HCN, NO_x, CO)를 생성한다.
- 허용농도 TWA : 0.02 ppm (0.05 mg/m^3)

  STEL : 0.02 ppm
- LC_{50} : 5 ppm

  0.04 ppm에서 사람이 5분 이상 견딜 수 없음.

  21 ppm에서 사람이 사망함.

② **Methyl Isocyanate 생성 방법**

문제가 된 MIC는 살충제(BPMC : butyl phenol methyl carbamate) 생산 공정중의 중간생성물로서 Phosgen($COCl_2$)과 Methylamine(CH_3NH_2)로부터 제조되며 두 가지의 원료물질도 매우 유독하며 그 반응과정은 다음과 같다.

㉠ Methyl Isocyanate 생성 방법

최근에는 이렇게 위험한 물질을 제조하지 않고 원하는 최종제품을 생산하기 위하여 아래와 같이 MIC의 중간생성을 시키지 않는 방법으로 개선되고 있다.

$$\underset{\text{Methylamine}}{CH_3NH_2} + \underset{\text{Phosgen}}{COCl_2} \longrightarrow \underset{\text{Methyl Isocyanate}}{CH_3N{=}C{=}O} + 2HCl$$

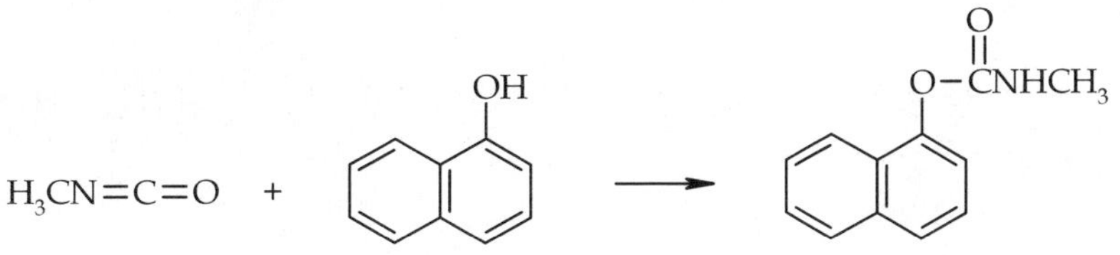

α-Naphthol　　Carbaryl

㉡ Methyl Isocyanate 비생성 방법

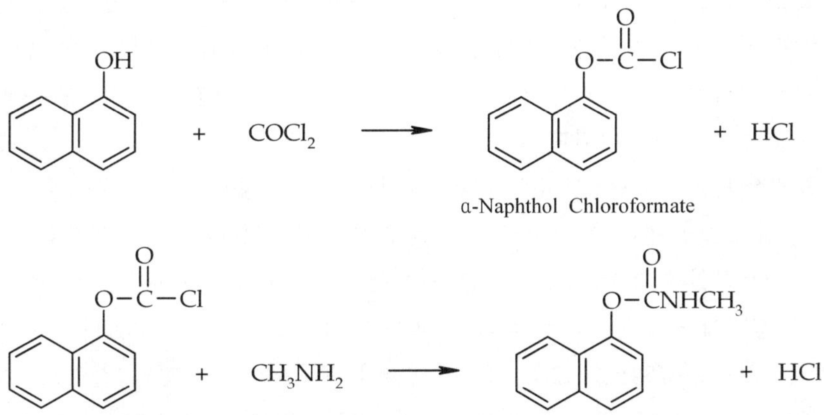

α-Naphthol Chloroformate

우리나라는 맹독성물질인 포스겐을 사용하지 않는 시안산나트륨을 이용한 공법을 1975년초에 KIST에서 개발하여 이를 적용하고 있으며 그 반응식은 다음과 같이 나타난다.

$$NaOCN + (CH_3)_2SO_4 \rightarrow CH_3NCO + CH_3NaSO_4$$

포스겐을 사용하지 않는 공법은 현재 우리나라만이 사용하고 있는 특수공법으로서 이는 포스겐을 사용하지 않는 특성뿐만 아니라 2-메틸황산을 적하하면서 반응시켜 MIC가스를 생산시킴으로서 MIC가스를 생산하여 별도 저장하지 않고 생산과 동시 농약원제인 BPMC 등 2차 반응제품을 즉각적으로 제조하게 된다.

따라서 이는 맹독성물질인 MIC의 저장공정이 필요없는 아주 안전성이 우수한 특징을 가지고 있다. 우리나라에서 개발된 시안화나트륨 공법이 인도네시아, 베트남에 수출되고 있으며 그간 약 20년간의 안전운전 경력이 높이 평가되고 있어 최근에는 미국으로의 플란트 수출상담도 이루어지고 있는 것으로 알려지고 있다.

3) 문제점 분석

이상과 같은 사고가 발생되기까지에는 반드시 발생되어야 하는 불안전한 상태와 행위가 충분히 포함되어 있었다.

첫째, MIC저장탱크의 필수적인 계장설비가 미설치되었거나 잘못 설치되었다. 예를 들면, 탱크자체에 압력계가 설치되지 않았고 온도조절기능이 없었다. 그리고 이렇게 위험한 물질을 저장하는 탱크에 온도계와 액면계가 하나씩만 설치되었다는 것은 상식적으로도 있을 수 없다.

둘째, 중요한 부속설비인 흡수설비와 배소로같은 설비를 설계할 때는 최악의 경우에 소다용액 주입펌프는 일정량 이상의 누출농도에서 가동될 수 있는 자동화가 되어야 하는 것은 두말 할 나위도 없다.

셋째, 위험물질을 취급하는 설비에 대한 유지보수가 정상적으로 이루어지지 않고 있었다. 점검보수에 관련된 기술자의 증언에 의하면 밸브나 배관연결부위 등에 가스누출이 발생하였을 경우 누출설비를 보수해야 할 재료, 즉 배관자재, 밸브, 가스켓트류 등 심지어는 볼트, 너트 등의 재고가 없어서 보수할 수 없었다고 한다.

특기할 사항은 1981년 12월 포스겐가스가 누출되어 한 명의 작업자가 사망한 적이 있는데, 이 때도 사고전에 위험성이 지적되었으나 시정조치가 되지 못해 발생된 사고였으며, 그 이후도 전혀 보수작업한 실적이 없었다. 이와 같은 사실로 보아 수동밸브나 안전변 등이 세거나 그 기능을 발휘하지 못했음이 예측된다.

넷째, 운전상의 문제점이 있었던 것으로 사료된다. 1978년 이 공장의 초기에는 유능한 기술자들이 충분한 운전교육과 안전에 대한 지식을 습득하여 업무에 종사하고 있었으나 1981년 이후 초창기의 운전자는 거의 다른 회사로 전직하게 되었고, MIC가스 누출사고 당시는 초창기 인원의 30% 수준만 이 공장에 잔류하고 있었다.

따라서 신입사원이 상당수를 차지하여 운전경험이 아주 미숙한 상태에 있었고, 더욱이 운전요원의 숫자를 초창기보다 20% 정도 감축한 것으로 밝혀졌다.

특기할만한 사항은 사고당일 밤 11시경 현장 운전원이 MIC저장탱크내의 온도가 급상승하는 것을 발견하고 이를 운전일지에 기록하였으며 또한 즉시 MIC생산책임자에게 보고하였음이 확인되었으나 책임자는 다음과 같은 후속조치를 취하지 않았다.

- 냉매를 MIC 저장탱크에 순환토록 함으로써 온도상승을 최소화 했어야 했다.
- 흡수설비에 가성소다용액을 공급하도록 펌프를 가동시켰어야 했다.
- MIC 저장탱크내의 MIC처리 후속공정으로 가능한 탱크내의 MIC양을 최소화 하

도록 조치했어야 했다.

• 공장인근 주민들에게 다른 지역으로 대피토록 요청했어야 했다.

공장의 운전을 책임맡고 있는 기술자가 상기와 같은 최소한의 후속조치를 취하지 못하여 사고는 대형화 되었다고 볼 수 있다. 이것은 위험물질을 취급하는 근로자의 사전교육과 수시교육이 제대로 이뤄지지 않았고 위험성 그 자체를 망각한 것이 절대적인 사고요인으로 사료된다.

2.3.2 울산 H회사의 사고

1) 사고개요

사고를 발생시킨 말로네이트(DIPM : diisopropyl malonate) 공장은 1984년 7월에 착공하여 동년 12월에 완공 후 가동하다가 1988년 3월 10일 생산을 중단한 이래 사고 당시까지 50여일간을 생산중단상태에 있었으며, 말로네이트 수요가 증가될 것을 예상하여 조업준비작업을 4월 29일부터 시작하여 사고 당일인 1988년 5월 2일 11시부터 원료 투입을 개시하였다. 본 재해는 DIPM합성작업 개시 후 약 6시간 후인 17시경 DIPM 합성탱크(지름 : 1.9m, 높이 3.8m, 체적 10m^3)가 갑자기 폭음과 함께 폭발하면서 화재가 발생하였고, 약 1시간반 동안 화재가 계속된 뒤 18시 30분경 진화작업이 완료되었다.

이 사고로 인하여 사망 6명 중경상 4명의 인명피해가 있었으며 공장의 많은 설비와 기계들이 반파 혹은 전파되었다. DIPM제조공정은 주원료인 IPCA(isopropyl chloroacetate) 합성공정, 촉매합성공정과 DIPM합성공정으로 대별할 수 있으며 이에 대한 공정 개요도는 그림 1-6과 같다. 이 공정중의 DIPM합성탱크(반응기)에서 폭발사고가 발생하였으므로 이 장치의 주위공정에 대한 P&I Diagram을 그림 1-7에 나타내었다.

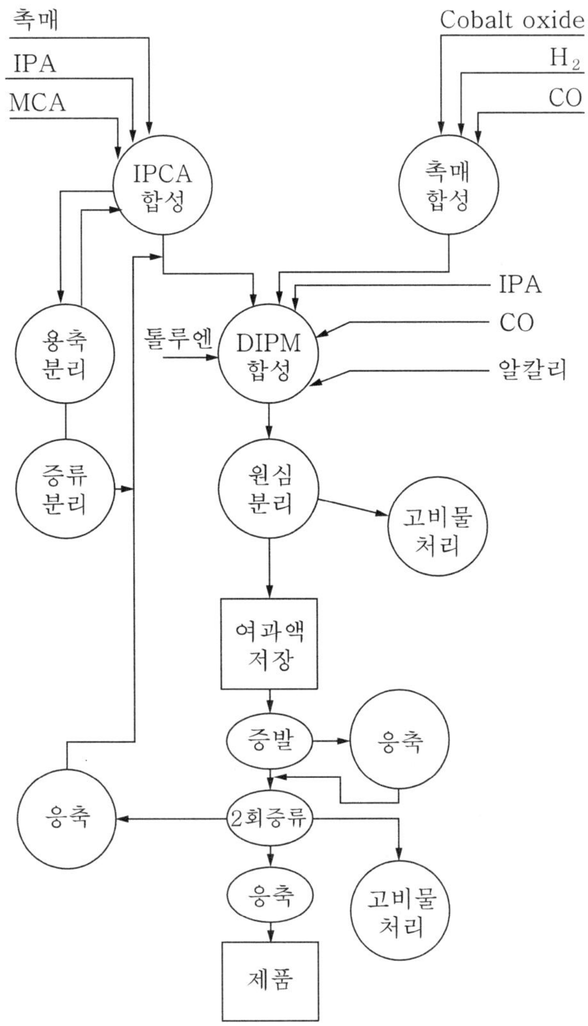

그림 1-6 DIPM 합성공정 개요도

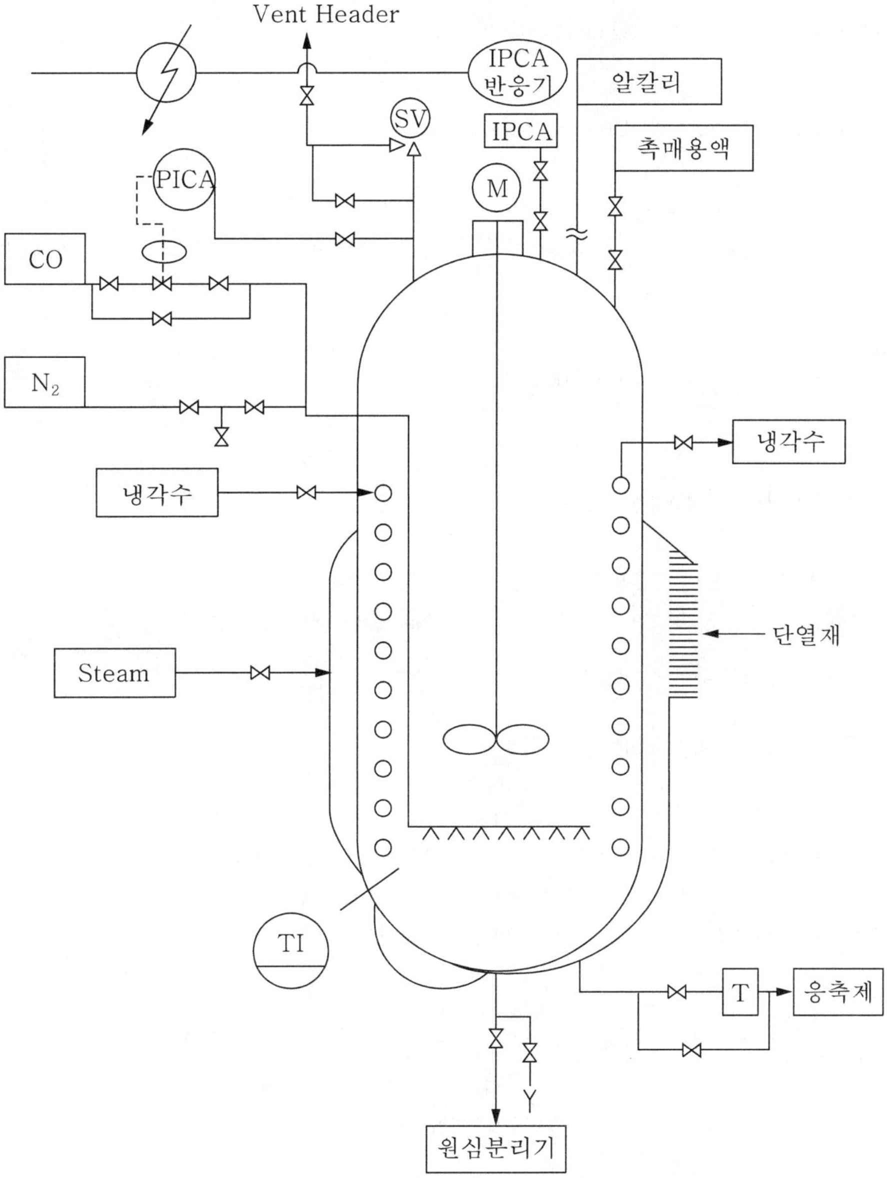

그림 1-7 합성탱크 주위P&ID

2) 위험물질의 발생

문제의 말레이트 합성은 아래와 같은 3단계의 과정을 거쳐 이루어지며 이에 대한 기초 화학반응은 다음의 반응식과 같다.

1단계 : 원료 IPCA(Isopropyl Chloroacetate) 합성

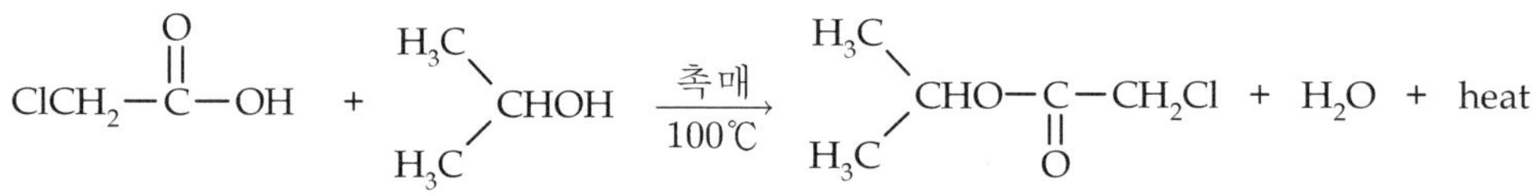

Monochloroacetic Acid (MCA) / Isopropyl Alcohol (IPA) / Isopropyl Chloroacetic Acid (IPCA)

2단계 : 촉매(Cobalt Carbonyl) 합성

$$2Co_3O_4 + 8H_2 + 24CO \xrightarrow[100℃]{} 3Co(CO)_4 + 8H_2O$$

Cobalt Oxide / Cobalt Carbonyl

3단계 : DIPM(Diisopropyl Malonate) 합성

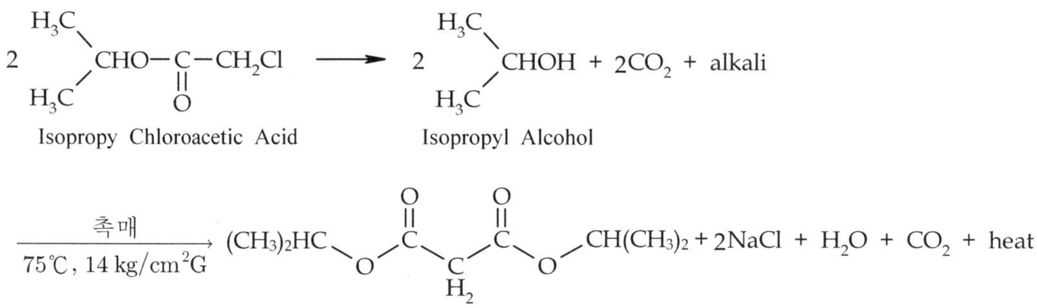

Isopropy Chloroacetic Acid / Isopropyl Alcohol / Diisopropyl malonate

그리고 DIPM합성탱크 내에 존재하는 물질에 대한 주요 물성치는 표 1-2에 나타낸 바와 같다.

표 1-2 DIPM합성시의 원료 및 주요물성표

원료 및 제품명	분 자 식	인화점 (℃)	발화점 (℃)	폭발한계 (공기중%)	비점 (℃)	연소열 (Cal/g)
1PA	$CH_3CHOHCH_3$	15	460	2~8	82	8,000
MCA	$ClCH_2COOH$	-	-	-	188	1,171
IPCA	$ClCH_2OCOCH(CH_3)_2$	-	-	-	149	-
일산화탄소	CO	-	700	12~74	-190	-
수소	H_2	-	-	4~74	-253	-
Dicobalt Octacarbonyl	$Co_2(CO)_8$	-	-	-	52	-
Toluene	$C_6H_5CH_3$	-	-	-	111	10,143
DIPM	$(CH_3)_2CHOCOCH_2-$ $OCO-CH(CH_3)_2$	-	-	-	220	-

3) 문제점 분석

사고가 발생한 H회사의 사고설비에 대한 기초조사와 관련 설계도면 및 기록을 검토한 결과, 각 분야별 사고요인이 될 수 있는 문제점을 제시하면 다음과 같다.

첫째, 발열반응을 하는 합성탱크에 자동온도제어 및 경보설비가 설치되어 있지 않았다. DIPM합성은 극열한 발열반응이므로, 합성탱크 내의 온도변화에 따라서 냉각수의 양을 자동적으로 조절함으로써 반응온도가 기준치 범위(75±3℃) 내로 유지되도록 해야 한다. 그러나 실제는 현장에서 온도지시계를 보고 수동으로 냉각수의 밸브를 조정하도록 되어있고, 조정실에는 경보설비없이 오직 온도기록만 되도록 되어 있으며 자동압력제어장치 및 압력경보설비는 있었다. 따라서 온도제어가 부정확하게 되고 온도의 급상승 요인이 될 수 있다. 실제적으로 사고전에 합성탱크내의 온도가 급상승한 사례가 많았던 것으로 확인됐다. 합성탱크내의 온도가 어느 정도 상승하게 되면 여러 가지의 부반응에 의해 열을 더욱 많이 발생하게 되고 압력은 급상승하는 것으로 알려졌다.

둘째, 합성탱크의 안전변 출구의 벤트 배관에 불필요한 수동밸브가 설치되어 있다. 합성탱크내의 압력이 안전변 설정치 이상이 되면 안전변은 열리게 되고 합성탱크내의 가스는 벤트를 통해 배소로에서 방출되어야 한다. 이 때문에 안전변 출구에는 일체의 장애물이 설치되어서는 안되며, 따라서 수동밸브는 설치하지 말아야 하고 보수공사 등을 위하여 필요하다면 안전변 입구에는 밸브를 설치할 수 있다.

셋째, 합성탱크의 재질선정에 문제가 있었다. 왜냐하면 그림 1-8에서 보는 바와 같이 탱크 Head는 SUS 304(22mm), Shell은 Cladding Plate(SM 50B과 SUS 316)로 되어 있어서 3종의 재질로 구성되었다. 일반적으로 부식성 물질을 취급하는 고압탱크에는 3종의 재질을 사용치 않는다. 왜냐하면 3종의 금속재질의 전극전위의 차이에 의하여 전지 부식이 가속될 가능성이 있기 때문이다.

넷째, 원료 및 촉매투입량의 정확한 계량이 불가능하였다. DIPM합성이 회분식으로 이루어질지라도 액체원료 및 촉매의 양은 가능한 정확하게 계량하여 합성탱크에 투입해야 한다. 그러나 이들의 양을 측정할 수 있는 계기류가 전혀 설치돼 있지 않고 수동으로 원료 탱크의 액면감소 등에 의해 투입량을 확인하게 되어 있어서 반응조건이 변동될 소지가 많았다. 더욱이 액체원료인 IPCA, IPA 등의 순도가 일정치 않은 것으로 보여 정확한 양의 원료와 촉매가 투입될 수 있는지 의문시 되었다.

이상과 같이 여러 가지의 실제적인 문제점을 지적할 수 있으나 직접적인 사고원인을 단정하기는 어려웠고, 예측되는 원인으로서는 작업초기의 액체원료와 촉매투입량의 부정확, 과다한 산소량의 존재, 냉각수량 조절지연 등에 의해 탱크 내의 온도는 계속 증가하였고, 합성탱크 내에서는 이상반응이 일어나 온도상승과 함께 압력이 급격히 상승되어 탱크의 설계압력를 초과하게 되었다. 이때 부착된 안전밸브가 그 기능을 다하지 못하여 탱크내의 고압증기가 외부로 방출되지 않았다.

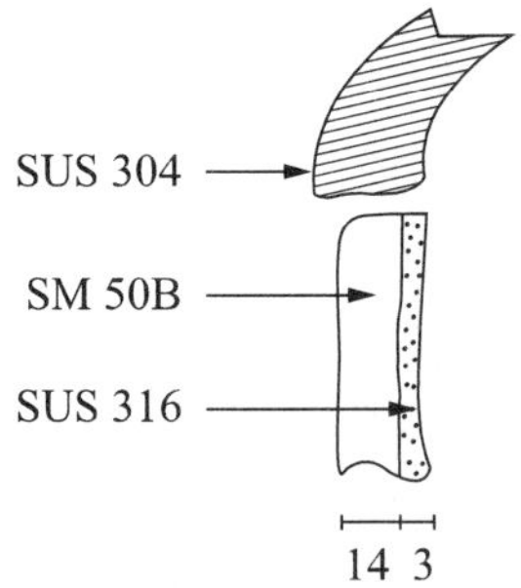

그림 1-8 전지 부식 가능성의 위치

3. 산업재해

3.1 재해통계

산업재해통계 작성은 재해예방대책을 수립하는데 있어 중요한 자료가 될 뿐 아니라 각 사업장에서 안전업무를 효과적으로 추진함에 있어, 원인분석과 대책을 강구하고 계획성이 있는 업무를 수행하는데 많은 도움이 된다. 따라서 사업장 안전관계 업무능력의 향상과 그 척도가 될 뿐 아니라, 사업목표를 달성하기 위하여도 꼭 필요한 것이다.

재해통계는 단일 작업장, 한 지역 또는 국가의 전 산업에 대하여 작성을 하게 된다. 연도별 동종의 통계는 재해건수의 증감을 파악하는데 도움이 되며, 이것으로 그 사업장이나 그 산업에 있어서 재해방지 대책이 어떻게 성공하고 있는가 또는 실패하고 있는가를 알 수도 있다. 또한 재해통계가 재해방지를 목적으로 하는 것은 재해원인, 재해빈도, 관련 산업 등 기타 위험에 영향을 주는 원인별로 경향을 알 수 있도록 하지 않으면 안되기 때문이다. 따라서 재해방지라고 하는 목적을 위하여 특별히 비교할 수 있는 통계를 작성하는데는 다음의 몇 가지 원칙이 적용되지 않으면 안 된다.

첫째, 재해통계는 일반적으로 재해방지 목적을 위하여 만들어진 통일된 산업재해의 정의에 의하여 작성되어야 한다.

둘째, 도수율이나 강도율과 같은 재해율은 통일된 방법에 의하여 작성되어야 한다. 그것에는 재해의 정의와 실제 근로시간의 산정방법, 위험율의 계산방법 등이 통일되어 있기 때문이다.

셋째, 통계를 작성하는 산업이나 업종의 분류가 어디서나 통일되어야 한다.

넷째, 재해원인 결정에 사용하는 원칙은 항상 동일하여야만 한다.

생산기술의 진보는 생산의 성과를 종합 분석함으로서 명백히 평가할 수 있는 것이다. 그러나 재해예방의 효과, 즉 안전활동의 평가는 재해위험성의 존재도가 어느 정도 잠재하고 있는가의 평가, 즉 안전성 평가가 논의되어야 하는 것이다. 그러나 재해의 위험성은 사람이 그것을 확인하고 파악할 수 있는 어떤 한계점을 지나서 잠재하고 있는 것이다. 따라서 이와 같은 위험성을 사전에 파악하기는 매우 어려운 것이기는 하나 그렇다고 해서 평가를 불가능한 것으로 단정해서 포기한다면 과학적, 기술적 반성 수단을 상실하게 되는 것이다. 이러한 결함을 보충하는 방법으로서 위험성의 존재도를 통계적인 방법에 의해서 관리하고자 하는 것이다.

3.2 재해율

통상적으로 사용하고 있는 재해 발생율의 평가방법은 경험식 평가방법으로서 이 방법은 현재의 상태에 대하여 평가조사하는 것이 아니라 과거부터 경험해 온 재해의 발생상황을 여러 각도에서 관찰하여 그것을 신뢰성있는 통계적 처리결과의 계수로서 표현하는 것이다. 다시 말하면 상황의 평가가 아니라 과거 일정기간의 경험실적을 표현하는 것이므로 그 당시의 조건이 그대로 현재에도 지속한다고 가정해서 현상의 평가를 대신하는 것이다.

일람표식(schedule system)은 현상에 대한 사정이면서 그 표현계수의 신뢰성이 낮은데 비하여, 경험식(experience system)방법은 계산에 대한 신뢰성이 높은 반면 현상평가가 아니라는 점이 특이하다.

3.2.1 도수율

도수율(frequency rate)은 일정기간동안에 사업장에서 발생하는 재해의 빈도를 말하는 것으로 빈도율이라고도 한다. 이는 한 사람이 백만시간 작업중 몇 번 재해를 당하였나를 나타낸다.

$$\text{도수율(F.R)} = \frac{\text{재해건수}}{\text{총근로시간수}} \times 1,000,000$$

다시 말하면, 일정기간에 있어서 재해로 인한 사상자 총수에다 같은 시간에 전 근로자가 실제작업에 임한 작업시간을 나누고 여기에다 백만을 곱한 것을 말한다. 이것은 100만 근로시간당의 상해건수를 나타내게 되는 것이다.

이 식에서 평가자의 주관에 의하여 좌우되는 것은 사상자수임으로 그 점에 객관성을 부여하기 위해서는 사상자의 계산은 재해발생건수로 한다. 이 도수율의 계산에 의하여 해당 작업장내에 존재하는 위험성의 잠재밀도를 추정할 수 있으나 여기에는 휴업일수에 관계하지 않고 장기 중상자 혹은 사망자 등도 한 건수로 계산하기 때문에 이 숫자만으로는 재해의 강도를 알 수가 없다.

3.2.2 연천인율

연천인율이란 1년간 사상자수의 합계에다 평균 근로자수로 나누고 여기에다 1,000을 곱하여 계산한다.

$$연천인율 = \frac{사상건수}{근로자수} \times 1,000$$

이 연천인율은 동종 사업장과 비교할 때 동일기간을 가지고 하여야 한다. 그렇기 때문에 천인율은 비교할 때 그 기간을 명확히 하기 위하여 1년 동안을 한 기간으로 정하여 연천인율이라고 표시한다. 연천인율과 비슷한 방법의 것으로 만인율이 있다.

또 연천인율과 도수율과의 상관관계를 보면 그 계산의 기준이 다르기 때문에 정확하게 환산할 수는 없으나 재해 발생율을 한쪽의 척도로는 어느 정도가 되는가 하고 알고 싶을 경우도 있다. 이러한 때에는 도수율도 연천인율도 근로자 1,000인의 년간 연 근로시간은 240만 시간이 된다. 한편 도수율은 연 근로시간 100만 시간당의 재해수이므로 양자에는 다음의 관계로 계산할 수도 있다.

$$연천인율 = 도수율 \times 2.4$$

$$도수율 = \frac{연천인율}{2.4}$$

3.2.3 강도율

재해의 강도율(severity rate)은 재해의 질적 정도를 표시하는 것으로 재해의 도수율이 양적인 상태를 표시하는 것을 보완하여 질적인 상태를 분석하는 방법이라 할 수도 있다. 강도율은 부상으로 인해 작업에 임하지 못하는 작업 손실일수에다 연근로시간수로 나누고 여기에다 1,000을 곱한 것을 말하며 그 산출공식은 다음과 같다.

$$강도율(S.R) = \frac{근로손실일수}{총근로시간수} \times 1,000$$

즉 1,000근로시간당 근로손실 일수를 말하는 것이다. 또 근로손실 일수를 개인의 재해에 대해서 구한다는 것은 곤란하므로 같은 정도의 재해에 대해서는 같은 손실이 있었다고 가정하고 통계적 견지에서 일정의 기준이 설정되어 있다. 우리나라에서는 근로손실 일수의 산정기준을 다음과 같이 정하고 있다.

① 사망 및 영구 전 노동불능(신체장해등급 1~3급)은 7,500일
② 영구 일부 노동불능은 다음에 의한다.

③ 일시적 노동불능은 역일에 의한 휴업일수에 300/365을 곱한다.

④ "①" 및 "②"의 경우 휴업한 일수는 상기의 손실일수에 가산되지 않는다.

표 1-3 등급별 근로손실일수

신체장해등급	4	5	6	7	8	9	10	11	12	13	14
손실일수	5,500	4,000	3,000	2,200	1,500	1,000	600	400	200	100	50

3.2.4 종합재해지수

재해의 발생은 단순히 근로자수만이 아니라 근로시간이나 근로일수에 비례하여 증가하는 것이므로 이들의 요소를 고려하여 산출하는 도수율, 강도율의 양쪽이 훨씬 합리적이다. 그러나 만인율이나 천인율은 그 산출이 가장 용이할 뿐만 아니라 근로시간이나 근로일수가 동일한 사업장의 매월의 비교나 그 사업장내의 각 직장간의 안전성적을 비교할 때에는 충분히 신뢰성을 두어도 무방하다고 생각된다. 도수율, 강도율의 개별 통계숫자로 사업장의 안전성적을 비교하는 것보다도 양자를 겸하여, 즉 재해빈도의 다소와 상해정도의 강약을 종합하여 나타내는 종합재해지수를 사업장의 성적지표로 보다 값지게 사용하는 경우도 있다.

$$\text{종합재해지수} = \sqrt{\text{도수율} \times \text{강도율}}$$

또한 재헤의 위태로움을 근로손실일수 또는 근로손실 시간수와 재해건수와의 비율, 즉 손실율에 의해 나타내는 것도 있고 생산고에 대한 재해건수의 비율에서 위험율도 산출된다.

연습문제

1. 안전성평가와 관련된 산업안전보건법의 조항을 열거하고 그 내용을 요약할 것

2. 산업재해의 방지기법에 대하여 설명할 것

3. 사업장에서 발생될 수 있는 대형사고의 진행단계를 설명할 것

4. MIC(methyl isocyanate)는 어떻게 제조되며 그 물질의 특성과 대체기술개발형의 필요성에 대하여 설명할 것

5. 독성물질의 폭로에 대한 허용기준을 미국의 ACGIH(American Conference of Governmental Hygienist)로 상세히 설명할 것

6. DIPM(diisopropyl malonate)의 제조공정에 대하여 3단계로 설명할 것

7. 산업재해의 발생시에 활용되는 재해율의 계산방법들에 대하여 설명할 것

위험성 평가

2

1. 위험성평가의 개요

모든 사고를 예방하고 이로 인한 손실을 방지하기 위하여 먼저 대상 공정이나 대상 작업 중에 존재하는 위험을 찾아내는 것이 중요하다. 우리 주변의 어디에도 위험은 항상 존재한다. 그러나 그 위험은 눈에 보이는 위험도 있지만 대부분은 눈에 보이지 않고 숨어있는 경우가 많다. 숨어있는 위험이 갑자기 나타나면 대처하기가 어렵다. 급격히 폭발사고가 발생하였을 때 속수무책으로 피해를 당하는 것이 이러한 이유다. 이렇게 숨어있는 위험을 찾아내기 위해서는 그 공정에 관한 지식은 물론 위험을 찾는 기법과 찾아내고자 하는 노력이 있어야 한다.

위험을 찾아내는 방법을 위험성평가 기법이라 하고 위험을 찾는 방법과 찾게 하는 요소가 포함된 것을 말한다. 이 기법은 위험을 찾는 구체적인 일감이 주어져 있거나 구조적으로 이 일감을 만들 수 있어야 하고, 이 일감을 찾고 싶은 마음이 생기거나 찾지 않으면 앞으로 나아갈 수 없도록 하는 구조적인 동기부여 방법이나 분위기가 이룩되어야 한다. 예를 들면, 위험을 찾는 구체적인 일감을 잘 제시한 기법으로 체크리스트기법을 들 수 있고, 구조적인 일감제시를 잘할 수 있는 기법으로 HAZOP기법을 들 수 있다.

위험함을 알아내었으면 그 위험이 사고로 전이될 가능성을 알아내야 한다. 이를 사고발생 빈도예측이라 하는데 위의 방법을 정성적인 위험성평가 기법이라고 하면 후자의 경우는 정량적 위험성평가기법이라 할 수 있다. 정량적 위험이 평가된 다음에는 화재, 폭발 또는 독성물질의 누출과 같은 사고가 발생했을 때 현장 및 그 주변에 얼마나 큰 피해를 줄 수 있는가를 예측하여야 한다. 요약하면 다음과 같은 질문에 대한 해답을 제시할 수 있어야 하고, 그 해답에 대한 대책제시와 개선방법 등이 포함되어야 한다.

- 위험이 어떤 곳(공정 설비)에 있는가?
- 이 사고가 발생하면 피해는 얼마나(어떻게) 되는가?
- 이런 위험을 제거 또는 발생 확율을 감소시킬 수 있는 방안은 무엇인가?
- 사고발생시 피해를 최소화 할 수 있는 대책은 무엇인가?

1.1 위험성평가의 방법

공정의 위험성평가를 시행함으로서 해당 공정에 대하여 아래와 같은 결과를 얻을 수 있으며, 회사의 의사결정을 위한 판단자료로 활용할 수 있을 뿐만 아니라, 경영효율을 증대시켜 이윤창출에 기여하고, 산업재해를 사전에 예방할 수 있다.

어떠한 위험요소가 존재하는지를 찾아내는 방법에는 정성적인 방법이 있고, 위험요소를 확률적으로 분석, 평가하는 정량적 방법은 아래와 같이 분류할 수 있다. 정성적 평가는 비교적 쉽고, 빠른 결과를 도출할 수 있으며 비전문가라도 약간의 훈련을 거치면 접근이 용이하고 시간과 경비를 절약할 수 있는 장점이 있는 반면에 평가자의 기술수준, 지식 및 경험의 정도에 따라 주관적인 평가로 치우치기 쉬운 단점이 있다. 정량적 평가의 경우는 객관적이고 정량화된 결과도출을 할 수 있으며 시간, 경비의 과다소요, 전문가의 도움, 통계 데이타의 확보 및 신뢰성에 문제가 있다.

① 정성적 평가(hazard identification method)
- 체크리스트기법(Checklist)
- 사고예상 질문분석법(What-if)
- 상대위험순위기법(Dow and Mond indices)
- 위험과 운전분석기법(HAZOP)
- 이상위험도 분석기법(FMECA)
- 작업자 실수기법(Human error analysis)

② 정량적 평가(hazard assessment method)
- 결함수 분석(FTA)
- 사건수 분석(ETA)
- 원인－결과분석(Cause-consequence analysis)

이상과 같은 기법 등으로 화학공장의 위험성평가를 시행함으로서 해당 공정에 대하여 다음과 같은 결과를 얻을 수 있으며, 이를 통하여 경영효율을 증대시킬 수 있다고 하는데 큰 의의를 둘 수 있다.

- 설계, 건설, 시운전 및 조업과정의 공정사고 위험을 감소시킬 수 있다.
- 발생 가능한 사고 및 재해의 특성규명, 빈도 및 결과를 예측할 수 있다.
- 설비의 운전성, 경제성 및 환경문제의 조사에 이용할 수 있다.
- 사고의 원인조사, 변경된 설비관리 및 설비보전 차원에서 기계적 완벽성의 확인기술로 활용할 수 있다.
- 결과를 회사의 의사결정을 위한 판단자료로 활용할 수 있다.

1.2 위험성평가의 절차

위험성평가의 실시는 대상설비에 대한 최적의 평가기법을 선정하고, 그 공정에 관련된 화학물질의 특성, 공정설계와 운전상의 특성, 사용 기계류의 운전 및 보수유지상의 특성등을 정확히 이해하고 그에 대한 대책을 세울 능력이 있는 전문가가 참여하여 실시하는 것이 바람직하다. 평가에 참여하여야 할 주요한 전문분야는 다음과 같으며 참여자의 명단을 노동부 고시(98-67) 별지 제21호에 기입한다.

- 위험성평가 분야
- 설계전문분야(공정, 동력기계, 압력용기, 배관, 전기/계장 등)
- 공정운전분야
- 유지보수 분야(기계장치류, 전기/계장 등)
- 비상조치 계획분야

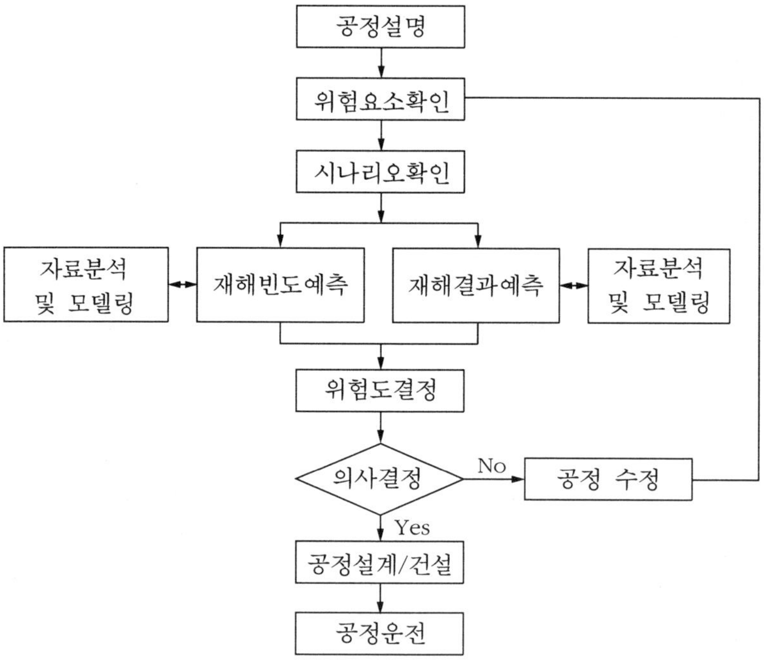

그림 2-1 위험성평가의 절차도

위험성평가의 절차는 공정의 규모, 운전방법, 취급하는 화학물질의 위험도 및 취급량이나 기존/신규 공정 등에 따라 다소 차이가 있으나 일반적으로 그림 2-1과 표시한 바와 같은 절차에 따라 각 단계별로 실시한다.

1.3 평가기법의 종류와 특성

각 공정별로 가지고 있는 잠재위험을 찾아내고 그 위험에 의한 사고의 발생가능성, 사고시의 피해산정, 피해 최소화 대책 등을 찾아내고 그에 따른 대책을 세우는 일이 쉽지만은 않다. 따라서, 각 공정의 복잡성, 특수성을 고려하여 기법을 선택하고, 그 기법에 따라 설계도면이나 각종 자료로부터 위험성을 분석하여 대책을 수립할 수 있도록 전문기술자들이 참여하도록 하여야 한다. 이렇게 평가기법의 선정기준을 일률적으로 규정하기는 매우 어려운 문제이나 공정에 대한 최적의 평가결과를 얻기 위해서는 대체적으로 다음과 같은 일반적인 원칙을 참고하여 선정하는 것이 바람직하다.

- 평가의 원칙
- 공정진행 단계
- 예상사고의 파급효과와 위험수준
- 공정의 복잡성
- 평가팀의 경험과 능력
- 필요한 자료의 확보 가능성
- 소요시간 및 경비

위험성 평가기법을 수행하기 위한 종류별 특징에 대하여 개략적인 내용을 요약하여 정리하면 다음과 같다.

1) 체크리스트 기법(Process/System Checklist)

체크리스트 기법은 미리 준비된 체크리스트를 활용하여 최소한의 위험도를 인지하는 방법으로 미숙련 기술자도 적용가능하고 이용하기 쉬우며, 상대적으로 빠른 결과를 제공해 준다는 장점이 있으나, 체크리스트 작성자의 경험을 기반으로 해야 한다는 단점이 있으므로 주기적으로 체크리스틀 검사하고 보완해야 한다.

체크리스트에는 공정일반, 장치 및 설비, 공장배치, 화학물질의 취급, 저장 및 관리, 운전절차, 검사 및 정비, 안전관리, 환경관리, 공장조직, 공장관리, 교육훈련 등에 대한 항목이 포함되어야 하며 체크리스트의 각 항목별로 양호, 적정, 보완필요로 구분하여 위험등급, 발생빈도 및 치명도 구분을 하여 관리하여야 한다.

2) 안전성 검토(Safety Review)

안전성 검토기법은 공장의 운전과 유지절차가 설계목적과 기준에 부합되는지를 확인하는 기법으로서 전문적인 지식과 책임을 가진 조직에 의해 행하여진다. 안전성 검토법은 운전원, 관리책임자, 현장기술자, 안전관리자 등과의 인터뷰를 포함하여 정상운전중인 공장의 운전조건, 운전절차, 유지상태 및 제반사항을 검토조직에서 여러 각도로 철저하게 검사하는 방법이다.

이 방법은 체크리스트 기법이나 사고예상 질문분석기법 등의 위험성평가기법과 병행하여 실시할 수 있는 장점이 있다.

3) 상대위험 순위결정기법(Relative Ranking Method)

사고에 의한 피해정도를 나타내는 상대적인 위험순위와 정성적인 정보를 얻을 수 있는 방법으로서 Dow and Mond Indices는 화학공장에 존재하는 위험에 대해 간단하고 직접으로 상대위험순위를 파악할 수 있도록 해주는 지표를 개발하였으며, 공장의 상황에 따라 페날티(penalty)와 크레디트(credit)를 부여한다.

페날티는 사고를 일으킬 수 있는 조건에 대하여 부여하며, 크레디트는 사고와 영향을 완화시키는 요소에 대해 부여하여 페날티와 크레디트를 조합하여 공장의 상대위험순위를 결정하는 지표를 유도한다.

4) 예비위험 분석기법(PHA ; Preliminary Hazard Analysis)

예비위험 분석기법의 주목적은 위험을 조기에 인식하여 위험이 나중에 발견되었을 때 소요되는 비용을 절약하자는 것으로서 공장개발의 초기단계에서 적용하여 공장입지 선정에도 유용하게 활용할 수 있는 기법으로 다른 위험성평가기법에 앞서 실시한다.

예비위험 분석기법은 사업초기에 행하여지기 때문에 공정이나 절차에 관한 상세한 정보를 얻을 수 없으며, 주로 위험물질과 공정요소에 초점을 맞춘다. 즉, 위험물질과 공정요소 중의 위험성에 따른 일반적인 원인, 결과 및 대책을 도출하여 정성적인 목록표를 만들고 경우에 따라서는 위험등급, 발생빈도 및 치명도 구분을 하여 안전성확보 대책을 강구하도록 하는 것이다.

5) 위험과 운전분석기법(HAZOP ; Hazard and Operability Study)

위험과 운전분석기법은 설계의도에서 벗어나는 이탈현상을 찾아내어 공정의 위험요소와 운전상의 문제점을 도출하는 방법으로 여러 분야의 경험을 갖인 전문가로 팀을 구성하여 토론에 의해 잠재적인 이탈현상을 도출한다.

위험과 운전성 분석기법의 토론은 숙련된 팀리더가 토론을 갖기 위해 공정의 검토구간(study node)을 선정한 후에 가이드 워드(guide word)와 공정변수(process parameter)를 결합하여 위험요소와 운전상의 문제점을 도출하는 방법이다.

6) 이상위험도 분석기법(FMECA ; Failure Mode, Effect and Criticality Analysis)

이상위험도 분석기법은 공정이나 공정장치가 어떻게 고장이 났는가 하는 고장유형에 대하여 어떤 결과가 발생될 것인가 하는 효과(effect)와 위험도(criticality)에 의한 순위를 표로 만들어 공정이나 공정장치에 미치는 영향을 파악하는 기법이다.

이 기법은 공정이나 공정의 장치에 대하여 주안점을 두고 분석하므로 운전자의 실수는 일반적으로 확인되지 않는다.

7) 인간오류 분석기법(HEA ; Human Error Analysis)

작업자의 실수에 근거한 분석기법으로서 공장의 운전자, 정비요원, 기술자 그리고 그 외의 다른 사람들의 작업에 영향을 미칠만한 요소를 평가하는 방법으로 사고를 일으킬 수 있는 실수가 생기는 상황을 알아낸다.

기술자와 면담을 하는데 익숙해야 하고 공장의 운전절차와 공정도같은 적절한 정보를 다룰 수 있는 분석자에 의하여 수행된다.

8) 사고예상 질문분석기법(What-if Analysis)

사고예상 질문분석기법은 정확하게 구체화되어 있지는 않지만 바람직하지 않은 결과를 초래할 수 있는 사건을 고려해 보기 위한 목적을 가지고 있으며 설계단계, 건설단계, 운전단계, 고장수리단계 등에서 생길 수 있는 결과를 조사하는 기법이다.

공정의 목적을 이해하고 설계의도를 파악할 수 있는 각 분야 전문가에 의해 "What-if"로 시작하는 질문을 사용하여 잠재하는 사고를 확인하고, 그 위험과 결과 및 위험을 줄이는 방법을 도출하는 것이다.

9) 결함수 분석기법(FTA ; Fault Tree Analysis)

결함수 분석은 하나의 특정한 사고에 대하여 원인을 파악하는 연역적 기법으로 사고를 초래할 수 있는 장치의 이상과 고장의 다양한 조합을 표시하는 도식적 모델인 결함수 다이아그램(diagram)을 작성하여 사고로부터 사고를 일으키는 장치이상이나 운전자 실수의 상관관계를 도출하는 기법이다. 장치의 이상이나 고장의 확율을 대입하면 특정한 사고의 확율 및 손실비율도 계산이 가능한 기법이다.

10) 사건수 분석기법(ETA ; Event Tree Analysis)

사건수 분석기법은 초기사건으로 알려진 특정한 장치의 이상이나 운전자의 실수로부터 발생하는 잠재적인 사고결과를 평가하는 귀납적 귀법이다. 초기 사건에 대한 안전시스템의 대응성공 또는 실패에 따른 후속사건을 도식적으로 표시하는 사건수 다이아그램(diagram)으로부터 후속사건까지의 순서 및 상관관계를 파악하여 정량의 가능성을 가진 정성적인 결과를 얻어내는 기법이다.

11) 원인-결과분석기법(CCA ; Cause-Consequence Analysis)

원인-결과분석기법은 가능한 사고를 평가하기 위하여 결함수 분석법과 사건수 분석법을 혼합한 기법으로 사고결과와 그들의 기본 원인사이의 상호관계를 보여주는 다이아그램(diagram)을 사용하여 결과가 예측되는 발생빈도를 정량화할 수 있으며 가능한 사고결과와 이러한 사고의 근본원인을 알아낼 수 있는 기법이다.

이상에 열거한 여러 가지의 위험성평가기법을 유용하게 활용할 수 있도록 하기 위하여 기법별로 이들의 장점과 단점을 표 2-1에 비교하였다.

표 2-1 위험성평가기법의 장점과 단점 비교

기 법	장 점	단 점
1. 체크리스트법	• 미숙련기술자가 사용할 수 있다. • 개기인의 기술자가 수행한 작업에 대해서 경영층이 검토할 수 있는 자료를 제공한다. • 화학공장의 위험성평가에 대한 방법을 제시한다.	• 체크리스트 작성자의 경험을 기반으로 하므로 주기적으로 검사 보완되어야 한다. • 체크리스트에 없는 항목은 점검이 안되고 체계적인 위험확인이 안된다.

2. 안전성 검토	• 사고나 심각한 재해를 일으킬 수 있는 공장의 운전조건이나 절차를 확인한다. • 깊이 숨어있는 잠재위험을 손쉽게 찾을 수 있다.	• 시간과 인력이 많이 소요된다. • 운전중에 적용하므로 공장 내부의 많은 사람들과 인터뷰를 실시할 필요가 있다.
3. 상대적 위험 등급법	• 화학공장에 존재하는 위험에 대해 간단하고 직접적인 상대위험순위를 제공해 준다. • 위험을 수치화함으로써 가시화가 가능하다.	• 유자격자(화공기술자)만이 평가할 수 있다. • 구체적인 위험이나 진행중인 사고예측이 불가능하다.
4. 예비위험 분석법	• 공장의 초기위험을 발견하여 시정하므로 경비절감에 효과적이다. • 다른 분석방법에 선행해서 실시할 수 있다. • 안전문제에 대한 경험이 거의 없는 경우에도 적용할 수 있다. • 분석이 용이하여 시간과 경비를 절약할 수 있다.	• 만족할 만한 구체적인 결과를 얻기 힘들다.
5. What-If 분석법	• 분석이 용이하여 시간과 경비를 절약할 수 있다	• What-If 질문을 정확히 만들어야 한다. • 분석자에 의하여 결과가 다르게 나온다.
6. HAZOP 연구	• 구조적이고 체계적인 평가기법이다. • 위험성뿐만 아니라 운전에 관한 정보도 알 수 있다. • 자유토론을 하는 과정에서 공장의 위험요소들을 규명함으로써 위험요소를 철저히 찾을 수 있다. • 안전 비전문가도 수행할 수 있다.	• 5~7명의 전문인력이 필요하므로 시간과 노력이 많이 요구된다. • 평가자의 자질에 의하여 결과가 달라진다. • 공학적이고 구체적인 정보제공을 못한다.
7. 고장형태와 영향 및 치명도 분석법	• 적은 노력과 특별한 훈련없이 쉽게 평가가 가능하다. • 중대사고에 충분히 영향을 미치거나 직접적인 원인이 되는 단일 고장형태를 확인할 수 있다. • 부품의 결함과 공정에 영향을 미치거나 직접적인 원인이 되는 단일 고장형태를 확인할 수 있다.	• 동시에 두가지 이상의 요소가 고장인 경우에는 해석이 곤란하다. • 운전자의 실수는 일반적으로 확인되지 않는다. • 사고를 야기하는 장치이상들의 조합을 알아내는 데는 효율적이지 못하다. • 평가에 영향을 주는 요인이 많다.

8. 결함수 분석법	• 정성적, 정량적 평가가 가능하다. • 위험을 구체적으로 계량화 할 수 있다.	• 평가자가 분석대상인 시스템에 대한 지식과 경험이 풍부하여야 한다. • 변수가 큰 공정을 평가가 어렵고 부품고장율 등의 신뢰성이 요구된다.
9. 사건수 분석법	• 정량적 평가가 가능하다. • 위험을 구체적으로 계량화 할 수 있다.	• 시간이 오래 걸린다. • 평가기술자의 지식정도에 따라 결과가 다르다.
10. 원인-결과 분석법	• 전달매체로서의 사용이 가능하다. • 결과가 예측되는 발생빈도를 정량화할 수 있다.	• 사고를 일으켰던 장치의 이상이나 공정에 대한 지식과 비상시 운전절차에 대한 지식이 필요하다. • FTA와 ETA는 숙력된 팀원이 필요하다.
11. 인간오류 분석법	• 실수의 형태와 실수를 줄이기 위해 제안된 시스템을 변경하고 교육 등을 통해 쉽게 수정된다.	• 사람의 실수에 대해서만 분석하는 것이다.

2. 정성적인 평가기법

2.1 위험과 운전분석기법

1) 위험과 운전분석기법의 개요

위험과 운전분석기법(HAZOP ; hazard and operability)은 어원에서도 알 수 있듯이 화학공장에서의 위험성(hazard)과 운전성(operability)을 정해진 규칙과 도면에 의해 체계적으로 분석하여 평가하는 방법이다. HAZOP의 개념은 가이드 워드 또는 팀 리더의 경험에 의해 주어진 구조를 따르면서 여러 전문분야의 구성원들로 이루어진 팀이 조직적으로 "난상토론(brainstorming)"을 하는 과정에서 공정의 위험요소들을 규명하는 것이다.

토론의 주된 장점은 창조력을 북돋우고 아이디어를 만들어 낸다는 것이다. 창조력은 팀 구성원들의 의견교환과 그들의 다양한 지식 및 경험에 기인한다. 결국 HAZOP의 과정은 모든 팀 구성원들이 참가해야 하고 그들은 서로 비평하기를 삼가야 한다. 왜냐하면 비판이 아이디어 제안을 주저하게 만들 수 있기 때문이다.

HAZOP은 검토구간들에 대한 이탈을 공정변수와 가이드 워드를 사용하여 조사한다. 가이드 워드들은 설계상의 문제점을 찾아낼 때 검토할 수 있는 모든 방법에 대해서 조사했다는 확신을 가지게 하는데 사용된다. 그래서 팀은 많은 수의 이탈들을 규명하고 각각에 대한 가능한 원인과 결과가 규명될 수 있도록 해야만 한다. HAZOP을 수행할 가장 좋은 시기는 설계가 상당히 완성되었을 때이다. 이 시점에서 설계는 HAZOP에 의해서 알려진 문제들에 대한 해답을 줄 만큼 작성되고, 큰 비용없이도 설계를 변경하는 것이 가능하다.

2) HAZOP팀의 구성

규모가 작은 공정에 대해서는 작은 인원이 필요하겠지만, 이상적인 팀의 구성은 5~7명의 인원이 적당하다. 팀의 인원이 너무 많으면 그 팀은 실패할 가능성이 있고, 팀의 인원이 너무 적으면 완결성을 확신하기 위해 필요한 지식의 폭이 부족하게 된다. 팀의 리더는 HAZOP을 수행하는데 경험이 있어야 하며, 나머지 구성원들도 공정운전에 관련한 분야에서 각기 전문가이어야 한다. 예를 들면, HAZOP팀은 다음과 같은 분야의 사람들을 포함한다.

- 설계기술자(design engineer)
- 공정기술자(process engineer)
- 운전감독자(operation supervisor)

- 계기설계자(instrument design engineer)
- 화공기술자(chemical engineer)
- 보수정비 감독자(maintenance supervisor)
- 안전관리자(safety engineer)

팀 리더의 가장 중요한 역할은 팀이 그들의 주된 일에 초점을 맞추도록 유지시키는 일이다. 기술자들은 새로운 문제를 찾게 되면, 설계 또는 문제를 해결하려는 경향이 있다. 그러나 분명한 해결책이 없게 되면 이러한 경향은 피해야 하며 그것은 HAZOP의 목적인 위험요소를 감소시킬 것이다. 또 팀 리더는 성공적인 회의를 진행하기 위하여 다음의 몇 가지 사항을 명심하고 있어야 한다.

- 구성원들과 토론과정에서 경쟁하지 말 것
- 모든 구성원들의 말에 귀를 기우릴 것
- 회의도중에 누군가가 수세에 몰리지 않도록 할 것
- 능률을 높이기 위하여 필요한 때에 적당히 휴식을 취할 수 있도록 할 것

3) HAZOP에서 사용하는 용어

① **위험**(hazard)

위험이라 함은 직접, 간접적으로 인적, 물적, 환경적 피해를 입히는 원인이 될 수 있는 실제 또는 잠재된 상태를 말한다.

② **운전성**(operability)

운전성이라 함은 운전자가 공정을 안전하고 효율적으로 운전할 수 있는 상태를 말한다.

③ **의도**(intention)

설계자가 바라고 있는 운진조건을 의미하며, 김도구간에서 이탈이 없을 때 기대되는 공장의 운전상태이다. 이것은 수많은 형태를 취할 수 있는 데, 묘사적일 수도 있고 도식적일 수도 있다.

④ **공정변수**(process parameter)

검토구간의 운전목표, 설계기준 또는 물리적 특성으로서 설계의도에 의하여 발생된다고 할 수 있으며, 그 특성에 따라 크게 두 가지로 분류할 수 있다.

- 특정변수(specific parameter) : 공정의 형태를 물리, 화학적으로 표현할 수 있는 변수로서 대개 수치화가 가능하고, 가이드워드와 조합하여 하나의 이탈을 발생시킨다. 예) 유량, 온도, 압력 등

- 일반변수(general parameter) : 가이드워드와 조합하여 비정상 상태를 발생시키는 특정변수와는 다르게 일반변수는 단독으로 비정상상태를 구성하는 것으로 간주한다. 예) 보수정비, 샘플링, 반응, 혼합, 부식 등

⑤ **이탈**(deviation)

가이드워드와 공정변수가 체계적으로 조합되어 발견되며 설계의도로부터 벗어난 상태를 의미한다. 예를 들면, 유체흐름의 정지, 또는 과잉상태 등과 같이 비정상적 상태를 의미한다.

⑥ **가이드 워드**(guide word)

이것들은 토론을 통해 이탈을 발견할 수 있도록 의도를 정성화하는데 사용되는 간단한 용어들이다. 다음 표 2-2, 2-3, 2-4에 나타낸 가이드 워드들이 HAZOP에서 가장 자주 사용되는 것들이다. 어떤 조직에서는 HAZOP팀이 운전환경에 맞추어 변형하기도 한다. 각각의 가이드 워드는 조사될 공정의 검토구간에서 공정변수에서 적용한다. 예를 들면,

가이드워드		공정변수	이탈현상
No	&	Flow	No Flow
More	&	Pressure	High pressure
As well as	&	One phase	Two phase
Other than	&	Operation	Maintenance

⑦ **원인**(cause)

이탈이 발생하는 이유에는 여러 가지가 있다. 일단 이탈이 일어날 수 있는 원인이 확실하다면 그것은 의미있는 이탈로 다루어질 수 있다. 이러한 원인들로는 설비자체의 문제, 운전원의 실수, 기대되지 않는 공정 상태, 외부의 문제 등이 있다.

⑧ **결과**(consequence)

이것들은 이탈의 결과로서 당연히 일어나게 되는 사항을 말한다. 연구 목적에 비추어 볼 때, 중요하지 않은 결과들은 고려하지 않는다.

⑨ **검토구간**(study node)

HAZOP검토를 하고자 하는 설비의 구간을 말하며, 각각의 이탈에 대해서 공정변수들이 조사될 P&ID나 공정에서의 위치들을 말한다.

표 2-2 연속공정의 가이드워드의 의미

가이드워드	정의	예 또는 코멘트
없음 (No, Not, or None)	설계의도에 완전히 반하여 변수의 양이 없는 상태	No Flow라고 표현할 경우 : 검토구간 내에서 유량이 없거나 흐르지 않는 상태를 뜻함
증가(More)	변수가 양적으로 증가하는 상태	More Flow라고 표현할 경우 : 검토구간 내에서 유량이 설계의도보다 많이 흐르는 상태를 뜻함
감소(Less)	변수가 양적으로 감소되는 상태	More의 반대이며 적은 경우에 있어서는 No로 표현될 수도 있음
반대(Reverse)	설계의도와 정반대로 나타나는 상태	유량이나 반응 등에 흔히 적용되며 Reverse Flow, Reverse Reaction이라고 표현할 경우 : 검토기간 내에서 유체가 정반대 방향으로 흐르는 상태
부가(As well as)	설계의도 외에 다른 변수가 부가되는 상태	오염 등과 같이 설계의도 외에 부가적으로 이루어지는 상태를 뜻함
부분(Parts of)	설계의도대로 완전히 이루어지지 않는 상태	조성 비율이 잘못된 것과 같이 설계의도 대로 되지 않는 상태
기타(Other than)	설계의도대로 설치되지 않거나 운전이 유지되지 않는 상태	원료공급 잘못, Valve설치 잘못 등

표 2-3 회분공정의 가이드워드의 의미(시간)

가이드워드	정 의
생략(No time)	사건 또는 조치가 이루어지지 않음
지연(More time)	조작 또는 행위가 예상보다 오래 지속됨
단축(Less time)	조작 또는 행위가 예상보다 짧게 지속됨

표 2-4 회분공정의 가이드워드의 의미(씨퀀스)

가이드워드	정의
조작지연(Step too late)	허용범위(시간, 조건) 내에서 시작하지 못함
조기조작(Step too early)	운전조건이 형성되어 조기에 조작함
조작생략(Step left out)	조작을 생략함
역행조작(Step backwards)	단위 공정이 부정확하게 전 단계 단위공정으로 역행함
부분조작(Part or step missed)	한 단계 조작 내에서 하나의 부수적 조치가 생략됨
다른 조작(Extra action included)	한 단계 조작중 불필요한 다른 단계의 조작을 행함
기타 오조작(Wrong action taken)	예측 불가능한 기타 오조작

2.2 HAZOP의 수행

연속식 공정에서 HAZOP 검토의 수행절차는 그림 2-2와 같으며, 설계단계에서 벗어난 공정이탈로 인하여 발생될 수 있는 결과를 예측한다. 원인과 마찬가지로 현재의 검토구간 및 인접한 구간도 포함하여 고려하여야 한다. 결과는 위험성 뿐만 아니라 운전의 효율성까지도 포함시키는 것이 HAZOP의 본래 취지에 부합하는 것이다.

안전조치는 이탈을 감지, 경보하거나 해소시키기 위한 시설 또는 관리적 대책을 총칭하는 것으로서 현재의 안전조치와 개선권고사항으로 구분할 수 있다. 위험등급이란 이탈이

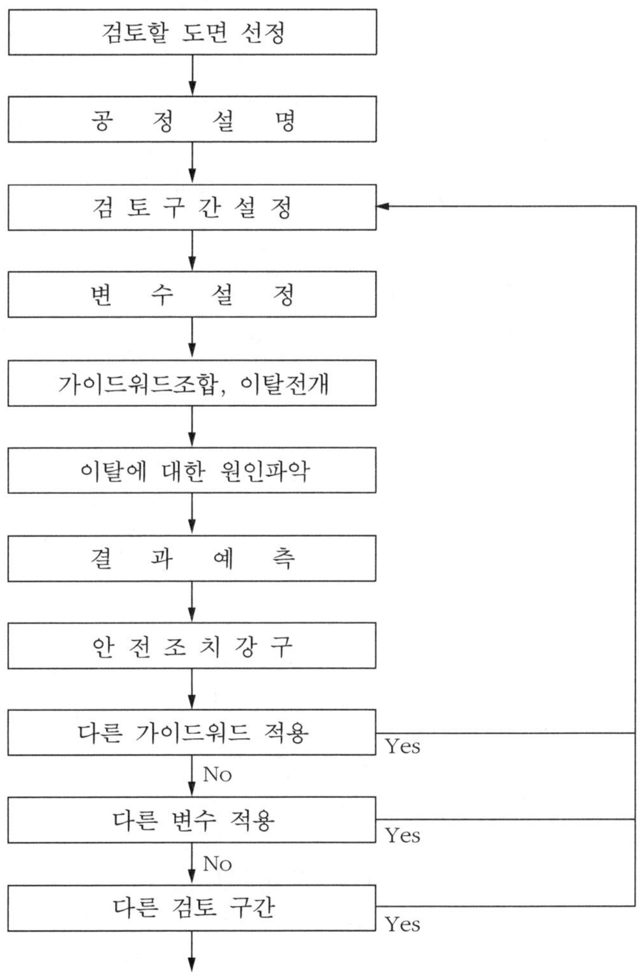

그림 2-2 HAZOP수행의 흐름도(연속식)

발생하여 사고가 발생할 빈도와 그 때의 피해로 인한 치명도를 고려하여 회사실정에 적합한 기준을 설정하도록 한다. 치명도는 인적피해, 시설피해 및 운전정지로 인한 손실 등을 종합적으로 고려하여야 한다.

회분식 공정에 대한 HAZOP 검토가 연속식 공정과 차이점은 설비의 운전상태에 대한 조합표와 검토구간에 대한 조합표가 구성되어야 한다. 그 이후의 검토절차는 연속식 공정과 유사하게 진행되며, 이에 대한 상세 설명은 다음과 같다.

① **설비의 운전상태 조합표(facility status matrix)**

연속식 공정과는 달리 회분식 공정은 대체로 단순한 설비로 구성되어 있다. 그러나 일정조건에서 운전되는 연속식 공정에 비하여 회분식 공정은 작업절차가 매우 복잡하며 각각의 작업단계마다 운전조건도 다르기 때문에 자동화에 의한 제어가 곤란하여 작업자에 의한 수동조작이나 반자동화에 의존하는 경우가 많은 실정이다.

② **검토구간 조합표(study node matrix)**

검토대상의 주 설비는 대체로 반응기이거나 혼합기로서 이를 중심으로 각 원료의 투입배관이나 제품배출배관 및 기타 동력계통 등을 포함하여 검토구간을 분할한 다음 각각의 작업단계에 대하여 작성한다.

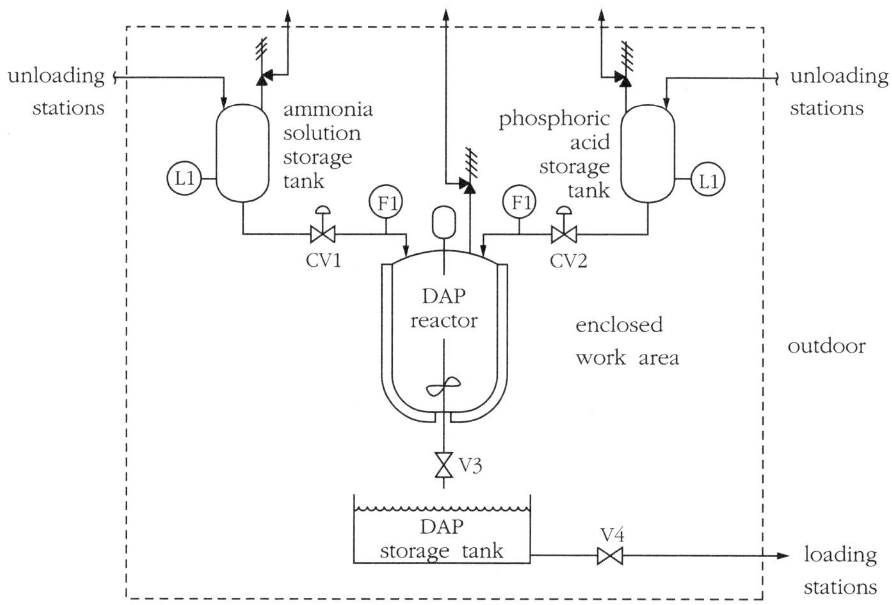

그림 2-3 DAP 생성을 위한 장치도

간단한 HAZOP의 수행 사례로서 나타낸 연속식 공정으로 인산과 암모니아가 반응하는 장치도를 그림 2-3에 나타내었고, 가이드 워드의 적용사례를 표 2-5에 나타내었다. 이 반응이 종결되면 위험요소가 없는 생산물로서 DAP(diammonium phosphate)가 생성된다. 만약에 아주 적은 양의 인산이 반응기에 들어온다면 반응은 종결되지 못하고 암모니아가 남게 된다. 반응기에 남아 있는 적은 양의 암모니아는 안전하지만 원하지 않는 생성물이다. HAZOP팀의 과제는 "Personal hazards from the reaction"에 대한 조사이다. 팀의 리더는 각각의 검토구간마다 공정변수들에 대해 가이드 워드를 적용한다.

표 2-5 DAP생성을 위한 연속공정

가이드 워드	이탈	원인	결과	비고
No	No flow	· 밸브A가 닫힘 · 인산공급 고갈 · 파이프의 막힘 또는 파열	· 반응기 내의 과도한 암모니아 · 작업구역으로 누출	인산 공급의 감소에 따른 밸브 B의 자동적인 닫힘
Less	Less flow	· 밸브A가 부분적으로 닫힘 · 파이프에서의 부분적인 누출이나 막힘	· 반응기에서 암모니아의 과다와 작업구역으로의 누출. 누출된 양은 공급양의 감소와 관련 · 팀구성원은 흐름의 감소에 대한 유독성을 계산	인산공급의 감소에 따른 밸브 B의 자동적인 닫힘. 설정치는 감소된 흐름에 대한 유독성의 계산에 따름
More	More flow	· 인산펌프의 일시적인 과부하 · 계측기의 오작동	· 인산 과다로 인한 제품의 품질 저하 · 작업구역에는 아무런 위험도 없음	· 계측기의 정기적인 교정, 복수화 · 공정의 유지관리 철저
Part of	저농도 인산의 흐름	· 판매자가 잘못된 물질이나 잘못된 농도의 제품을 제공 · 인산공급탱크충전시 실수	· 반응기에서 암모니아의 과다와 작업구역으로의 누출 · 누출된 양은 공급양의 감소와 관련됨	충전하기 전에 인산공급탱크의 농도를 검사, 펌프의 유량을 확인

2.3 연속공정에서 HAZOP기법의 적용

HAZOP기법은 수년동안 연속적으로 화학공정을 평가하기 위하여 적용하여 왔다. 그러므로 대부분의 상황이나 조건에 대한 이탈들이 개발되어 적용되었으며 그 목록은 표 2-6과 같다. 이 목록에는 리더가 난상토론을 주도하고 팀의 참여를 돕기 위한 원인의 예가 포함되어 있다. 이러한 이탈의 목록이 전부가 아니기 때문에 아무런 생각없이 적용만해서는 안된다. 이러한 각각의 검토구간에 적용 가능한 이탈인지를 검토하여야 하며, 특별한 이탈이 반응시스템에서 필요한지의 여부도 결정해야 한다.

이 외에 인간의 실수로 인한 추가적인 이탈의 적용이 필요할 수도 있고, 이러한 것들이 평가를 더욱 어렵게 할 수도 있으며, 몇 가지의 실수로 사건을 분석할 수도 있는 단어들을 이 목록에 포함시켰다. 가이드 워드와 공정변수를 조합하여 만든 변수들은 일부의 의도된 경우를 제외하고는 원인을 찾기 위한 방법으로 적용되며, 이들은 본질적이고 보다 일반적이다.

다음의 예를 살펴보면 몇 가지 인자들이 의미를 보다 명확하게 파악할 수 있다. 보수정비는 일반적인 보수를 위한 훈련, 작업허가, 배출, 치환, 청소, 신뢰도 등에 관계있는 사안을 낳게 한다. 이러한 일반적인 인자들이 적용되는 경우에는 가이드 워드와 조합하지 않고 인자 하나만의 이탈로 간주하여 적용한다.

표 2-6 연속공정에서 HAZOP 이탈 및 일반적인 공정변수표

Parameter	Deviation	Possible Causes
Flow	No Flow	Wrong routing, blockage, incorrect blinding, check valve reversed, burst pipe, large leak, equipment failure, isolation in error, loss of pressure differential
	Reverse flow	Defective check valve, siphon effect, incorrect pressure differential, two-way flow, emergency venting, operational error, piping around in-line spares
	More flow	Increased pump capacity, increased suction pressure, reduced delivery head, greater fluid density, exchanger tube leaks, removal of restriction orifices, valve misalignment, control valve failure, control system, faults, control valve trim changed, running two pumps

Parameter	Deviation	Possible Causes
	Less flow	Line restriction, filter blockage, defective pumps, fouling, density or viscosity changes, small leaks
	Contamination	Leaking isolation valves or exchanger tubes, misaligned valves, incorrect service connection, effect of corrosion, wrong additives, ingress of air, abnormal operations
	Composition change	Leaking isolation valves or exchanger tubes, phase change, incorrect feedstock, poor QC, process upset, reaction intermediates/by products, stratification
Level	More level	Outlet flow stopped, inflow greater than outflow, control failure faulty level instrumentation, gravity liquid balancing
	Less level	Inlet flow stops, leak, outflow greater than inflow, control failure, faulty level measurement, drains open
Pressure	More pressure	Surge, connection to high pressure system, inadequate venting, defective isolation, relief valves blocked, thermal overpressure, positive displacement pumps, control valve failure, equipment and pipe specifications
	Less pressure	Generation of vacuum, steam out, dissolving liquids, restricted pump/compressor suction lines, undetected leaking, loss of blanket gas
Temperature	More Temperature	High ambient temp., fouled or failed exchanger tubes, fire, cooling water failure, control failure, reaction run away, heat medium leak into process
	Less Temperature	Low ambient temp., pressure reduced, loss of heating, flashing
Mixing	No/Less mixing	Agitator failure, power failure, residence time reduced, material viscosity
Reaction	No/Less reaction	Reactant composition, operating conditions, initiator missing, residence time, catalyst problem
	Reaction too far	Temperature, residence time
	Side reaction	Composition, operating conditions, contamination
	Reverse reaction	Operating conditions, composition

Parameter	Deviation	Possible Causes
Viscosity	More or less	Incorrect material or composition, temperature solids concentration, solvent concentration
Relief		Relief sizing philosophy, type of relief device, reliability, discharge location, pollution implications, two phase flow, effect of de-bottlenecking, inlet and outlet piping
Instrumentation		Control philosophy, location of instruments, response time, set points of alarms/trips, access, time for intervention, testing of alarms/trips, fire protection, amplifiers, panel arrangement, auto/manual facility, fail position philosophy
Sampling		Procedure, safety, calibration, reliability/accuracy
Corrosion/ Errosion		Cathodic protection, internal/external corrosion protection, allowances, embrittlement, stress corrosion cracking, fluid velocities (especially after de-bottle necking)
Service failure		Failure of instrument, air/steam/nitrogen/cooling water /hydraulics/ electricity/natural gas/etc., contamination of services, telecommunications, emergency communication, heating and ventilating systems, computers
Abnormal operation		Purging, flushing, start-up, normal shutdown, emergency shutdown, emergency operations
Maintenance		Access, isolation philosophy, decontamination, rescue, training, testing, work permit system
Ignition/Static		Grounding, insulation, low conductance fluids, splash filling, insulated strainers and valve components, dust generation, powder handling, electrical classification, flare arrestors, hot surfaces
Spare equipment		Installed/uninstalled spares, availability, storage, testing
Safety		Toxic properties, fire and gas detection, emergency alarms, emergency shutdown capabilities, fire fighting response time, emergency training, leak detection and identification training, testing of emergency equipment

2.4 절차검토를 위한 HAZOP기법

HAZOP 기법은 서류화된 절차를 검토하는데도 적용할 수 있으며, 이 때에 검토되는 절차는 최신의 것으로서 가능한 한 정확해야 한다. 그러므로 절차에 대한 HAZOP은 팀을 구성하기 전에 이들 절차가 정확한 최신의 것인지를 면밀히 검사하여야 한다.

1) 절차에 대한 HAZOP의 준비

기본적으로 검토초기에는 절차와 연관된 중요한 잠재위험성을 포함해야 하며 이상적인 절차와 목적을 만들어서 기존 절차와 비교하도록 한다. 이 때에 비교되는 항목들은 이미 기기들의 HAZOP 수행시에 파악된 것들이 있을 수도 있다.

일반적으로 HAZOP을 통해 파악할 수 없는 기기배치, 폭로위험 및 사람과 기기의 상관된 것에서 오는 위험성을 포함한 기타 위험성은 이들 절차를 검토할 때 중요하게 고려되어 검토하여야 한다. 기본적인 위험이 파악된 후 이상적인 절차에 대한 윤곽을 잡는데, 여기서 윤곽이라 함은 절차 내에서 주요 단계의 목차로서 단계적 완결기준, 정확한 순서나 필요한 경로, 또는 그 단계에서 어떻게 해야 하는가에 대한 특별한 주문사항 등이 포함된다. 이의 목적은 절차에 수록해야 할 제반정보를 서류화하기 위함이다.

윤곽이 잡혀지면 이 윤곽과 기준의 절차를 비교 검토한다. 어떠한 큰 결함도 HAZOP을 시작하기 전에 보완되어야 하며 이러한 과정들이 많은 시간을 필요로 하지만 모든 HAZOP 팀들이 절차를 재작성하는 것보다도 효과적이다.

2) 절차검토를 위한 HAZOP의 실시

팀이 철저하게 해야 하는 첫번째 과정은 절차의 의도를 파악하는 것이다. 일반적으로 이를 위해서는 팀이 절차의 시작과 끝부분의 운전상태를 이해하여야 하며, 또 한 목적으로 이해하고 어떻게 목적을 달성할 것인지를 예견하여야 한다. 이러한 목적은 반드시 운전절차에 포함되어야 할 사항으로 만약 제외된 경우가 있으면 평가팀은 이를 추가적으로 권장해야 한다. 전반적인 목적이 명확해지면 첫 단계의 목적이 제시되어 합의될 수 있으며, 평가팀은 특정한 시간과 경로에서 취해져야 할 특별한 조치를 요구하는 등 각각의 단계를 검토한다. 또한 절차는 정보를 전달하는 수단으로서 매우 중요하므로 정보는 명확하고 완결된 것이라야 하며, 운전절차에는 안전 관련사항을 특별히 언급하는 부분이 있어야 한다. 절차를 HAZOP으로 검토하기 위해서 이탈과 일반적인 인자들의 목록을 필요로 하는데 표 2-7에 이탈과 사용목적을 제시하였다.

표 2-7 절차검토를 위한 HAZOP의 이탈 및 가능 원인

이 탈	가능 원인
No action	Step is missed or omitted-intended operation did not occur due to mechanical failure-action impossible-equipment not ready (locked out, not in service, blind left in piping)
More action	Operator does more than intended (valve opened too far)−Other actions occur affecting this operation (two individual carry out same action)
Less action	Action not carried out to full intent (too little material added), equipment does not function to fullest degree-too little time to complete step)
Wrong action	Correct operation carried out on wrong piece of equipment−equipment is not in the correct starting position, opposite action taken (valve opened instead of closed)−out of date or non−applicable procedure followed −attempt to perform two or more actions at same time
Part of action	Multiple step action only partially completed
As well as the action	More action taken than has been requested (stops motor and isolated power, closed drain and inserts blind)−other procedures interfering−too many individual involved in carrying out procedure−poor communication
Other than action	Intent of action not clear, other action carried out instead
More time	Action takes longer than necessary(start action then get distracted)−delay between end of one action and start of next
Less time	Action carried out too quickly−next action started before this action completed
Out of sequence	Step left out then done later in sequence−step carried out before required in order to save time
More information	Procedure includes information that is unnecessary and may cause confusion −information contradictory
Less information	Necessary information is missing from the procedure
No information	Process does not give positive feed back that action has occurred as desired−procedure does not specify expected results−procedure lacks safety of emergency information
Wrong information	Information provided in incorrect or out of date−contradiction between written and oral instructions

Clarity	Step confusing lacks purpose verbiage confusing procedures not consistently formatted－poor format
Unattended operation	Safeguards－adequate feedback information－remote starting equipment－emergency response
Training	Adequate training－procedure control system ensures training current procedures－retraining
Abnormal conditions	Emergency conditions covered－recovery from abnormal situations such as utility failure, deviations form normal procedures
Maintenance	Work permits－equipment condition specified－recalibration requirements－interface with other personnel
Safety	Personnel protection－OSHA compliance－environmental considerations－fire, explosion or release potential

2.5 관련서류의 관리

1) 서류작성과 후속조치

HAZOP를 수행함에 있어서 서류의 작성은 대단히 중요하다. 서류를 작성할 때에 반드시 생각해야 할 것은 작성하는 목적이며, 다음과 같은 것이 포함되어 있어야 한다.

- 검토범위와 목적
- 검토 결과
- 팀 구성원에 대한 후속조치활동의 촉진 : HAZOP 팀에 의해 작성된 항목들을 시행할 책임이 있는 경영층이나 기타 관련자들에게 조치의 필요성을 설명하고 전달하는 내용

이러한 목적들은 검토 내용의 기록지, 일일 업무보고서 및 최종보고서 등을 통하여 목적을 이룰 수가 있다.

2) 검토내용의 기록

작업일지는 검토를 하는 동안에 기록자가 작성하는 서류이다. 이 서류는 검토에서 뿐만 아니라 최종보고서에도 한 부분으로 포함시켜야 한다. 또한 검토팀에 의해 활용되었던 모든 타당성 있는 자료를 모아 “위험성 서류철(hazard file)”을 작성하여 아주 유용하게 사용

될 수 있다. 공정도나 운전절차 등 검토시에 사용하였던 공정자료의 사본과 지도자가 사용했던 주요 기기가 표시된 P&ID도 역시 위험성 서류에 포함되어야 하며 검토보고서의 후속조치, 재설계를 위한 서류, 부가적인 권고 사항 등 모든 권고사항을 제시하기 위해 작성된 서류들이 포함되어져야 한다.

① 기록 절차

작업일지는 모든 작업에서 논의된 내용을 서류화하는데 사용된다. 검토과정에서 기록자에 의해 기록이 되고 모든 회의의 결과가 편집된다. 그리고 이들 사본이 팀구성원 전부에게 배포되어 검토를 거친 후에 즉시 사본은 수집되어 파기된다.

사본의 파기는 재편집이 기록의 내용을 변경시킬 지도 모르기 때문에 시스템에 예비문서들이 남지 않도록 하는 목적에서 대단히 중요하다. 이렇게 하여 팀구성원들로부터 승인된 최종점검표는 1부만이 팀구성원 이외의 사람들에게 회람되어 검토되어야 한다. 기록자는 기술자나 비서 중에서 택하는 것이 보통이며 어떻든 HAZOP 절차에 대한 훈련을 받아야 함은 물론 기록에 익숙해야 한다. 이들 중에서 어떤 사람을 선택하는가에 따라 장단점이 있다. 기술적인 배경을 가진 기술자를 택할 경우에는 HAZOP을 실시하는 동안에 자주 쓰이는 용어들을 보다 쉽게 이해할 수 있으며, 토론의 결과를 도출하는데 직접 참여가 가능하고 토론의 결론이 매듭지어지는 것을 촉진시킬 수 있는 장점이 있는 반면에 기록속도가 늦어지는 단점이 있다. 비서를 서기로 택할 경우에는 기록하는 업무가 원활할 수 있으며, 이 때에는 지도자가 토의의 결과를 요약해 주어야 한다. 따라서 기술자로 할 것인가, 비서로 할 것인가의 선택여부는 지도자의 재량에 따라 정해진다.

② 기록의 형태

HAZOP 결과를 기록하는 방법에는 기본적으로 서로 다른 두 가지가 있으며 이 중에서 흔히 사용되는 방법은 회의에 있었던 전부를 기록하는 방법과 권고 내용에 HAZOP의 결과나 안전 또는 운전상의 문제점을 파악하는데 주도적인 역할을 하는 토론의 일부만을 기록하는 제외방법이 있는데, 이 방법은 컴퓨터가 보편화되기 전까지는 손으로 기록하는 HAZOP의 경우에 시간이 절약되어 매우 인기가 있었던 방법이었으나 컴퓨터의 발달과 법칙 요구사항 등에 따라 요즈음에는 많이 사용하지 않는다.

표 2-8에 HAZOP 작업양식의 한가지 예를 소개하였다. 여기서 양식의 작성방법을 설명하면 다음과 같다.

표 2-8 HAZOP의 작업양식(예)

HAZOP WORKSHEET

Project : Unit/Area : Drawing No. Date : Page :
Line# Design Intent

Deviation	Causes	Consequences	Safeguard	Risk	Recommendation	By	I	A	P

첫째 칸의 이탈란에는 P&ID에서 검토구간을 정한 뒤에 이 곳에 가이드워드와 파라메타를 적용하여 이탈을 추출하여 기록한다. 원인란에는 도면상에서 이탈이 일어날 수 있는 원인들을 열거한다. 한 가지에 대하여 한 가지 이상의 원인이 있는 경우에는 이들 원인 모두를 기록하여야 한다. 결과 란에는 앞에서 연구된 원인의 각각에 대하여 예상되는 결과를 기록한다. 예상되는 결과도 원인과 마찬가지로 한 가지 원인에 대하여 2개 이상의 결과가 예상되는 경우에는 이들 모두를 기록하여야 한다. 또한 각각의 서로 다른 원인에 의해 같은 결과가 예상되는 경우에도 원인별로 예상되는 결과를 각각 기록하여야 한다. 방호 란에는 예상되는 결과를 방호하기 위한 안전장치가 설계도면상에 어떻게 반영되었느냐를 기록하고, 설계되지 않았으나 필요한 안전장치도 기록하여야 한다. 리스크 란에는 예상되는 원인과 결과에 따른 위험도의 순위를 기록하는데 위험도의 순위는 보통 1에서 5까지로 구분하며 이를 구분하는 기본은 결과의 위험정도와 발생할 수 있는 빈도를 고려하여 회사의 표준을 정하여 적용하는 것이 상례이다.

3) HAZOP 보고서

팀 구성원들이 조치되어야 할 항목들을 정리하는 HAZOP의 종결단계에서 보고서를 작성하여 경영진에게 제출한다. 이 보고서의 양식은 실무적인 필요에 따라 작성되지만 반드시 포함되어야 할 것들이 있다. HAZOP을 실시하는 동안 많은 양의 서류가 작성되었기 때문에 보고서에는 중요한 발견사항이나 권고사항을 요약할 필요가 있으며 작업양식은 부록으로 한다.

기본적으로 보고서에는 사업의 소개, 검토범위와 목적 등의 서론이 있고, 기술자가 아닌 사람이 볼 경우를 대비하여 간략한 공정설명이 기술되고, 대부분의 사람들이 HAZOP을 잘 모를 경우를 고려해서 HAZOP의 방법론과 절차에 대한 소개를 할 수도 있다. 보고서의 핵심부분으로 주요한 권고사항과 결론으로 구성된 결과를 제시한다.

4) 후속조치 활동

HAZOP의 결과보고서는 해결이 되어야 할 문제들의 목록에 불과하고 이것들을 누가 어떠한 방법으로 해결하느냐 하는 문제가 바로 후속 조치활동이다. 보통 설계단계의 HAZOP에 대한 후속조치는 설계팀에 의해서 해결이 가능하고 기존설비에 대한 HAZOP인 경우 생산부나 정비부에서 수행하는 것이 보통이다. 후속 조치부서에서는 경제적이고 효과적인 방법으로 문제점을 해결하는데 대한 문제, 제안된 해결책, 대안 등을 작성하여 경영진이나 사업주의 승인을 얻은 후에 시행한다.

HAZOP팀에 의해 파악된 모든 잠재 위험성은 후속조치 활동 중에 리스크로 구분되어 조치되는 것이 중요한 데 만약 공정에서 HAZOP에 의해 파악된 원인으로 사고가 일어난다면 이를 조치하지 않은 사유를 설명하기가 상당히 곤란하게 된다. 따라서 HAZOP의 권고사항을 기록할 때에는 합리적이고 기술적이며, 실제적인 것에 기초하지 않으면 안된다.

2.6 HAZOP 실습

H 화학공장의 연구팀은 고강도의 엔지니어링 플라스틱 개발계획에 따라 중합반응공정을 설계하고 소규모 생산을 실시하기 위한 설비를 그림 2-4와 같이 계획하고 있다. 이 연구팀은 HAZOP에 대하여 경험이 부족한 기술자들로 구성되어 있기 때문에 귀하를 이 설비의 HAZOP리더로 초빙하고자 한다.

1) 반응기 특성

① 재질 : SUS 316, 120 L

② 기능 : 가열 → Steam coil, 냉각 → Jacket

③ 안전조치 : 가열용 스팀의 과압방출은 지붕을 통과하여 대기로 방출된다.

2) 기타

① 반응기는 질소봉입상태에서 운전한다.
② 진공은 Ejector로 하며 Ejector의 배출가스는 소각로에서 소각 처리한다.
③ 실링용 질소는 Bombe에서 압력조절기를 거쳐 반응기로 공급된다.

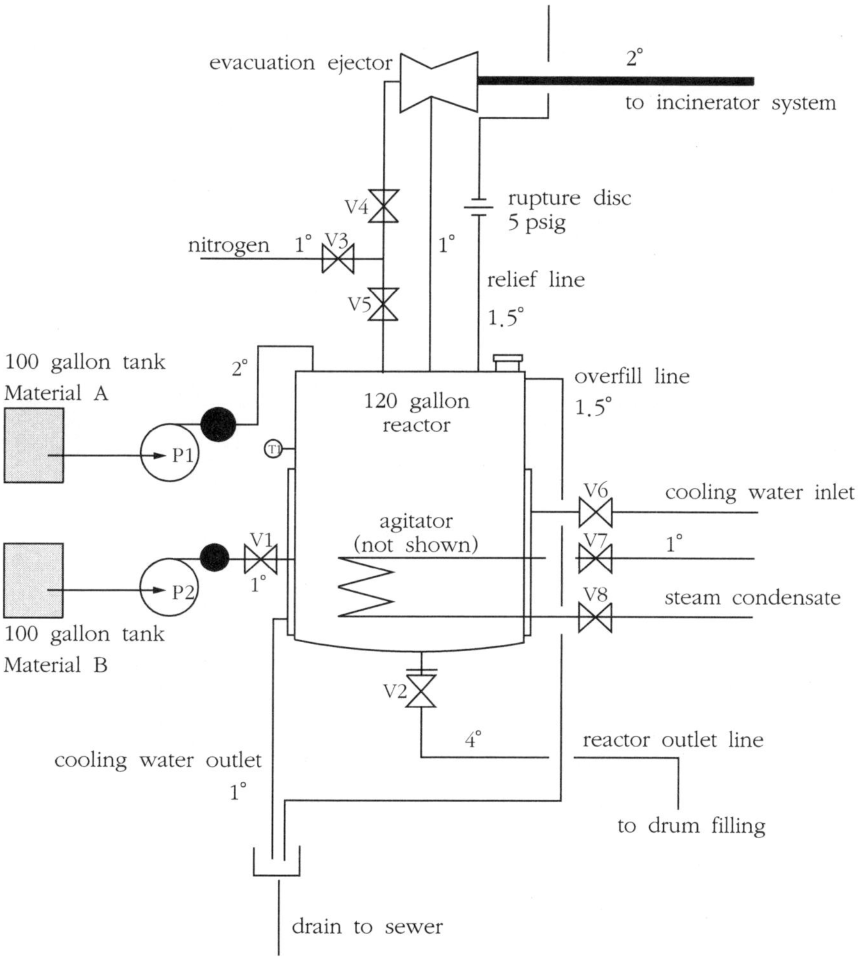

그림 2-4 플라스틱생산을 위한 중합반응공정

연습문제

1. 공정의 위험성평가를 하는 목적에 대하여 간단히 설명할 것

2. 위험성평가를 하기 위한 기법의 종류를 열거하고, 이들 각각을 간단히 요약할 것

3. HAZOP에 의한 위험성평가를 수행하기 위해 사용되는 Guide word를 연속공정과 회분공정으로 구분하여 설명할 것

4. 플라스틱생산을 위한 중합반응공정에 HAZOP기법을 이용하여 위험성평가를 실시하고, 아울러 대책을 검토하여 제시할 것

물질안전보건제도

3

1. 물질안전보건자료제도

1.1 제도의 도입배경

많은 수의 화학물질이 산업사회의 발전과 함께 경제성장에 크게 이바지한 것은 사실이지만 화학물질의 사용, 취급증가와 공업국으로서의 짧은 경험에 따른 문제점이 화재. 폭발로 인한 막대한 손실을 야기시키고, 환경오염에 따른 근로자 및 사업장 인근 주민의 생활환경, 생태계에 대한 영향 등 다방면으로 문제점이 나타나고 있다. 이들 유해화학물질에 의한 피해를 막기 위해 산업현장 뿐만아니라 생활환경 전반에 걸쳐 특별한 주의와 대책이 요구되고 있다.

화학물질에 의한 피해를 방지하기 위해서는 무엇보다 먼저 검토되어야 할 것이 유해물질의 확인이며, 유해성의 평가, 작업환경 및 생활환경에 대한 오염정도의 평가 등이다. 다시 말하면 유해물질의 확인이 되지 않고서는 그에 따르는 산업의학적 연구나 위생학적 개선대책 등 제반 조치가 이루어질 수 없다는 것을 의미하는 것이다. 이러한 관점에서 유해물질에 대한 정보를 구축하여 이를 제조, 취급하는 사업주나 근로자에게 제공하고 알려주는 것은 매우 중요한 과제이다.

이와 관련한 물질안전보건자료(material safety data sheet : MSDS) 제도는 유해화학물질의 생산자, 공급자 혹은 수입업자가 자신이 취급하는 화학물질의 안전 및 보건에 관련된 정보를 기록하고 그 정보를 사용자 또는 취급자에게 제공하는 것에 대한 일련의 제도를 말한다. 즉 물질안전보건자료 제도는 유해화학물질에 대한 안전보건상의 정보를 사용자, 취급자 내지는 근로자에서부터 최종 소비자인 전 국민에 이르기까지 해당 화학물질의 안전 및 보건에 관련한 정보를 제공하고 이를 활용함으로써, 다음과 같은 효과를 기대할 수 있다.

1) 유해화학물질을 제조, 사용, 운반, 저장하는 사업장에서 이들로 인한 화재, 폭발사고 및 직업병을 예방하여 근로자의 안전과 보건을 확보하고 작업환경을 개선하여 쾌적한 작업분위기를 조성한다.
2) 사용자나 근로자 및 전 국민이 사용하거나 취급하는 화학물질의 유해성, 위험성, 취급시의 주의사항, 사고시 대피방법 등 각종 관련 정보를 제공받음으로써 건강보호 및 알아야 할 권리를 충족시켜 준다.

3) 물질안전보건자료 제도를 이미 시행하고 있는 일본, 미국, 유럽연합국가 등과의 교역, OECD(Organization for Economics Cooperation and Development) 가입, 블루라운드, 그린라운드 등에 따른 선진국과의 대외교역을 원활히 하기 위해서 물질안전보건자료는 필수불가결한 것으로써 기업의 국제 경쟁력강화에 많은 도움이 될 것으로 예상된다.

본 제도를 도입하게 된 배경을 요약하면 다음과 같이 설명할 수 있다.

1) 화학물질 사용량의 증가와 관련자료의 부실

우리나라는 30,000여종의 화학물질이 유통되고 매년 200여종(전 세계적으로 1,000여종)의 새로운 화학물질이 수입 또는 개발되고 있으며 이들 물질의 혼합제품은 수십만 종에 달하고 있는 현실이다. 이런 상황에서 정부가 더 이상 화학물질에 관하여 방관할 수 없는 상태에 이르렀다.

더욱이, 산업구조가 고도화됨에 따라 반도체, 신소재 등 첨단 하이테크산업을 중심으로 독성이 높은 유해화학물질의 수요는 급증하고 있는 실정이며, 미처 유해성이 검증도 되기 전에 생산 공정에서 사용되고 있는 실정이다. 그리고 대부분의 화학물질은 유해성에 대한 자료가 없는 상태로 유통되고 있으므로 취급자들에게 직업병의 발생, 화재, 폭발, 맹독성물질 등에 의한 사고가 빈발하고 있다.

2) 종합적이고 체계적인 화학물질관리의 필요성

화학물질의 유통량이 급증함에 따라, 현행의 화학물질 관리체계는 그 한계에 왔다. 따라서 종합적이고 체계적인 화학물질 관리체계의 필요성이 절실히 요청되고 있으나, 어느 법도 전반적인 화학물질의 관리를 하지 못하는 실정이다. 현재 각 부처에서 관리하고 있는 화학물질은 모두 1,000여종에 불과하며, 이보다 훨씬 많은 30,000여 종은 방치되어 관리의 사각지대에 놓여 있는 실정이다. 물론 모든 화학물질은 잠재적으로 유해하다는 관점에서 볼 때 근로자의 보호라고 하는 관점에서는 더 이상 늦춰질 수 없는 문제이다.

3) 유해물질로 인한 재해예방과 사고시의 대처

모든 화학물질을 유해 성분별로 분류하여 적절하게 관리하는 것이 무엇보다 중요한 과제이다. 이를 위해서는 사전에 유해성을 충분히 숙지하여야만 만약의 사고에 신속히 대응할 수 있게 된다. 특히 화학물질로 인한 사고는 직업병, 화재, 폭발 등과 같이 그 회복이 극히 어렵다는 점에서 보면 매우 심각하다고 할 수 있다.

4) 화학물질관리의 국제적 추세에 동참

물질안전보건자료 제도는 국제적으로 화학물질관리의 가장 유효한 관리수단으로 인식되고, MSDS없이는 선진국에 대한 화학물질의 수출은 불가능한 상황이며, 미국(1985), 일본(1992), 유럽연합(1991), ILO(협약 제170호, 권고 제177호), 캐나다(1988) 등 선진국에서는 이미 이 제도를 시행하고 있다.

국제노동기구(ILO ; International Labor Organization)에서는 유해물질로 인한 산업재해 등을 예방하기 위하여 화학물질에 관한 협약 제170호를 제정하여 권고하고 있다. 작업시의 화학물질에 의해 유발되는 질병이나 상해 등의 발생 빈도수를 예방 또는 감소시킬 목적이며, 화학물질이 사용되고 있는 모든 분야의 경제활동에 적용되고 그 주요 내용은 다음과 같다.

① 관련되는 노·사의 최고 대표단체는 취해질 국제적인 흐름에 관하여 협의대상이 되어야 한다. 국가는 이러한 분야와 관련하여 일관성 있는 정책을 수립하고 시행하며 정기적으로 평가하여야 한다.

② 이 협약은 화학물질의 분류체계, 명명과 표시작업, 화학물질안전의 정보안내, 공급자 및 사용주의 의무(화학물질의 확인, 이전 및 처분 그리고 근로자의 노출과 관련된 의무 외에 정보와 교육 및 공동협력에 관련된 의무 등)에 관하여 상세한 규정들을 담고 있다. 또한 근로자의 의무(협력의무, 예방의무와 권리, 특히 정보접근권리 및 위험피난권리)에 관하여도 규정되어 있다.

③ 수출국에서 유해화학물질의 전부 혹은 일부가 작업시의 안전 및 보건상의 이유로 사용이 금지될 경우 수출국은 이러한 사실을 모든 수입국에 통보하여야한다.

④ 화학물질로 인한 산업재해를 예방하기 위하여 물질안전보건자료의 제도시행이 요구되어 많은 유해화학물질을 취급하고 있는 화학공장 등의 근로자들에게 최신의 정확한 MSDS 자료를 제공함으로써 안전하고 쾌적한 작업환경을 조성하여야 한다. 화학물질을 제조, 수입, 공급하는 자는 화학물질에 대한 각종 정보를 제작하여 유통시에 보급하여야 한다.

1.2 외국의 물질안전보건제도

선진 외국에서는 유해화학물질의 관리에 대한 규제적 지침을 제정하여 화학물질 유통시의 각종 위험성과 안전대책이 명시된 물질안전보건자료의 첨부를 의무화하고 있는 추세이다. 물질안전보건자료 제도를 시행하고 있는 미국, 유럽연합 등의 제도내용은 다음과 같다.

1) 미 국

1982년에 근로자의 유해화학물질에 대한 알아야 할 권리(worker's right to know)의 일환으로 유해정보 전달기준(hazardous communication standard : HCS)이 입법 예고되었으며, 1983년에는 미국연방규칙(code of federal regulation : CFR) No.1910. 1200으로 공포되어 제조, 수입업자에게 우선 적용하였으며 1987년에 전 업종으로 확대하여 실시하고 있다.

MSDS작성 대상물질은 연소성 액체, 압축가스, 폭발성 물질, 가연성 물질, 유기과산화물, 산화물, 발화성 물질, 반응성 물질, 건강상 유해물질이며 MSDS의 주요 기재내용은 유해정보 전달기준에 따라 사업장에서 기본적으로 시행하여야 할 사항으로 용기 및 포장의 경고표지, MSDS의 작성, 전달 및 사업장 내의 게시, 근로자에 대한 교육 등의 3가지를 규정하고 있다.

2) 캐나다

미국과 유사한 형태의 WHMIS(workplace hazardous material information system)라고 불리어지는 유해물질 정보공개제도가 있으며, 1988년에 연방정부 차원에서 도입되고, 1991년부터 물질안전보건자료에 포함되어야 하는 기재내용이 처음의 9개 항목에서 16개 항목으로 확대 적용되기 시작하였다. MSDS작성 대상물질은 고압가스, 인화성 물질, 발화성 물질, 산화성 물질, 유독성 물질 · 감염성 물질, 부식성 물질, 반응성 위험물질이다.

3) 일 본

1992년 7월에 노동성 고시 제60호로 공포된 "화학물질 등의 위험. 유해성 등의 표시에 관한 지침"에 따라 유해화학물질을 양도 또는 제공하고자 하는 사업주가 양도 또는 제공받는 상대편에게 물질안전보건자료를 교부토록 하고 있다. 일본은 MSDS 작성자가 자율적으로 시행하며 통산성 산하단체에서 MSDS 작성을 지원하고 있다. MSDS 작성 대상물질은 폭발성 물질, 고압가스, 인화성 물질, 가연성 물질, 자연발화성 물질, 금수성 물질, 급성

독성 물질, 부식성 물질, 자극성 물질, 특정 유해성 물질로서 전체적으로 적용되는 화학물질은 약 4,000종이며 기타 물질은 자율적으로 시행하도록 권고하고 있다.

4) 유럽연합

물질안전보건자료에 대한 유럽연합의 기준은 EC Directive 91-155이다. 이 기준이 시행되기 이전에도 유럽연합에서는 유해화학물질에 대한 정보를 제공하기 위한 지침서(directive)가 제정되어 각국에서 시행하고 있었다. 그러나 유럽연합에서는 2006년에 화학물질에 대한 통합관리법인 REACH제도를 시행하여 강화하였으며 상세한 내용은 제5장에 수록되어 있다. MSDS 작성 대상물질은 폭발성 물질, 산화성 물질, 가연성 물질, 독성 물질, 유해성 물질, 부식성 물질, 자극성 물질, 감작성 물질, 발암성 물질, 변이원성 물질, 차세대 영향성물질, 환경유해성 물질로서 MSDS 작성의 주요 내용은 성분 및 조성, 누출시 조치, 독성 정보, 폭로 제어 및 개인보호요령 등 16개의 항목으로 구성된 MSDS 자료를 해당물질을 제조, 수입 또는 공급하는 자가 제공하도록 규정하고 있다.

1.3 관련법규

정부에서는 1995년 7월에 개정하여 공포한 산업안전보건법 제41조에 물질안전보건자료의 작성 비치규정을 신설하였으며 1996년 7월 1일부터 이를 시행하였다. 이와 관련된 법규, 시행령, 시행규칙 및 기준 등에 대한 상세한 내역은 아래와 같다.

1) 산업안전보건법(1995. 1. 5, 법률 제4916호)

법 제41조 (물질안전보건자료의 작성, 비치 등) ① 사업주는 화학물질 또는 화학물질을 함유한 제제(대통령이 정하는 제제를 제외한다. 이하 같다)를 제조·수입·사용·운반 또는 저장하고자 할 때에는 미리 다음 각호의 사항을 기재한 자료(이하 "물질안전보건자료"라 한다)를 작성하여 취급 근로자가 쉽게 볼 수 있는 장소에 게시 또는 비치하여야 한다.

1. 화학물질의 명칭
2. 안전·보건상의 취급주의 사항
3. 환경에 미치는 영향
4. 기타 노동부령이 정하는 사항

② 사업주는 제1항의 규정에 의한 화학물질 또는 화학물질을 함유한 제제를 취급하는 근로자의 안전·보건을 위하여 경고표지를 부착하고, 근로자에 대한 교육을 실시하는

등 적절한 조치를 하여야 한다.

③ 제1항의 규정에 의한 화학물질 또는 화학물질을 함유한 제제를 양도 또는 제공하는 경우에는 물질안전보건자료를 함께 양도 또는 제공하여야 한다.

④ 노동부장관은 제1항의 규정에 의한 화학물질 또는 화학물질을 함유한 제제를 취급하는 근로자의 안전·보건을 유지하기 위하여 필요하다고 인정할 때에는 사업주에게 물질안전보건자료의 제출을 명하거나 물질안전보건자료상의 취급주의사항 등의 변경을 명할 수 있다.

⑤ 사업주는 화학물질 또는 화학물질을 함유한 제제를 취급하는 공정별로 관리요령을 게시하여야 한다.

⑥ 노동부장관은 근로자의 안전·보건의 유지를 위하여 필요한 경우에는 물질 안전보건자료와 관련된 자료를 근로자 및 사업주에게 제공할 수 있다.

⑦ 물질안전보건자료의 작성, 제출, 경고표지 기타 필요한 사항은 노동부령으로 정한다.

법 제72조 (과태료) ① 다음 각 호의 1에 해당하는 자는 300만원 이하의 과태료에 처한다.(개정 1995.1.5)

1. 제11호 제1항, 제20조 제1항 또는 제41조 제1항의 규정에 의하여 위반하여 법 또는 이 법에 의한 명령의 요지, 안전보건관리규정 또는 물질안전보건자료를 비치·게시하지 아니한 자

5. 제41조 제2항 또는 제3항의 규정에 위반하여 경고표시를 부착하지 아니하거나 교육을 실시하지 아니한 자 또는 물질안전보건자료를 양도. 제공하지 아니한 자

6. 제41조 제4항에 의한 명령에 위반한 자

법 또는 이 법에 의한 명령의 요지, 안전보건관리규정 또는 물질안전보건자료

2) 시행령(' 95.10.19, 대통령령 제14787호)

제32조의 2 (물질안전보건자료의 작성·비치 제외대상 제제) 법 제41조 제1항에서 "대통령령이 정하는 제제"라 함은 다음 각 호와 같다.

1. 원자력법에 의한 방사성물질
2. 약사법에 의한 의약품, 의약부외품 및 화장품
3. 마약법에 의한 마약
4. 농약관리법에 의한 농약
5. 사료관리법에 의한 사료
6. 비료관리법에 의한 비료
7. 식품위생법에 의한 식품 및 식품첨가물

8. 향정신성 의약품관리법에 의한 향정신성의약품
9. 총포 · 도검 · 화약류 등 단속법에 의한 화약류
10. 제1호내지 제9호외의 물질로서 사업장에서 사용하지 아니하는 일반소비자용제제
11. 기타 노동부장관이 독성 · 폭발성 등을 판단하여 위해의 정도가 적다고 정하는 제제

3) 산업안전보건법 시행규칙('95.11.23, 노동부령 제103호)

제92조의 2 (물질안전보건자료의 기재사항) 법 제41조 제1항 제4호에서 "기타 노동부령이 정하는 사항"이라 함은 다음 각호와 같다.

1. 물리 · 화학적 특성
2. 독성학적 정보
3. 폭발 · 화재시의 대처방법
4. 응급조치요령
5. 기타 노동부장관이 정하는 사항

제92조의 4 (경고표지의 부착) ① 사업주는 법 제41조 제1항의 규정에 의한 물질안전보건자료를 작성하는 경우에는 그 물질안전보건자료의 신뢰성이 확보될 수 있도록 인용된 자료의 출처를 함께 기재하여야 한다.

② 물질안전보건자료의 세부 작성방법 · 용어 등 필요한 사항은 노동부장관이 정한다.

제92조의 4 (경고표지의 부착) ① 법 제41조 제2항의 규정에 의한 경고표지는 화학물질 또는 화학물질을 함유한 제제 단위로 작성하여 이를 담은 용기 또는 포장에 부착하여야 한다.

② 제1항의 규정에 의한 경고표지에는 당해 화학물질 또는 화학물질을 함유한 제제의 명칭, 취급상의 주요 유의사항, 경고의 내용을 나타내는 그림 등을 포함하여야 하며, 부착표지의 규격, 경고내용에 따른 그림의 종류, 기타 필요한 사항은 노동부장관이 따로 정한다.

제92조의 6 (물질안전보건자료의 제출 · 변경) ① 노동부장관이 법 제41조 제4항의 규정에 의하여 사업주에게 물질안전보건자료의 제출을 명하는 경우는 다음 각 호의 1에 해당하는 경우로 한다.

1. 유통 및 게시 · 비치되고 있는 물질안전보건자료의 내용상 이상이 있다고 판단되는 경우
2. 근로자의 안전보건에 중대한 영향을 미치는 유해물질을 포함하고 있는 경우
3. 기타 화학물질로 인한 사고 등 중대재해로부터 근로자의 안전보건을 유지하기 위하여 필요한 경우

② 법 제41조 제4항의 규정에 의한 물질안전보건자료의 제출명령을 받은 사업주 는 그 명령을 받은 날로부터 10일 이내에 물질안전보건자료를 노동부장관에게 제 출하여야 한다.

③ 노동부장관은 제2항 규정에 의하여 물질안전보건자료를 제출받은 물질안전보건자료의 검토를 공단에 의뢰할 수 있으며, 물질안전보건자료를 제출 받은 날로부터 30일 이내

에 물질안전보건자료의 변경여부를 사업주에게 통보하여야 한다.

④ 사업주는 법 제41조 제4항의 규정에 의하여 물질안전보건자료의 변경 명령을 받은 경우에는 그 명령을 받은 날부터 30일 이내에 그 결과를 노동부장관에게 보고하여야 한다.

제92조의 7 (작업공정별 관리요령 게시) ① 법 제41조 제5항의 규정에 의한 작업공정별 관리요령에는 화재, 폭발시 방재요령, 취급·저장시 주의사항 등을 포함하여야 한다.

② 사업주는 제1항의 규정에 의한 작업공정별 관리요령을 물질안전보건자료에 포함하여 게시할 수 있다.

제92조의 8 (물질안전보건자료의 제공) ① 노동부장관은 공단으로 하여금 법 제41조 제6항의 규정에 의한 물질안전보건자료와 관련된 자료를 근로자 및 사업주에게 제공할 수 있다.

② 노동부장관 또는 공단은 근로자 또는 사업주에게 물질안전보건자료와 관련된 자료를 제공하기 위하여 필요하다고 인정하는 경우에는 화학물질 또는 화학물질을 함유한 제제를 제조 또는 수입하는 자에게 물질안전보건자료와 관련된 자료를 요청할 수 있다.

4) 물질안전보건자료의 작성. 비치 등에 관한 기준(노동부 고시 제96-12호)

제1장 총 칙

제1조 (목적) 이 고시는 산업안전보건법(이하 "법"이라 한다) 제41조, 동법 시행령(이하 "시행령"이라 한다) 제32조의 2 및 동법 시행규칙(이하 "시행규칙"이라 한다) 제92조의 2 내지 제92조의 5의 규정에 의하여 사업주가 작성하여야 할 물질안전보건자료, 경고표지 및 근로자에 대한 교육 등에 관하여 필요한 사항을 정함을 목적으로 한다.

제2조 (정의) 이 고시에서 사용하는 용어의 정의는 다음 각 호와 같다.

1. "화학물질"이라 함은 원소 및 원소간의 화학반응에 의하여 생성된 물질을 말 한다.
2. "화학물질을 함유한 제제"라 함은 화학물질의 주성분에 부형제, 용제, 안정제 등을 첨가하여 제조한 제품을 말한다.
3. "혼합물"이라 함은 화학적으로 반응하지 않는 두 가지 이상의 화학물질이 섞여 있는 물질을 말한다.
4. "제조업자"라 함은 자가 사용 또는 판매를 목적으로 국내에서 화학물질 또는 화학물질을 함유한 제제를 생산, 가공, 배합 또는 재포장 등을 하는 자를 말 한다.
5. "수입업자"라 함은 판매 또는 자가 사용을 목적으로 외국으로부터 국내로 화학물질을 이동하거나 이동하고자 하는 자를 말한다.

제3조 (적용대상 및 제외물질) ① 법 제41조의 규정에 의한 물질안전보건자료의 작성·비치 등의 적용대상이 되는 화학물질(이하 "대상 화학물질"이라 한다)은 다음 각 호에서 규정한 물질을 말한다.

1. 물리적 위험물질

가. 폭발성 물질
나. 산화성 물질
다. 극인화성 물질
라. 고인화성 물질
마. 인화성 물질
바. 금수성 물질

2. 건강장해 물질
   가. 고독성 물질
   나. 독성 물질
   다. 유해 물질
   라. 부식성 물질
   마. 자극성 물질
   바. 과민성 물질
   사. 발암성 물질
   아. 변이원성 물질
   자. 생식독성 물질
3. 환경유해 물질

② 제1항 각호의 규정에 의한 대상 화학물질의 분류기준 및 유해그림은 별표 1에 의한다.

③ 시행령 제32조의 2 제11호의 "기타 노동부장관이 독성·폭발성 등으로 인한 위해의 정도가 적다고 인정하여 고시하는 제제"라 함은 제1항 각호에서 규정한 대상 화학물질을 1% 미만(다만, 발암성물질은 0.1% 미만) 함유하고 있는 제제를 말한다.

제2장 물질안전보건자료의 작성 등

제4조 (작성의무) 사업주는 법 제41조 제1항의 규정에 의하여 제3조 제1항 각호의 대상 화학물질 또는 대상 화학물질을 함유한 제제를 제조·수입·사용·운반 또는 저장하고자 할 때에는 물질안전보건자료를 작성하여야 한다. 다만, 사용·운반 또는 저장하고자 하는 사업주가 제조업자 또는 수입업자로 부터 물질안전 보건자료를 입수한 경우에는 물질안전보건자료를 작성한 것으로 본다.

제5조 (작성항목) ① 물질안전보건자료 작성시 포함되어야 할 항목 및 그 순서는 다음 각 호에 의한다.

1. 화학제품과 회사에 관한 정보
2. 구성성분의 명칭 및 함유량

3. 위험 · 유해성
4. 응급조치요령
5. 폭발 · 화재시 대처방법
6. 누출사고시 대처방법
7. 취급 및 저장방법
8. 노출방지 및 개인보호구
9. 물리화학적 특성
10. 안정성 및 반응성
11. 독성에 관한 정보
12. 환경에 미치는 영향
13. 폐기시 주의사항
14. 운송에 필요한 정보
15. 법적규제 현황
16. 기타 참고사항

② 제1항 각 호에 대한 세부작성 항목 및 기재사항은 별표 2와 같다. 다만, 물질안전보건자료의 작성자는 근로자의 안전보건의 증진에 필요한 경우에는 세부항목을 추가하여 작성할 수 있다.

제6조 (작성원칙) ① 물질안전보건자료는 한글로 작성하는 것을 원칙으로 하되 화학물질명, 외국기관명 등의 고유명사는 영어로 표기할 수 있다.

② 제5조 제1항 각호의 작성시 시험결과를 반영하고자 하는 경우에는 해당 국가의 우량실험실기준(GLP)에 따라 수행한 시험결과를 우선적으로 고려하여야 한다.

③ 제2항의 기준에 따라 수행된 연구에서 최소한 하나 이상에서 양성결과가 나온 경우에는 그 부분에 대해 유해성이 있는 것으로 보아야 한다.

④ 외국어로 되어 있는 물질안전보건자료를 번역하는 경우에는 동 자료의 신뢰성이 확보될 수 있도록 최초 작성기관명 및 시기를 함께 기재하여야 하며, 다른 형태의 관련자료를 활용하여 물질안전보건자료를 작성하는 경우에는 참고문헌의 출처를 기재하여야 한다.

⑤ 물질안전보건자료 작성에 필요한 용어는 한국산업안전보건공단 이사장이 정하는 "물질안전보건자료(MSDS) 번역 지침서"의 용어를 표준으로 하되, 다른 용어를 사용하는 것이 적절하다고 판단되는 경우 그 용어를 사용할 수 있다.

⑥ 물질안전보건자료의 작성단위는 계량 및 측정에 관한 법률이 정하는 바에 의한다.

⑦ 각 작성항목은 가능한 한 빠짐없이 작성하여야 한다. 다만, 부득이 어느 항목에 대해 관련정보를 얻을 수 없는 경우 작성란에 "자료 없음"이라고 기재하고, 적용이 불가능하거나 대상이 되지 않는 경우 작성란에 "해당 없음"이라고 기재한다.

제7조 (혼합물의 유해성결정) ① 물질안전보건자료를 작성하는 사업주는 혼합물의 유해성을 다음 각 호와 같이 결정한다.

1. 혼합물의 독성이 전체로서 시험된 경우, 그 실험 결과를 유해성 여부를 판단하는 기초로 사용한다.
2. 혼합물이 물리적 위험물질인지 여부가 전체로서 시험되지 않은 경우 혼합물을 구성하고 있는 단일 화학물질에 관한 자료를 통해 혼합물의 물리적 잠재유해성을 평가할 수 있다.
3. 혼합물이 건강장해물질인지의 여부가 전체로서 시험되지 않은 경우 혼합물에 건강장해물질이 전체의 1% 이상(무게비율)을 차지하고 있다면 당해 혼합물은 건강장해물질과 동일한 건강장해를 나타내는 것으로 본다. 다만, 발암성 물질은 0.1% 이상 포함하고 있다면 그 혼합물은 발암성이 있다고 본다.

② 혼합물로 된 제품들이 다음 각 호의 요건을 충족시키는 경우 각각의 제품을 대표하여 하나의 물질안전보건자료를 작성할 수 있다.

1. 혼합물의 구성성분이 같을 것
2. 주성분 이외의 성분 함량이 10% 이내에서 조성을 달리할 것
3. 비슷한 유해성을 가질 것

제8조 (양도 및 제공) ① 사업주가 대상 화학물질 또는 대상 화학물질을 함유한 제제를 다른 사업주에게 양도 또는 제공하는 때에는 물질안전보건자료를 함께 양도 또는 제공하여야 한다.

② 동일 사업주에게 동일 대상 화학물질 또는 동일 대상 화학물질을 함유한 제제를 2회 이상 계속하여 양도 또는 제공하는 경우에는 당해 대상 화학물질 또는 제제에 대한 물질안전보건자료의 변경이 없는 한 2회 이후부터는 물질안전보건자료의 양도 또는 제공을 생략할 수 있다.

③ 제3조 제1항 각호에 해당하지 아니하는 화학물질 또는 화학물질을 함유한 제제를 양도 또는 제공받는 자가 당해 화학물질 또는 제제에 대한 물질안전보건자료의 제공을 요청하는 경우에는 제조 또는 수입업자는 당해 화학물질 또는 제제가 제3조 제1항 각호의 대상 화학물질에 해당하지 않음을 서면으로 통보하여야 한다.

제9조(새로운 정보의 적용) 사업주는 대상 화학물질 또는 대상 화학물질을 함유한 제제에 대하여 다음 각 호의 정보를 알게 된 경우에는 이를 3개월 이내에 물질안전보건자료에 포함시켜야 한다.

1. 유해위험성
2. 유해위험성에 대한 보호조치 방법
3. 법적 규제사항의 개정내용
4. 기타 기존 물질안전보건자료상의 주요 변경내용

제10조 (게시 또는 비치) 사업주는 사업장에 쓰이는 모든 대상 화학물질에 대한 물질안전보건자료를 다음 각 호의 장소중 하나이상의 장소에 게시 또는 비치하고 정기 또는 수시로 점검. 관리하여야 한다.

1. 대상 화학물질 취급작업 공정내
2. 안전사고 또는 직업병 발생우려가 있는 장소
3. 사업장내 근로자가 가장보기 쉬운 장소

제3장 경고표지 작성 및 부착

제11조 (부착 의무) ① 대상 화학물질의 제조업자 및 수입업자는 당해 대상 화학물질의 용기 또는 포장에 한글 경고표지를 부착하여야 한다.

② 대상 화학물질을 사용·운반 또는 저장하고자 하는 사업주는 경고표지의 유무를 확인하여야 하며, 경고표지가 없는 경우에는 경고표지를 부착하여야 한다.

③ 제2항의 규정에 의한 사업주는 제조업자 또는 수입업자에게 경고표지의 부착을 요청할 수 있다.

제12조 (부착내용 및 방법) ① 경고표지에 포함되어야할 사항은 다음 각 호와 같다.

1. 화학물질명 또는 제품명(다만, 그 명칭은 물질안전보건자료상의 명칭과 일치하여야 한다.)
2. 대상 화학물질의 유해성에 따라 별표 1에 규정된 유해그림
3. 대상 화학물질의 유해위험성 및 그에 대한 조치사항
4. 자세한 내용을 알기 위해서는 물질안전보건자료를 참고할 수 있다는 문구
5. 산업안전보건법 제41조 규정에 근거한다는 취지의 문구

② 경고표지는 대상 화학물질 또는 대상 화학물질을 함유한 제제의 용기 또는 포장에 인쇄물을 부착하거나 직접 표시하는 것을 원칙으로 한다.

③ 경고표지를 부착하거나 표시하는 것이 곤란한 경우에는 꼬리표를 달 수 있다.

제13조 (적용제외) 다음 각 호의 1의 표시를 한 경우에는 그 물질에 대해서는 이 고시에 의한 경고표지를 한 것으로 본다.

1. 법 제39조에 의한 유해물질의 표시
2. 유해화학물질관리법에 의한 유독물의 표시
3. 소방법에 의한 위험물의 표시
4. 고압가스 안전관리법에 의한 합격용기 등의 표시
5. 선박안전법 위험물선박운송 및 저장규칙에 의한 표시

제14조 (표지의 양식 및 규격) 경고표지의 양식 및 규격은 별표 3과 같다.

제15조 (표지의 색상 및 위치) ① 경고표지 전체의 바탕은 흰색, 글씨는 검정색으로 하고 테두리는 빨강색으로 하여야 한다.

② 유해그림의 바탕은 노랑색으로 하고 테두리와 그림은 검정색으로 하여야 한다. 다만, 다음 각 호의 물질은 바탕을 빨강색으로 하여야 한다.

1. 극인화성 물질
2. 고독성 물질
3. 발암성 물질

제4장 근로자에 대한 교육

제16조 (교육실시시기) 사업주는 다음 각 호의 1에 해당하는 근로자에 대하여 교육을 실시하여야 한다.

1. 새로운 대상 화학물질을 취급시키고자 하는 경우
2. 신규 채용하여 대상 화학물질 취급작업에 종사시키고자 하는 경우
3. 작업 전환하여 대상 화학물질에 노출될 수 있는 작업에 종사시키고자 하는 경우
4. 대상 화학물질을 운반 또는 저장시키고자 하는 경우
5. 기타 대상 화학물질로 인한 사고발생의 우려가 있다고 판단되는 경우

제17조 (교육내용) 근로자 교육에 포함되어야 할 내용은 다음 각 호와 같다.

1. 산업안전보건법에 따른 물질안전보건자료제도의 개요
2. 작업장내 대상 화학물질의 종류와 그 유해성
3. 작업장내 대상 화학물질의 누출 또는 취급 근로자에 대한 노출을 알아내기 위한 방법
4. 긴급대피요령, 응급조치방법 등 물질안전보건자료상의 주요내용
5. 물질안전보건자료와 경고표지를 읽고 이해하는 방법
6. 기타 보다 자세한 정보를 얻을 수 있는 방법

제18조 (교육방법) 사업주는 다음과 같이 교육을 실시하고 근로자대표의 서명을 받아 그 대장을 사업장내에 비치・관리하여야 한다.

1. 법 제31조의 규정에 의한 안전・보건 교육시 근로자에게 제17조 각호의 내용을 교육
2. 법 제32조의 규정에 의한 관리책임자등에 대한 교육시 관리책임자 등에게 제17조 각호의 내용을 교육

제5장 비밀유지

제19조 (비밀유지 항목) ① 사업주는 대상 화학물질중에서 화학물질명 등의 정보가 영업비밀로서 보호하여야 할 가치가 있는 경우에는 동 대상 화학물질을 구체적으로 식별할 수 있는 정보를 공개 하지 않을 수 있다. 다만, 이 경우 물질안전보건자료에는 "영업비밀"임을 명시하여야 한다.

② 제1항의 규정에 의하여 정보를 공개하지 않을 수 있는 항목은 다음 각호와 같다.

1. 화학물질명
2. CAS 번호 또는 그 물질의 식별번호
3. 구성성분의 함유량

제20조 (비밀유지 적용배제) ① 제19조 제2항의 규정에 불구하고 사업주는 다음 각 호의 1에 해당하는 경우에는 제19조 제2항 각호의 항목을 물질안전보건자료에 공개하여야 한다.

1. 당해 화학물질이 분류상 건강장해물질에 해당하는 경우
2. 당해 화학물질을 사용하는 국내외의 다른 사업주가 이미 동 화학물질의 명칭을 공개한 경우
3. 시행규칙 제92조의 6 제1항의 규정에 의하여 노동부장관으로 부터 물질안전 보건자료의 제출명령을 받았을 경우

② 제19조 제2항의 규정에 불구하고 사업주는 다음 각 호의 1에 해당하는 경우에는 제19조 제2항 각호의 항목을 관계자에게 제공하여야 한다.

1. 법 제17조의 규정에 의한 산업보건의가 치료목적을 위하여 긴급하게 제19조 제2항 각호의 항목을 관계자에게 제공하여야 한다.
2. 법 제16조의 규정에 의한 보건관리자가 근로자의 건강보호를 목적으로 제19조 제2항 각호의 항목을 알아야 할 필요가 있다고 인정하여 요청한 경우

③ 제2항 각호의 규정에 의하여 대상 화학물질에 대한 정보를 제공받은 자는 치료 목적 또는 근로자 건강보호 목적이외의 용도로 정보를 사용하거나 타인에게 누설시켜서는 아니된다.

부칙 이 고시는 1996. 7. 1 부터 시행한다.

2. 물질안전보건자료의 관리

2.1 물질안전보건자료의 제공

물질안전보건자료는 화학물질의 안전보건자료이므로 화학물질이나 화학물질을 함유한 제제를 제조, 수입, 사용, 운반, 저장하는 사업주가 작성하여야 한다. 또한 화학물질이나 그 제제를 다른 사람이나 사업주에게 유·무상으로 양도할 때에는 그 MSDS를 제공하여야 한다. 따라서 MSDS는 화학물질 및 그 제제의 필수적인 부분으로 함께 유통되어야 한다.

MSDS는 화학제품을 제조하거나 생산하여 판매하는 사업주만이 제공하는 것이 아니라, 화학제품을 수입하는 사업주도 다시 팔거나 양도하거나 할 때는 반듯이 제공하여야 한다. 화학제품을 사용하고자 하는 사업주도 MSDS를 취급 근로자에게 볼 수 있도록 하여야 한다. 화학제품을 운반, 저장하는 사업주도 그 취급근로자에게 제공하여야 한다. 아울러 쉽게 볼 수 있게 하여야 할 뿐만이 아니라, 적절한 교육도 시켜야 한다.

MSDS를 작성하지 않더라도 근로자에게 MSDS를 제공하고 게시하며 교육을 실시해야 하는 사업주들도 있다. 기계공장, 자동차공장, 목재공장, 가구공장, 문구공장 등의 사업장처럼 화학제품을 제조하지 않고 그저 사다 쓰기만 하는 사업장의 사업주들은 화학제품의 구입시 철저하게 MSDS를 받아 두고서, 사용공정의 취급근로자들에게 이를 제공하고 사용공정별로 게시하며 교육시켜야 한다. 그러므로 화학제품을 쓰는 사업장에서는 그 MSDS를 작성할 필요는 없으며 제공받기만 하면 된다.

2.2 작성대상 화학물질

산업안전보건법 제41조에 의하면 화학물질 또는 화학물질을 함유한 제제의 제조자, 수입자, 사용자, 운반자, 저장자는 MSDS 즉 물질안전보건자료를 작성하여 취급자가 용이하게 볼 수 있는 장소에 비치하도록 하고 있다.

유해화학물질이란 유해성이 있는 모든 화학물질을 의미한다. 이에 비하여 유해성이 없는 무해한 화학물질이란 사람들이 음식물용으로 이용하는 것들이나 가축사료용으로 이용되는 것들에 지나지 않는다. 인간이나 동물이 먹어서 이로운 화학물질을 제외하고서는 모두 유해화학물질로 보면 된다. 또한 제제라고 하는 것은 생약 제제라는 말처럼 어떠한 목적으로 조합하거나 성형한 혼합 화학물질을 뜻한다.

화학물질은 순수하게 존재하는 경우가 별로 없고, 거의 모두가 섞이어 있는 형태로 존재한다. 99% 이상으로 순수하게 존재하는 화학물질을 순수 화학물질이라고 한다.

화학물질이 단독으로 존재하는 경우는 거의 없고, 대부분이 서로 혼합되어 함께 존재하고 있다. 화학물질들이 단순히 섞이어 있기만 한다면, 이는 제제이다. 제제는 그저 존재형태를 가질 뿐인 혼합물이다.

화학물질들이 혼합되어져 있는 형태에는 불순물, 화합물, 배합물이 있다. 이러한 혼합물이 그대로 특성없이 섞여져 있으면 제제이다. 말하자면 물질특허(product patent)를 받지 못한 상태의 혼합물이라면 제제라고 불러야 한다. 물질특허가 있는 혼합물에는 CAS(chemical abstracts service) 번호가 붙여져 있고, 이러한 물질은 단일 화학물질에 속하며, 화학물질의 이름은 여러 가지이기도 하지만, CAS 번호는 물질당 하나뿐이므로 유용하다.

불순물이란 필요치 않는데도 불구하고 불순하게 들어가 있는 화학물질이므로 이러한 형태의 혼합물은 대부분의 화학물질 존재형태로 보면 된다. 불순물이란 정제과정에서 기술적, 경제적으로 제거되지 아니한 화학물질로 정의할 수 있다.

화합물이란 화학적 결합의 형태로 섞여져 있는 화학물질이다. 이온결합이나 배위결합 및 공유결합으로 섞여져 있으면 순수내지 단일의 화학물질에 속하지만, 수소결합이나 반데르발스 결합으로 섞이어 있으면 혼합물의 일종으로 보게 된다.

이에 비하여 배합물이란 어떠한 목적으로 그 성분들을 일정한 비율로 섞은 혼합성의 화학물질이다. 우리들의 주변에 존재하는 배합비료가 그 대표적 실례이다. 배합비료란 농작물에 필요한 양만큼의 질소와 인과 칼리가 포함되도록 일정비율로 혼합한 화학비료이다. 배합사료도 이와 같은 배합성의 무해, 유용성의 화학물질의 혼합물이다.

MSDS의 작성대상이 되는 화학물질은 유해화학물질과 그 제제이다. 유해화학물질과 그 제제가 사업장 밖으로 나가게 되면 화학제품이 되게 된다. 이러한 화학제품에 대하여서는 MSDS를 작성하여 제공하여야 한다. 그러나 사업장 즉 공장 밖으로 나가지 아니하는 유해화학물질에 대하여서는 MSDS를 작성하여 공정별로 그 관리요령을 게시하여야 한다. 비록 판매되지 아니하는 사업장 내부용의 유해화학물질이라고 하더라도 취급근로자의 안전보건은 유지되어야 하는 것이다. 이러한 유해물질이 생산 공정중 또는 생산 단계중의 중간생성물질이라고 한다면 MSDS를 작성하기가 매우 어려운 경우가 많다. 이러한 중간체라고 하더라도 취급부서의 근로자는 보호되어야 하므로 그 기업체의 연구소 단위에서는 그 물질과 MSDS 작성을 연구하여야 하는 것이다.

MSDS를 작성하여야 하는 유해화학물질이 그 자체로 순수하게 존재하는 경우는 별로 없으며, 단일 화학물질의 형태로 존재하는 경우는 많지 않다. 대부분이 혼합물의 형태로 존재한다. 이러한 혼합물이 그 자체로서 특정한 물리 화학적 특성을 갖고 있다면, 이미 미국화학회(American Chemical Society)가 물질당 하나씩 붙인 CAS No.가 부여되고 있고, 이미 선진국에서는 그것이 상품화되어, MSDS도 판매되거나 제공되고 있으므로 MSDS의 작성대상을 별도로 생각할 필요는 없다.

MSDS의 작성대상인지 아닌지로 고민하여야 할 대상은 사실상 혼합물이다. 화학제품으로서 판매되거나 제공되고 있지만, 단일 화학물질로 인정할 수도 없고, 그렇다고 유해화학물질들만으로 혼합되어져 있는 경우가 아니므로 판단하기 어려운 것이다.

유해화학물질만으로 구성된 복합적 혼합물이라면 MSDS에 그 조성을 밝히고 그 특성들을 밝히면 된다. 이 경우에도 발암성의 물질인 경우에는 0.1% 이상으로 함유된 유해물질을 명백히 하여야 하고, 일반적 조성이라고 한다면 1% 이상 함유된 유해물질을 명백히 하면 되는 것이다. 말하자면 그 조성을 A% + B% + C% + … = 100%로 해주면 완전하게 된다.

이것은 어느 정도까지 그 조성을 밝히느냐의 문제에 지나지 않는 것이다. 물론 조성을 상세히 밝히는 것이 그 제품의 경쟁력 확보에 문제가 되는 정보 보호사항일 수도 있다. 이러한 기밀적 정보보호라면 유해화학물질관리법에서 규정하는 정보보호 대상이어야 하고, 이 법에 의한 인가를 받아야 한다. 이 법에 의하여 인가된 기간 내에서만 그 조성의 정보보호가 가능한 것이다.

혼합물의 유해성 결정은

1) 혼합물의 독성이 전체로서 시험된 경우, 그 시험결과로 유해성여부를 판단하는 기초로 사용한다.
2) 혼합물의 물리적 위험물질여부가 전체로서 시험되지 않은 경우에, 혼합물을 구성하고 있는 단일 화학물질에 관한 자료를 통해 혼합물의 물리적 잠재유해성을 평가할 수 있다.
3) 혼합물이 건강장해 물질인지의 여부가 전체로서 시험되지 않은 경우에, 혼합물에 건강장해 물질이 전체의 1% 이상(무게비)을 차지하고 있다면 당해 혼합물은 건강장해 물질과 동일한 건강장해를 나타내는 것으로 본다. 다만, 발암성물질은 0.1%이상 포함하고 있다면 그 혼합물은 발암성이 있다고 본다.

2.3 작성제외 화학물질

MSDS를 작성해야 하는 화학물질은 기본적으로 유해화학물질이다. 유해화학물질에 대하여서는 모두 MSDS를 작성하여 양도·제공시 함께 주어야 하지만 그럴 필요가 없는 화학물질들도 있으므로 이러한 화학물질에 대하여서는 MSDS 작성을 제외시킬 뿐만이 아니라, 취급 장소에 게시하거나 비치할 의무까지 제외시키고 있다. MSDS 작성제외 화학물질에 대하여서는 사업주 스스로도 그 MSDS를 받을 필요도 없는 것이다.

MSDS를 작성하지 아니하고 MSDS를 비치하거나 게시하지 아니하여도 되는 유해화학물질은 산업안전보건법 시행령 제32조 2에서 규정한 제제이며 11가지이다.

첫째 : 원자력법에 의한 방사성물질이다. 이 법에 의한 방사성물질은 핵연료물질의 사용후의 핵연료, 방사성동위원소 및 원자핵 분열생성물이다. 핵연료 물질로서는 U-238, U-235, U-233, Pu(플로토늄)-239 및 Th(토륨)-232 등 5종류이다. 방사성 동위원소는 교육과학기술부 장관이 지정하는 물질이므로 일반적으로 인허가를 받아 의료용, 산업용, 연구용으로 특별 관리되는 방사성 동위원소들이다. 물론 방사성의 세기가 규제대상이 될 만큼 높은 것이어야 한다.

또한 원자핵분열 생성물도 일반적인 유해화학물질로서 관리될 수 있는 성질의 물질은 아니다. 그러나 Co-60처럼 교육과학기술부 장관의 지정기준 이하의 단순한 방사성을 띠는 일반적 방사성물질들은 MSDS 제외대상이 아닌 것이다. 약간이나마 방사성을 띠는 화학물질들은 수없이 많다. 이들 일반적 방사성동위원소들은 MSDS 작성제외 물질이 아님을 명심해야 한다.

둘째 : 약사법에 의한 의약품, 의약부외품 및 화장품이다. 약사법에 의하여 의약품으로 지정된 것은 현재 73종이다. 앞으로 의약품으로 지정되는 화학물질도 MSDS 작성제외 대상이다. 의약품과 함께 쓰는 가제나 소독약품 등도 마찬가지이다. 또한 화장품도 제외대상이다. 그러나 의약품을 만드는 원료물질이나 의약부외품의 원료물질 및 화장품의 원료물질들은 MSDS 작성 제외대상이 아니다. 뿐만 아니라 이들 원료물질들의 부원료로 이용되는 화학물질도 MSDS 작성의 제외대상 물질이 아니라는 것이다.

셋째 : 마약법에 의한 마약이 MSDS작성 제외물질이다. 마약법에는 헤로인, 코카인, 코독심, 코데인, 아세틸메사돌 등 106종의 마약이 지정되어 있다. 마약은 마약법으로 제조 금지되어 있으므로 사실상 MSDS를 만들 수 없다. 또한 마약법에는 황산, 톨루엔, 아세톤 등의

마약원료물질 22종이 지정되어 있다. 그러나 이들 마약원료 물질들은 마약제조를 위한 대량 거래시에 신고토록 되어 있으므로 MSDS 작성제외 물질에 해당되지 않는다.

넷째 : 농약관리법에 의한 농약이다. 농약으로 현재 등록되어 있는 물질수는 248종이다. 이들 등록 농약은 그 MSDS를 작성하지 않아도 된다. 대신에 농약관리법에 의한 농약사용방법과 주의사항 등을 농약병과 상자에 표기하도록 하고 있다. 농약에 대한 MSDS 작성제외는 등록 농약에만 해당되는 것이지, 농약의 원료물질이나 부 원료물질에 대하여서는 각기 MSDS를 작성 제공하여야 하고 구입시에는 그 MSDS를 받아내어야 하며, 취급하는 공정별로 비치하고 관리요령도 게시하여야 한다.

다섯째 : 사료관리법에 의한 사료이다. 사료에는 배합사료 등이 있지만 유해 화학물질은 아니다. 그러므로 사료에 대한 MSDS를 작성하거나 제공하거나 받거나 할 필요는 없다. 그러나 사료관리법에서 규정하고 있는 유해사료는 사료가 아니라 폐기물이 되는 것이다. 유해사료를 결정하는 요인인 비소(배합사료에서 100ppm 이하), 불소(100ppm 이하), 크롬(300ppm 이하), 납(10ppm 이하), 수은(0.4ppm 이하), 아플라톡신(20ppb 이하) 등 6종의 유해물질은 유해물질로서 관리하는 것이 아니라 사료의 함유물내지 불순물로서 관리하는 것으로 MSDS 작성과는 거리가 멀다.

여섯째 : 비료관리법에 의한 비료이다. 비료에는 유기질비료, 복합비료, 석회질비료, 규산질비료 등 42종이 있다. 이들 비료는 농사용이나 원예용으로 쓰이거나 산림용으로 사용되므로, 유해물질로 분류하지 않고 유용한 물질로 분류하고 있다. 그리하여 유해물질에 대한 MSDS의 작성과 제공 및 양수(받는 것)가 면제되어져 있는 것이다. 그렇다고 하여 화학비료의 원료마저 면제되지 않는다. 유안이나 요소비료의 원료인 암모니아를 구입하거나 생산할 때에는 반드시 그 MSDS를 받거나 작성하거나 제공하거나 비치하거나 게시하여야 한다.

일곱째 : 식품위생법에 의한 식품 및 식품첨가물이다. 식품은 유용한 물질이지 유해물질은 아니다. 식품첨가물도 유용한 물질에 해당된다. 그러므로 식품이나 식품첨가물로 합법적으로 이용하는 한 MSDS를 작성하거나 제공하거나 비치할 필요는 없다. 그러나 식품첨가물로 이용되는 화학물질 중에서 식품첨가용 이외의 목적으로 사용할 때에는 그 MSDS를 작성하거나 제공하여야 한다. 식품첨가물중의 일부물질은 소량 및 저농도로 사용할 때에만 유용하고 다량으로 사용하거나 고농도로 사용할 때에는 유해물질인 경우가 있으므로 특히 유의하여야 한다.

여덟째 : 향정신성 의약품관리법에 의한 향정신성 의약품이다. 이 법에 의하여 향정신성 의약품으로 지정된 것만 하여도 이보게인, 케치논, 암페타민, 부탈비탈, 메소카브 등 모두 168종이나 된다. 향정신성 의약품(psychotropic drug)이란 계속 사용하면 중독기능이 생기고 점차 약효가 줄어들어 습관성 작용이 생기어서 인간의 정신기능에 영향을 미치는 의약품이다. 그래도 향정신성 의약품은 의약품이므로 MSDS의 작성대상은 아닌 것이다. 그러나 향정신성 의약품의 원료로 사용되는 화학물질은 MSDS 작성이나 제공에서 면제되지 아니하므로 주의하여야 한다.

아홉째 : 총포, 도검, 화약류 등 단속법에 의한 화약류이다. 화약류로 지정된 것을 보면 과염소산, 산화납(산화바륨), 브롬산염, 크롬산납을 주로 하는 화약 등 4종이 있고, 질산요소를 주성분으로 하는 화약, 디아조페놀(무수규산) 75%이상 함유폭약, 초유폭약, 함수폭약, 질소함량 12%이상의 면약 등 5종이 있으나, 화약과 폭약으로서는 MSDS 작성제외의 대상물질이다. 그러나 과염소산 및 산화납이나 브롬산염 등이 화약이나 폭약으로 사용되지 않고 공업용 화학물질로 사용하게 되면 MSDS를 작성하여야 하고, 아울러 양도시에는 제공하여야 하며, 비치도 하고, 게시도 하여야 한다.

열 번째 : 사업장에서 사용되지 아니하는 일반소비자용의 제제이다. 여기서 사업장에서 사용되지 아니한다는 의미는 사업장의 공업용으로 사용되지 아니함을 뜻하는 것이다. 즉 사업장내의 사무실에서 사무용으로 사용되거나 사업장내의 일반 소비용(화장실용 등)으로 사용되는 경우는 MSDS를 작성하거나 제공하거나 비치 또는 게시하지 아니하여도 된다는 것이다. 또한 일반소비자에게 판매되는 경우도 MSDS를 작성하거나 제공할 의무가 면제되게 된다. 예를 들어 유기용제인 신나가 사업장의 공업용으로 제공되는 경우에는 그 MSDS가 제공되어야 한다. 그러나 그 신나가 사업장에 부속된 사무실의 사무용(볼펜글씨 지우개용)으로 제공되거나 문방구에서 시판되는 경우에는 그 MSDS를 작성하여 제공할 필요가 없다는 뜻이다.

열한번째 : 노동부장관이 별도로 독성과 폭발성 등을 판단하여 위해의 정도가 적다고 고시하는 제제이다.

2.4 물질안전보건자료의 표시 및 게시

화학물질과 그 제제에 대한 MSDS를 만들거나 입수하는 것만으로 사업주의 임무가 끝나지는 않는다. 화학물질과 그 제제에 대한 MSDS가 확보되었으면, 이들 물질들을 취급하는 그 회사 근로자들의 안전보건을 위하여 경고표지를 부착하고, 그들 근로자들에 대한 교육실시 등의 적정조치를 취하여야 한다.

경고표지를 위한 대상 화학물질은 물리적 위험물질과 건강장해물질 그리고 환경유해 물질등 크게 3가지로 분류한다.

첫째, 물리적 위험물질에는 폭발성 물질, 산화성 물질, 극인화성 물질, 고인화성물질, 인화성 물질, 금수성 물질 등 6가지로 세분하고 있다.

둘째, 건강장해 물질에는 고독성 물질, 독성 물질, 유해 물질, 부식성 물질, 자극성 물질, 과민성 물질, 발암성 물질, 변이원성 물질, 생식독성 물질 등 9가지로 세분하고 있다.

셋째, 환경유해 물질이다.

이렇게 세분화된 16가지의 대상 화학물질에 대한 각각의 정의와 그에 따른 유해 그림(경고표지)은 노동부장관이 고시하는 "물질안전보건자료의 작성. 경고표지 부착 및 근로자 교육 등에 관한 기준"(노동부 고시 제96호)을 참고하면 된다. 그러나 모든 화학물질이 앞의 기준에 의하여 경고표지를 해야 하는 것은 아니고, 이미 다른 법령에 의하여 시행되고 있는 표시들은 앞의 기준에 의한 경고표지를 한 것으로 인정하고 있는데 그들은 다음의 5가지 경우이다.

1) 산업안전보건법 제39조에 의한 103종에 대한 유해물질의 표시(노동부 고시제 91-49호)
2) 유해화학물질관리법에 의한 유독물의 표시
3) 고압가스 안전관리법에 의한 합격용기 등의 표시
4) 소방법에 의한 위험물의 표시
5) 선박안전법 위험물 선박운송 및 저장규칙에 의한 표시

또한 화학물질 및 그 제제를 취급하는 공정별로 그 화학물질에 대한 관리요령을 게시하여야 하는 것이 사업주의 의무사항이다. 이는 작업공정별로 유해물질 관리요령을 게시하는 것으로 공정별 관리요령에는 화재, 폭발 등의 공정별 유해인자에 대한 취급주의 사항을 포함하게 하고 있다. 그 이유는 유해물질 취급근로자의 건강장해예방과 사고예방이라고 할 수 있다. 물론 게시하여야 할 관리요령이 그 MSDS와 유사하거나 MSDS의 게시가 오히려

더 효율적인 경우에는 MSDS에 안전보건경고표지를 하여 게시하게 할 수도 있다.

그러나 실제적으로는 MSDS를 공정별로 비치하여야 하고 동시에 MSDS를 간략히 정리한 관리요령을 그 공정의 요소, 요소에 게시해 두어야 한다. 취급 작업자가 MSDS를 항시 기억하기도 어렵고 양이 많아 번거롭기도 하므로 MSDS의 비치장소는 그 공정 중에서도 시간적 여유를 가질 수 있는 곳이어야 한다. 그러나 취급작업이나 조작기기 앞에는 오히려 간략한 관리요령의 카드가 필요하다. 이의 좋은 실례가 국제화학안전계획단(IPCS ; International Programme on Chemical Safety/UNEP, WHO와 ILO가 공동으로 설립한 화학안전전문기관)이 작성하여 제시하는 한장짜리의 국제화학안전카드(ICSC ; International Chemical Safety Card)이다. IPCS가 이미 작성한 ICSC가 없는 경우에는 그 MSDS를 참고하여 직접 요약하여 만들면 되는 것이다.

2.5 물질안전보건자료의 교육

사업주는 당해 사업장의 근로자에게 MSDS에 관한 교육을 실시하여야 한다. 이에 대한 교육내용, 교육실시 시기는 다음과 같다.

1) 교육내용

① 산업안전보건법에 따른 물질안전보건자료제도의 개요
② 작업장내 대상 화학물질의 종류와 그 유해성
③ 작업장내 대상 화학물질의 누출 또는 취급근로자에게 대한 노출을 알아내기 위한 방법
④ 긴급대피요령, 응급조치방법 등 물질안전보건자료상의 주요 내용
⑤ 물질안전보건자료와 경고표지를 읽고 이해하는 방법
⑥ 기타 보다 자세한 정보를 얻을 수 있는 방법

2) 교육실시 시기

① 새로운 대상 화학물질을 취급시키고자 하는 경우
② 신규 채용하여 대상 화학물질 취급작업에 종사시키고자 하는 경우
③ 작업을 전환하여 대상 화학물질에 노출될 수 있는 작업에 종사시키려고 하는 경우
④ 대상화학물질을 운반 또는 저장시키고자 하는 경우
⑤ 기타 대상화학물질로 인한 사고발생의 우려가 있다고 판단되는 경우

2.6 물질안전보건자료의 구성

유해물질의 안전보건자료는 화학물질이나 그 제제에 대하여 제조시, 수입시, 사용시, 운반시 또는 저장시에는 작성하여 취급근로자가 쉽게 볼 수 있는 장소에 게시하거나 비치하여야 하되, 다음 사항들이 기재되어져 있는 자료이어야 한다고 산업안전보건법이 규정하고 있다. MSDS에 명시되어야 할 주요내용은 다음과 같다.

1) 화학물질의 명칭
2) 안전보건상의 취급주의 사항
3) 환경에 미치는 영향
4) 물리화학적 특성
5) 독성학적 정보
6) 폭발화재시의 대처방법
7) 응급조치요령
8) 기타 노동부장관이 정하는 사항

최소한 이러한 사항들에 대한 자료는 기재되어야 한다. 그렇지만 기재순서를 여기에 맞추라는 주문이나 지시는 아니다. 최소한 위의 7가지 사항들에 대한 자료를 요구하고 있는 것이다. 신종화학물질이 아닌 기존화학물질이나 신규화학물질에 대하여서는 위의 자료들이 대부분 존재한다. 다만 그러한 자료를 찾아내기 어려운 면이 있다고는 할 수 있다.

화학제품을 수입하고자 한다면 OECD제국이나 유럽을 제외하면 사실상 수입선이 없다고 보아야 한다. 따라서 유럽연합이 채택하여 사용하고 있으며 미국과 캐나다가 채택하고 있는 물질안전보건자료의 주요항목에 관한 순서는 다음과 같다.

1) 화학제품과 회사에 관한 정보(Chemical Product and Company Identification)
2) 구성성분의 명칭 및 함유량(Composition, Information on Ingredients)
3) 유해위험성(Hazards Identification)
4) 응급조치요령(First Aid Measures)
5) 폭발・화재시 대처방법(Fire-fighting Measures)
6) 누출사고시 대처방법(Accidental Release Measures)
7) 취급 및 저장방법(Handling and Storage)
8) 노출방지 및 개인보호구(Exposure Controls and Personal Protection)

9) 물리 · 화학적 특성(Physical and Chemical Properties)
10) 안정성 및 반응성(Stability and Reactivity)
11) 독성에 관한 정보(Toxicological Information)
12) 환경에 미치는 영향(Ecological Information)
13) 폐기시 주의사항(Disposal Considerations)
14) 운송에 필요한 정보(Transprt Information)
15) 법적규제 현황(Regulatory Information)
16) 기타 참고사항(Other Information)

이와 같은 16개 항목의 기재순서는 ISO(국제표준화기구)의 안전보건정보자료(SDS : Safety Data Sheet) 즉 ISO 11014-1 : 1994(E)에서도 마찬가지이다.

2.7 물질안전보건자료의 확보

화학물질안전보건자료는 그 화학물질의 수입자가 작성하거나 제조자가 작성하여야 한다. 화학물질을 수입하는 자는 그 제품의 수입 상대자에게 MSDS를 요구하여 받아내기만 하면 된다. 이러한 경우에도 MSDS 제도가 실시되고 있는 선진국으로 부터 수입하고 있다면 별 문제가 없다. 그러나 MSDS 제도가 시행되지 아니하는 후진국으로 부터 화학제품을 수입한다고 하면 MSDS를 제품에 따라 작성하는 도리밖에 없다.

화학제품을 선진국으로부터 수입하면, MSDS를 수입자가 직접 작성하여야 하는 경우는 많지 않다. 또한 후진국으로 부터 수입하는 화학제품은 신규화학물질이나 정밀화학제품이 아닌 기초 화학제품이며, 가격면에서 유리하여 수입되는 것이므로 이미 선진국에서 만들어져 판매되고 있는 그 MSDS를 구입하여 번역, 사용하면 되는 것이다.

화학물질이나 그 제제를 제조하거나 생산하는 제조자 즉 생산자는 자신의 화학제품에 대한 MSDS를 작성하여야 한다. 물론 화학제품 원료의 수입시에 그 MSDS가 따라오긴 하겠지만, 그것은 원료에 대한 것이지 제품에 대한 것은 아니다. 원료를 단순히 가공하는 화학제품 생산 프로세스의 경우는 드문 일이다. 그러므로 그 화학제품에 대한 MSDS를 작성하여야 하는 것이다.

우리나라에서 생산되는 화학제품이 물질특허를 얻어서 제조하고 있는 경우는 수십 건에 지나지 않는다. 대부분의 화학제품생산에 있어서는 이미 선진국에서 생산하고 있거나 과거에 선진국에서 생산한 화학제품들이다. 선진국에서 그 화학제품에 대한 물질특허를 보유하고 있거나, 물질 특허제도가 인정되기 이전에 생산되었기 때문에 물질특허가 없거나 물질특허가 이미 사라진 것들이다. 물질특허 여부에 대한 사항들을 검토해 보면 쉽게 알 수 있는 사항들이다.

우리나라에서 생산되는 대부분의 화학제품은 물질특허대상이 아니다. 그러나 그 제품의 생산공정에 대한 공정특허를 한국회사가 가지고 있는 경우는 가끔 있다. 그렇지만 공정특허에 관련되는 사항들은 MSDS의 대상은 아니다. 공정특허는 물질특허와는 달리 그 물질을 생산, 가공, 처리하는 기법에 대한 특허이므로 실용신안특허처럼 2차적인 특허이기 때문이다. 이에 비하여 물질특허는 발명특허처럼 1차적인 특허이다.

공정특허로서 화학제품을 생산하고 있거나 아무런 특허도 없이 화학제품을 생산하고 있는 경우에도 그 MSDS의 작성을 새로이 하여야 한다. 이렇게 하면 비용이 상당히 많이 들게 된다. 그러나 한국에서 생산되는 화학제품들은 거의 모두가 외국에서 이미 생산실적이 있는 것들이므로, 외국의 생산회사나 MSDS 정보회사가 그 MSDS를 보유하고 있는 경우가 대부분이다. 이에 관한 사항들을 상세하게 파악하여 그 MSDS를 구입하여 번역, 사용하게 되면 MSDS 작성비용을 크게 저감시킬 수 있다.

미국, 유럽연합, 일본 등의 선진국으로 부터 그 MSDS를 확보할 수 없는 화학제품들을 생산하고 있는 회사들은 스스로 MSDS를 만들거나 전문가에게 그 MSDS의 작성을 위탁하여야 한다. 신종 화학물질을 생산하는 회사들도 이와 같이 그 MSDS를 작성하여야 한다. 특히 자체개발한 화학제품을 생산하는 경우에는 물리화학적 실험과 독성시험을 하여야 한다. 이러한 물리화학적 실험과 독성시험을 제조회사 자체로서 시행할 수 있는 경우는 미국이나 유럽연합 등 선진국의 대형 다국적기업들 뿐이다.

그러므로 한국의 회사들은 그러한 실험과 시험들을 OECD(경제협력개발기구)의 GLP(우량실험실기준 : Good Laboratory Practices) 기준에 적합한 실험실 또는 이에 준하는 연구소에 맡겨야 한다. GLP 기준에 적합하지 아니한, 즉 GLP 기준 적합인정을 받지 아니한 기관에서 실시한 실험치와 시험치들은 공인을 받을 수 없으므로, 실험 및 시험의 위탁시에는 특히 유의하여야 한다.

신종화학물질을 제조하거나 생산하는 경우가 아니라면, 선진국의 여러 데이터베이스에 이미 존재하고 있는 각종의 자료들을 찾아내게 되면 충분히 MSDS를 작성할 수 있다.

이렇게 작성하여도 그 비용은 들게 된다. 그리고 수많은 자료들을 수작업으로 검색하거나 찾아내기는 매우 어려운 일이고 비싼 작업이 된다. 자료를 찾는 중에 혹시 발견되는 관련 자료가 있다고 할지라도 국제적인 전문지에 발표된 정도의 신빙성있는 자료만을 이용하여야 한다. 물론 그 자료의 출처를 상세하게 확보하여 두고서 노동부 감독관이나 근로자 대표 및 인근 주민들이 요구할 때는 자신있게 제시하여야 한다.

2.8 물질안전보건자료의 보완

화학물질의 안전보건자료는 화학물질의 최초 제조시, 양도시 및 수출입시에 작성하여야 한다. 그렇다고 하여 한번 작성한 것을 영원히 그대로 두거나 이용해서는 아니된다. 지구상의 유무형의 모든 것은 반드시 사후관리를 필요로 하고, MSDS도 예외일 수는 없다. MSDS는 적어도 1～2년 단위로 그 내용을 교정, 수정, 갱신하여야 하고, 새로이 생겨나는 이론이나 내용을 보완하거나 보충하여야 한다.

MSDS의 내용도 수시로 변한다고 할 수 있다. MSDS의 대상 화학물질에 대한 물리화학적 데이타도 각 연구소의 연구결과에 따라 변하기도 하고, 독성학적 및 생태학적 데이타는 연구결과에따라 크게 변하거나 그 때까지 존재하지도 않던 독성이 생겨나기도 하며 다양한 독성들이 새로이 추가되기도 한다. 뿐만 아니라 그 화학물질에 대하여 새로이 추가되거나 폐지되는 규제사항들도 생겨나게 된다.
그렇다면 MSDS를 작성하자마자 계속하여 갱신하여야 하며, 그 내용이 그토록 무상하게 변화하는가? MSDS의 내용이 변하지 않는다고 단정해서는 아니되지만, 대부분의 MSDS와 그 내용은 그렇게 빨리 변화하지도 아니한다.

1만 여개 내지 3만 여개의 화학물질에 대한 MSDS를 연구 작성하여 판매하는 MSDS 전문의 선진국 정보회사에서는 30～50명의 전문가들을 고용하여 각 분기마다, 즉 3개월마다 한번씩 MSDS의 내용을 갱신(revision/update)하여 제공한다. 3개월마다 갱신되는 데이타는 그 회사의 정보망으로 제공하고 있으며, 1년마다 갱신되는 데이타는 그 회사가 유료로 제공하는 CD-ROM에 수록하여 판매, 제공하고 있다.

그러므로 전문정보회사가 아니라고 한다면, 1년에 한번씩 MSDS를 갱신하는 것이 편리하다. 매분기마다 자료를 갱신하려고 하여도 갱신되는 내용이 그렇게 많지 않다. 그러나 사회적으로 문제되거나 세계적으로 공인되는 자료에 대하여서는 그 때마다 갱신하여 주어야 한다. 말하자면, 세계 곳곳의 어느 지역이나 공장에서 그 화학물질의 물리화학적 특성이나 독성학적 특성을 확인해 주는 사건이 발생하게 된다면, 각 사업장에서는 그 화학물질에 대한 데이타를 그에 따라 갱신해 주어야 하는 것이다.

MSDS를 작성하는 회사가 정기적으로 MSDS를 갱신하는 시기를 생각해 보면, 대개 4～6월이 적절하다고 할 수 있다. 매년 3～4월이 되면 그 전년도의 갱신자료가 수록된 MSDS DB의 CD-ROM을 각 전문정보회사가 판매 및 제공하게 되는 것이다. 이를 근거로 하여 화학물질 취급회사의 MSDS를 갱신하는 편이 경제적이다. 물론 MSDS의 갱신은 그 화학물질의 제조회사가 원칙적으로 담당하여야 한다.

그렇다고 한다면 다양한 화학물질을 제조하는 회사에서는 MSDS 전문 정보회사의 회원이 되어 매년 정기적으로 그 정보회사의 CD-ROM을 제공받아서 자신의 MSDS들을 갱신해 나가는 편이 경제적이고 편리하다.

화학물질을 몇 가지 이내로 생산하거나 취급하는 회사에서는 1년에 한번씩 4~6월경에 그 회사의 전문가를 이용하여 MSDS 갱신자료를 제공하는 데이터베이스에 정보통신망을 연결하거나 한국산업안전보건공단의 DB를 이용하여 MSDS를 갱신하는 편이 경제적이고 편리하다. 아니면, MSDS 전문 정보회사에 그 작성이나 갱신마저 위탁해 버리면 더 편리할 것이다.

대규모 회사와 다양한 화학물질들을 생산하거나 제조하는 회사에서는 MSDS 전담자는 화학, 화학공학 및 공업화학을 전공한 기술자들이지만, 화학물질 관리분야에 끊임없이 연구해 나가야 한다.

2.9 관련되는 용어

MSDS를 수행하는데 반듯이 알아야 할 용어나 내용을 간단하게 설명하면 다음과 같다.

① LD(Lethal Dose)

독물의 투여량에 대한 공시생물의 감응작용을 24시간 내의 치사율로 나타낼 수 있을 때의 투여량

예) LD_{50} : 공시생물의 50%가 24시간 이내에 죽게 되는 독물의 투여량

② TD(Toxic Dose)

공시생물의 감응작용이 죽음외의 바람직하지 않은 독성을 나타내게 될 때의 투여량

예) TD_{50} : 공시생물의 50%가 죽음 외의 바람직하지 않은 독성을 나타내게 되는 독물의 투여량

③ LC(Lethal Concentration)

공시생물의 감응작용을 치사율로 나타낼 때, 정해진 시간동안의 독물의 공기 중의 농도

④ NFPA(National Fire Protection Association)지수

화재로 인해 발생하는 인명이나 재산상의 손실을 막기 위한 안전지수로서 건강위험, 화재위험, 반응성에 대해서는 표 3-1과 같이 각각 0~4로 나누어져 있다.

표 3-1 NFPA 지수표

지수	건강위험	화재위험	반응성
4	치명적임	인화점이 22.8℃ 이하	폭발할 수 있음
3	매우 유해함	인화점이 37.8℃ 이하	충격이나 열을 가하면 폭발할 수 있음
2	유해함	인화점이 37.8℃~93.3℃ 사이인 물질	화학물질과 격렬하게 반응함
1	약간 유해함	인화점이 93.3℃ 이상인 물질	열에 불안정함
0	유해하지 않음	잘 타지 않음	안정함

5) OSHA의 화재등급

OSHA(Occupational Safety and Health Agency)의 화재등급은 표 3-2와 같이 인화점과 비점을 기준으로 I, II, III 등급으로 구분하고 있으며 물질들의 인화점과 끓는점이 기준온도 이상인지, 이하인지에 따라 A, B, C로 구분하고 있음.

표 3-2 OSHA 화재등급표

구 분	I		II		III	
	인화점	비 점	인화점	비점	인화점	비점
기준온도	22.8℃	37.8℃	37.8℃	60℃	60℃	93.3℃
A	이하	이하	이하	이하	이하	이하
B	이하	이상	이하	이상	이하	이상
C	이상	이하	이상	이하	이상	이하

예) 인화점이 15℃ 비점이 40℃인 물질의 OSHA 화재등급은 : IB

6) 급성독성시험(Acute Toxicity Test)

급성독성이란 대상물질을 실험동물에 1회 또는 24시간 이내에 수회 투여하였을 때 나타나는 독성증상을 뜻하며, 통상적으로 검체 투여 후 14일 동안을 관찰기간으로 한다. 일반적으로 독성정도는 LD_{50}(50% lethal dose)으로 표현하며, 이는 대상물질을 실험동물에 투여하였을 때의 실험동물의 50%가 죽게 되는 투여량 또는 투여농도를 통계적 방법으로 계산한 것이다. 즉, 급성독성시험의 목적은 1회 투여에 의한 LD_{50} 값의 측정과, 급성독성증상을 관찰하는 것이다. 급성독성시험의 의미는 아급성 혹은 만성시험에 대한 용량수준을 선택하고 실험을 설계하는데 정보를 제공한다. 급성독성시험은 투여경로에 따라 경구독성, 경피독성, 흡입독성 등의 시험이 있고, 발생 시기에 따른 태아폭로, 신생아 폭로에 따른 독성시험이 있다.

7) 아급성 독성시험(Subacute Toxicity Test)

단기 독성시험 혹은 아급성 시험(subchronic toxicity test)이라고도 하는데 이는 실험동물의 일부기간에 걸쳐 대상물질을 반복 투여했을 때 나타나는 독성을 시험하는 것이다. 즉, 2주간~6개월간의 연속투여시험으로 통상 14일, 28일 또는 90일의 투여기간을 채택하고 있다. 아급성 독성시험은 화학물질을 반복, 투여하였을 때의 최대무작용량(NOEL ; No Observed Effect Level : 대상물질을 실험동물에 일정기간 반복, 투여했을 때 아무런 독성증세를 나타내지 않는 최대용량)을 결정하는데 목적을 둔다. 따라서 아급성 독성시험에는 치사율보다는 체중의 변화나 시료섭취량, 그리고 혈구학적 및 임상병리학적 검사가 중요시 된다.

8) 만성독성시험(Chronic Toxicity Test)

장기독성시험이라고도 하며 이는 실험동물이 거의 일생동안에 걸쳐 시험물질을 투여하여 나타나는 독성시험이다. 시험 목적은 장기간 투여이후 최대무작용농도를 검출하여 시험물질의 안전성에 대한 최종평가 및 폭로의 안전수준을 결정하는 것이다. 일반적으로 만성독성시험은 대상물질을 최소한 1년 이상동안 매일 투여하면서 시험한다. 만성독성시험은 대상물질에 대한 폭로수준과 독성을 나타낼 수 있는 수준간의 적절한 안전한계를 알아내기 위하여, 또 구조적, 기능적으로 미치는 영향의 병의 원인을 정의하기 위하여 치사율, 체중변화, 혈액검사 및 임상적 변화를 보아야 한다.

9) 변이원성(Mutagenicity)

돌연변이원성 또는 유전자독성(genotoxicity) 이라고도 하며 화학적, 물리적 요인에 의해 생물개체의 세포내 유전물질인 DNA(deoxyribonucleic acid)를 손상시켜 발생하는 변화를 의미한다. 개체의 유전적 구조변화는 특히 유전형 변화(genotype change)로 나타날 수 있으며, 이러한 기능적 변화는 급속한 세포분열 및 미분화된 형태의 세포복귀에 따라 암과 같은 질병의 상태로 이어지게 된다. 체세포에서의 돌연변이는 암 발생에서도 중요하지만 그

개체에만 해당된다. 그러나 생식세포에서의 돌연변이는 그 잠재성이 다음 세대에도 영향을 주기 때문에 더 심각한 결과를 나타낸다.

10) 염색체이상시험(Chromosome Aberration Test)

변이원성시험의 하나로, DNA에 손상이 생기면, 절단, 결실, 중복 등의 구조상 큰 변화를 일으키게 되는데 이 변화는 세균과 같은 전핵생물에서 광학현미경으로 관찰하기는 어렵다. 그러나 진핵생물에서의 이러한 변화는 염색체의 변화로서 나타나기 때문에 현미경적 관찰이 가능하다. 즉 세포내의 염색체의 수 혹은 형태가 변화하는 것, 즉 염색체의 이상을 관찰함으로써 유전물질의 손상을 검출해 내는 시험법을 의미한다.

11) 우성치사시험

우성치사(dominant lethal)의 의미는 화학적, 물리적 돌연변이원에 의해 발생초기의 태아가 죽게 되는 배우자의 유전적 현상이고, 우성치사시험이란 화학물질에 의해 생식세포(난자, 정자)의 염색체가 손상여부를 검출하는 시험법이다. 수정후의 초기배가 사망한 경우는 우성치사 돌연변이가 일어났다고 생각하고 실시하는 시험법이다. 이 시험법은 주로 포유류에 대하여 시험물질을 수컷에 처리하는 경우와 암컷에 처리하는 경우가 있는데 전자의 방법이 흔히 사용되고 있다. 교미 전에 돌연변이원으로 추정되는 물질로 처리한 후 6~10주 동안 매주 새로운 그룹의 암컷과 교미시킨 후 출산전의 초기태아 사망수를 세는 시험방법이다. 이 실험법은 비용과 시간이 많이 드는 단점이 있으나 결과의 적용성은 매우 훌륭하다.

12) 소핵시험(Micronucleus Test)

소핵(micronucleus)이라 함은 세포주기의 어느 시기에 화학물질 등의 염색체이상 유발물질에 의해 염색체가 절단되었거나 방추체(spindle apparatus)가 손상되어 유사분열시 딸 세포핵에 부착되지 못한 염색체의 일부 혹은 전부가 세포질 내에서 DNA덩어리로 남게 된 것을 의미한다. 소핵시험이란 시험물질에 의해 발생한 특정조직의 세포의 소핵빈도를 현미경적으로 관찰하는 변이원성시험법의 하나이다.

3. 물질안전보건자료의 작성요령

본 장은 물질안전보건자료의 작성, 비치 등에 관한 기준(노동부 고시 제96-12호)의 별표 2에 해당하는 세부작성항목 및 기재사항에 대하여 상세히 설명한다.

3.1 화학제품과 제조회사 정보

1. 화학제품과 제조회사 정보
가. 제품명 : 경고표지 상에 사용되는 것과 동일한 명칭 또는 분류코드를 기재 나. 일반적인 화학적 특성 : 제품의 전반적인 특성을 기술 다. 유해성 분류 라. 제품의 용도 마. 제조자 정보 : 제조회사의 이름, 주소, 정보제공서비스 또는 긴급연락 전화번호, 담당부서, 담당자 이름 바. 공급자/유통업자 정보 : 이름, 주소, 정보제공 서비스 또는 긴급연락 전화 번호, 담당부서, 담당자 이름 사. 작성부서 및 이름 아. 작성일자 자. 개정횟수 및 최종개정일자

첫째항(제1항)은 화학제품과 제조회사의 정보(chemical product and company identification)항이다. 이 란은 화학제품에 대하여 설명하고 제조회사를 소개하는 부분이다. 제품 설명에서 제품의 이름 즉 명칭, 유해성과 위험성을 표시한다. 화학물질이 단일 물질인 경우는 보통 여러 가지의 이름을 갖고 있으며, 국제적으로 공인된 대표적 이름은 IUPAC명(국제순수응용화학회가 붙인 명칭/international union of pure and applied chemistry)이다.

화학물질은 IUPAC명칭을 한 가지로 부여된 것도 있고, 명칭부여 원칙에 따라 명칭을 부여하다 보면 2~3가지의 IUPAC명을 가진 화학물질도 있다. 이러한 경우에는 대표적인 IUPAC명을 맨 앞에 표시하고, 그 다음에 이명들을 기록한다. 이 중에서 통상적으로 많이 쓰이는 이름은 관용명이다. 관용명은 IUPAC명칭보다 더 일반적으로 쓰이는 이름이다. 화학물질이 상품으로 등록되어 시판되는 경우는 상품명도 붙여지고, 몇 가지의 상품명도 있으며, 상품명이 IUPAC명이나 관용명을 압도하는 화학물질도 있다.

한글화가 가능한 명칭은 한글로 기록하되, 영어 이름도 반드시 괄호 안에 기록하여야 차후의 혼동을 막을 수 있다. 한글화가 곤란하거나 한글화가 오히려 자연스럽지 못한 명칭은 영어 그대로 기록한다. 화학물질이 혼합물이거나 제제이면서 여러 성분으로 구성되어 그 명칭들을 모두 나타내기가 곤란한 경우에는 그 혼합물이나 제제의 명칭들만을 기재하고 성분들의 여러 가지 이름들은 16항의 참고사항으로 기재해 두는 편이 편리하다.

물질은 명칭으로 확인하지만 분자식으로도 확인하므로 분자식은 반드시 기록해 두어야 하며, 화학적 구조를 쉽게 알려면 구조식도 기록해 둔다. 구조식은 화학물질의 이해에 편리하기 때문이다. 물질을 확인하는 다른 방법은 CAS번호나 RTECS(Registry of Toxic Effects of Chemical Substances)번호 및 UN번호이다. CAS는 미국화학회의 한 분과이지만 세계의 모든 화학물질들을 확인하여 그 번호를 부여하였다. CAS번호만 알면 컴퓨터로서 각종의 물질을 쉽게 검색할 수 있다.

RTECS는 미국의 산업안전보건연구소(NIOSH)가 운영하는 화학물질 독성영향의 기록 DB이다. 미국의 RTECS-DB는 기존화학물질 10,000여종에 대한 독성학적 연구결과들을 요약한 DB이다. 물질의 RTECS번호를 알면, 그 물질의 독성영향을 쉽게 확인할 수 있는 장점이 있다.

UN번호는 UN(United Nations)이 유해위험물질의 국제적 운송보호를 위하여 부여한 번호이다. 육해공으로 운송되는 경우에는 선박과 기차와 비행기가 피해를 입을 수 있고, 이는 곧 광범위한 환경오염을 초래하기 때문이다. 이 번호를 확인한 후에야 운송을 허락하는 경우가 많으며, 미국에서는 UN/NS(United Nations/North America)번호라고도 한다. 우리나라에서도 선박안전법에 UN번호를 채용하여 각종의 수송보호를 강구하고 있다.

따라서 당해 물질에 대한 CAS번호, RTECS번호, UN번호는 그 번호가 있으면 기재하여야 한다. 또한 우리나라의 환경부에서 유해화학물질관리법에 의거하여 기존화학물질에 번호를 부여하기도 하므로 이 번호도 기재해 두면 편리하다. 화학물질을 국내용으로만 생산하는 경우는 드물고 수출도 많이 하게 된다. 그리고 유럽연합이 부여한 EINECS(European Inventory of Existing Commercial Chemical Substances)번호도 기재해 두면 좋다. 그 이유는 유럽연합과의 물질교역이 상당히 많기 때문이다.

화학물질을 명칭과 번호만으로 확인하기는 상당히 무리가 따르고, 모든 사람들이 물질의 명칭과 번호만으로 특성을 알 수는 없기 때문에, 분자식과 구조식을 표시하지만 부족하기는 마찬가지이므로 화학물질을 부류(family)로 확인하기도 한다. 예로써 벤젠이라면 방향족 탄화수소라고 나타내어 둔다.

3.2 성분, 함유량 및 관련정보

2. 구성성분의 명칭 및 조성				
명칭	이명	CAS번호	목록등재번호	함유량(%)

두번째항(제2항)은 성분, 함량 및 관련정보(composition information on ingredients)의 란이다. 여기서도 대표적인 명칭은 기록하고, CAS 번호도 기록해 둔다. 화학제품이 단일 물질이라면 순도를 기록한다. 예로 화학물질 99% 나머지는 수분 1%로 표시한다.

순도가 높지 않은 물질이라면 불순물을 모두 기록하고, 불순물 중에서 발암물질이 0.1% 이상이거나, 독성물질이 1% 이상이면 명칭과 함량을 기록한다.

혼합물이나 제제인 경우도 마찬가지로 조성과 성분을 모두 기재하고, 발암물질이 0.1% 이상일 때, 독성물질이 1% 이상일 때는 명칭과 함량을 기재하여야 하며 조성의 합계는 100%이어야 한다. 단일 물질의 조성도 '화학물질 %' + '물.용제 등 %' + '불순물 %' = 100%가 되어야 하며, 이 중에서 0.1% 이하의 발암물질과 1%이하의 독성물질은 기타(%)로 처리한다. 무해한 화학물질인 경우에는 10%이하의 함량이라면 기타로 처리할 수도 있으나, 기타 부분이 지나치면 쓸데없는 오해를 발생시키므로 되도록이면 밝혀 둔다.

3.3 유해·위험성

3. 유해·위험성
가. 긴급시 필수적인 정보 : 나. 잠재적인 건강영향 : 눈 : 피부 : 흡입 : 섭취 : 만성영향 : 징후와 증상 :

세째항(제3항)은 유해위험성의 확인 항이다. 독성분야에서 일하는 근로자들은 위험성을 유해성으로 취급하고, 불안전 환경에서 일하는 사람들은 위험성으로 취급하고 있다. 위험성은 물질자체가 본래 갖고 있는 유해위험성이다. 이러한 유해위험성이 어떤 경로와 수단

을 거쳐 인간과 환경에게 현실적으로 나타나게 되는 확률적 유해위험성이 되면 리스크라 부른다. 그러나 날카로운 칼이라도 칼집에만 들어 있다면 실제적이고 정량적인 위험성은 존재하지 않는 것과 같이, 화학물질의 정성적 유해위험성도 이와 같으므로 어디까지나 참고사항으로 활용하며, 이것이 정량화되지 않고 현실화되지 않도록 유의하여야 한다.

이 란은 물질의 가장 중요한 유해위험성과 영향들을 분명하고 간략하게 요약하여야 한다. 제품의 건강에 대한 악영향과 환경영향 그리고 물리화학적 유해위험성을 기술하여야 하며, 그 외의 특정한 악영향들이 존재하는 경우에도 기술하여야 한다. 이에 따른 중요한 증상이나 징후들도 제시하여야 한다. 물론 제제인 경우에는 물질성분에 따라 분류하여 기술할 수도 있으며, 참고문헌도 제시하면 좋다. 위기 상황에 대한 개괄적인 기술도 필요하다.

유해위험성을 나타내는 지수에는 3가지로서 첫째, 발암성이고, 둘째, NFPA지수이며, 셋째는 환경안전성지수이다. 발암관계 자료는 OSHA나 NTP(National Toxicology Program ; 국립독성계획단) 및 IARC(International Agency for Research on Cancer : 국제발암연구소)가 제시하고 있는 결과를 이용하는 편이 편리하고 신뢰성이 있다. 환경안정성지수인 CERCLA (Comprehensive Environmental Response Compensation and Liability Act)지수는 미국에서도 보편화되어 있지 않는 지수이다.

발암성을 가지는 발암물질의 종류에는

① 인간에 대한 확정적 발암물질인 A부류(Group-A)의 발암 물질류
② 인간에 대한 확실한 발암물질인 B부류(Group-B)의 발암 물질류
③ 인간에 대한 가능한(잠재적인) 발암물질인 C부류(Group-C)의 발암 물질류
④ 인간에 대한 발암성이 확정 불가능한 기타의 발암물질, 즉 D부류(Group-D)의 발암 물질류
⑤ 인간에 대한 비발암물질인 E부류(Group-E)의 물질 등 5가지 부류가 있다.

발암물질의 분류는 아직 우리나라에서는 시도되지도 못한 상태이므로 미국의 OSHA와 NTP 그리고 IARC가 제시하는 발암자료를 쓸 수밖에 없다. 대부분 화학물질의 DB를 검색하게 되면 발암성 분류를 제공하고 있으므로 그것을 참조하여 사용할 수밖에 없다. 그러나 산업안전보건법도 미국 OSHA의 발암물질구분을 따르고 있으므로 이를 기록해 두어야 한다.

또한 미국의 화재예방협회(NFPA ; National Fire Protection Association)가 화재위험성 차원에서 ① 건강(보건)지수 0～4, ② 화재지수 0～4, ③ 반응성지수 0～4 등 각 지수를 0, 1, 2, 3, 4의 크기로 분류하고 있다. NFPA는 이미 국제적인 권위를 인정받고 있으며, 대부분의 나라들은 NFPA지수를 그대로 이용하고 있으므로 이를 찾아서 기재해 둔다.

3.4 응급조치요령

4. 응급조치요령
가. 눈에 들어갔을 때 : 나. 피부에 접촉했을 때 : 다. 흡입했을 때 : 라. 먹었을 때 : 마. 의사의 주의사항 :

넷째항(제4항)은 응급조치요령으로서 응급조치를 응급처치, 구급조치 또는 구급처치라고 하기도 하며, 어느 것이나 비슷하지만, 제일먼저 화학물질에 의한 피해자를 조치하여야 한다는 의미이다.

이 란은 취할 수 있는 필요한 응급조치사항들을 기록한다. 경우에 따라서는 결코 취해서는 안 될 행위, 즉 반드시 피해야 될 행위를 기록하여야 한다. 여기서 제시되는 정보들은 모든 근로자나 응급 조치자들이 쉽게 이해할 수 있도록 작성되어야 한다.

이 란에서 제시하는 정보는 흡입(inhalation), 피부접촉(skin contact), 눈접촉(eye contact) 및 섭취(ingestion)등의 폭로경로에 따라 제시될 수 있도록 기록하여야 한다. 상세한 증상이나 악영향에 대한 설명은 열한번째 항(11항)에서 기록하도록 한다. 또한 필요한 경우에는 응급조치자의 보호를 위한 준수사항과 처치의사에 대한 주의사항도 기록하여야 한다. 먼저 그 화학물질을 과량 흡인한 근로자에 대하여 그 응급조치사항을 상세히 기록한다.

3.5 폭발·화재시 대처방법

5. 폭발·화재시 대처방법
가. 인화점 : 나. 자연발화점 : 다. 최저 인화 한계치/최고 한계치 : 라. 소방법에 의한 분류 및 규제내용 : 마. 소화제 : 바. 소화방법 및 장비 : 사. 유해한 연소 결과물 :

다섯째항(제5항)은 화재, 폭발시의 대처방법(fire fighting measures)이다. 이 란은 적절한 소화수단을 기재하여야 하고 안전문제로 사용해서는 안 되는 소화수단도 기재하여야 한다. 화재 대처에 대한 위험문제도 기록하고, 소방수의 보호수단이나 보호장비도 기록하여야 한다. 또한 인화점, 폭발범위, 폭발 상한치와 하한치, 자연발화점, 소화법상의 분류기준 등을 기록하고, 화재 시에 발생될 수 있는 노출위험을 기록한다. 연소에서 생겨나는 연소생성물과 가스를 기록하고 화재로 인하여 발생될 수 있는 폭발성도 기록하며 주변의 건물이나 사람 및 가축에 대하여 미칠 수 있는 유해 위험성도 기록한다.

이 란에 기록하는 순서대로 '예시'를 나열하면, 먼저 화재 및 폭발위험으로 열이나 불꽃에 노출되면 화재위험이 있고 자외선에 노출되면 폭발 위험성이 있다든가, 증기와 공기혼합 시에는 조그만 충격에도 폭발한다든가, 증기가 공기보다 무거우므로 바닥의 점화원에 주의하라든가, 전기전도성이 낮아 교반이나 파이프 이송 시에 정전기를 일으켜 스파크 점화원으로 작용할 수 있다든가 하는 것 등을 기록한다. 다음으로는 소화제에 관하여 기록한다.

3.6 누출사고시 대처방법

6. 누출사고시 대처방법
가. 인체를 보호하기 위해 필요한 조치사항 나. 환경을 보호하기 위해 필요한 조치사항 다. 정화 또는 제거방법

여섯째항(제6항)은 누출사고시의 대처방법이고, 이 란은 개인적 주의사항, 환경적 유의사항 및 정화기법들을 기록한다. 정화기법에는 회수기법, 중화기법, 처분기법 등을 포함시키다. 이 란에서는 화학물질의 누출에 의한 2차적 유해위험성을 기록하고 방지기법도 기록한다.

개인적 주의사항이란 점화원의 제거, 충분한 환기, 호흡용 보호구, 분진발생의 억제, 피부접촉 방지, 눈접촉 방지 등이다. 또한 환경을 보호하기 위한 주의사항이란 배출구로부터 멀리하여 지표수, 지하수 및 토양을 오염되지 않게 하는 것이며, 인근 주민들에게도 그 유해위험성을 알려서 주의하게 하는 것이다.

정화기법에서 모래나 톱밥과 같은 흡착재 사용방법, 물을 뿌려 가스와 흄을 제거하거나 희석시키는 방법. 정화시에 결코 사용해서는 안 되는 방법에 관하여도 기록하여야 한다. 정화시에 발생될 수 있는 화학물질이나 누출 생성물의 노출에 의한 유해위험성과 예방법도 기록하여야 한다.

사업장내부의 유출 즉, 공장내부의 유출에 관한 누출방지사항을 기록한다. 점화원, 즉 불씨를 차단하라든가, 물을 뿌려 증기발생을 막으라든가, 누출량이 적을 때는 모래 등의 흡수재로 흡수시켜 두라든가, 누출량이 많으면 먼저 흙으로 둑을 쌓아 저류시키라든가, 위험지역과 제한지역을 설정하여 관계자외의 출입을 통제시키라든가, 위험지역과 제한지역에서 불씨나 충격을 반드시 막으라든가 하는 것 등을 기록한다.

그리고 화학물질의 누출량에 따라 보고하여야 하는 기관을 명시하고, 기관의 주소와 전화번호 등을 기재한다. 미국이라면 SARA(Superfund Amendments and Reauthorization Act : 슈퍼펀드법/환경정화기금법)에 의거 10파운드 이상의 누출시에는 지방 환경청에 보고토록 하고 있다. 우리나라 법규도 조사하여 소방법, 고압가스안전관리법 및 산업안전보건법 그리고 유해화학물질관리법 등을 검토하여 관련 규제사항을 기록한다. 또한 지방 소방서나 환경청등의 주소와 전화번호도 기재하고, 중앙 긴급구조구난본부, 지방 구조본부 또는 119 구조대 등의 전화번호도 기록한다. 이러한 주소나 전화번호는 MSDS를 회사내에서 사용할 시에만 기록하고, MSDS의 양도시에는 관련법규만을 기록한다. 수출 양도시에는 미국의 법규나 유럽연합의 법규를 기재하면 효과적이다.

토양유출에 대한 주의사항도 기록한다. 연못 및 피트와 같은 임시 저류지를 파라든가, 흙이나 모래주머니를 이용하여 누출확산을 막으라든가, 시멘트가루, 재, 톱밥 등의 흡수재를 사용하여 누출액을 흡수시키라든가, 물이나 여타의 약재를 뿌려 증기발생을 억제시키라든가, 살수하여 화재발생을 막으라든가 하는 것 등을 기록한다. 그리고 대기로 누출될 시에는 주변지역의 주민들에게 누출경보를 발하고 대피토록 하라든가, 바람방향에 대한 행인들의 접근을 방지하라든가 하는 것이다.

또 주변의 환경수역으로 누출될 때의 주의사항을 기록한다. 자연 장벽을 이용하거나 유출 방지재 등으로 확산을 저지하라든가, 세제나 비누나 표면활성제 등을 사용하여 농축. 제거하라든가 등을 기록한다.

3.7 취급 및 저장방법

7. 취급 및 저장방법
가. 안전취급요령 : 나. 보관방법 :

일곱째항(제7항)은 취급 및 저장방법이다. 이 란은 물질의 취급과 저장을 안전하게 할 수 있는 기법을 제시하여야 하며, 비록 자료가 귀하다고 할지라도 "자료 없음"으로 표시하여서는 안 되는 란이다. 안전하게 저장하고 취급할 수 있는 수단이 없다면, 취급하지도 말고 저장하지도 말아야 하는 것이 당연하다. 또한 취급과정에서 주의해야 할 사항 및 해서는 안 되는 사항도 제시하여야 한다.

먼저 물질의 취급부분에서는 안전하게 취급하도록 하기 위하여 취급시 폭로의 방지법 및 화재, 폭발의 방지법과 같은 적절한 기술적 대책을 기록하고 그 물질의 에어졸 및 분진생성을 방지할 수 있는 국소배기장치와 전체 환기시스템과 같은 작업환경적 기법을 기록하여야 한다. 물론 여기서는 취급시의 접촉금지 물질을 제시하는 것과 같은 안전취급 유의사항도 포함되어야 한다.

저장부분에서는 안전하게 저장토록 하기위하여 저장조건들을 제시하여야 하고, 적절한 기법을 제시하여야 하지만, 접촉 금지물질의 제시와 같이 피해야 할 방법도 제시하여야 한다. 특히 저장용기의 재질이나 포장 재료의 적정성과 부적정성도 제시하여야 한다. 사용해서는 안 되는 재질과 재료의 제시는 잊지 말아야 한다. 저장소나 저장탱크의 안전을 위한 설계치와 설계형태도 제시하면 좋다. 말하자면 저류벽설계, 환기설계, 권장재료, 저장조건(온도, 습도, 빛, 불활성가스 등)들의 설계치나 요구사항들을 제시하는 것이다. 또한 저장과 관련되는 저장분류 사항이나 등급사항이 있으면 동시에 제시하여야 한다. 저장지역에 대한 법적규제 기준이 있으면 그러한 규제사항들도 필히 기재하여야 한다.

3.8 노출방지 및 보호구 관련 정보

8. 노출방지 및 보호구관련 정보
가. 공학적 관리방법 : 나. 호흡기보호 : 다. 눈보호 : 라. 손보호 : 마. 신체보호 : 바. 위생상 주의사항 : 사. 허용농도 :

여덟째항(제8항)은 노출방지 및 보호구 관련정보이다. 이 란은 물질에 의한 노출방지 내지 폭로방지사항을 기재하여야 하고, 이러한 노출과 폭로를 방지하는데 필요한 보호구와 관련사항들을 기재하여야 한다.

여기서 노출이란 그 물질에 닿거나 접촉할 수 있는 위험성을 뜻하며, 폭로라고 할 때는 그 물질에 닿거나 접촉한 상태를 뜻한다. 자연환경이나 작업환경의 관리측면에서 보면 노출방지가 되고 작업자의 건강관리 측면에서 보면 폭로방지가 된다. 작업환경 즉 작업장내에서는 이미 물질에 작업자가 노출되어 있으므로 얼마만큼 작업자의 폭로를 방지할 수 있느냐 하는 것이 주제인 셈이다. 그러나 자연환경이나 생활환경에서는 물질의 누출을 방지하여 환경과 인간이 그 물질에 노출될 수 있는 기회를 봉쇄하여야 한다.

이 란에서는 노출과 폭로를 저감시키기 위한 공학적 대책들을 제시하여야 하며, 3.3.6항과 7항의 취급 및 저장항목에서 제시한 대책들과 어긋나지 않는 것들이어야 한다. 또한 그 물질에 대한 허용치 농도나 생물학적 기준 등의 제어(억제) 인자들을 제시하여야 하고, 그 물질에 대한 노출 및 폭로방지를 위한 감지절차들도 제시하거나 권장하여야 한다.

개인보호구 및 보호장구들도 제시하거나 권장하여야 하며, 작업자에 대한 호흡용 보호구와 손 및 눈 보호구를 제시하고, 피부와 인체보호를 위한 보호구들도 제시하여야 한다. 이러한 보호구들의 종류에 관하여 언급하고, 보호구들의 부품이나 사용되는 흡착재료 등도 언급해야 한다.

어떤 물질들은 다량으로 존재하거나 고농도로 존재하는 경우에만 위험하거나 유해한 경우가 있고, 고온 고압에서만 위험하거나 유해한 경우가 있다. 가능하다면 이런 경우에 대한 유의사항과 대처방법들도 언급하고, 그 물질에 대한 산업위생학적 유의방법들도 구체적으로 제시해 두어야 한다.

물질의 폭로를 최소화하기 위하여서는 그 물질과 제제의 사용시에 제시할 주의사항과 대책들이 망라되어야 한다. 특히 공학적 대책은 개인보호구의 지급이전에 취해지고 실행되어야 한다. 그러므로 산업환기 기법에 대한 정보도 제공하여야 한다.

그리고 물질이 혼합물이거나 제제인 경우에는 한 성분이 비록 한계치 농도이하로 존재하더라도 통상적인 취급방법으로서는 유해위험성이 초래될 가능성이 있다고 한다면, 그에 관한 사실과 사항들도 기재해 두어야 한다. 직접적 유해위험성이 아니라, 간접적 유해위험성이 오히려 더 큰 문제를 초래하게 될 수도 있다.

3.9 물리·화학적 특성

9. 물리·화학적 특성
가. 외관 : 나. 냄새 : 다. pH : 라. 용해도 : 마. 비등점/비등점 범위 : 바. 녹는점/녹는점 범위 : 사. 폭발성 : 아. 산화성 : 자. 증기압 : 차. 비중 : 카. 분배계수 : 타. 증기밀도 : 파. 점도 : 하. 분자량 :

아홉째항(제9항)은 물리화학적 특성이다. 이 란은 물질의 외형, 물리적 상태, 색깔, 냄새 등을 기재한다. 구체적으로 설명하면, 물질의 농도에 따른 pH, 물리적 상태변화에 따른 온도범위(예로써 비등점, 비등점 범위 등), 분해온도, 인화점, 자연발화온도, 폭발특성, 증기압, 증기밀도, 밀도, 용매에 따른 용해도, 옥탄올/물의 분배계수 등이다. 그 제품의 안전한 사용과 연관되는 여러 가지의 데이타 즉 방사성이나 가공하지 않은 상태로의 밀도등도 제시하여야 한다. 여기서 사용하는 단위는 SI 단위(ISO 31-8에 의거)로 하지만, fps(foot-pound-second) 단위나 척관법의 단위도 필요한 경우에는 사용할 수 있다. 가능하다면 이와 같은 물리적 특성치를 측정하는 기법도 제시하도록 한다.

이 란에서 제시할 물리화학적 특성치들을 상세하게 검토해 보면, 그 물질의 외양과 물리적 상태, 색깔, 냄새 등의 한계치를 나타내지만, 물리적상태의 변화상태, 녹는점, 비등점, 기체와 고체의 인화성, 발화온도, 산화특성, 폭발한계, 수용성, 지용성, 점도, 용매의 분배시험치, 용매함량 등을 기재한다.

3.10 안정성 및 반응성

> 10. 안정성 및 반응성
>
> 가. 화학적 안정성 :
> 나. 피해야 할 조건 :
> 다. 피해야 할 물질 :
> 라. 분해시 생성되는 유해물질 :
> 마. 유해중합의 가능성 :

열째항(제10항)은 안정성 및 반응성이다. 이 란은 물질의 안정성을 나타내고, 특정조건에서 발생될 수 있는 유해반응들을 나타내며, 피해야 할 조건들과 재료들을 기재한다.

통상적인 반응에서 발생되는 일산화탄소(CO), 이산화탄소(CO_2) 및 물(H_2O) 외에 추가적으로 발생될 수 있는 유해한 분해생성물을 기재한다. 특히 그 물질을 일반적인 사용의 유의사항과 잘못 사용한 경우의 예상되는 유의사항을 제시하여야 한다.

실제 안정성과 반응성은 상대되는 말이다. 반응이란 변화현상을 말하고, 화학적으로는 물질사이에서 일어나는 화학적 변화를 일컫는다. 그러므로 반응은 변화를 일으키게 되어 안정성을 파괴하고, 반응성이 있는 한 안정성이 없다고 할 수 있으며, 안정성이 있는 한 반응성이 없다고 할 수 있다. 모든 변화현상을 반응이라고 표시할 수는 없을 뿐만 아니라, 외부의 물리적 충격에 의하여 화재나 폭발이 생성되는 것까지 화학적 반응으로 표현하지는 않기 때문이다. 그러나 생성반응, 연소반응, 발열반응, 흡열반응, 산화환원반응, 중화반응, 침전반응, 광분해반응, 결합반응, 분해반응, 해리반응, 용해반응, 용융반응, 가수분해반응, 복분해반응 등을 모두 동원한다면 반응으로 표현하지 못할 현상은 없다. 즉 화학적 변화를 일으킬 수 있는 경향을 반응성이라 하고, 화학적 변화를 포함한 그 외의 모든 변화를 일으키지 아니하는 경향을 안정성이라 한다.

물질과 제제의 안정성을 먼저 기재하고, 어떠한 조건하에서 발생될 수 있는 유해위험한 반응의 가능성을 기재하고, 안정성을 해치고 이러한 반응을 일으킬 수 있는 조건들을 제시한다. 피해야 할 조건들 즉, 온도, 압력, 빛, 충격 등의 위험한 조건을 기재하고, 피해야 할 재료나 물질들도 제시하여야 한다. 그 물질과 유해 위험반응을 일으킬 수 있는 물질들 즉 물, 공기, 산, 염기, 산화제 등을 기재하고 그러한 유해 위험반응을 초래할 수 있는 조건들도 제시하며, 다양한 반응의 결과로 인하여 생기게 되는 유해 위험한 반응생성물도 제시하여야 한다.

유해위험한 반응성을 안정화시킬 수 있는 안정제가 존재한다면 이것을 제시하여야 하고 필요성도 기록한다. 그 물질로 인하여 발생될 수 있는 유해 위험한 발열반응도 제시하고, 물리적상태의 변화에 의하여 발생될 수 있는 위험성도 제시한다. 특히 물과 공기와의 접촉에 의하여 초래될 수 있는 위험성과 반응생성물을 제시한다. 이 외에도 생길 수 있는 불안정한 분해생성물도 제시한다. 유기화합물인 경우에는 자체적으로 또는 유기물질과 중합반응을 일으킬 수 있는 가능성도 제시하여야 한다.

유해한 반응이나 위험한 물리적 상태변화를 초래할 수 있는 외부 조건들(예로써 용기의 균열 등)을 유해위험의 형태와 함께 제시한다. 또한 적정하지 못한 물질의 적용으로 인하여 초래될 수 있는 유해위험성도 제시한다. 물질자체 혹은 제제속에 축적되면 유해위험성을 초래할 수 있는 개별성분도 위험의 형태와 함께 제시한다. 이러한 경우에 대하여도 안정제가 존재한다고 하면 그 안정제를 기재한다.

3.11 독성에 관한 정보

11. 독성에 관한 정보
가. 눈에 대한 영향 : 나. 피부에 대한 영향 : 다. 급성경구 영향 : 라. 급성흡입 영향 : 마. 아만성 영향 : 바. 만성 영향 : 사. 변이원성 영향 : 아. 차세대 영향(생식독성) : 자. 특이사항 :

열한번째항(제11항)은 독성에 관한 정보이다. 이 란은 물질의 다양한 독성학적 영향들을 간결하면서 완전하고, 포괄적으로 기술하여야 한다. 물질의 급성독성, 국부독성, 감작화, 만성독성 및 장기독성 등을 기재하되, 사용자나 취급자와 연관되는 독성을 중심으로 기록한다.

물질의 단일폭로, 반복폭로 및 연속폭로에 따라 달라지는 독성 영향들을 구분하여 기록하고, 물질의 폭로에 따른 즉발적 영향과 지발적 영향을 구별하여 언급하여야 한다.

가능하다면 이 물질이 일으킬 수 있는 특수독성들도 기재하여야 하며, 특수독성에는 발암성, 변이원성, 생식독성 및 유전성, 마취성 등이 포함한다. 그 화학물질이 폭로될 수 있는 폭로경로도 구분하여 제시하여야 한다. 여러 가지의 정보원을 참조하여, 실제적으로 확인되지는 않았다고 하더라도 과학적 실험결과로 부터 의심받고 있는 독성학적 결과와 데이타도 제시해 주어야 한다.

물질의 물리학적, 화학적 및 독성학적 특성들과 연관되는 징후들도 설명해 주어야 한다. 이 물질이 함유된 제제중의 어떠한 성분이 일으킬 수 있는 특정한 건강영향도 제시해 줄 필요가 있다. 독성학적 정보는 독성학적 시험결과와 실제적 독성경험치로 나누어 제시하고, 이 물질과 제제를 MSDS의 양수자가 쉽게 이해할 수 있도록 해야 한다.

3.12 환경영향의 정보

12. 환경영향정보

가. 환경유해물질 해당여부 : 대기오염물질, 수질오염물질, 토양오염물질, 해양오염물질
나. 수생 및 생태독성 :
다. 토양이동성 :
라. 잔류성 및 분해성 :
마. 생체내 축적 가능성 :

열두번째항(제12항)은 환경영향정보(ecological information)이다. 이 란은 환경영향정보는 환경에 대하여 생태학적으로 미치는 영향을 평가하여 기록하는 것이며, 환경 내의 이동성, 지속성, 분해성, 생물축적성, 환경 내에서의 거동, 발생가능한 악영향과 동태에 관하여 기록하는 것이다. 실험에서 얻어진 결과와 데이타도 제시하고, 이 물질에 대한 생태학적 한계농도가 존재한다고 하면 제시한다.

생태학적 환경정보는 여타의 개별부문들과 밀접하게 연관되어 제시되므로, 이러한 정보가 없는 경우에는 "자료 없음"으로 처리할 수밖에 없지만, 이 물질의 제제인 경우에는 조성분에 대한 환경영향 정보라도 제시해 주어야 한다. 환경 내의 지속성과 분해성 정보에는 시험절차, 분석방법 및 평가원칙 등이 포함되어 있어야 한다. 생태독성학적 영향에는 수질독성, 하폐수 처리공정내의 거동, 활성슬러지에 대한 저해작용 등이 포함되고, 환경수역에

대한 영향을 고려하여 COD, BOD값도 제시되어야 한다.

환경중의 이동성이란 물질의 증기압, 분배계수, 수용해도 및 흡착성/탈착성 등으로 평가하고 있다. 또한 지속성과 분해성은 무생물학적 분해(수중에서의 가수분해와 광분해 및 공기중의 광산화 등) 및 생물학적 분해, 제거 등으로 평가하고 있다. 여기에는 분석기법, 해석인자, 분해정도, 제거정도 및 결과평가 등이 제시되고, 계면활성제처럼 이 물질에 대한 생물학적 분해시험의 법적인 최소 요구사항도 제시되어야 한다.

생체농축인자(BCF)와 같은 생물축적성에 관한 정보제시도 필요하고, 생물간의 확산으로부터 기인될 수 있는 유해성도 기재하여야 한다. 생물축적성에 대한 지표는 분배계수, 표면장력 및 흡착특성으로 나타내고 있지만, 환경에 유해한 물질 및 제제의 성분에 대한 것으로 나타낼 수도 있다. 표면활성이 없고 분배계수가 3 이하이고 흡착능이 약한 물질에 대하여서는 "생물학적 축적 가능성 없음"으로 기재할 수도 있다. 또한 해리된 산이나 염기 및 염류처럼 분배계수를 나타낼 수 없는 경우도 있다.

생태독성중의 수질독성으로 물고기, daphnia, algae(조류) 등의 수생유기체(aquatic organism)에 대한 독성으로 표시하고 있지만, 시험방법과 시험기간이 OECD-측정법에 적합한 지를 검토하고 기재하여야 한다. 또한 세균독성과 하폐수 처리장의 활성슬러지에 대한 영향도 기재하고, 환경유해성과는 별도로 "하폐수 처리장으로 유입시키거나 상수원으로 배출시킬 때는 관계당국에 신고할 것"을 기재할 수도 있다.

이 물질이 사용이나 취급 중에 하폐수나 상수원 및 환경수역으로 흘러들어갈 우려가 있을 경우에는 COD, BOD 등의 파라미터들도 분명하게 제시되고, BOD/COD 비율도 제시하면 편리하다. 필요하다면 유기적으로 결합된 할로겐원소의 함량도 기재하고, 보완자료로서 지구상의 각 유기체에 대한 악영향 및 질산화 억제작용과 같은 총괄적인 생태학적 평가자료도 제시한다.

3.13 폐기시 주의사항

13. 폐기시 주의사항
가. 폐기물관리법상 규제현황 나. 폐기방법 다. 수생 및 생태독성

열세번째항(13항)은 폐기시의 주의사항이다. 이 란은 물질을 "환경적으로 안전하고 건전하게" 폐기하거나 처분하는 방법 및 기법들에 관하여 기재하여야 한다. 폐기방법은 잔유물로서 폐기되는 물질에 한정하지 않고, 이 물질로 오염된 모든 포장재료까지 적용된다. 또한 폐기하고자 하는 지역에는 지역마다 다른 법률이 시행되고 있을 수도 있으므로 항상 유의하여야 한다.

물질이나 제제의 폐기 및 처분이 어떠한 위험성을 초래할 수 있다고 한다면, 이들의 잔류물에 대한 설명이나 안전취급에 대한 설명을 곁들여 제시한다. 또한 이 물질이나 제제 및 오염된 포장재료를 적절하게 처분하는 방법에 관하여서도 제시해야 한다. 즉 소각방법, 재순환 방법 및 매립방법 등을 특정 폐기물이나 유해폐기물에 대한 법률로써 지정된 경우에는 이 내용을 충분히 기술해 주어야 한다.

물질이 사용되지도 아니한 채 처분되거나, 사용후의 잔류물로서 폐기되는 경우에도 적절한 재순환기법이나 소각기법 및 매립기법 등을 제시해야 한다. 이와 별도로 물질이나 제제의 폐기처분 방법에 대한 권장 사항이나 유의사항 등이 존재한다고 하면 반드시 기재하고, 잔류물을 씻어 낼 수 있는 비누나 세제 등에 관하여서도 그 명칭과 사용량 등을 제시해야 한다.

3.14 운송에 필요한 정보

14. 운송에 필요한 정보
가. 위험물 선박운송 및 저장규칙』에 의한 분류 및 규제 : 나. ICAO/IATA, ADR, RID에 의한 분류 및 규제 : 다. 운송시 주의사항 :

열네번째항(제14항)은 운송에 필요한 정보이다. 이 란은 물질에 대한 국제적 운송규제의 코드체계와 분류체계에 대한 정보를 제공하는 부문이다. 말하자면 화학물질의 육상운송 규제사항(RID ; Regulations Concerning the International Carriage of Dangerous Good by Rail/ADR ; Agreement Concerning International Carriage of Dangerous Good by Road, DOT ; Department of Transport 49 CFR; Code of Federal Regulation 등)과 해상운송규제사항(IMDG ; International Maritime Dangerous Goods Code 코드 등) 및 항공운송 규제사항

(ICAO ; International Civil Aviation Organization, TI ; Technical Instruction, IATA ; International Air Transport Association, DGR ; Dangerous Goods 등)에 관하여 기재해야 한다. UN 번호도 기재하고 그 외의 운송관련 규제사항에 관하여서도 기술한다. 또한 물질을 운송 및 수송하는데 따르는 특정한 운송대책이나 조건을 기술하고 유의사항에 대하여서도 기술한다.

어떤 형태이던지 화학물질은 운송되게 마련이지만, 운송되거나 수송되는 일없이 사용되는 물질류는 생산 공정중의 중간체와 중간생성물 정도로 극히 적다. 물질을 작업장이나 사업장 밖으로 운송하거나 수송하는 경우에는 반드시 운송수단에 동반되는 규제사항들을 준수하여야 한다. 즉, 물질의 운송과 수송도 합법적이어야 한다. 물질의 특성들을 가장 잘 아는 사람은 물질의 개발자, 생산자 및 수입 수출자이다. 이러한 관계자들은 운송 및 수송에 관한 규제사항이나 준수사항들도 잘 알고 있으므로 물질안전보건자료의 작성시에 이러한 사항도 기재해야 한다.

물질의 운송과 포장에 관한 UN의 권장사항이나 여타의 국제적 규제사항도 제시해야 한다. 육상운송에는 ADR/RID의 규제사항에 의한 유해위험물 번호와 제품의 표시 및 유의사항을 기재한다. 국제하천이나 호소를 이용하여 운송하는 경우에는 ADNR(Agreement Concerning Carriage of Dangerous Goods under the Rhine)의 규제사항에 의거하여 기재한다. 국제하천으로는 유럽의 라인강이 대표적인 하천이므로 ADNR에 따르면 되고, 국제호소의 경우에도 ADNR를 따르면 된다.

해상운송인 경우에 각 대륙에서는 국제하천과 국제호소가 많이 존재한다는 사실도 명심하여야 하고, 물질의 수출시에 이에 관한 준비를 하여야 하는 것이다.

3.15 법규에 관한 사항

15. 법규에 관한 사항
가. 산업안전보건법 : 나. 유해화학물질관리법 : 다. 기타법에 의한 규제 :

열다섯째항(제15항)은 법규에 관한 사항이다. 이 란은 물질과 제제에 대하여 특정하게 적용될 수 있는 법 규제사항들을 제시하고, 유해위험성에 대한 법적 표시규정도 기재한다. 법 규제사항들이 건강보전 및 환경보호와 연관되는 경우에는 빠뜨리지 아니한다. 산업안전보건법, 유해화학물질관리법, 선박안전법, 소방법 등에서 규정하고 있는 유해위험성 표지사항도 기재한다.

유해위험성에 대한 표지, 즉 표시에서는 식별구문을 먼저 표시하고 그에 따른 그림 표시와 글귀표시를 한다. 우리나라에서는 표준용어만을 선정해 둔 실정이지만, 표준경구와 표준문장도 곧 설정되어야 할 것이다. 표준용어, 표준경구, 표준문장이 제시되면 혼란과 혼동을 줄일 수 있고, 착오도 줄일 수 있다. 유럽연합의 경우는 위해성 경구(risk phrase)가 R1에서 R64까지 64개의 경구가 있고, 안전성 경구(safety phrase)가 S1에서 S62까지 62개의 경구가 있다. 위해성과 안전성을 일일이 문장으로 기재하는 것은 번거롭고 복잡하므로 “건조시 폭발성 있음”은 R1으로, “화재를 일으킬 수 있음”은 R7로, 그리고 “자물쇠를 채울 것”은 S1으로, “찬곳에 보관할 것”은 S3 등등으로 126개의 위해성경구와 안전성 경구를 Directive 93/21/EEC에 의거하여 R1…R64, S1…S62 등의 약자로써 표시하게 하고 있다. 아직 우리나라에서는 몇 개 정도이지만 장기적으로 적용성을 연구 검토해 볼만하다.

3.16 기타 참고사항

16. 기타 참고사항
가. 자료의 출처 :

열여섯째항(제16항)은 기타사항이다. 이 란은 안전이라는 관점에서 보면 매우 중요하지만 앞의 15항까지 들어가지 아니하는 정보들을 기재한다. 예로써 물질에 대한 특별한 교육훈련의 필요성, 권장 용도 및 필요한 제한사항 등을 기재하고, 참고문헌도 기재하여야 한다.

안전보건의 관점에서 중요한 여타 사항들을 들어보면, 교육훈련에 대한 충고 사항, 권장 용도, 제한사항, 참고문헌, 기술적인 문의처, 시트(SDS)작성에 이용한 중요 테이타의 근원 등이다.

4. 물질안전보건자료의 정보이용

4.1 한국산업안전보건공단의 정보이용

4.1.1 온라인 서비스 정보

1) 데이타베이스의 구축

MSDS는 이해하기 쉽고 정확한 정보를 포함하여야 하며, 물질의 취급, 발암성 등 모든 정보는 각종 정보원을 통하여 검증된 자료이어야 한다. MSDS 작성을 위하여 MSDS 작성자가 정확한 정보를 확보하여 사업주나 근로자에게 제공하여야 하며, 이러한 유통체계의 확립을 위하여 한국산업안전보건공단(KOSHA)에서는 DB로서 한글 MSDS를 참고자료로서 제공한다.

KOSHA에서는 3년간에 걸쳐 국내에서 유통되는 것으로 추정되는 화학물질 30,000여종에 대하여 ISO, EU, ANSI, 일본통산성 고시 등 국제 기준에서 정하고 있는 16개 항목의 응급처치, 독성 등의 안전보건과 관련된 자료에 대한 정보를 전산화하였다. DACOM과 한국통신의 공중통신망과 접속 가능한 모든 사용자에게 제공하며, 또한 접속을 못하는 사업주 등을 위하여 KOSHA지도원에 방문하여 요청하면 자료를 제공 받을 수 있다.

KOSHA에서는 우선적으로 1996. 3. 4부터 실제 유통되고 있는 화학물질과 각종 법령 즉, 노동부의 산업안전보건법, 환경부의 유해화학물질관리법, 내무부의 소방법 등 화학물질 관리를 위하여 규정하고 있는 화학물질 약 3,000 여종에 대한 MSDS 작성을 하여야 하는 사업주 및 근로자에게 온라인 서비스를 실시하고 있다. 또 1996.7.1부터는 국내에서 유통되고 있는 7,000종의 화학물질을 추가로 온라인 서비스를 실시하여 총 10,000종의 물질에 대하여 한글 MSDS자료를 제공한다.

2) 데이타 뱅크의 온라인 서비스

이용자는 이야기, DL2라는 포로토콜로 전화걸기를 선택한 후 한국통신, 데이컴(01410, 01420)의 전화번호를 선택한다. 그러면 현재 한국통신이나 데이컴에서 제공하는 메뉴화면 중 안전보건종합정보(KOSHA-NET)를 선택한다.

DB검색 서비스의 초기화면에는 안전보건에 관한 각종 정보제공 내용이 있으며 그 중에 MSDS검색을 위한 항목을 선택한다. 공단에서 추진중인 DB제공화면의 메뉴체계는 다음과 같다.

안전보건종합정보(KOSHA-NET)

	[PC통신서비스]	[DB검색서비스]
1. 전자우편	11. 기관 및 단체	31. [종합위험정보자료실]
2. 전자게시판	12. 뉴스	
3. 토론마당	13. 법률정보	
4. 공개자료실	14. 한국산업안전공단 CODE	51. [인터넷]
5. 동호회	15. 물질안전보건자료(MSDS)	
6. C.U.G	16. 기술자료	
7. 민원안내 및 처리	17. 실무정보	
	18. 교육/홍보정보	
	19. 재해통계/사례	
	20. 해외정보/인터넷자료	°회원정보
99.서비스안내	88. 동시검색	

3) 물질안전보건 자료의 검색방법

MSDS는 KEY WORD 방식의 한글 및 영문 DB검색과 메뉴방식의 사용안내로 구성되어 있다.

물질안전보건자료(MSDS)

한국산업안전보건공단 ☏ (032) 5100-631

[한글 DB 검색]	[영문 DB 검색]	[사용안내]
1. 물질명	11. Substance	21. MSDS DB 사용시 유의사항
2. 관용어/동어어	12. Trade Name/Synonyms	22. MSDS 제도란?
3. CAS NO	13. CAS NO	23. MSDS 작성항목 및 방법
4. RTECS NO	14. RTECS NO	24. MSDS 자료문의
5. UN NO	15. UN NO	25. 기타 공지사항
6. 전체검색	16. 전체검색	

* 위 MSDS는 산업안전보건법 제41조에 의하여 화학물질의 제조자, 수입자 등이 MSDS를 작성하는데 필요한 참고자료로 제공하고 있습니다.

(1) 한글 DB 검색

① 한글 MSDS DB자료의 검색은 물질명, 관용명/동의어, CAS NO, RTECS NO, UN NO의 단어검색으로 3,000종의 화학물질 중 찾고자 하는 물질명을 한글이나 영문으로 입력하여 한글 MSDS의 내용을 확인한다.

> [물질안전보건자료(MSDS)]　　[한글 DB검색-물질명]
>
> 찾고자 하는 자료와 관련된 단어나 검색식을 입력하십시오.
> * 검색항목들을 아래와 같이 번호로 지정하여 조합 검색할 수 있습니다.
> 항목구성 및 사용 예는 다음과 같습니다.
>
> 항목명 사용예
> 물질명 ……………………………………………톨루엔
>
> 사용예) 물질명이 '톨루엔'인 자료를 찾는다면 검색시 → 톨루엔
> 이라고 입력합니다.
> 키워드 설명(G) 도움말(H) 상위메뉴(M) 관련단어보기(E 검색어)
> 검색식 →

② 실제 사업장에서 취급하고 있는 물질의 관용명이나 동의어를 입력하여 해당물질을 검색할 수도 있으며 CAS No.(chemical abstract services No.)나 물질의 독성에 관한 등록번호(RTECS, registry of toxic effects of chemical substance), 국제연합의 유해위험물 운송지침상의 물질번호(UN No. recommendation on the transport of dangerous goods)를 입력하여 물질을 검색할 수 있다. 전체검색은 현재 DB가 구축되어 있는 물질명을 표시하여 주므로 사용자가 물질명을 정확히 알고 있지 않아도 MSDS 자료를 검색할 수 있다.

③ 한국통신 및 데이타의 공중통신망으로 제공되는 MSDS자료는 ISO, EU, ANSI 등의 기준에서 정하고 있는 16개 항목으로 구성되어 있으며 이미 설명한 바와 같다.

(2) 영문 DB검색

영문 MSDS의 DB검색은 한글 DB검색방법과 동일하나, 모든 검색키워드는 영문으로 입력하여야 한다. 공단에서는 1996.3.1부터 온라인 서비스를 실시하는 3,000종에 한하여 미국 MDL Information System. Inc.사의 MSDS DB를 제공하고 있다.

4) 물질안전보건자료의 사용상 주의사항

KOSHA에서 제공되는 MSDS 자료에 대한 특성 및 이용시 주의사항 등을 이용자가 자료검색이전에 확인할 수 있도록 구성된 내용으로서 메뉴화면 방식으로 작성되었다.

(1) MSDS DB 사용시 유의사항

본 화면에서 제공되는 주의사항은 다음과 같다.

① KOSHA에서 서비스하는 MSDS는 미국 MDL Information System Inc.사의 영문 LHS MSDS를 KOSHA에서 로얄티를 지불하고 한글로 번역하여 개발한 MSDS이다.

② KOSHA로 부터 MSDS를 제공받고자 하는 자는 아래사항을 준수해야 한다.

- 화학제품을 수출하고자 하는 경우에는 영문 MSDS를 사용할 수 있으나 반드시 1개 사업장당 30종 이내에 한하여 MDL사의 로고를 붙이고 출처를 명기해야 함.
- 한글 및 영문 MSDS를 상업적 목적으로 판매하거나 타 외국어로 번역하여 판매할 수 없음.

상기사항을 위반하는 자는 저작권에 관련된 국내.외법에 의해 처벌을 받거나 소송을 제기 당할 수 있음.

(2) MSDS DB 참고사항

① 공단에서 제공되는 MSDS자료는 산업안전보건법 제41조에 의하여 화학물질의 제조자, 수입자 등이 MSDS를 작성을 위한 참고자료로서 무료로 제공된다.

② KOSHA에서는 MSDS 작성자가 공단의 허락없이 무단으로 사용하여 발생하는 기술적, 법적 문제점에 대해서는 KOSHA에서는 책임지지 않으므로 자료 사용시에는 다른 관계되는 자료를 충분히 활용하여 작성하여야 한다.

(3) MSDS 제도

본 화면에서는 MSDS 제도의 개요와 제도도입의 배경, 제조 등을 하는 사업주의 의무사항에 대하여 MSDS 작성자가 쉽게 이해할 수 있도록 산업안전보건법 제41조 에서 규정한 내용을 설명하고 있다.

(4) MSDS 작성항목과 방법

화학물질의 제조자, 수입자 등의 물질의 유통시에 첨부해야 할 MSDS의 16개 항목과 항목별 작성요령을 알기 쉽게 설명하고 있다.

(5) MSDS 자료 문의

MSDS 자료를 확보하고 있는 국내외의 MSDS 자료를 유.무상으로 제공하는 정보원에 대한 주소와 전화번호를 수록하고 있다.

(6) 기타 공지사항

정부 및 KOSHA에서는 MSDS 작성 등에 관한 교육, 세미나 개최, 워크샵 등의 공지사항을 이용자가 파악할 수 있도록 하고 있다. KOSHA에서 구축예정인 DB는 유해화학물질의 각종자료를 정확히 확인할 수 있는 구조로 개발하여 이용자의 요구와 검증된 독성 등에 관한 자료의 추가 또는 삭제가 수시로 가능하도록 소프트웨어가 설계되어 있으므로 항상 수정이 가능하다.

4.1.2 시디-롬 정보

CD-ROM 정보로 수록되어 있는 영문자료의 내용은 아래 표와 같다.

표 3-3 CD-ROM 정보에 수록된 영문자료표

DB 명칭	주 요 내 용	정보건수
· MSDS(Material Safety Data Sheet)	제조업체에서 개발한 상품명에 의한 화학물질 안전 정보 수록	70,799
· CHEMINFO (Chemical Information)	순수화학물질, 천연물질 및 공정가공으로 인한 혼합 물질, 화학적 반응성, 유해성응급조치, 개인 보호 대책 에 관한 사항	1,065
· RTECS(Registry of Toxic Effects of Chemical Substance)	미국 국립안전보건연구소(NIOSH)에 등록된 화학물질의 독성영향에 관한 정보	124, 403
· TOXINE	- 1996년부터 수록된 약물학, 생리학 약품과 다른 화학물질의 독물학적 영향에 관한 정보 수록. - 대기오염, 독물독성, 해독제, 화학제품, 발암질병, 약물감정, 독성 환경오염에 관한 화학물질 정보	1,100,000 (1996-현재)

4.2 외국의 MSDS 정보

1) **미국** MDL Information Inc.

   * (주) 바이텍시스템
   서울 강남구 삼성동 159-1 무역센타 빌딩 804호
   전화 : (02) 551-2039

2) **캐나다** CCOHS

   250 Main Street East
   Hamilton, Ontario
   Canada
   Tel : 1-905-572-2206

3) 미국 SIGMA-ALDRICH

   Aldrich Chemical Co, Inc.
   P.O.Box 355
   Milwaukee, WI 53201
   U.S.A
   Tel : 1-800-231-8327

4) **스위스** ILO-CIS

   CHY 1211 Geneve 22
   Switzerland
   Tel : 41-22-799-6740

5) G.P(Genium Publishing corporation)

   One Genium Plaza, Schenectady
   NY 12304 4690
   U.S.A

연습문제

1. MSDS 제도의 도입배경과 기대효과에 대하여 설명할 것.

2. MSDS 제도에 관한 우리나라의 제도와 외국의 제도를 비교하여 설명할 것.

3. MSDS 제도에 관한 우리나라의 법적인 근거와 내용에 대하여 설명할 것.

4. MSDS 제도의 작성대상 화학물질과 작성제외 화학물질을 요약하여 설명할 것.

5. MSDS 제도의 세부작성 항목과 기재사항에 대하여 설명할 것.

6. 모든 영문 약어를 본래의 full sentence로 표시하고 그 용도를 기록할 것.

위험물질의 생성과 저장

4

1. 화학반응

화학반응을 분류하는 방법에는 여러 가지가 있는데 반응에 관여하는 상(phase)의 수에 따라 크게 균일반응(homogeneous reaction)과 불균일반응(hetergenous reaction)으로 구분한다. 단일상에서만 반응이 일어나는 경우가 균일반응이고, 적어도 두개의 상 이상이 있어야 반응이 진행되는 경우가 불균일 반응이다. 예로

균일반응 $H_3O^+(aq) + OH^-(aq) \rightarrow 2H_2O$

$2NO(g) + O_2(g) \rightarrow 2NO_2(g)$

불균일반응 $Zn(s) + 2H^+(aq) \rightarrow Zn^{2+}(aq) + H_2(g)$

$2Mg(s) + O_2(g) \rightarrow 2MgO(s)$

2. 반응속도

반응속도는 보통 반응물 또는 생성물의 농도 변화율로 정의된다. 반응속도에는 특정물질의 소멸 또는 생성을 나타내기 위하여 (+) 또는 (−) 부호를 사용하며, 따라서 반응속도는 항상 양의 값을 갖게 될 것이다. 만일 단순한 화학방정식을 다음과 같이 쓸 수 있다면

$$aA + bB = cC + dD$$

반응속도는 아래 항으로 표현된다.

$$\frac{-d[A]}{dt}, \quad \frac{-d[B]}{dt}, \quad \frac{d[C]}{dt} \quad \text{또는} \quad \frac{d[D]}{dt}$$

여기서 $[A]$, $[B]$, $[C]$ 또는 $[D]$는 농도단위이며, t 는 시간이다. 만일 이들이 1대 1로 반응하지 않으면, 즉 $a = b$가 아니면 $-d[A]/dt$가 $-d[B]/dt$와 같지 않음이 명백하다. 반응속도는 어떤 성분에 대하여 논의하더라도 같은 값을 가져야 되므로, 각 항을 방정식상의 계수로 나누어 쓴다. 따라서 반응속도는 다음과 같이 정의된다.

$$반응속도 = -\frac{1}{a}\frac{d[A]}{dt} = -\frac{1}{b}\frac{d[B]}{dt} = \frac{1}{c}\frac{d[C]}{dt} = \frac{1}{d}\frac{d[D]}{dt}$$

경험적으로 대부분의 식은 다음 형태의 반응속도식을 만족함을 알 수 있다.

$$반응속도 = k\,[A]^m\,[B]^n \tag{4.1}$$

A와 B농도의 지수 m과 n의 값은 실험적으로 결정되어야 한다. 이러한 형태의 반응속도식에서 지수의 합 $m+n$을 반응차수라고 한다. 따라서 이 반응은 $m+n$차이며 A에 대하여 m차 B에 대하여 n차이다. 반응의 계수가 반응차수를 결정하지는 않으며 일반적으로 $a \neq m$ 및 $b \neq n$임을 알 수 있을 것이다. 만일 농도항 중의 어느 하나(또는 그 이상)가 변하지 않거나 약간 변할 수 있는 조건하에서 반응속도를 측정하면, 이와 같이 불변의 항은 비례상수 k에 포함될 것이며 이 반응을 유사차수반응이라 부른다. 예를 들어 만일 앞 예의 일반적인 반응에서 반응물 B가 A에 비하여 대단히 과량으로 존재하거나 B를 농도가 일정한 촉매라고 하면 식 (4.1)은 다음과 같이 고쳐 쓸 수 있게 된다.

$$반응속도 = k'[A]^m\,[B]^n$$

이 반응은 유사 m차 반응이 된다. 이와 같은 예로는 산촉매 에스텔화 반응이 있다.

$$\mathrm{CH_3CO_2H + CH_3CH_2OH \xrightarrow{H^+} CH_3CO_2CH_2CH_3 + H_2O}$$

실험적으로 얻어진 완전한 반응속도식은

$$\frac{d\,[\mathrm{CH_3CO_2C_2H_5}]}{dt} = k\,[\mathrm{CH_3CO_2H}]\,[\mathrm{CH_3CH_3OH}]\,[\mathrm{H^+}]$$

이며, 3차 반응이지만, 보통 에탄올이 용매로 이용됨으로 그 농도는 실질적으로 일정할 것이며, 산의 농도는 변하지 않으므로 이 반응은 유사 1차반응인 것이다.

식 (4.1)에서 지수의 값은 보통 작은 정수이다. 이러한 이유때문에, 반응차수와 반응분자수를 혼동하기 쉽다. 분자수는 충돌과정에 참여하는 입자의 숫자를 나타내는 이론적 개념이다. 2분자 반응은 보통 2차 반응이지만 그 역이 꼭 성립되는 것은 아니다. 마찬가지로 3분자 반응은 보통 3차 반응이나 3차 반응이 꼭 3분자 반응은 아니다. 예를 들면 산촉매 에스텔화 반응은 3차 반응이다. 그러나 이 반응은 3분자 반응이 아닌 일련의 반응단계로 진행되는 것이다.

반응속도에 대한 수치를 얻기 위하여 보통 하나 또는 그 이상이 존재하는 반응물질의 농도를 시간의 함수로 추적하게 된다. 농도 자료가 직접 반응속도 자료를 주지 못하나 농도 자료로부터 구한 반응속도식의 적분꼴을 이용하여 비반응속도 상수 k값을 구할 수 있게 된다. 차수가 단순한 반응속도식이 자주 얻어지므로 이들 간단한 반응속도식을 우선 다뤄보기로 한다.

2.1 0차 반응

반응속도가 농도에 의하여 영향을 받지 않는 반응으로서, 예를 들면 표면에서의 확산속도, 광화학 반응에서의 용기의 복사강도 등이 이에 해당된다. 이와 같은 반응에서 반응속도는 반응물 A의 농도에 무관계하므로 반응속도식은 다음과 같이 나타낼 수 있다.

$$\frac{-d[A]}{dt} = k_o \quad \text{또는} \quad [A] = -k_o t + \text{상수} \tag{4.2}$$

$t=0$일 때 상수 $=[A_o]$ 이므로

$$k_o\,t = [A_o] - [A]$$

t시간 후의 $[A_o] - [A]$의 농도를 x라 하면

$$k_o = \frac{x}{t} \tag{4.3}$$

최종농도를 a mol/L라고 하면 반감기 τ는 반응차수에 따라 다음과 같다.

윗 식에 $x = \frac{1}{2}a, \quad t = \tau$를 대입하면

$$\tau = \frac{a}{2k_o} \tag{4.4}$$

여기에서 k_o : 0차 반응의 속도상수

2.2 1차 반응

반응차수는 반드시 정수일 필요는 없고 0 또는 분수가 될 수도 있으며, 실험데이터와 잘 맞는 속도식으로부터 결정되는 것이지 화학반응식의 형태와 연관성이 있을 필요는 없다. 1차 반응에서 반응속도는 반응물의 농도에 정비례한다. 즉, 반응 $A \rightarrow B + C$ 에서

$$\frac{-d[A]}{dt} = k_1[A] \tag{4.5}$$

여기서 k_1 : 1차 반응의 속도상수

A의 최초농도 : a mol/L
시간 t후의 A의 농도 : $(a-x)$ mol/L

그러므로

$$\frac{dx}{dt} = k_1(a-x) \quad \text{or} \quad \frac{dx}{(a-x)} = k_1 dt \tag{4.6}$$

방정식 (4.6)의 적분된 식은

$$-\ln(a-x) = k_1 t + \text{상수} \tag{4.7}$$

적분상수를 구하기 위하여 $t=0$ 일 때 $x=0$이므로 상수는 $-\ln a$와 같다.
이를 식 (4.7)에 대입하면

$$\begin{aligned} k_1 t &= \ln a - \ln(a-x) \\ &= \ln\left(\frac{a}{a-x}\right) \end{aligned} \tag{4.8}$$

또는

$$k_1 = \frac{1}{t}\ln\left(\frac{a}{a-x}\right)$$

$$= \frac{2.303}{t}\log_{10}\left(\frac{a}{a-x}\right) \tag{4.9}$$

이 식에서 $a-x$의 값들은 전체 반응속도의 실험을 통하여 미소시간 t에 대하여 실험적으로 결정된다. 이들 값들을 방정식 (4.9)에 대입하고 속도상수의 평균값을 결정한다. 식 (4.9)를 다시 정리하면

$$\frac{k_1 t}{2.303} = \log_{10}\left(\frac{a}{a-x}\right)$$

만약 1차반응이라면 방정식 (4.9)로부터 시간 t대 $\log_{10}\left(\frac{a}{a-x}\right)$를 나타내면 기울기가 다같이 $k_1/2.303$인 직선을 이룬다. 방정식 (4.9)를 다시 정리하면

$$\log_{10}(a-x) = \log_{10} a - \frac{k_1 t}{2.303} \tag{4.10}$$

따라서 방정식 (4.8)과 (4.9)는 1차반응의 관계식들로써 $\ln\left(\frac{a}{a-x}\right)$나 $\log_{10}\left(\frac{a}{a-x}\right)$와 t로부터 k_1을 구할 수 있다. 만약 반응이 1차라면 식 (4.9)로부터 t 대 $\log\left(\frac{a}{a-x}\right)$를 나타내면 기울기가 $\frac{k_1}{2.303}$인 직선을 이룬다.

1차 반응과정에서 반응물의 농도 즉 초기농도의 얼마가 감소되는데 필요한 시간은 초기농도와는 관계가 없게 된다. 초기농도 a에서 $0.5a$로 감소하는데 필요한 시간을 반감기($\mathfrak{T}$ or $t_{0.5}$)라 한다. 따라서 반감기 상태의 방정식은 식 (4.9)로부터

$$k_1 = \frac{1}{t_{0.5}}\ln\frac{a}{0.5a} = \frac{\ln 2}{t_{0.5}} = \frac{0.693}{t_{0.5}} \quad \text{또는} \quad t_{0.5} = \frac{0.693}{k_1} \tag{4.11}$$

여기에서 k_1은 어떤 특수한 반응에 대한 상수이며 이는 초기농도와 무관하다. 일반적으로 초기농도가 $\frac{1}{f}$의 분율로 감소할 때 시간 $t_{\frac{1}{f}}$로 주어지며 $t_{\frac{1}{f}} = \frac{\ln f}{k_1}$가 된다.

Example 4-1 **반응 $SO_2Cl_2 = SO_2 + Cl_2$는 일차반응이며 320℃에서 $k_1 = 2.2\times10^{-5}\text{sec}^{-1}$이다. 320℃로 90분간 가열하면 SO_2Cl_2의 몇 %가 분해되겠느냐?**

x%가 분해된다고 하면 식 (4.9)로부터

$$k_1 = \frac{1}{t}\frac{\ln a}{a - \frac{ax}{100}} = \frac{2.303}{t}\frac{\log 100}{100-x}$$

$k_1 = 2.2 \times 10^{-5}\text{sec}^{-1}$, $t = 90 \times 60\ \text{sec}$ 이므로

$$2.2 \times 10^{-5} = \frac{2.303}{90 \times 60} \log \frac{100}{100-x} = 1.94841$$

$$100 - x = 88.8$$

$$\therefore x = 11.2\%$$

Example 4-2 어떤 1차 반응에서 1000sec동안에 반응물의 반이 분해하였다.
(a) 반응물의 1/10이 남을 때까지는 얼마나 걸리겠느냐?
(b) 반응물의 90%가 분해하려면 몇 sec 걸리겠느냐?

$\tau = 1000\ \text{sec}$를 $\tau = \frac{\ln 2}{k_1} = \frac{0.693}{k_1}$ 식에 대입하면,

$$k_1 = \frac{0.693}{\tau} = 6.93 \times 10^{-4}\text{sec}$$

(a) $a = 100$, $a - x = 10$ 및 k_1의 값을 $\ln \frac{a}{a-x} = k_1 t$ 식에 대입하면,

$$t = \frac{1}{k_1} \ln \frac{a}{a-x}$$

$$= \frac{2.303}{6.93 \times 10^{-4}} \log \frac{100}{10} = 3323\text{sec}$$

(b) (a)와 마찬가지로 t를 구한다.

Example 4-3 900℃에서 금에 의하여 N_2O가 접촉분해될 때, 초압이 200mm이면, 53분 동안에 50%가 분해하고 100분 동안에 73%가 분해한다. 이 반응의 차수를 구하여라.

1차 반응의 식 (4.9), $k_1 = \frac{1}{t} \ln \frac{a}{(a-x)}$ 를 써서 속도상수를 계산하면 다음과 같이 일정한 값이 얻어진다. 따라서 이 반응은 1차 반응이다.

시간(min)	$k_1(10^2/\text{sec})$
53	1.308
100	1.309

Example 4-4 **다음 결과는 수용액에서 Glucose의 분해로부터 얻어진 자료이다.**

Glucose농도(mmol/L)	56.0	55.3	54.2	52.5	49.0
시간(min)	0	45	120	240	480

이 반응이 1차반응인 것을 설명하고 이 과정에 대한 속도상수를 계산하여라. 또 반감기를 계산하여라.

윗 자료에서 $a = 56.0$ mmol/L이고 방정식 (4.10)에서 Glucose의 농도 $a-x$를 적용하면 반응은 1차 반응이다.

$\log[(a-x)$ / mmol/L]	1.748	1.743	1.743	1.719	1.690
t/min	0	45	120	240	480

위의 결과를 t대 $\log_{10}[(a-x)$ / mmol/L]의 그래프를 도시하면 이 그래프는 직선이 되며 따라서 이 반응은 1차 반응이다.

식 (4.9)에서 $-\dfrac{k_r}{2.303} = -1.18\times10^{-4}\ \mathrm{min}^{-1}$

따라서, $k_r = 2.72\times10^{-4}\ \mathrm{min}^{-1}$

방정식 (4.11)로부터

$t_{0.5} = \dfrac{0.693}{k_r} = \dfrac{0.693}{1.18\times10^{-4}}\mathrm{min} = 5.87\times10^{3}\mathrm{min}$ 이다.

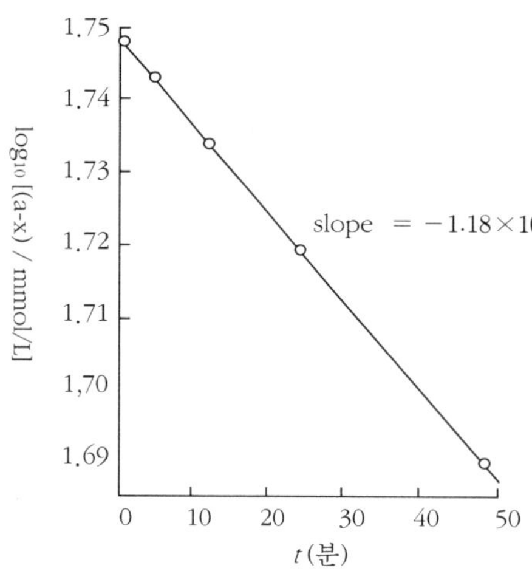

그림 4-1 1차 반응의 시간과 농도변화의 예

2.3 2차 반응

다음의 반응 $A+B \rightarrow C+D$에 관한 2차 속도법칙에 따르는 일반식은 다음과 같이 표시한다.

$$\frac{-d[A]}{dt} = k_2[A][B] \tag{4.12}$$

이 경우에는 반응물질의 농도가 같을 때와 다를 때의 2가지 경우를 나누어 생각할 수 있다.

1) 두 종류의 반응물을 갖는 경우(즉, $[A] \neq [B]$)

A와 B의 초기농도를 각각 a와 b라 하고 시간 t에서의 A와 B의 농도 감소량을 x라 하면 시간 t에서의 A와 B의 농도는 각각 $a-x$ 및 $b-x$이다. 따라서 속도방정식은 $-\frac{d[A]}{dt} = -\frac{d[B]}{dt} = k_2[A][B]$이며 식 (4.12)로부터

$$\frac{dx}{dt} = k_2(a-x)(b-x) \tag{4.13}$$

또는 $\frac{dx}{(a-x)(b-x)} = k_2 dt$ 이고, 이들을 부분 분수로 표시하면 다음과 같다.

$$\frac{1}{a-b}\left[\frac{1}{b-x} - \frac{1}{a-x}\right]dx = k_2 dt$$

양변을 적분하면

$$k_2 t = \frac{\ln(a-x) - \ln(b-x)}{a-b} + \text{상수}$$

$t=0$, $x=0$일 때 상수 $= -\frac{\ln a/b}{a-b}$이다.

따라서
$$k_2 t = \frac{1}{a-b}\ln\left[\frac{b(a-x)}{a(b-x)}\right]$$

또는
$$k_2 = \frac{2.303}{t(a-b)}\log_{10}\left[\frac{b(a-x)}{a(b-x)}\right] \tag{4.14}$$

가 된다.

2) 초기농도가 동일한 두 종류의 반응(즉, [A]=[B])

$A+B \rightarrow$(생성물)의 반응에서 A와 B의 초기농도가 같고 그 농도는 모두 a이다. 이때는 식 (4.13)을 다음과 같이 쓸 수 있다.

$$\frac{dx}{dt} = k_2(a-x)^2$$

또는 $$\frac{dx}{(a-x)^2} = k_2\,dt$$

적분하면 다음과 같다.

$$k_2 t = \frac{1}{a-x} + \text{상수}$$

$t=0$, $x=0$일 때 상수 $= -\frac{1}{a}$ 이므로

$$k_2 = \frac{1}{a-x} - \frac{1}{a} \tag{4.15}$$

또는 $$k_2 = \frac{1}{at}\left(\frac{x}{a-x}\right) \tag{4.15$'$}$$

2차 반응의 속도상수를 결정하기 위하여 방정식 (4.14)에서 시간변환 t로 얻어진 $a-x$와 $b-x$의 실험치를 대입함으로써 속도상수가 2차 이내의 상수이면 이 반응은 2차 반응이라고 할 수 있으며, 그 평균값은 대입법에 의한 평균값이 된다.

그래프를 이용하는 법은 2차 반응에서 방정식 (4.14)는 다음과 같이 정리된다.

$$\frac{k_2 t\,(a-b)}{2.303} = \log_{10}\left[\frac{b\,(a-x)}{a\,(b-x)}\right] = \log_{10}\left(\frac{b}{a}\right) + \log_{10}\left(\frac{a-x}{b-x}\right)$$

$$\log_{10}\left(\frac{a-x}{b-x}\right) = \frac{k_2(a-b)t}{2.303} - \log_{10}\left(\frac{b}{a}\right) \tag{4.16}$$

윗 식에서 $\log_{10}\left(\frac{a-x}{b-x}\right)$ 대 t의 도시는 기울기가 $\frac{k_2(a-b)}{2.303}$와 같은 직선이 되며 이로 부터 k_2값이 결정된다. 반감기를 이용하는 방법은 초기농도가 같은 2종류의 2차반응의 경우에 식 (4.15′)를 이용하면 여기에서 반감기는 초기농도가 a로부터 $\frac{a}{2}$까지 감소되는 시간을 말한다. 따라서 반감기는 $x=\frac{a}{2}$를 대입하면

$$t_{0.5} = \frac{1}{k_2 a}\left(\frac{a/2}{a/2}\right) = \frac{1}{k_2 a} \tag{4.17}$$

따라서 이러한 형태의 2차 반응에 대한 반감기는 초기농도에 역비례하며 속도상수는 직접 반감기를 측정함으로써 결정된다. 만일 두 개의 농도 a_1, a_2에서의 실험으로부터 반감기가 측정되었다면 그 관계는 다음과 같다.

$$\frac{(t_{0.5})_1}{(t_{0.5})_2} = \frac{a_2}{a_1}$$

반감기를 이용하는 방법은 반응계가 동일한 초기농도를 갖는 경우, 어떠한 차수반응에도 적용된다. 일반적으로 n차반응의 반감기는 초기농도와 관계한다. 따라서

$$t_{0.5} \propto \frac{1}{a^{n-1}} \quad \text{또는} \quad t_{0.5} = \frac{\text{상수}}{a^{n-1}}$$

상용대수를 취하면

$$\log_{10} t_{0.5} = (1-n)\log_{10} a + \log_{10}(\text{상수})$$

$\log_{10} a$에 대한 $\log_{10} t_{0.5}$를 그래프에 도해하면 기울기가 $(1-n)$을 갖는 직선이 된다. 따라서 속도상수를 구할 수 있다. 초기농도 a_1과 a_2에 대한 반감기를 각각 $(t_{0.5})_1$과 $(t_{0.5})_2$라면

$$\frac{(t_{0.5})_1}{(t_{0.5})_2} = \left(\frac{a_2}{a_1}\right)^{n-1} \tag{4.18}$$

이 되고 상용대수를 취하면

$$\log_{10}\frac{(t_{0.5})_1}{(t_{0.5})_2} = (n-1)\log_{10}\left(\frac{a_2}{a_1}\right)$$

이 되므로 이 식으로부터 n의 값을 구할 수 있다.

Example 4-5 $Na_2S_2O_3$와 CH_3I 사이의 반응에 대한 자료가 다음과 같다.

(시간)/(분)	0	4.75	10	20	35	55	∞
$Na_2S_2O_3$	35.35	30.5	27.0	23.2	20.3	18.6	17.1
CH_3I	18.25	13.4	9.9	6.1	3.2	1.5	0

위의 자료로부터 이 반응이 2차 반응임을 설명하고 속도상수 k_2를 구하라.

만일 반응이 2차 반응이라면 시간 t에서의 $Na_2S_2O_3$와 CH_3I의 농도는 각각 $a-x$와 $b-x$가 된다. 따라서 식 (4.16)을 도입하면

$\log_{10}(a-x)/(b-x)$	0.287	0.357	0.436	0.580	0.802	1.093
t (분)	0 4.7	5	10	20	35	55

시간 t에 대한 $\log_{10}(a-x)/(b-x)$를 그래프를 나타내면 다음 그림과 같은 직선이 된다. 즉 반응은 2차 반응이고 실험결과의 그래프는 다음과 같다.

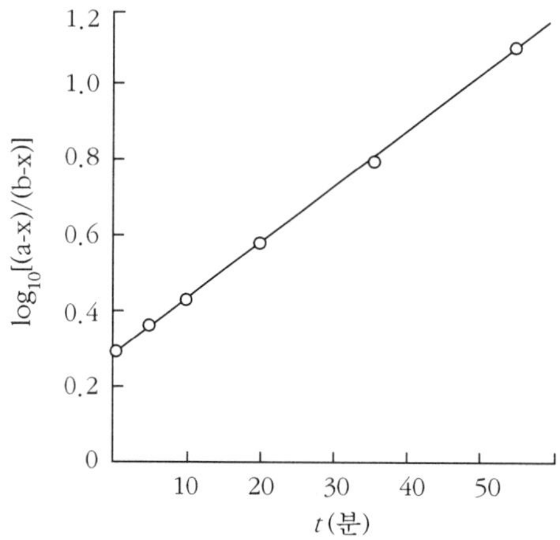

그림 4-2
1차 반응의 시간과 농도변화의 예

Example 4-6 30℃의 NaOH용액에서 $CH_3COOC_2H_5$의 비누화반응은 다음과 같다.

$$CH_3COOC_2H_5 + NaOH \rightarrow CH_3COONa + C_2H_5OH$$

에스테르 및 알칼리의 초기농도는 모두 0.05 mol/L이며 에스테르의 농도가 x로 감소할 때의 시간 t에 관한 측정치는 다음과 같다.

$10^{-3}x$ mol/L	5.911	1.421	6.302	2.072	7.173	1.473	6.44
t (분)	4	9	15	24	37	53	83

이 결과로부터 반응속도상수를 계산하여라.

2차 반응이라고 가정하면 방정식 (4.15)를 적용한다.

$a-x$ (mol/L)	22.7	25.9	29.7	35.8	43.8	53.9	73.8
t (분)	4	9	15	24	37	53	83

이 결과를 그래프화하면 직선화되고 따라서 반응은 2차 반응이다.
또한 기울기= 0.640 $Lmol^{-1}min^{-1}$가 된다.

Example 4-7 Bodenstein의 실험에 의하면 요오드화수소 HI의 생성반응, $H_2 + I_2 \rightarrow 2HI$는 2차반응이고 그 속도정수는 410℃에서 $0.0659(\text{mole}/22.4\text{L})^{-1}\text{min}^{-1}$이다.
(a) 속도정수를 L/mole-sec의 단위로 환산하여라.
(b) 이온화도에서 수소의 농도가 0.02mole/L, 요오드의 농도가0.05mole/L일 때 HI의 생성하는 속도는 얼마냐?

(a) 속도정수 k_2를 L/mole-sec의 단위로 환산하면

$$k_2 = 0.0659(22.4\ \text{L/mol})/\text{min}$$

$$= 0.0659 \times 22.4 \times \frac{1}{60}\ \text{L/mol sec} = 0.246\ \text{L/mole sec}$$

(b) $H_2 + I_2 \rightarrow 2HI$

HI의 생성속도 $\frac{d[\text{HI}]}{dt} = k[\text{H}_2][\text{I}_2] = 0.246 \times 0.02 \times 0.005 = 2.46 \times 10^{-6}\ \text{L/mole sec}$

Example 4-8 반응 $CH_3CH_2NO_2 + OH^- \rightarrow H_2O + CH_3CH{=}NO_2^-$는 2차 반응이며 0℃에서의 속도상수는 39.1 L/mole min이다. 반응물은 Nitroethane의 0.004M 수용액과 NaOH의 0.005M 수용액이다. Nitroethane의 90%가 반응하는데는 몇 분이 걸리겠느냐?

$k_2 = \frac{1}{t(a-b)} \ln \frac{b(a-x)}{a(b-x)}$ 식에 $k_2 = 39.1,\ a = 0.004,\ b = 0.005$

$x = 0.004 \times 0.9 = 0.0036$을 대입하여 t를 구한다.

$$t = \frac{1}{39.1(0.004-0.005)} \ln \frac{0.005(0.004-0.0036)}{0.004(0.005-0.0036)} = 26.35\text{min}$$

Example 4-9 단일반응 A → B에서 A의 농도는 0.51mol/L로부터 1.03mol/L까지 변하였을 때 반감기는 25℃에서 150초로부터 75초로 떨어졌다. 이때 반응차수 및 속도상수는 얼마인가?

식 (4.18) $\frac{(t_{0.5})_1}{(t_{0.5})_2} = \left(\frac{a_2}{a_1}\right)^{n-1}$ 에 의하여

$\frac{150}{75} = \left(\frac{1.03}{0.51}\right)^{n-1}$ 또는 $\log_{10} 2 \approx (n-1)\log_{10} 2$

따라서 $n=2$이다. 2차 반응이므로 속도상수는 식 (4-17)에 의하여 $t_{0.5} = \frac{1}{k_r a}$ 이므로

$k_r = \frac{1}{0.51 \times 150}\ \text{L/mol.sec} = 1.31 \times 10^{-2}\ \text{L/mol.sec}$ 이다.

2.4 3차 반응

일반적으로 3차 반응을 다음과 같이 생각한다.

$$A + B + C \rightarrow \text{생성물}$$

A, B, C의 초기농도를 각각 a, b, c라 하고 시간 t일 때의 이들의 감소된 농도를 x라 하면 이 속도방정식은 다음과 같다.

$$\frac{dx}{dt} = k_3(a-x)(b-x)(c-x) \tag{4.19}$$

초기 농도가 모두 같은 경우 즉, $a = b = c$일 때 방정식 (4.19)는

$$\frac{dx}{dt} = k_3(a-x)^3$$

또는

$$\frac{dx}{(a-x)^3} = k_3\, dt$$

이를 적분하면

$$\int \frac{dx}{(a-x)^3} = k_3 \int dt$$

$$\frac{1}{2(a-x)^2} = k_3 t + c$$

$x = 0,\ t = 0$에서 $c = \frac{1}{2a^2}$이므로

$$k_3 t = \frac{1}{2(a-x)^2} - \frac{1}{2a^2} \tag{4.20}$$

이다. 속도상수는 시간 t 대 $\frac{1}{(a-x)^2}$의 도해로부터 혹은 $x = \frac{a}{2}$인 반감기를 측정한 경우 또는 이들 방정식에 실험적 자료를 대입함으로써 결정된다. 따라서 $t = t_{0.5}$, $x = \frac{a}{2}$일 때 방정식 (4.20)은 $k_3\, t_{0.5} = \frac{3}{2a^2}$이 된다.

초기농도가 전부 같은 경우에는 n차 반응에서의 속도방정식은 다음과 같다.

$$\frac{dx}{dt} = k_r(a-x)^n$$

또는
$$\frac{dx}{(a-x)^n} = k_r\, dt$$

적분하면

$$\int \frac{dx}{(a-x)^n} = k_r \int dt$$

$$\frac{1}{(n-1)(a-x)^{n-1}} = k_r t + c$$

$x=0,\ t=0$이면 $c = \dfrac{1}{(n-1)a^{n-1}}$ 이므로

$$k_r t = \frac{1}{n-1}\left[\frac{1}{(a-x)^{n-1}} - \frac{1}{a^{n-1}}\right] \tag{4.21}$$

이 된다. 이 식은 $n \neq 1$일 때 성립하며, $n=1$인 경우에는 모든 경우에 사용될 수 있으며 비 정수차의 반응까지도 포함된다. 식 (4.21)로부터 반감기($t_{0.5}$)를 계산하면

$$t_{0.5} = \left(\frac{1}{n-1}\right)\left(\frac{1}{k_r}\right)\left[\frac{1}{(a-x)^{n-1}} - \frac{1}{a^{n-1}}\right]$$

$$\begin{aligned} t_{0.5} &= \left(\frac{1}{n-1}\right)\left(\frac{1}{k_r}\right)\left[\frac{1}{\left(\frac{a}{2}\right)^{n-1}} - \frac{1}{a^{n-1}}\right] \\ &= \left(\frac{1}{n-1}\right)\left(\frac{1}{k_r}\right)\left[\frac{2^{n-1}}{a^{n-1}} - \frac{1}{a^{n-1}}\right] \\ &= \left(\frac{1}{n-1}\right)\left(\frac{1}{k_r}\right)\left[\frac{2^{n-1}-1}{a^{n-1}}\right] \end{aligned} \tag{4.22}$$

반감기($t_{0.5}$)는 초기농도의 $n-1$승에 역비례함을 알 수 있다.

3. 가역반응

이제까지는 반응물이 생성물로 변하는 형식만을 취급하였으며, 실제에 있어서는 이와 같은 형식에서 벗어나게 된다. 즉 가역반응 및 반응이 여러 단계를 거쳐 일어나는 경우가 있다. 먼저 1차 반응에서의 가역반응을 생각해 보면 다음과 같다.

$$A \underset{k_{-1}}{\overset{k_1}{\rightleftarrows}} B$$

여기에서 k_1과 k_{-1}은 정반응과 역반응의 속도상수이고, A의 초가농도를 a, 시간 t에서 A의 감소된 농도를 x라 하고 평형에서의 A의 감소농도를 x_e라 하면 다음과 같다.

	초기	시간(t)	평형
A	a	$a-x$	$a-x_e$
B	0	x	x_e

이 반응의 속도는

$$-\frac{d[A]}{dt}=\frac{dx}{dt}=k_1(a-x)-k_{-1}x \tag{4.23}$$

평형상태에서 윗 식은 $k_1(a-x)-k_{-1}x=0$ 이다. 따라서

$$k_{-1}=\frac{k_1(a-x_e)}{x_e} \tag{4.24}$$

또는

$$k_1a=x_e(k_1+k_{-1}) \tag{4.25}$$

시간 t에서 식 (4.23)에 식 (4.24)를 대입하면

$$\frac{dx}{dt}=k_1(a-x)-\frac{k_1(a-x_e)x}{x_e}=\frac{k_1\,a\,(x_e-x)}{x_e} \tag{4.26}$$

윗 식을 정리하여 적분형태로 변형하면

$$\int_0^x\frac{dx}{x_e-x}=\frac{k_1a}{x_e}\int_0^t dt$$

따라서
$$\ln\left(\frac{x_e}{x_e - x}\right) = \frac{k_1 a t}{x_e} \tag{4.27}$$

또는
$$k_1 = \frac{2.303\, x_e}{at} \log_{10}\left(\frac{x_e}{x_e - x}\right) \tag{4.28}$$

식 (4.28)을 (4.25)식의 좌변에 대입하면

$$k_1 + k_{-1} = \frac{2.303}{t} \log_{10}\left(\frac{x_e}{x_e - x}\right) \tag{4.29}$$

이 된다. 이 결과는 단순한 1차 반응의 과정과 비교해 볼 수 있다. 즉, 평형상태에서 x_e를 측정하고 x를 시간의 함수로 측정한다면 k_1을 계산할 수 있고, 평형상수를 사용하면 k_{-1}을 구할 수 있다. 표 4-1에 기본적인 속도법칙에 관한 식들을 요약하였다.

표 4-1 기본 속도법칙의 요약

차수	미분형	적분형	k의 단위
0	$\frac{dx}{dt} = k_0$	$k_0 t = x$	L mol^{-1} s^{-1}
1	$\frac{dx}{dt} = k_1(a-x)$	$k_1 t = \ln\frac{a}{(a-x)}$	s^{-1}
2	$\frac{dx}{dt} = k_2(a-x)^2$	$k_2 t = \frac{x}{a(a-x)}$	L mol^{-1} s^{-1}
2	$\frac{dx}{dt} = k_2(a-x)(b-x)$	$k_2 t = \frac{1}{a-b}\ln\frac{b(a-x)}{a(b-x)}$	L mol^{-1} s^{-1}
3	$\frac{dx}{dt} = k_3(a-x)^3$	$k_3 t = \frac{1}{2(a-x)^2} - \frac{1}{2a^2}$	L^2 mol^{-2} s^{-1}

Example 4-10 어떤 온도에서 수소와 요오드로부터 요오드화수소가 생성되는 반응의 속도상수는 0.00025이고, 같은 온도에서의 평형상수는 0.0164이다. 역반응의 속도상수는 얼마인가?

$\frac{k}{k'} = K$에서 $k' = k/K = 0.00025/0.164 = 0.01525$

4. 화학반응의 온도의존성

4.1 Arrhenius방정식

반응물의 농도에 대한 반응속도의 의존성을 속도방정식으로 다음 식 (4.30)과 같이 나타낸다.

$$\frac{dx}{dt}(\text{속도}) = k_c[A]^{n_1}[B]^{n_2} \tag{4.30}$$

그러나 대부분의 화학반응속도는 온도가 상승함에 따라 증가한다. 이 효과는 발열반응이나 흡열반응에 공통된 현상이다. 낮은 온도에서 보다 높은 온도에서 반응이 더 빨리 일어난다는 사실은 흔히 관찰할 수 있는 일이며, 일반적으로 반응의 속도는 온도가 10℃ 상승하면 속도는 2~3배로 증가하므로 온도에 따라 크게 변화한다. 윗 식에서 농도의 항 및 차수는 온도에 따라 예민하게 변하지 않지만, 온도에 의존하는 항은 속도상수 k_c이다.

이 법칙의 이론적 기초는 Van't Hoff의 식으로 알려진 평형상수 k_c와 온도사이의 관계식이라는 사실을 Van't Hoff와 Arrhenius에 의해 식 (4.31)와 같이 제시되었다.

$$\frac{d\ln k_c}{dt} = \frac{\Delta E}{RT^2} \tag{4.31}$$

여기에서 k_c는 농도의 평형상수, ΔE는 에너지변화이다. 다음과 같은 반응을 생각하면

$$A + B \underset{k_{-1}}{\overset{k_1}{\rightleftharpoons}} C + D$$

이 식에서 정반응의 속도는 $k_1[A][B]$이고 역반응의 속도는 $k_{-1}[C][D]$이다. 평형에서

$$k_1[A][B] = k_{-1}[C][D]$$

따라서 평형상수는

$$k_c = \frac{[C][D]}{[A][B]} = \frac{k_1}{k_{-1}}$$

방정식 (4.31)은 $\dfrac{d\ln \dfrac{k_1}{k_{-1}}}{dt} = \dfrac{\Delta E}{RT^2}$ 로부터

$$\frac{d\ln k_1}{dt} - \frac{d\ln k_{-1}}{dt} = \frac{\Delta E}{RT^2}$$

여기서 $\Delta E = E_1 - E_{-1}$ 이고 I는 적분상수라 하면, 다음과 같은 두 개의 방정식으로 표현될 수 있다.

$$\frac{d\ln k_1}{dt} = \frac{E_1}{RT^2} + I$$

$$\frac{d\ln k_{-1}}{dt} = \frac{E_{-1}}{RT^2} + I$$

상수 I는 0과 같다는 사실이 실험적으로 알려졌으며, 두 식을 적분하면

$$k_1 = A_1 e^{-E/RT}$$

$$k_{-1} = A_{-1} e^{-E_{-1}/RT}$$

이 된다. 따라서 $\frac{d\ln k_r}{dt} = \frac{E}{RT^2}$ 이며 Arrhenius의 방정식으로 정리하면 식 (4.32)가 된다.

$$k_r = A\exp(-E/RT) \tag{4.32}$$

여기서 E : 활성화 에너지, A : 빈도수

4.2 활성화 에너지

$A+B$로부터 $C+D$ 로의 반응경로가 에너지변화 E_1에 지배되는 반면에 역반응은 E_{-1}에 지배되므로 그 에너지 차이는 ΔE이다. 활성화되지 않는 분자와 활성화된 분자사이에는 중간상태가 존재한다. 이 상태는 처음상태보다도 더욱 큰 에너지 E_1을 가지며 최종상태보다도 더욱 큰 에너지를 갖는다. 이 관계를 그림 4-3에 나타내었다.

또한 중간상태를 활성화상태(activated state)라 한다. 이와 같이 에너지를 얻어서 생성물을 생성하는 반응 도중에 있을 때를 활성화착물(activated complexes)이라 한다. 활성화 에너지는 포텐셜 에너지 장벽으로 생각할 수 있다. 장벽의 꼭대기에 도달하기 위하여 충분한 에너지를 갖는 분자들만이 활성화 착화합물을 형성키 위하여 반응한다. 즉, 이 장벽이 낮으면 낮을수록 활성화된 분자의 수가 많으며, 이 숫자가 많을수록 화학반응의 속도는 더욱 빨라진다.

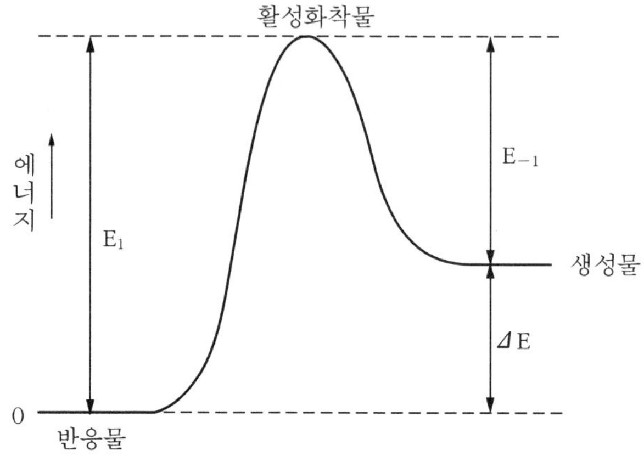

그림 4-3 흡열반응에 대한 포텐셜 에너지의 반응계

어느 반응에 대한 속도상수는 2가지 인자에 의존한다는 사실이 밝혀졌다. 즉, 반응물 분자사이의 충돌빈도수와 활성화 에너지의 값이다.

Arrhenius식 $k = A\exp\left(\frac{-E}{RT}\right)$에서 E는 활성화 에너지, A는 빈도수이므로 이 2가지 모두에 의존한다. 빈도수는 속도상수와 동일한 차원을 갖는다. 그리고 반응물 분자사이의 충돌빈도수와 관계된다. 즉, $\ln k_r = \ln A - E/RT$에서

$$\log_{10} k_r = \log A - \frac{E}{2.303RT} \tag{4.33}$$

이 식은 $\frac{d\ln k_r}{dt} = \frac{E}{RT^2}$의 적분에 의하여 얻어질 수 있고, 적분상수는 $\ln A$와 같다. 반응의 활성화 에너지는 속도상수가 여러 가지 다른 온도에서 측정되었다면 결정되어질 수 있다는 사실을 나타내 준다. $1/T$에 대한 $\log_{10} k_r$의 도해는 기울기가 $-E/2.303R$과 같은 직선이다.

속도상수 k_1과 k_2가 두 온도 T_1, T_2에서 측정되었다면, 활성화 에너지는 다음과 같이 계산될 수 있다. 방정식 $\frac{d\ln k_r}{dt} = \frac{E}{RT^2}$에서 적분하면

$$\int_{k_1}^{k_2} d\ln k_r = \frac{E}{R}\int_{T_1}^{T_2} \frac{dT}{T_2}$$

$$[\ln k_r]_{k_1}^{k_2} = -\frac{E}{R}\left[\frac{1}{T}\right]_{T_1}^{T_2}$$

또는 $$\ln\frac{k_2}{k_1} = -\frac{E}{R}\left[\frac{1}{T_2} - \frac{1}{T_1}\right]$$

따라서 $$\log_{10}\frac{k_2}{k_1} = \frac{E}{2.303R}\left[\frac{1}{T_1} - \frac{1}{T_2}\right]$$

또는 $$\log_{10}\frac{k_2}{k_1} = \frac{E}{2.303R}\left[\frac{T_2 - T_1}{T_1 T_2}\right] \tag{4.34}$$

Example 4-11 어떤 1차 반응의 활성화 에너지가 25000 cal/mole이고 또, 방정식 $k = Ae^{-E/RT}$에서 A의 값이 $5\times10^{13}\text{sec}^{-1}$이라면 몇 도에서 이 반응의 반감기가 (a) 1분, (b) 30일이 되겠느냐?

(a) $k = Ae^{-E/RT}$를 $\tau = \dfrac{\ln2}{k_1} = \dfrac{0.693}{k_1}$ 식에 대입하면 $\dfrac{\tau A}{0.693} = e^{E/RT}$

$$\ln\left(\frac{\tau A}{0.693}\right) = \frac{E}{RT} \qquad ①$$

식 (4.34)에 각각의 구체적인 값을 대입하면

$$\ln\left(\frac{60\times5\times10^{13}}{0.693}\right) = \frac{25000}{1.99T}$$

$$\therefore T = \frac{12560}{36.02} = 349\,\text{K}\ (76℃)$$

(b) 식 ①에 $\tau = 30\,\text{day} = 2.595\times10^6\,\text{sec}$을 대입하고, 이 밖의 값은 (a)와 똑같은 값을 대입하여 풀면, $T = 269\,\text{K}$ $(-4℃)$

Example 4-12 사진현상을 하였더니 현상의 속도상수가 17℃일 때에 비하여 27℃에서는 2배이었다. 활성화 에너지를 계산하여라.

$\ln\dfrac{k_2}{k_1} = \dfrac{E}{R}\left(\dfrac{1}{T_1} - \dfrac{1}{T_2}\right)$ 식으로부터

$$E = \frac{2.303RT_1T_2}{T_2 - T_1}\log\frac{k_2}{k_1}$$

$$= \frac{2.303 \times 1.987 \times 290 \times 300}{300 - 290} \log 2$$

$$= 12400 \text{ cal/mole} \quad = 12.4 \text{ kcal/mole}$$

Example 4-13 어떤 반응은 40℃에서는 15분 동안에 20% 진행되고, 60℃에서는 3분 동안에 마찬가지로 20% 진행된다. 이 반응을 1차 반응이라고 가정하고 반응의 활성화 에너지를 구하여라.

313 K 및 333 K에서의 속도정수를 각각 k_{313}, k_{333} 라고 하면,

$\ln\frac{a}{a-x} = k_1 t$ 식으로부터 $k = \frac{1}{t}\ln\frac{a}{a-x}$ 이므로

$$k_{313} = \frac{2.303}{15}\log\frac{100}{100-20} = 1.487 \times 10^{-2}\text{min}^{-1} \quad ①$$

$$k_{333} = \frac{2.303}{3}\log\frac{100}{100-20} = 7.439 \times 10^{-2}\text{min}^{-1} \quad ②$$

①, ②식을 $\ln\frac{k_2}{k_1} = \frac{E}{R}\left(\frac{1}{T_1} - \frac{1}{T_2}\right)$ 식에 대입하면,

$$\ln\frac{7.439}{1.487} = \frac{E}{R}\left(\frac{1}{313} - \frac{1}{333}\right)$$

$$E = \frac{2.303 \times \log\frac{7.43}{1.487} \times 1.987}{\frac{1}{313} - \frac{1}{333}} = 16{,}680 \text{ cal}$$

Example 4-14 기체 암모니아와 이산화질소 사이의 반응초기 단계는 2차 반응에 따른다. 속도상수가 600K에서 0.385 L $\text{mol}^{-1}\,\text{s}^{-1}$ 및 716K에서 16.0 L $\text{mol}^{-1}\,\text{s}^{-1}$이다. 활성화 에너지와 빈도수를 계산하라.

방정식 (4.39)에 대입한다.

$$\log_{10}\left(\frac{16.0}{0.385}\right) = \frac{E}{2.303 \times 1.987}\left(\frac{716 - 600}{716 \times 600}\right)$$

여기서 $E = \frac{1.619 \times 2.303 \times 1.987 \times 716 \times 600}{116}$ cal/mol $= 27{,}437$ cal/mol

식 (4.38)에서 716 K의 k_2의 값을 이용하면

$$\log_{10}(16.0) = \log_{10}A - \frac{27437}{2.303 \times 1.987 \times 716}$$

따라서 $A = 3.8 \times 10^{9}\,\text{Lmol}^{-1}\text{s}^{-1}$

Example 4-15 다음 반응의 2NOCl(g) → 2NO(g) + Cl_2(g) 속도식은 다음과 같다.

Cl_2의 생성속도 $= k[NOCl_2]$

속도상수 k는 300K에서 3.0×10^{-8} L/mol · s, 400K에서 7.0×10^{-4} L/mol · s 이다. 활성화 에너지, E는 얼마인가?

$T_1 = 300K,\ T_2 = 400K$

$k_1 = 3.0 \times 10^{-8}$ L/mol · s, $k_2 = 7.0 \times 10^{-4}$ L/mol · s

라고 하고, R는 8.31 J/mol· K 이므로

$$E_a = 2.30R\left(\frac{T_1 T_2}{T_2 - T_1}\right)\log\frac{k_2}{k_1}$$

$$= 2.30(8.31\text{J/mol} \cdot \text{K})\left(\frac{(300)(400)}{400-300}\right)\log\left(\frac{7.0\times10^{-4}\text{ L/mol} \cdot \text{s}}{3.0\times10^{-8}\text{ L/mol} \cdot \text{s}}\right)$$

$$= (22{,}900\text{ J/mol})(4.37)$$

$$= 100{,}000\text{ J/mol} = 100\text{ kJ/mol}$$

Example 4-16 예제 4-15에서 주어진 데이터로 500K에서 k값을 구하여라.

$T_1 = 400\text{ K},\ T_2 = 500\text{ K}$

$k_1 = 7.0 \times 10^{-4}$ L/mol · s, $k_2 = ?$

$E = 1.0 \times 10^5$ J/mol

$\log\left(\frac{k_2}{k_1}\right) = \frac{E_a}{2.30R}\left(\frac{T_2 - T_1}{T_1 T_2}\right)$식을 사용하면

$$= \frac{1.0\times10^5\text{ J/mol}}{2.30(8.31\text{ J/mol} \cdot \text{K})}\left(\frac{500-400}{(400)(500)}\right)$$

$$= (5.23\times10^3)(5.0\times10^{-4}) = 2.62$$

그러므로 $\frac{k_2}{k_1} = 4.2\times10^2$

즉, $k_2 = 4.2\times10^2(k_1) = 4.2\times10^2(7.0\times10^{-4}\text{ L/mol} \cdot \text{s})$

$$= 2.9\times10^{-1}\text{ L/mol} \cdot \text{s} = 0.29\text{ L/mol} \cdot \text{s}$$

5. 촉 매

반응속도에 영향을 미치는 인자로서 촉매 또한 중요한 인자이다. 자신은 소모되지 않고 반응속도를 증가시키는 물질을 촉매라 하며 반응이 종결된 후에 회수할 수 있다. 염소산칼륨($KClO_3$)을 가열하면 산소가 생성되는데 여기에 소량의 이산화망간(MnO_2)을 촉매로 첨가하면 반응속도가 빨라지고 낮은 온도에서도 $KClO_3$가 분해한다.

$$2KClO_3(s) \xrightarrow{MnO_2} 2KCl(\ell) + 3O_2(g)$$

촉매는 반응의 전체 화학양론에 영향을 주지 않으므로 반응식의 화살표 위에 기록한다. MnO_2는 반응이 종결된 후 소모없이 전량 회수할 수 있다. 촉매의 단순한 존재가 반응속도에 영향을 주는 것이 아니라 촉매가 반응경로 즉 메카니즘을 변화시킴으로써 반응속도가 변화한다. 예로 X와 Y 분자의 충돌에 의한 촉매가 없는 반응은 다음과 같다.

$$X + Y \rightarrow XY$$

이 반응의 촉매가 존재하게 되면 다음 두 단계 반응으로 진행될 것이다.

$$1)\ X + C \rightarrow XC$$
$$2)\ XC + Y \rightarrow XY + C$$

여기서 C는 촉매를 뜻한다. 이 촉매는 첫 단계에서 소모되고 둘째 단계에서 재생되므로 반복적으로 사용된다. 이것이 촉매의 양이 적어도 되는 이유이다.

촉매는 반응이 진행되는 새로운 경로를 열어주는 일을 한다. 촉매는 그림 4-4에 나타낸 바와 같이 반응의 활성화 에너지를 감소시켜서 반응물 분자들의 훨씬 더 많은 부분이 필요한 활성에너지를 가지게 한다. 따라서 반응속도가 증가한다. 역반응의 활성에너지도 역시 감소하는 것에 유의하여야 하며, 정반응과 역반응의 속도가 같은 모양으로 영향을 받으므로 평형에 도달하는 시간이 감소한다. 그림 4-4로부터 다음 두 가지 사실을 유도할 수 있다.

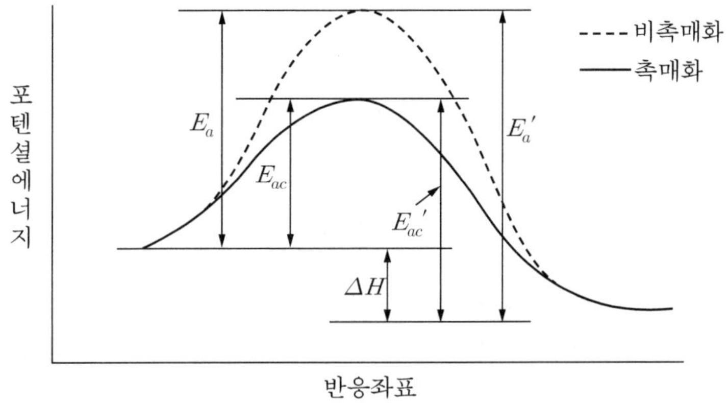

그림 4-4 촉매 및 비촉매 반응의 포텐셜에너지

① 촉매가 존재하는 반응의 엔탈피 변화, ΔH와 촉매가 없는 반응의 엔탈피 변화, ΔH는 동일하다.

② 가역반응의 경우 촉매는 정반응과 역반응에 동일한 영향을 준다. 역반응의 활성화 에너지 E'를 낮춘 만큼 정반응의 활성화 에너지 E를 낮춘다.

어떤 물질의 반응계에 의하면 그 반응을 느리게 하는 것도 있다. 이 성질은 반응의 활성화 에너지를 증가시켜 발생하는 결과라고 생각할 수도 잇다. 이런 물질을 역촉매 또는 억제물이라고 한다. 생물체 내에 존재하는 가장 중요한 촉매로서는 효소(enzyme)로 알려진 복잡한 화합물이 있다. 효소는 특정 반응에 대한 촉매로서 생물체의 조직 내에서 생성된다. 예를 들면 침 속에 포함된 효소, 즉 프티알린은 녹말을 당으로 변화시키고, 지마아제(zymase)는 당을 알코올과 이산화탄소로 변화시킨다. 많은 수의 효소가 순수한 결정체로 분리되었다. 촉매는 반응 과정에서 소모되지 않기 때문에 많은 양의 반응물을 반응시키는데 소량으로 충분하다. 촉매량이라고 하는 말은 많은 몰수의 시약들의 반응을 충분히 일으킬 수 있는 비교적 소량의 촉매의 몰수를 나타낸다.

5.1 균일 촉매반응

균일 촉매작용(homogeneous catalysis)은 모든 반응물과 촉매가 같은 상에 있는 경우이며, 촉매를 균일반응계에 첨가한다는 것은 촉매를 넣음으로써 자발적인 단계를 더욱 신속한 단계로 치환함을 뜻한다. 물론 이것은 반응물에 대한 반응차수에 변화를 가져오며 또한 반응속도에도 변화를 가져오게 된다. 균일촉매의 예로 아산화질소 기체의 분해반응에서 염소기체의 영향을 들 수 있다. 아산화질소, N_2O는 실온에서 비교적 안정하나, 600℃ 근처에서는 다음과 같이 분해한다.

$$2N_2O(g) \rightarrow 2N_2(g) + O_2(g)$$

촉매가 없는 반응은 다음 단계와 같이 진행된다고 생각된다.

① N_2O 분자의 충돌에 의하여 분해할 수 있는 에너지를 얻을 수 있다.

$$N_2O(g) \rightarrow N_2(g) + O(g)$$

② 산소원자는 반응성이 커서 쉽게 N_2O와 반응한다.

$$O(g) + N_2O(g) \rightarrow N_2(g) + O_2(g)$$

이 반응의 최종 생성물은 N_2와 O_2이다. O원자는 반응의 중간체이고, 활성화 에너지는 240 kJ/mol이다. 미량의 염소기체는 이 반응의 촉매가 되며, 염소촉매의 존재아래 반응 메카니즘은 다음 세단계로 제안되었다.

① 분해온도에서, 특히 빛의 존재하에서 염소는 염소원자로 해리된다.

$$Cl_2(g) \rightarrow 2Cl(g)$$

② 염소 원자는 쉽게 N_2O분자와 반응한다.

$$N_2O(g) + Cl(g) \rightarrow N_2(g) + ClO(g)$$

③ 불안정한 ClO분자의 분해는 다음과 같다.

$$2ClO(g) \rightarrow Cl_2(g) + O_2(g)$$

촉매(Cl_2)는 마지막 단계에서 처음 상태로 되돌아온다. 촉매가 존재하는 이 반응의 최종 생성물도 $2N_2$와 O_2로 동일하며, Cl과 ClO는 생성되었다가 그 다음 단계에서 소모되는 반응중간체이다. 염소촉매에 의한 반응의 활성화 에너지는 약 140 kJ/mol로서 촉매가 없는 반응의 활성화 에너지(240 kJ/mol)보다 작다.

5.2 불균일 촉매반응

불균일 촉매반응(heterogeneous catalysis)은 고체가 기체반응을 촉진시키는 때와 같이 다른 상에 있는 물질이 반응을 촉진시키는 경우이다. 이러한 촉매작용에서는 촉매의 표면에 반응물이 모임으로써 균일상에서 보다 더 쉽게 반응할 수 있다. 이때 반응물의 분자는 촉매표면에 흡착하여 표면에서 반응이 일어나는데, 흡착은 고체표면에 분자가 부착되는 현상이다. 예로서 숯은 방독면의 독가스 흡착제로 사용된다. 일반적인 물리적 흡착은 분자와 표면이 London힘에 의하여 결합된 것을 말한다.

불균일 촉매의 대부분은 화학적 흡착 혹은 화학흡착(chemisorption)으로 행동하는데 흡착된 분자와 표면의 결합세기는 화합물의 결합세기와 비슷하다. 분자가 표면에 화학흡착이 되면 전자배치가 변하고 분자결합이 약해지거나 어떤 경우에는 깨어진다. 예로서 수소분자는 백금, 팔라듐, 니켈 및 그 밖의 금속표면에 원자상태로 흡착된다고 믿고 있다. 금 촉매를 사용한 N_2O 분해반응의 단계를 보면

① $N_2O(g)$분자는 금의 표면에 화학흡착을 한다.

$$N_2O(g) \rightarrow N_2O(\text{Au위에})$$

② O와 금이 결합할 때 N_2O분자의 O원자와 N원자 사이의 결합이 약화되어 결국 N－O 결합은 깨지고 N_2분자는 기체상으로 들어간다.

$$N_2O(\text{Au위에}) \rightarrow N_2(g) + O(\text{Au위에})$$

③ 금 표면의 두 O원자는 O_2분자로 결합하여 기체상으로 들어간다.

$$O(\text{Au위에}) + O(\text{Au위에}) \rightarrow O_2(g)$$

금 촉매의 N_2O 분해반응의 활성화 에너지는 약 120 kJ/mol로 촉매가 없이 반응시킨 활성화 에너지(240 kJ/mol) 및 염소촉매에 의한 반응의 활성화 에너지(140 kJ/mol)보다 작다.

촉매의 활성은 촉매표면의 전자구조와 원자배치로 결정된다. 결정의 결합과 불규칙성은 촉매의 활성자리(active site)가 된다고 알려졌다. 또한 촉매표면은 촉진제(promoter)라고 불리는 물질의 첨가로 개조할 수 있다. 그것은 촉매의 활성을 촉진시킨다. 암모니아 합성에서

$$N_2(g) + 3H_2(g) \xrightarrow{\text{Fe}} 2NH_3(g)$$

미량의 칼륨이나 바나듐을 첨가하여 철 촉매의 활성을 높여주기도 한다. 일반적으로 불균일 촉매는 단위 무게당 큰 표면적을 가지며, 이 불균일 촉매를 제조할 때는 그 표면이 큰 활성을 가지도록 하는 특수처리가 필요하다.

불균일 반응의 속도는 반응이 일어나는 곳의 표면적을 넓혀주므로 증가시킬 수 있다. 일정한 양의 고체 표면적을 넓히는 방법은 그 고체를 분말로 만드는 것이다.

아연 금속과 산의 반응을 예로 들면,

$$Zn(s) + 2H^{+}(aq) \rightarrow Zn^{2+}(aq) + H_2(g)$$

아연 덩어리보다는 분말의 경우가 훨씬 빠르게 반응한다. 표면적을 넓히는 것은 사실 단위시간당 충돌수를 증가하는 것으로 당연히 속도가 증가하게 된다. 미세하게 쪼개진 가연성물질은 폭발적으로 빠르게 연소한다. 불균일 반응의 속도는 또한 교반으로 증가시킬 수 있다. 교반해 주면 연속적으로 반응표면을 노출시키게 된다. 커피 속의 설탕을 빨리 녹이기 위하여 교반해 주는 것이 이 원리이다. 접촉촉매는 표면적을 넓히기 위하여 다공성인 미세 분말상태로 만든다.

6. Heavy gas에 대한 안전

6.1 Heavy gas의 거동

오랫동안 기업에서는 일반가스와 Heavy gas를 구별하지 않고 사용해 왔다. 이런 가스는 공기의 밀도 이외에는 구별할 수 있는 다른 특별한 방법이 없고, 밀도 역시 이렇다 할 크기, 기체의 비점 혹은 임계압력 등과 같은 성질이 아니므로 특별히 분류할 만한 특징이라고 하기도 어렵다.

이러한 견해는 재해를 일으키는 가스의 영향이 대단히 크다고 하는 것을 인식한 후부터 점점 바뀌기 시작했다. 여러 가지 기체의 밀도 크기를 정리해 본 결과, 최근 10~20년 동안에 특별히 비중이 큰 가스들이 산업재해를 가져온 성분들이었다. 비록 기체가 높은 밀도를 가지지 않았다고 하더라도 영향을 끼치는 결과에 의존한다. 이러한 강한 힘을 가진 기체는 하나의 층을 만들고 그 흐름이 기류와 함께 층을 조정하기도 한다. 따라서 이것들의 층이 얼마나 빨리 없어지는가 하는 것은 기류흐름에 의존한다.

Heavy gas의 분산은 다음과 같은 현상 즉 밀도나 비중차이에 의한 흐름에 의해서 자연과 기술적인 분야에 문제가 된다. 우리는 가스 상의 위험물질 확산에서 풍속에 의한 확산거동이 예측되는 곳에서 살아가고 있다. 더 정확하게 이야기하면 산업 활동에서 생산된 공기보다 무거운 가스가 큰 공간에 유출되었을 때 유체역학적인 성질과 주어진 바닥상태에 따라 흐를 것이고 이러한 가스들의 확산거동에 의해서 중대한 결과를 초래하게 될 것이다.

공기보다 밀도가 큰 이러한 Heavy gas들은 유체역학적인 거동으로 바닥을 채우게 되어 바닥을 따라 흐르게 될 것이고 이런 성질들로부터 Heavy gas의 방출이 산업재해를 증대시키는 결과를 가져오게 된다. 대부분의 점화원들이 바닥에 있기 때문에 가연성 Heavy gas들은 점화온도가 높아야 하고 독성가스들은 지표면에 퍼져있기 때문에 큰 독성을 나타낸다. 따라서 불행한 재난을 발생시키는 Heavy gas들은 큰 분자량, 낮은 점화온도, 중합 생산물의 형성 등으로 밀도가 공기보다 무겁다. 예를 들면 불화수소(HF, 분자량: 20.01)는 분명히 공기보다 낮은 밀도를 가졌지만 중합체((HF)n)가 형성되고 여기에서 $n = 4$가 된다. 이것은 원자로에서 연료물질이 순환과정에 있을 때 기술적인 면과 안전공학적인 면에서 대단히 흥미있는 것이 된다. 왜냐하면 핵 연료인 UF_6가 원자로에서 방출되어 물이나 대기 중의 수증기와 만나면 (HF)n가 되기 때문이다. 건조공기의 분자량을 28.96 혹은 약 29라고 할 때, 비록 기체의 운동 상태로부터 결정된 것이 아니더라도 공기밀도를 1%상승시켰을 때는 이미 Heavy gas효과가 증명된 것으로 본다. 강한 풍속과 난류도는 Heavy gas효과를 분해시키거나 그 효과가 전혀 발생치 못하도록 한다. 대체적으로 29보다 높은 분자량을 가진 기체들이 방출되면 Heavy gas효과를 나타내며, 분자량이 크면 클수록 Heavy gas효과가 뚜렷하게 된다. 여러 가지 종류의 Heavy gas들이 산업 활동에서 많이 쓰일 뿐만 아니라 고정적으로 쓰이고, 이들을 수송하거나 저장시키기 위하여 이동하고 있으나 이러한 가스들에 대한 완전한 자료가 없다.

표 4-2에는 중요한 Heavy gas에 대한 자료가 나타내어져 있다. Heavy gas를 통한 위험성으로서는 가연성이나 독성이 중요함으로 표 4-2에는 가연범위, 독성물질의 허용농도가 주어져 있다. 마지막으로 주위가 비등점에 있는 기체들에게는 Heavy gas의 거동에 영향을 미치므로 비점도 역시 나타내었다.

표 4-2 기체로서의 Heavy gas(실온에서)

물질명	분자식	밀도	가연범위 (Vol.%)	허용범위 (ppm)	비점 (℃)
Ethane	C_2H_6	1.05	3.0~15.5	–	-88.6
Ethyl amine	$C_2H_5NH_2$	1.6	3.5~14	10	16.6
Ethyl chloride	C_2H_5Cl	2.2	3.6~14.8	1000	13
Ethylene oxide	C_2H_4O	1.52	2.6~100	50	10.5
Arsine	AsH_3	2.7	–	0.05	-62
Boronchloride	BCl_3	4.06	–	5	12.5
Boronfluoride	BF_3	2.37	–	1	-100.3
Bromotriflouromethane	$CBrF_3$	5.31	–	1000	-57.9
Hydrobromic acid	HBr	2.82	–	5	-66.7
Butadiene	C_4H_6	1.92	1.1~12.5	1000	-4.5
i-Butane	C_4H_{10}	2.11	1.1~8.4	1000	-11.7
n-Butane	C_4H_{10}	2.11	1.5~8.5	1000	-0.5
Butadiene-1	C_4H_8	1.94	1.6~10	–	-6.2
cis-Butylene-2	C_4H_6	1.94	1.7~9.7	–	3.7
i-Butylene	C_4H_8	1.94	1.6~10	–	-7.1
Trans-Butylene-2	C_4H_8	1.94	1.7~9.7	–	0.9
Chlorine	Cl_2	2.49	–	0.5	-34.1
Chlorocyan	$ClCN$	2.16	–	5	12.9
Chlorodifluoroethane	CH_3ClCF_2	3.71	4.4~18.5	–	9.6
Chlorodifluoromethane	$CHClF_2$	2.99	–	–	-40.6
Chloropentafluoroethane	C_2ClF_3	5.54	–	–	-39.1
Chlorotrifluoroethane	CH_2ClCF_3	4.17	–	–	6.9
Chlorotrifluoroethylene	$CClFCF_2$	4.02	4.6~64.3	–	-28.4
Chlorotrifluoromethane	$CClF_3$	3.61	–	–	-81.9
Hydrochloricacid	HCl	1.27	–	5	-85
Cyclopropane	C_3H_6	1.45	2.4~10.4		-32.9
Dichlorodifluoromethane	CCl_2F	4.26	–	–	-29.8
Dichlorofluoromethane	$CHCl_2F$	3.57	–	1000	8.9
Dichlorosilane	SiH_2Cl_2	3.5	1.5~80	5	8.3
Dichlorotetrafluoroethane	$CClF_2CClF_2$	6.02	–	1000	3.5
Dicyane	$(CN)_2$	1.8	–	10	-21.15
1,2-Difluoroethane	CHF_2CH_3	2.28	4.4~20.2	1000	-25
1,1-Difluoroethylene	CF_2CH_2	2.26	4.7~25.1	–	-84

물질명	분자식	밀도	가연범위 (Vol.%)	허용범위 (ppm)	비점 (℃)
Dimethylether	$(CH_3)_2O$	1.63	2～27	–	-24.8
Dimethylamine	$(CH_3)_2NH$	1.56	2.8～14.4	10	7.4
Dimethylsilane	$(CH_3)_2SiH_2$	2.11	1.1～74	–	19.6
Nitrousoxide	N_2O	1.52	–	–	-88.5
Fluorine	F_2	1.91	–	0.1	-88.1
Carbondioxide	CO_2	1.53	–	5000	-78.1
Kryptone	Kr	2.90	–	–	-153.4
Methylamine	CH_3NH_2	1.08	4.9～20.7	10	-6.3
Methylbromide	CH_3Br	3.07	8.6～20	20	3.6
Methylchloride	CH_3Cl	1,78	7.1～18.5	50	-23.6
Methylmercaptane	CH_3SH	1.69	4.1～21.0	0.5	6
Methylsilane	CH_3SiH_3	1.61	1.3～88.9	–	-57.5
Octafluorocyclobutane	C_4F_8	7.04	–	–	-6.4
Phosgene	$COCl_2$	3.5	–	0.1	8.0
Hydrogen phosphide	PH_3	1.18	자연발화성	0.1	-87.8
Propane	C_3H_8	1.55	2.1～9.5	1000	-42.1
Propylene	C_3H_6	1.48	2.0～11.1	–	-47.7
Tetrahydrosilane	SiH_4	1.11	자연발화성	0.5	-111.4
Sulfudeoxide	SO_2	2.26	–	5	-10.0
Sulfurhexafluoride	SF_6	5.11	–	1000	-63.8
Hydrogensulfide	H_2S	1.19	4.3～45.5	10	-60.2
Nitrogentetraoxide	$N_2O_4(NO_2)$	2.83	–	5	21.1
1,1,1-Trifluoroethane	CF_3CH_3	2.96	4.9～10.2	–	-47.6
Trifluoromethane	CHF_3	2.43	–	–	-82.2
Trimethylamine	$(CH_3)_2N$	2.08	2.0～11.6	–	2.9
Vinychloride	CH_2CHCl	2.16	3.8～31	2	-13.7
Vinylfluoride	CH_2CHF	1.53	2.6～21.7	–	-72.2
Vinylmethylether	CH_2CHOCH_3	2.0	2.6～39	–	6
Xenone	Xe	4.56	–	–	-108.1

6.2 Heavy gas에 의한 재난

이미 언급된 바와 같이 Heavy gas의 밀도는 다른 기체에 비해서 높으며 독자적으로 사용하거나 특히 누출, 확산 혹은 희석시의 Heavy gas취급은 주의를 하여야 한다. 한정된 공간 내에서 Heavy gas에 의한 재난이 생기면 일반적인 기체에 의한 재난보다 더 심각하다. 그러한 결과를 초래한 여러 가지의 거동을 이해하기 위하여 Heavy gas에 의한 사고는 면밀히 조사 검토되어져야 한다. 물론 이러한 사실들은 진실성이 없는 자료를 가지고 사고분석을 수행할 수 없다. 따라서 이 과제를 공부하는 목적은 이러한 일반적이고 공식적인 자료들을 확율적인 자료로 보강함으로서 완전하게 할 수 있도록 함에 있다.

위와 같은 가스들의 누출과 확산공정은 대단히 복잡해서 하나의 종합된 모델링으로서는 억제하기 어렵고, 각각의 현상은 모든 사고결과에 대한 중요성을 인정하고 물리적인 성질과 기초적인 이해가 되어져야 한다. 각각의 재해분석으로부터 기술적인 경계조건에 관한 것이 이해되어야 하고 어떤 기술적인 경계조건이 어떤 재난을 유발시킬 수 있는가하는 특성이 이해될 수 있어야 한다.

그 외에 재해시나리오를 모델링하고 계산할 수 있도록 하기 위하여 재해의 어떤 부분이 모델링 영향에 대한 실험으로 되어져야 하는가 등이 이해되어져야 한다. 다르게 표현하면 Heavy gass에 의한 재난의 특성이 변경되고 분류되고 재평가 되어져야 한다는 것이다. 이런 특성을 가진 재해의 검토는 물론 어떠한 물리적인 과정이 이런 사실을 근본적으로 분명하게 하고 현재까지 수행되었던 실험의 의의를 확인할 수 있도록 이해하는데 도움을 준다.

현재까지 Heavy gas재난에 대한 검토와 부분적인 분석이 이루어졌지만 여러 가지의 산재된 Heavy gas사고에 대하여 많은 정보들을 발견할 수 있다. 이와 관련하여 Heavy gas에 의한 대형재해 중에서 사례 몇가지를 기술하고자 한다. 독성가스나 가연성 가스들로부터 발생된 여러 가지 형태의 조건을 갖춘 것이 있기 때문에 가연성 및 독성 Heavy gas에 대한 사고를 두가지 측면에서 언급하고자 한다.

표 4-3 Heavy gas사고의 개요 요약

순서	물질명(밀도)	일자 및 장소	Heavy gas 용기	사고의 발생형태	저장량	방출량	증기운 경과시간	상해정도	Heavy gas 효과
1	Propane C_3H_8 (1.5)	1966.4.1 Feyzin 프랑스	구형탱크	운전실수	1200m³ (Propane)	미확인	미 정	21명 사망 81명 부상	점화원에서 160m 거리까지 영향
2	Propane C_3H_8 (1.5)	1970.9.12 Hudson 항구 미국	수송관	관로파손	관로 내용량	24분동안 90m³	40분 방출후 폭굉	50ton TNT 상당폭발	-
3	Cycloexane C_6H_{12} (2.9)	1974.6.1 Fixborough 영국	수송관 반응기	관로파손, 파열압력 확인불가능	불명	30 ton 점화범위	-	28명사망, 수백명중상, 1821채가옥과 167개 공장분해	30 ton 폭발, 150m 거리에 있는 수소 공장점화
4	LPG (Propane Butane)	1978.2.24 Waverly Hill Tennessee 미국	LPG 철도수송차량	차량탈선	45t	45t	-	12명사망 50명부상	BLEVE
5	Propylene C_3H_6 (1.45)	1978.7.11 SanCarlos Los Alfagues 스페인	탱크로리	차량충돌	22t	22t	-	216명 사망 200명 부상	-
6	LPG (Propane Butane)	1984.11.19 Mexico City 멕시코	LPG 저장고	-	-	-	-	1000명 사망	CH_4점화원에 화재 BLEVE
7	CS_2 Cabondisulfide액체	1973.5.9 Marseille 프랑스	액체 CS_2 드럼	화재	-	-	-	-	Heavy gas운
8	Ammona NH_3 (0.59)	1976.5.11 Houston 미국	탱크로리 28.4m³ 액체 압력 6.2bar	다리에서 밑의 길에 추락	28.4m³	28.4m³	3-5분후 1km거리 넓이 0.5km³	5명사망, 198명부상 78명중상	
9	Ammonia NH_3	1977.11.9 Florida 미국	철도수송 차량용용기 16개	철도사고	90m³	90m³	수 km	2명 사망 46명 중상	Heavy gas 운이 길게 변함
10	Chlorine Cl_2 (2.4)	1979.11.10 Mississauga 캐나다	철도수송차량	-	70t	-	장시간 > 6km²	217,000명이 피난	
11	Methylisocyanate CH_3NCO	1984.12.3 Bophal 인도	저장탱크	운전실수	41t	25t MIC	40km³	4,000사망 180,000 중상	

6.3 Heavy gas취급을 위한 중요 성질

Heavy gas가 사고와 재해에 많은 영향을 미친다는 것을 설명하였고 이미 발생된 사고사례에 의하면 방출된 량이 기술적인 조건보다도 재해결과에 더 관심을 가진다는 것을 나타내었다. 기술적인 조건으로는 저장시설에 있는 Heavy gas의 물질량과 시설의 크기와 보존상태에 관계될 뿐만 아니라 저장온도, 압력, 용기의 연결상태, 일기, 용기의 종류, 저장상태와 수송상태, 노출용기 또는 덮게의 상태 등에도 의존된다.

따라서 다음에 열거하는 가연성 또는 독성 Heavy gas들에 대한 여러 가지의 성질들이 대단히 중요함으로 LPG(Liquified Petroleum Gas), LNG(Liquified Natural Gas), 액체염소, 암모니아 및 염화 비닐 등에 대하여 필요한 성상들이 표 4-4, 4-5, 4-6, 4-7 및 4-8에 표시될 것이다.

표 4-4 LPG의 중요한 물리적, 화학적 성질

가스의 종류	Propane	n-Butane	Propane-Butane
액상의 밀도(kg/L,15℃)	0.51	0.58	
공기에 대한 밀도의 비(공기=1)	1.56	2.09	
비점(℃, 1기압)	-42	-0.5	
점화온도(℃)	500	500	
폭발범위(Vol% 공기)	2～9.5	1.5～8.5	
임계점			
온도(℃)	96.8	152.1	
압력(bar)	42.6	37.9	
밀도(kg/L)	0.22	0.228	
액상에서 기상으로 변할 때			
팽창비율(15℃, 1bar)	～273	～229	
분자량	44.1	58.1	
화학식	C_3H_8	C_4H_{10}	
증기압(20℃)			
n-Butane(bar)		2.4	
Propane-Butane 15:85(bar)			3.7
Propane-Butane 25:75(bar)			4.4
Propane-Butane 35:65(bar)			5.1
Propane(bar)	9.0		

표 4-5 LNG의 중요한 물리적 화학적 성질

가스의 종류	Methane
액상의 밀도 at −161℃, 1.013 bar in kg/L	0.42
공기에 대한 밀도비(공기=1) at 0℃	0.55
비점 ℃	-161
점화온도 ℃	595
폭발범위 Vol-%	5～15
임계점	
온도 ℃	-82.5
압력 bar	46.3
밀도 kg/L	0.162
물에 대한 용해도	0.0349
액상에서 기상으로 변할 때의 팽창비율 Nm^3/m^3	～600
분자량	16.0
화학식	CH_4

표 4-6 액체염소의 중요한 물리적 성질

화학식	Cl_2
분자량	71
비점	-34℃
임계밀도	0.573 g/Cm^3
임계온도	144℃
임계압력	77bar
공기에 대한 밀도비	2.49
기체밀도(1,013bar, 0℃)	3.21 kg/Cm^3
액체밀도(포화압력, 0℃)	1.468 kg/L
1 L 액체염소(0℃)	456.8 L 염소가스
1 kg 액체염소(0℃)	311 L 염소가스
증발열(−34℃)	288 kJ/mol
융점	-101℃

표 4-7 암모니아의 중요한 물리적 성질

화학식	NH_4
분자량	17.03
비점	-33.43℃
임계밀도	0.235 g/cm³
임계온도	132.4℃
임계압력	113.0 bar
증발열	(1013bar) 1368.25 kJ/kg
밀도	
액체, -33.43℃ ; 1013 mb	0.682 g/cm³
가스, 0℃ ; 1013 mb	0.7714 g/L
공기에 대한 밀도비	0.59
공기에서 폭발하한(20℃, 1013 mb)	15 Vol% 또는 105 g/m³
공기에서 폭발상한(20℃, 1013 mb)	30.2 Vol% 또는 215.7 g/m³
점화온도	630℃
21증기압	8.5 bar(20℃)
	4.0 bar(0℃)

표 4-8 Vinyl chloride의 중요한 물리적 성질

화학식	CH_2CHCl
분자량	62.5
융점	-159.7℃
비점(1013 bar)	-13.8℃
증기압(10℃)	2.4 bar
임계온도	158.4℃
임계압력	55.9 bar
비열(−20℃)	0.983
기체팽창비(공기=1)	2.16
자연발화온도	472℃
공기중에서 폭발범위	3.8～29.3Vol% = 95～770 g/m³
팽창열	20.5 kJ/mol 또는 332.9 kJ/kg
중합열	71.2 kJ/mol 또는 1138.8 kJ/kg

7. 저장탱크의 종류

Heavy gas의 저장에서 압력과 온도의 특징이 결정적인 역할을 한다. 용기를 건설하는데 경비가 많이 드는 큰 체적으로 하지 않도록 하기 위하여 또 적당한 저장시설 면적을 취하기 위하여 Heavy gas를 액체화 상태로 또는 고압하에서 보관한다. 체적의 최소화를 위하여 어떻게 할 것인가는 안전기술에 의존하고 경비와도 관련되어 있다. 근본적으로 저장탱크의 형태를 작업압력이나 작업온도에 의해 결정되므로 저온액체의 저장을 위한 탱크와 상온에서 저장을 위한 액체탱크, 그리고 정상 압력이거나 혹은 약간 높은 압력에 대한 탱크의 경우 등이 있다.

7.1 액체물질에 대한 압력탱크

압력탱크는 수평 혹은 수직 실린더형이거나 또는 구형 혹은 타원형이다. 독일의 경우를 보면 약 160,000개의 대형 액체 용기중에서 90%가 실린다형으로 만들어졌다. 다른 면으로 보면 구형탱크는 유리한 체적비율을 가졌고 또 구형용기의 벽에서는 똑같은 인장강도를 나타낸다. 물론 구형탱크의 단점은 당연히 그 높이에 노출되어 있는 점이다.

압력탱크에서 중요한 안전조치의 하나는 감압조치이다. 그림 4.5는 감압을 위한 압력조절장치의 종류를 나타낸 것이고, 절대로 안전밸브를 폐쇄시켜서는 안 된다는 것이다.

벤트의 마개는 용수철이나 중량의 영향을 많이 받기 때문에 벤트는 부하에 의해 열려지거나 돌발적인 충격에 의해서도 열려지도록 설치되어져야 하고 압력상승에 의한 조작 후에는 다시 닫혀져야 한다. 이것은 어떤 사고에서 소량의 방출때문에 파열판이 동작되는 것과 비교할 수 있다. 파열판은 빠른 속도로 압력상승이 일어날 때, 큰 압력의 평형면적이 필요할 때와 높은 밀도조건을 가졌을 때 파열판은 작동되어져야 한다. 감압 벤트나 파열판의 수는 경우에 따라 다르게 구별되어야 한다. 다음에는 LPG, 암모니아 및 액체염소의 저장에 대하여 언급된다.

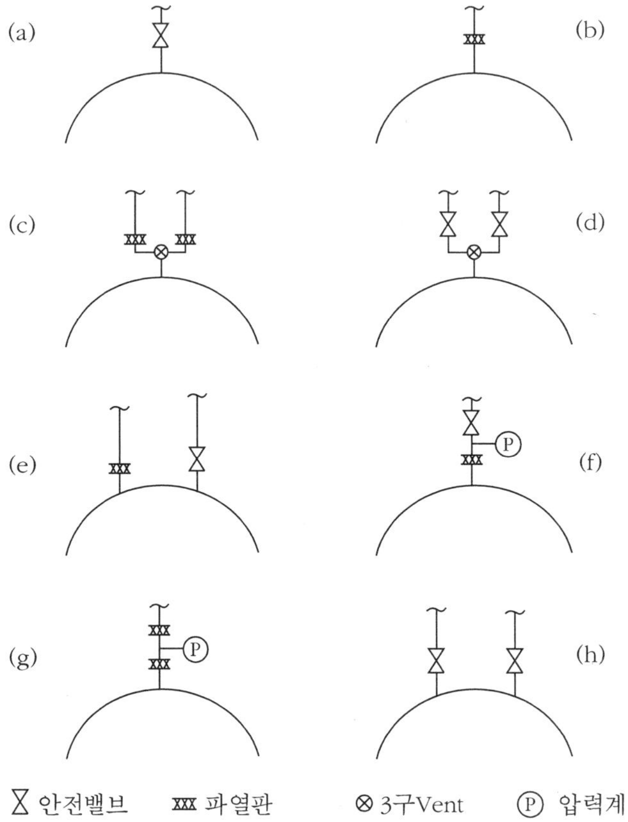

그림 4-5 저장탱크에서 압력방출을 위해 사용되는 조절변

그림 4-6은 LPG용 구형탱크에서 중요한 배관 및 설비에 대한 정보의 개요를 나타내었다. 용기의 최고 조작압력은 14기압이고 설계압력은 18기압이다. 초과압력에 대한 안전설비로서는 15.5기압에서 작동하는 2개의 상호연동 안전벤트가 있다. 벤트의 배출관은 연소계통의 설비와 연결되어 있고 이에 의해 초과압력은 없어질 것이다. 탱크에 너무 많이 충진되는 것을 피하기 위하여 경보설비가 달린 높이지시계가 있고 익류관도 연결되어야 한다. 그리고 탱크내부의 온도를 감시할 수 있는 감지기도 설치되어야 한다.

그림 4-7은 암모니아 저장용 구형탱크의 기본적인 배관도를 나타내고 있다. 이 구형탱크는 용량이 1000m³ 조작압력 12기압으로 설치되어 있는 경우이다. 그림 4-8은 액체 염소 저장탱크의 기본 배관도를 나타내고 이 탱크의 과다 충진시의 파열압력은 12기압이다.

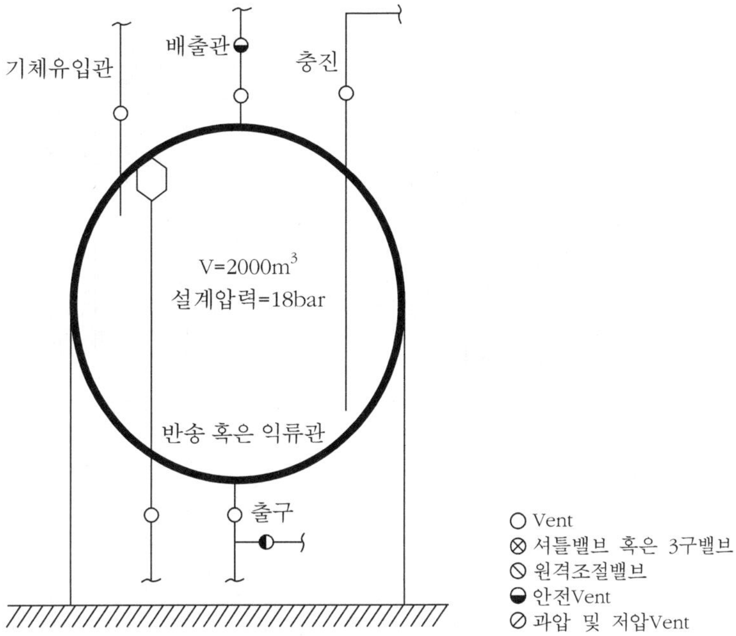

그림 4-6 LPG저장용 볼탱크

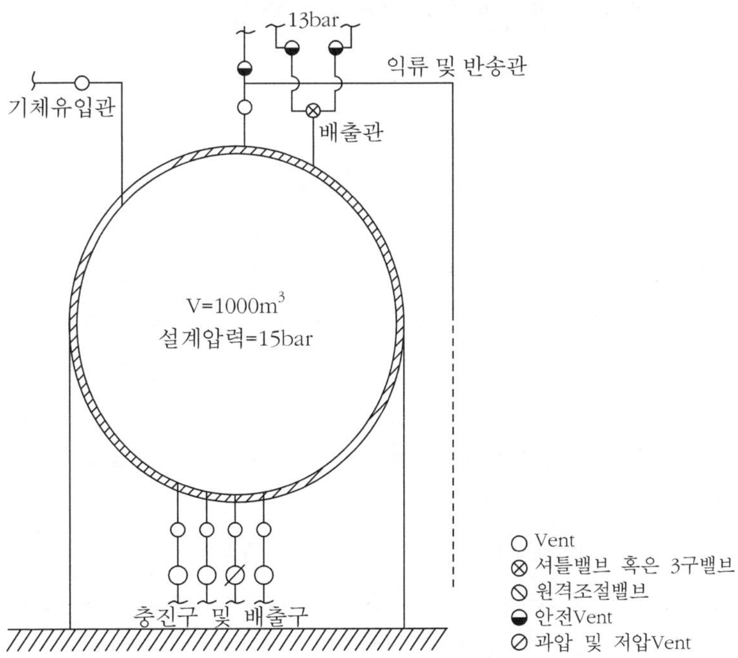

그림 4-7 암모니아 저장용 볼탱크

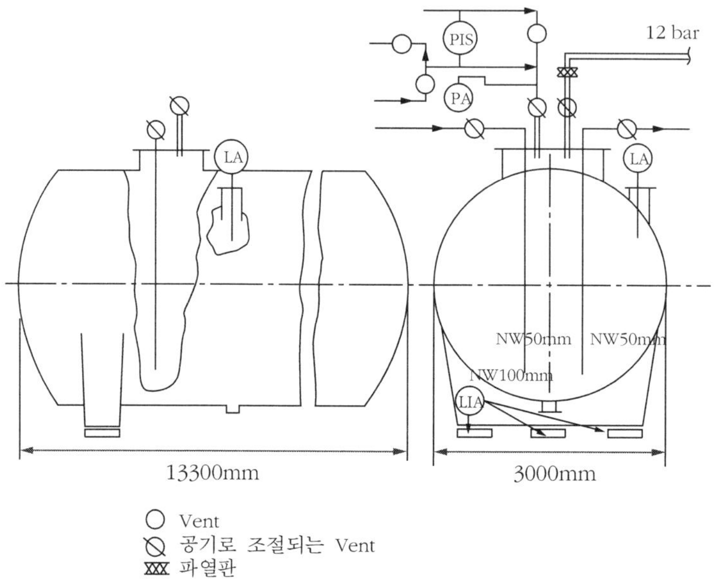

그림 4-8 액체염소탱크의 예와 기본배관도

7.2 상온과 미소압력변화상태의 저장탱크

상온에서 저장될 수 있고 액체인 물질은 거의 Heavy gas가 될 수 없다. 물론 이러한 물질들이 실온에서 낮은 비점을 가지는 물질이거나 증기압이 높은 물질이면 분명히 Heavy gas 효과를 나타낸다. 기체가 Heavy gas효과를 나타낼 때 고려하여야 하는 것은 Heavy gas는 공기보다 약간 높은 밀도를 가졌다는 점이다. 그런 성질들을 가지는 액체를 저장하기 위하여 견고한 천정으로 된 저장탱크가 만들어져야 한다. 모든 탱크는 액체의 높이나 기체공간의 크기에 따라 탱크자체가 약간 변화한다. 즉 천정의 탱크가 0.1기압 정도의 과압이나 저압에서도 견딜 수 있도록 설계되어져야 한다. 따라서 외부압력에 대하여 평형압력이 되는데 이에 상응하는 환기는 탱크의 상부에 있는 환기구멍을 통하여 일어난다.

이러한 환기는 주위의 대기로 바로 배출시키거나 배관을 통하여 연소설비로 배출시킨다. 압력변화(~0.1기압)에 대한 탱크의 이러한 응답은 탱크의 호흡설비를 항상 동작되게 함으로써 가능하다. 이러한 상태는 수지화, 중합 또는 동결 등으로 발생할 수 있는데 탱크의 건설시 가능하게 할 수 있다. 화재와 같은 강한 열선이 있을 경우나 정상적인 호흡구멍에서 일어나는 압력상승은 방지할 수가 없다. 이러한 기체들이 직접 대기로 방출되면 가연성 액체가 기체공간에서 폭발성 혼합물을 만들게 될 것이며, 외부에서 일어날 수 있는 역화방지를 위하여 역화방지기를 설치하여야 한다.

7.2.1 ACN 저장탱크

ACN(acrylonitrile)은 가연성물질이며 극히 유독한 물질로서 수용액에서도 인화위험이 있을 만큼 반응성이 높은 화학물질이며, ACN의 증기가 공기와 혼합시에 인화, 폭발위험이 있으며, 연소시는 유독가스를 함께 발생하게 된다. ACN의 중요한 물성은 다음과 같다.

분자식 : $CH_2=CHC\equiv N$

인화점 : 0℃

발화점 : 481℃

폭발한계 : 3～17% v/v

그림 4-9는 ACN저장탱크로 여기에서 상세한 부분들은 Rijnmond와 Bommes(1986)의 연구결과에서 인용한 것이다. 이 탱크의 용량은 3700m³이고 탱크야드에 설치되어 있으며 벽의 높이는 약 3.4m이다. 이 탱크는 다음과 같은 운전조건하에서 설치되었다.

1) 배로부터 충진하고 2) 유조선으로 하역하거나 3) 짐차로 하역하거나

4) 철도화물차로 하역하여 5) 인접 ACN탱크로 수송한다.

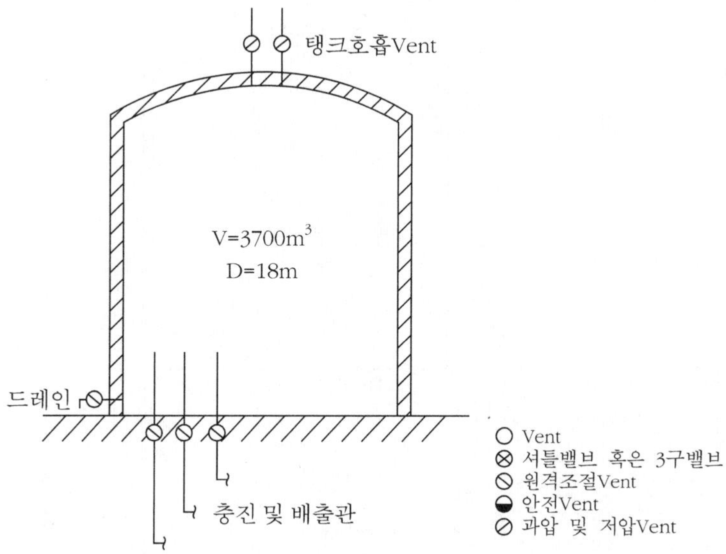

그림 4-9 ACN저장탱크

일반적으로 이러한 작업들은 탱크에 설치된 펌프에 의해 행하여지며 때에 따라서는 탱크의 펌프를 이용하지 않고 배에 설치된 펌프를 이용하거나 중력에 의해 차량에 채워지기도 한다. 탱크로부터 펌프장까지 이동하는 여러 가지 수송관에는 일반적으로 ACN이 채워지게 되나 사용 후에는 질소로 불어내어야 한다. 주어진 탱크에는 호흡관이 대기로 직접 연결되어 있으며, 배기는 약 0.26기압의 과압에서 하고 0.07기압의 저압에서 열린다. 호흡구멍을 통한 손실은 연간 약 11톤에 달한다.

7.2.2 유류저장탱크

그림 4-10은 Bommes(1986)가 도시한 유류저장탱크로서 금속바닥으로 된 탱크이며 그 용량 1000m³이다. 탱크는 가용면적이 360m²인 콘크리트 집수조를 가졌고 이 집수조는 탱크의 정상적인 용량을 흡수할 수 있다. 이 탱크는 충진 혹은 배출시킬 수 있는 펌프시설이 부착되어 있으며 이 시설로 한 탱크에서 다른 탱크로도 이동이 가능하다. 충진은 상부로부터, 배수와 같은 배출은 바닥에서 실시하며 과압 0.5기압에서 열리는 호흡벤트는 응축시설이나 소각시설과 연결되어 있다. 또 저장탱크에는 2개의 높이지시계와 압력지시계가 설치되어 있다.

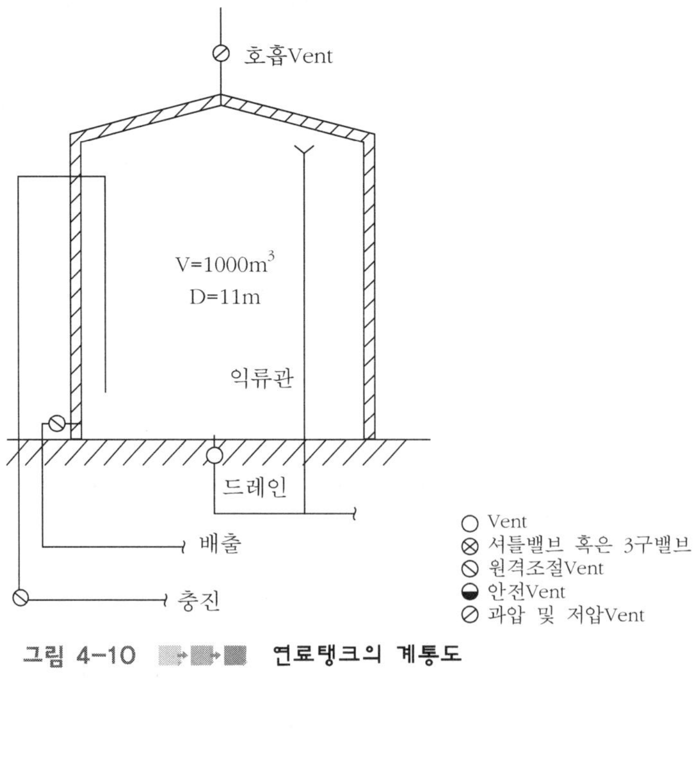

그림 4-10 연료탱크의 계통도

연습문제

1. 반응차수별 예제문제 풀이를 숙지할 것

2. Heavy gas가 위험한 이유를 설명할 것

3. Heavy gas에 의한 산업재해의 빈도가 많은 이유를 설명할 것

5

유해물질의 관리

1. 대기중의 유해물질

유독물질에 의한 대기오염의 방지를 위하여 오염물질을 배출하지 않는 것이 가장 좋지만 여러 가지 유해물질의 배출을 완전하게 봉쇄한다는 것은 불가능하다. 그리고 예기치 못한 안전사고에 의해 유독물질이 다량으로 방출됨으로 인해서 화재 및 폭발재해를 야기시키거나 그 독성에 의해 인명의 손실을 가져온 예는 아주 많다. 대기중에서의 오염농도는 배출조건과 확산조건에 의해서 변화함으로 배출조건에 적정한 처리결정을 주기 위해서는 대기중에서의 오염물질의 확산과정을 정량적으로 파악하는 것이 필요하다.

바람은 대기오염 물질의 이동, 확산, 침적 등에 직접적인 영향을 미치며 대기중의 오염물질 거동을 파악하는데 유용한 자료로 쓰인다. 바람과 대기오염과의 관계를 살펴보면, 대기오염물에 의한 피해 예상지역을 결정하는 것은 풍향이며, 오염물질의 농도를 좌우하는 것은 풍속과 난류도이다. 오염물질이 대기 중에 배출되었을 때 풍속이 증가하면 배출된 입자사이의 간격도 일정비율로 증가되며 오염물질의 농도는 희석되어 풍속에 반비례한다. 일반적으로 대기 중에 배출된 오염물질은 대기의 수직운동에 영향을 받는다. 그리고 배출되는 오염물질이 비교적 따뜻한 경우일 때는 주변의 찬공기 속으로 들어가면 공기와의 밀도차이에 의해 부력이 생긴다.

특히 휘발성액체나 액화가스가 대기로 누출되는 경우 이는 곧 증발하여 대기 중으로 확산되며 이로 인하여 화재, 폭발, 중독 등의 재해가 발생한다. 누출된 가스가 대기 중으로 확산될 때에는 공기와의 비중, 방출속도, 주변상황 및 바람 등의 영향을 받게 되는데 이때의 주요변수는 다음과 같은 것이 있다.

① 바람의 속도
② 대기안정도
③ 대지조건(빌딩, 물, 나무 등)
④ 방출지점의 지상높이(표고)
⑤ 방출물질의 부력 및 운동량

위험물질의 누출로 인한 확산모델은 그림 5-1 및 5-2와 같이 연속적인 누출의 플럼(plume)과 일시적 대량방출의 퍼프(puff)로 구분할 수 있다. 어느 경우에도 누출지점에서의 농도가 최대가 되고 공기 중으로 분산, 혼합이 이루어짐에 따라 바람부는 방향으로 농도가 감소되는 특징을 가지고 있다.

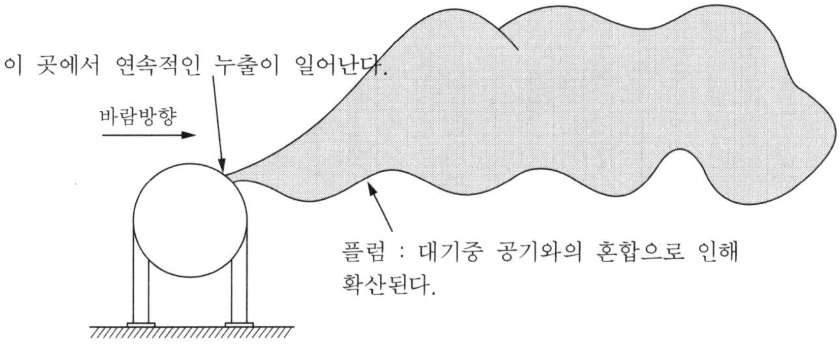

그림 5-1 물질의 연속적인 누출로 인해 형성된 플럼의 예

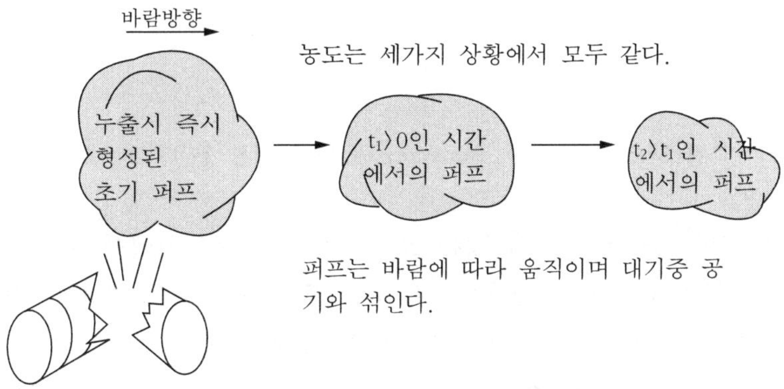

그림 5-2 물질의 누출로 인해 생긴 퍼프의 예

2. 유해물질의 확산

2.1 Gaussian Model에 의한 확산이론

대기 중에 유해물질이 방출되었을 때 그 확산형태를 추정하는 방법에는 여러 가지가 있지만 오염원을 위주로 사용하는 데는 Gaussian Model이 널리 쓰인다. 이러한 확산을 나타내는 이론식은 많은 경우에 평탄한 지형을 대상으로 여러 종류의 기상조건에 대하여 조사되고 있으며 그림 5-3은 Gaussian Model을 위한 공간좌표 시스템을 나타내고 있다.

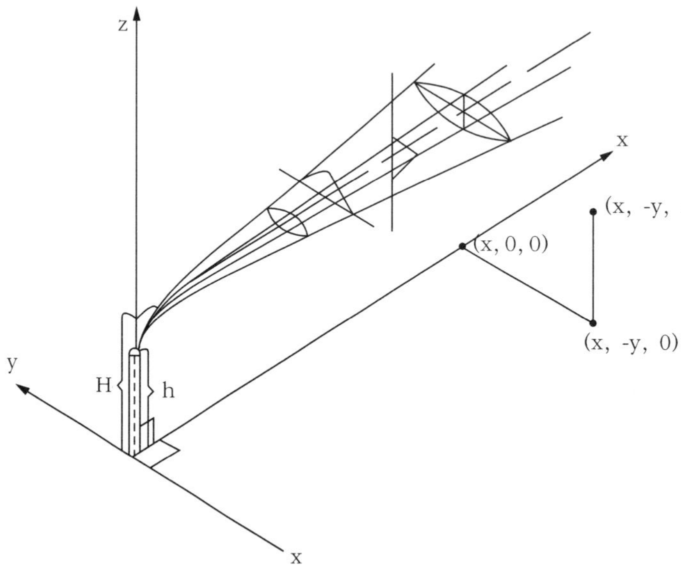

그림 5-3 Gaussian Model을 위한 공간좌표시스템

확산계수가 일정한 경우에 충분히 넓은 공간에 놓인 점오염원에서 순간적으로 오염물질이 방출되면 오염물질의 농도는 정규분포(Gauss분포)를 나타낸다. 그림 5-4에 나타냈듯이 좌표는 무풍일 때 지상높이 H에 놓인 오염물질의 발생원에서 순간적으로 오염물질이 방출된 경우를 생각해 보기로 한다. 바람과 평평한 방향의 축 x 및 횡풍 방향의 축 y에 따른 농도는 그림 5-4에 나타낸 바와 같이 정규분포를 나타낸다. 또한 지표면에서의 오염물질이 연직축 z에 따른 농도도 정규분포 관계식을 사용해 나타낼 수 있다.

$$C = C_0 \, F(x) \, F(y) \, F(z) \tag{5.1}$$

여기서 C_0 : 매연의 초기농도

$$F_x = \exp\left(-\frac{x^2}{2\sigma_y^2}\right)$$

$$F_y = \exp\left(-\frac{y^2}{2\sigma_y^2}\right)$$

$$F_z = \exp\left[-\frac{(H_e - z)^2}{2\sigma_z^2}\right] + \exp\left[-\frac{(H_e + z)^2}{2\sigma_z^2}\right] \tag{5.2}$$

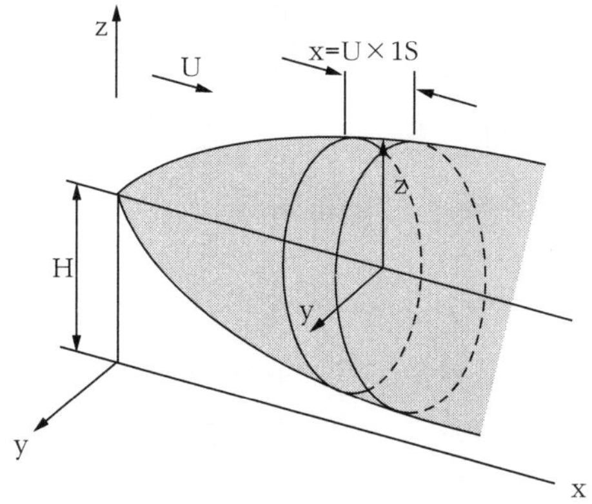

그림 5-4 시간평균을 위한 매연의 형태

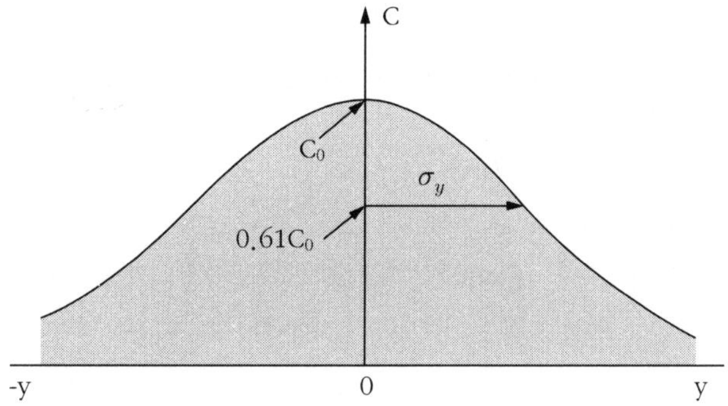

C : 농도 y : 거리 σ_y : 분포의 표준편차로 확산폭

그림 5-5 수평방향의 농도분포(가우스분포)

여기에서 σ_x, σ_y, σ_z는 x, y, z축에 따른 각각의 농도분포의 표준편차(확산폭)를 나타낸다(그림 5-3 참조).

위의 식에서 F는 농도의 공간분포를 나타낸 관계식이고 이 경우는 모두 정규분포관계식으로 나타내고 있다. 또 상기식의 $F(z)$를 나타내는 아래 식의 항은 지표면에서 반사된 오염물질의 농도분포를 나타내고 있다. 오염물질의 초기농도 C_0는 질량보존법칙을 사용하여 결정한다. 즉 농도는 확산에 의해서 점점 낮아지지만 오염물질을 전부 모으면 배출량으로 되돌리는 것을 인용했다. 이 조건은 다음 식으로 나타낸다.

$$Q' = \int_{-\infty}^{\infty}\int_{-\infty}^{\infty}\int_{0}^{\infty} C\,dz\,dy\,dx \tag{5.3}$$

여기서 Q' : 오염물질의 배출량(m^3/분)

C : 식 (5.1)에서 표시되는 농도(m^3/m^3)

예를 들면 정규분포 관계항목 $F(x)$의 $-\infty \sim \infty$구간의 적분은 $\sqrt{2\pi\sigma_x}$ 로 된다. 바람이 불 때면 연속적으로 방출되는 오염물질은 그림 5-2에 나타냈듯이 연류(plume)가 된다. 이 경우 그림 5-4의 평균풍속과 평행인 x축을 이루고 짧은 시간 dt 사이에 배출되는 오염물질은 근사적으로는 $U\,dt$ (U:풍속) 길이의 plume(오염물질 흐름)중에 들어가 있는 것으로 간주된다. y, z축에 따르는 농도분포는 식 (5.1)과 같이 취하면 오염물질의 질량보존법칙에 의하여 다음 식으로 나타낸다.

$$Q = u\int_{-\infty}^{\infty}\int_{0}^{\infty} C\,dz\,dy \tag{5.4}$$

여기서 Q : 오염물질의 방출량(m^3/sec)

u : 풍속(m/sec)

C : 식 (5.1)에서 C_0를 plume의 초기농도로 하고, $F(x)=1$에 놓은 경우의 농도(m^3/m^3)이다. 오염물질이 간단히 적분할 수 있는 경우, 농도 C는 다음과 같이 된다.

$$C = \frac{Q}{2\pi\sigma_y\sigma_z u}F(y)\,F(z) \tag{5.5}$$

위의 식은 오염물질의 확산농도를 부여하여 Plume식으로 불리고 있다. 식 (5.4)는 SO_2 등 대기오염질의 확산농도를 추정하는 경우에 사용되고 있다. 그러나 이들의 식을 적용할 경우 식의 성립조건을 잊지 않는 것이 중요하다. 즉 식 (5.4)에서 오염물질이 순간적으로 점오염원에서 방출되고, 공기와 같이 운동하고, 변질하거나 지표면으로 낙하, 침착하지 않고 또한 지표면은 평탄하며, 풍속은 일정하고 확산계수는 고도와 횡풍거리에 대해서는 변하지 말아야하는 등의 조건이다. 이때 풍하 측에서 어떤 공간의 오염물질농도 C는 다음 식으로 나타낼 수 있다.

$$X(x, y, z, H) \tag{5.6}$$
$$= \frac{Q}{2\pi \sigma_y \sigma_z u} \exp\left[-\frac{1}{2}\left(\frac{y}{\sigma_y}\right)^2\right] \left\{\left[\exp\left[-\frac{1}{2}\left(\frac{z-H}{\sigma_z}\right)^2\right] + \exp\left[-\frac{1}{2}\left(\frac{z+H}{\sigma_z}\right)^2\right]\right]\right\}$$

여기서 X : 대기농도 혹은 구하고자 하는 오염농도
Q : 배출원에서의 단위시간당 오염물질 배출량
σ_y : y축에 대한 확산계수(즉 y축의 오염물질농도 표준편차 : 확산폭)
σ_z : z축에 대한 확산계수(즉 z축의 오염물질농도 표준편차 : 확산폭)
u : 평균 수평풍속(x축 방향)
x : plume의 중심선(x축)을 따른 풍하거리(m)
H : 배출원의 유효고도(m)

따라서 오염물질의 확산계수는 대기의 난류상태, 유효고도, 지표면의 거칠기, 시료 채취시간, 풍속, 배출원으로부터 거리 등에 따라 달라진다. 한편 이들의 확산급수와 확산 파라메타는 다음 표와 같이 나타낸다.

표 5-1 확산급수의 표시

10m 높이에서 풍속 (노트)	8등분한 표시법				
	낮시간*		밤시간*		
	0/8~6/8	7/8~8/8	0/8~2/8	3/8~5/8	6/8~8/8
2이하	I	II	IV	IV	IV
3과 4	I	II	IV	IV	III / 2
5와 6	II	III / 1	IV	IV	III / 2
7과 8	III / 1	III / 1	IV	III / 2	III / 2
9이상	III / 1	III / 1	III / 2	III / 1	III / 1

*) 일출과 일몰의 한계는 유럽표준시(MEZ)를 결정하였다. 밤시간에 대한 확산급수는 일몰 후의 모든 시간으로 정한다.

표 5-2 확산파라메타의 계산방법

a) 배출원의 높이 h가 150m 이상인 경우

	확산급수	F	f	G	g
V	매우불안정	0.40	0.91	0.41	0.91
IV	불안정	0.40	0.91	0.41	0.91
III / 2	중립 / II	0.36	0.86	0.33	0.86
III / 1	중립 / I	0.32	0.78	0.22	0.78
II	안정	0.31	0.71	0.06	0.71
I	매우안정	0.31	0.70	0.06	0.71

b) 배출원의 높이 h가 50m 이하인 경우

	확산급수	F	f	G	g
V	매우불안정	1.503	0.833	0.151	1.219
IV	불안정	0.876	0.823	0.127	1.108
III / 2	중립 / II	0.659	0.807	0.165	0.996
III / 1	중립 / I	0.640	0.734	0.215	0.885
II	안정	0.801	0.754	0.264	0.774
I	매우안정	1.294	0.718	0.241	0.662

그리고 확산 파라메타의 계산 방법은 다음식과 같다.

$$\sigma_y = F x^f$$

$$\sigma_z = G x^g$$

유효높이 50m에서 100m까지와 100m에서 150m까지의 중간에 해당하는 F 및 G는 주어진 값으로 부터 내삽하고 f와 g에 대하여 주어진 값으로부터 직선적인 내삽을 한다.

Example 5-1 **어떤 사업장에서 탱크드레인의 용접부 파손으로 탱크내부의 독성물질 방출량이 50 kg/hr이고 그때의 풍속이 2m/sec이며 구간의 확산급수는 1/8로서 높이가 50m, 거리 100m에서의 농도는 얼마나 될까?**

$\sigma_y = F \times x^f = 0.876 \times 100^{0.823} = 38.77\ \text{m}$

$\sigma_z = G \times x^g = 0.127 \times 100^{1.108} = 20.88\ \text{m}$ 이 라고

이것을 식 (5.6)에 대입하여 정리하면 $C(100, 0.0) = 1.726\ \text{mg/m}^3$가 된다.

2.2 Gaussian Model의 사용범위

오염물질이 굴뚝의 연기와 같이 지표면으로부터 항상 높은 위치에서만 배출되는 것은 아니므로 실질적으로 오염농도를 예측할 때 다음 조건에 따라 간단히 나타낼 수도 있다.

1) $z=0$, 오염농도가 지표면에서만 계산할 경우

$$C(x, y, 0:H) = \frac{Q}{\pi \sigma_y \sigma_z u} \exp\left[-\frac{1}{2}\left(\frac{y}{\sigma_y}\right)^2\right] \exp\left[-\frac{1}{2}\left(\frac{H}{\sigma_z}\right)^2\right] \tag{5.8}$$

2) $z=0$, $y=0$ 오염농도가 지표면상 오염물질의 흐름 중심선을 따라서 지상농도를 계산할 경우

$$C(x, 0, 0:H) = \frac{Q}{\pi \sigma_y \sigma_z u} \exp\left[-\frac{1}{2}\left(\frac{H}{\sigma_z}\right)^2\right] \tag{5.9}$$

한편 지표면에서 최대농도 $C_{\max}$가 나타나는 풍하거리 $X_{\max}$와의 관계식은 다음과 같이 나타낸다.($y=0$, $z=0$임)

$$C_{\max}(X_{\max}, 0, 0:H) = \frac{Q}{\pi u H^2}\left(\frac{\sigma_z}{\sigma_y}\right) \tag{5.10}$$

3) $z=0$, $y=0$, $He=0$ 오염원의 배출구가 높지 않고 지상에 있을 경우

$$C(x, 0, 0:0) = \frac{Q}{\pi \sigma_z \sigma_y u} \tag{5.11}$$

일반적으로 Gaussian Model은 다음과 같은 가정 아래서 성립된다.

① 오염분포의 표준편차는 약 10분 동안의 대표값이어야 한다.

② 배출원에서 오염물질이 연속이어서 풍하방향으로서의 확산은 무시한다.

③ Plume성분은 x축 방향에 직각 방향으로는 정규분포를 이룬다.

④ 배출물질은 기체 및 입경이 약 20μm 이하인 분진 및 에어졸로서 장기간 공기중에 부유한다.

⑤ 배출된 오염물질은 흐르는 동안 없어지거나 다른 물질로 변화되지 않아야한다.

⑥ 평균풍향은 x축, 풍속은 오염물질의 유효고도로부터 $\pm\sigma_x$ 범위의 고도에 대한 평균풍속을 택해야 하고 $2\sigma_x$가 H보다 더 크면 지표면으로부터 $H+2\sigma_x$까지의 평균풍속을 사용한다.

3. 신화학물질 관리제도

3.1 제정 배경과 구성

유럽연합(EU)에서는 화학물질의 제조와 사용이 인간의 건강과 환경에 유해한 영향을 미치는 것을 방지하기 위하여 지난 40여 년 전부터 그 제조와 사용, 유통 및 수출입을 체계적으로 관리하기 위한 법령을 마련해 왔다. 그렇지만 복잡한 법률체계와 빈번한 개정으로 인하여 효율적 관리가 점차 어려워지고, 또한 기존의 법률체계에서 다루지 못하고 있는 화학물질로 인한 피해사례가 점차 확대되어감에 따라 유럽연합에서는 지난 2006년에 화학물질에 대한 새로운 통합관리법인 신화학물질관리법(REACH : Registration, Evaluation, Authorization of Chemicals)을 채택하였다.

REACH는 기존에 분산되어 있는 다수의 화학물질에 대한 관리규정을 통합함과 동시에 보다 효과적인 화학물질관리를 위하여 일부 규정을 보완하였다. 그리고 기존화학물질과 신규화학물질의 관리수준을 동등한 수준으로 설정하였다. 즉 기존화학물질에 대한 관리규정을 과거에 비해 강화한 반면에 신규화학물질에 대한 관리규정은 오히려 완화함으로서 신규화학물질의 개발과 사용을 촉진하고 있다. 또한 기존화학물질의 안전성에 대한 평가의 의무를 정부에서 산업계로 이전하고, 공급망 내부의 모든 이해관계자들이 화학물질의 안전성을 보장할 수 있는 수단을 강구하고 이행하도록 요구하는 등의 규정을 통하여 제조와 사용에 따른 피해를 최소화할 수 있도록 하고 있다.

REACH규정은 총 15개의 장으로 구성되어 있다. 화학물질에 대한 등록과 평가, 허가, 사용제한에 대한 주요 의무규정을 주축으로 정보공유와 공급망 내부의 정보전달, 하위 사용자의 의무에 대한 부가되는 의무규정, 그리고 수수료를 비롯한 운영규정 등으로 구성되어 있다.

3.2 의무이행 주체 및 적용범위

REACH는 화학물질을 제조하거나 수입하는 자, 그리고 이를 사용하는 자(하위 사용자 포함)를 대상으로 화학물질의 등록, 허가와 제한의 의무를 부여한다. 원칙적으로 유럽연합 내로 제품을 수출하는 국내 기업에게는 별도의 의무는 부여되지 않지만 결과적으로는 수입자의 의무이행이 요구될 것으로 보인다. 다만, 국내 기업의 직접적인 대응은 허용되지 않기 때문에 유럽연합내에 위치한 사업자(해외법인, 수입업자, 유일 대리인)를 통한 대응이 필요하다. 다음 표 5-3은 REACH의 의무이행을 위한 주체 및 의무요건을 나타내고 있다. 의무 요건에는 주로 각종 규정의 준수와 SDS(safety data sheet)의 작성 및 전달 등에 관한 내용이다.

표 5-3 REACH 의무이행의 주체 및 의무요건

의무이행의 주체		의무요건
제조자	· 화학물질을 사용하는 EU역내의 모든 자연인 또는 법인	· 화학물질의 등록, 신고, 허가와 제한규정의 이행, 준수 · SDS작성 및 공급망 내부에 전달
수입자	· 화학물질 및 화학물질을 포함하는 제품을 EU역내로 수입하는 EU역내의 모든 자연인 또는 법인	
하위사용자	· 자신의 산업적 혹은 전문적 과정에서 화학물질을 사용하는 EU역내의 모든 자연인 또는 법인 · 판매자, 소비자는 하위 사용자에 포함되지 않음	· 공급자에게 용도에 대한 정보제공 · 공급망 내부에 SDS전달 · 소비자를 위한 안전 및 사용정보에 대한 D/B구축
유일대리인	· REACH의 의무를 대행할 수 있는 EU역내의 자연인 또는 법인 · 유일대리인으로 위탁될 경우에 REACH의무요건에 대한 이행주체의 권한과 책임을 대행	· 의뢰자의 모든 의무요건 이행 · SDS의 최신정보 공급 · 고객관련 최신정보 유지

REACH는 기본적으로 유럽연합내에서 제조, 수입, 유통과 사용되는 모든 화학물질을 대상으로 적용되며, 조제품(preparation)과 성형품(article)에 포함된 화학물질 역시 적용대상에 포함된다. 등록규정의 경우에는 원활한 제도의 도입과 운영을 위해 유럽연합내의 단일 사업장에서 연간 1톤 이상이 제조되거나 수입되는 화학물질만을 대상으로 적용토록 하고 있으며, 조제품과 성형품 중의 화학물질에 별도의 예외규정을 통해 차등적인 의무를 부여하고 있다. 구체적인 적용범위를 표 5-4에 나타내었다.

표 5-4 REACH의 적용범위

구 분	내 용	적용범위
등 록	· 화학물질의 제조 및 수입업자는 대상 화학물질의 유해성 및 위해성에 대한 서류를 작성하여 제출	· 화학물질 : EU역내의 단일 사업자에 의해 연간 1톤 이상 제조, 수입되는 물질 · 조제품 : EU역내의 단일 사업자에 의해 제조, 수입되는 조제품 내에 포함된 1톤 이상의 화학물질(동일 용도로 이미 등록한 경우는 제외) · 성형품 : EU역내의 단일 사업자에 의해 제조, 수입되는 성형품 내에 포함된 1톤 이상의 물질로서 의도적 배출로 인정되는 물질(동일 용도로 이미 등록된 경우는 제외)
신 고	· 성형품의 제조 및 수입업자는 제품내의 물질이 신고대상이면 신고하고, 당국의 요청이 있으면 등록	· EU역내에서 단일 사업자에 의해 제조, 수입되는 성형품에 포함된 1톤 이상의 SVHC(고위해성)물질 · 포함농도가 0.1% 이하이거나, 제품의 사용 및 폐기단계에서 배출이 차단된 경우는 면제 · 상위공급자 또는 다른 사업자에 의해 동일용도로 등록된 경우도 면제
허 가	· 특정 화학물질이면 해당물질 및 이를 포함한 제품의 제조업자, 수입업자는 물질을 사용하기 전에 허가를 취득	· REACH 규정 부속서 X, IX에 포함된 고위해성물질
제 한	· 특정 화학물질이 제한대상이면 해당 물질 및 이를 포함한 제품의 제조업자, 수입업자는 이 물질의 사용을 중단	· REACH 규정 부속서 X, VII에 기술된 물질을 해당 용도로 사용하는 경우

3.2.1 화학물질, 조제품 및 성형품의 정의

REACH에서는 그 대상을 화학물질과 조제품, 성형품으로 구분하고 있다. 규정에 따르면 화학물질은 화학적 결합으로 이루어진 물질자체를 의미하며, 조제품은 화학물질의 혼합체로서 혼합비율이 그 기능을 결정하는 제품을 의미한다. 성형품도 화학물질의 혼합체이지만 혼합비율보다는 제품의 형태와 표면 또는 디자인이 그 기능을 결정하는 제품을 의미하며 구체적인 비교 내용은 표 5-5에 나타내었다. REACH에서는 각 대상의 분류에 따라 다소 차등적인 의무를 부여하고 있으며, 그에 따른 대응방법 또한 달라질 수 있다.

표 5-5 화학물질, 조제품 및 성형품의 차이

구 분	정 의	차이점
화학물질 (substance)	· 자연상태의 화학물질 및 공정을 통해 얻어진 물질(첨가제, 불순물 포함) · 조성변화 또는 안전성에 영향을 미치지 않고 분리 가능한 용매 등은 제외 · 예 : Formaldehyde, Benzene, Bronze	· 등록대상 : 1 tpa(ton per annum) 이상의 화학물질 · 등록 면제대상 : 신규물질, 고분자물질
조제품 (preparation)	· 2개 또는 그 이상의 물질로 구성된 혼합물 또는 용액 · 주로 조성비율이 제품의 기능을 결정하는 제품 · 예 : 화장품, 페인트, 세제, 음료, 합금	· 등록대상 : 조제품에 포함된 1 tpa 이상의 화학물질 · 등록 면제대상 : 신규물질, 고분자물질, 상위공급업체가 동일용도로 등록한 물질
성형품 (article)	· 제조공정에서 특별한 모양, 표면 또는 디자인이 부여된 개체 · 화학적 조성보다 모양과 표면 디자인에 의해 기능이 결정되는 제품 · 예 : 자동차, 전기전자제품, 일부 화장품	· 등록대상 : 성형품에서 의도적으로 배출되는 1 tpa 이상의 화학물질 · 신고대상 : 성형품에서 배출될 수 있는 1 tpa, 0.1% 이상의 고위해성물질 · 등록/신고 면제대상 : 고분자물질 또는 다른 등록자에 의해 동일 용도로 등록된 물질

3.2.2 단계적 도입물질과 비단계적 도입물질

REACH에서는 화학물질의 종류를 단계적 도입물질(phase-in substance)과 비단계적 도입물질(non phase-in substance)로 구분하고 있다. 단계적 도입물질이란 REACH규정에 따라 법률시행 3.5년, 6년, 11년 후와 같이 단계적으로 등록되는 물질을 의미하며, 1981년 이전에 출시된 기존화학물질(EINECS; European Inventory of Existing Commercial Substances, 유럽의 신고된 신규화학물질 목록)목록내의 물질과 목록에는 없지만 시행일로부터 15년이전에 출시되었음을 증명할 수 있는 물질들을 말한다. 그리고 REACH시행이전에 출시되어 Directive 67/548/EEC의 제8조 제1항에 따라 신고된 것으로 간주되었으나, REACH의 고분자물질 규정에 만족하지는 않는 NLP(No Longer Polymer; 고분자의 정의에 부합하지 않는 물질)물질이 그 대상에 포함된다. 단계적 도입물질 중에서 대부분이 기존화학물질에 해당되기 때문에 일반적으로 기존화학물질이라고 지칭되고 있다.

한편 비단계적 도입물질이란 REACH규정에 따라 즉시 등록이 이루어져야 하는 물질로서, 1981년 이후부터 REACH시행 이전까지 출시된 물질(ELINCS)과 REACH시행이후 유럽역내에서 출시된 물질을 의미한다. 대부분이 신규화학물질에 해당하기 때문에 일반적으로 신규화학물질이라고 불리어 진다.

3.2.3 고분자물질

REACH에서는 화학물질과 조제품, 성형품과는 다른 차원에서 고분자물질(polymer)이라는 제품그룹을 별도로 규정하고 있다. 고분자물질은 한 가지 이상의 단량체가 규칙적으로 배열되어 구성된 물질을 의미하며, REACH에서는 고분자물질 자체가 아니고 이를 구성하는 단량체와 기타 화학물질에 대한 등록을 요구하고 있다. 단, 고분자물질에 대한 정의는 국가별로 상당한 차이가 있으므로 반드시 유럽연합의 정의에 따르도록 한다.

1) REACH에서 정의하는 고분자물질의 요건

① 동일한 반응형태로 서로 결합된 단량체가 3개 이상 존재할 것(중합도 $n>3$).

② 고분자물질이 해당물질의 전체 중량중에서 50% 이상일 것.

③ 중합도가 동일한 단량체로 구성된 고분자물질은 해당 물질의 전체 중량중 에서 50% 이하일 것.

2) 고분자물질 구성물질의 의무규정

REACH는 기본적으로 고분자물질 자체에 대해서는 등록을 요구하고 있지 않지만, 고분자물질을 구성하고 있는 중량비율 2% 이상의 단량체와 기타 화학물질에 대해서는 등록을 요구하고 있다. 중량비율 2%란 반응형태로 결합된 단량체 및 그 밖의 반응물질에 대한 중량과 전체중량과의 비율을 의미하며, 2% 이상인 경우에는 최종 고분자물질 1tpa 이상 사용됨을 전제로 등록대상이 된다.

고분자물질에 결합된 단량체 및 그 밖의 반응물질에 대한 중량비율의 산출을 위해서는 유럽연합에서 인정하는 정량적인 측정방법에 대한 조사가 필요하며, 대표적인 측정방법으로 Mass Spectroscopy, Gas Chromatography, Infrared Spectroscopy, Nuclear Magnet Resonance Spectroscopy 등이 있다. 단, 2%에 관한 규칙은 고분자물질 제조를 위해 사용되는 단량체 및 그 밖의 반응물질에 적용되는 규정으로서, 단량체 및 기타 화학물질이 고분자물질제조 이외의 용도로 제조, 수입되는 경우라면 일반적 화학물질과 동일한 규정이 된다.

3.2.4 적용 예외대상

REACH에서는 그 제조와 수입으로 유럽연합역내의 국민건강과 환경에 영향을 미칠 위험이 없거나, 이미 별도의 법률을 통해 체계적 관리체계가 구축되어 있는 물질들을 적용범위에서 제외하고 있다. REACH에서 규정한 면제대상물질은 방사선물질, 세관중인 물질, 운송중인 물질, 폐기물 및 군사용 물질 등이다. 각 물질별로 세부적인 내용은 다음과 같다.

1) 방사능물질

방사능을 발산하는 물질은 현행의 Directive 67/548/EEC에서도 면제대상물질이며, REACH에서도 동일하다. 이와 같은 면제규정은 이미 방사능물질관련 특별법이 존재하여 REACH에 의한 추가적인 규제의 필요성이 없기 때문이다.

2) 세관중인 물질

세관중인 물질이란 유럽연합역내에서 일시적으로 보관중인 물질로서 수출입자유지역에 있는 물질로서 단지 유럽역내를 통과하여 제3국으로 운송하는 물질을 의미한다. 이러한 물질은 REACH의 면제대상에 해당하지만 이러한 물질을 취급하는 자는 다음과 같은 사항에 유의하여야 한다.

① 보관하거나 이동중인 물질은 회원국의 세관법 혹은 세관절차에 따라야 한다.
② 해당물질은 회원국의 세관당국에 허가를 받아야 하며, 유럽연합역내에 보관되는 동안은 어떠한 가공공정도 수행되어서는 안 된다.

위의 사항을 증명할 수 없는 사업자는 REACH의 면제규정이 적용되지 않으므로 주의하여야 한다.

3) 비분리 중간체

비분리 중간체란 화학반응 중에 있으며 의도적으로 분리되지 않은 중간체를 의미하며, 물질생산후의 저장단계에서 사용되는 첨가제 등의 물질은 여기에 해당되지 않는다. 비분리중간체는 REACH하에서 면제대상물질이지만, 동일물질이 비분리중간체 이외의 용도로 사용되는 경우라면 그 용도로 사용하는 물질의 수량에 따라 등록의무가 부과됨에 유의하여야 한다.

4) 운송중인 물질

REACH에서는 철도, 도로, 수로, 항공로를 통한 운송과 관련하여서는 어떠한 의무조건도 요구하지 않는다. 그렇지만 운송조건을 제외한 해당물질에 대한 모든 의무규정은 유효하다는 점에 유의하여야 한다. 유럽연합역내의 운송규정에서 해당사항에 대해 엄격히 관리하고 있기 때문에 단지 운송과정의 의무규정이 REACH의 범위에서 벗어나는 것이다.

5) 폐기물

폐기물의 범위는 가정용 폐기물에서 산업폐기물 전체를 의미하며, 모든 폐기물은 REACH의 면제대상이다. 그렇지만 제품의 생산자는 다음 사항에 유의하여야 한다.

① 화학물질의 안전성평가(chemical safety assessment)가 필요한 경우에는 제품이 폐기되는 단계에 까지 고려하여야 한다.

② 해당 폐기물을 재활용하여 새로운 제품으로 생산, 수입하면 REACH규정은 해당제품에 대해 반복하여 적용된다. 단지, 법규에서 규정하는 특별한 조건(Directive 2006/12/EC에서 정의하는 특정 폐기물)하에서 REACH의 면제규정이 적용될 수 있다.

6) 회원국법에 의한 면제물질

REACH는 국방의 목적으로 각 회원국이 지정하는 일부의 물질에 대한 면제를 허용하고 있다. 따라서 특정회원국이 지정하는 물질이 다른 회원국에서도 면제되는 것은 아니며, 각 회원국은 그러한 물질을 지정하기 위해 공식적인 절차를 밟아야 한다. 그렇지만 2007년까지 특정한 방어용 물질에 대한 면세절차를 밟은 회원국은 존재하지 않는다는 점에 유의하여야 한다.

3.3 업무 내용

3.3.1 등록

등록(registration)은 REACH에서 새롭게 도입된 규정으로 유럽연합역내에서 특정한 화학물질이 1tpa 이상으로 제조되거나 수입되는 경우에 해당 화학물질의 제조자, 수입자가 그에 대한 유해성과 위해성 정보를 준비하여 ECHA(European Chemical Agency ; 유럽화학물질청)에 제출하도록 하는 규정이다. 그렇지만 요구되는 등록정보가 현존하지 않는 경우도 많을 뿐만 아니라, 해당 정보의 개발을 위하여 많은 비용과 시간이 소요되고, 이를 절감하기 위한 정보공유활동 또는 복잡한 절차를 수반하고 있기 때문에 충분한 준비가 요구된다. 특히 지정된 기간 이내에 등록을 이행하지 못할 경우에는 벌금이나 수출중단의 벌칙규정이 적용될 수 있으므로 주의하여야 한다.

1) 대상물질

기본적인 등록대상물질은 유럽연합역내에서 연간 1tpa 이상으로 제조되거나 수입되는 물질이며, 제품의 분류에 따라 합리적인 예외규정이 적용되고 있으며, 구체적인 내용은 표 5-6에 나타내어져 있다.

표 5-6 등록대상물질과 제외물질 및 면제물질

구 분	내 역	
등록 대상물질	화학물질	연간 1tpa 이상의 화학물질
	조제품	조제품내에 포함된 연간 1tpa 이상의 화학물질 단, 상위공급자가 동일용도로 등록한 물질은 제외
	성형품	성형품으로부터 의도적으로 배출되는 연간 1tpa 이상의 화학물질. 단, 동일용도로 이미 등록된 물질은 면제
	고분자물질	고분자물질로 화학적 결합이 된 중량비 2% 이상의 단량체
등록 제외물질	· 의약품(Regulation) (EC) No. 726(2004) · 식품첨가물(Regulation) (EC) No. 178(2002) · 식품향신료(Commission Decision 1999/217/(EC) · 사료첨가물(Regulation) (EC) No. 183(2003) · 동물영양제(Council Directive 82/471(EEC)	
등록 면제물질	· Anx. 4 · 환경적인 요인에 노출되어 화학반응으로 생성된 물질 · 저장중에 우연히 일어나는 화학반응으로 생성된 물질 · 최종 사용시에 발생하는 화학반응으로 생성된 물질 (예 ; 산화방지제, 충진제, 탈수등에 의한 화학반응 생성물) · 자체로는 수입 또는 시장출시가 되지 않는 부산물 · 물질이 등록된 이후에 그 물질과 물이 결합하여 형성된 수화물 또는 수화이온 · 자연적으로 생성된 물질(예 ; 광석, 천연가스, 석탄, 원유 등) · 유해성 및 위해성이 이미 잘 알려진 기초적인 물질들(예 ; 수소, 산소 등) · 연구 및 개발에 사용되는 물질(한시적 면제물질)	

2) 제출서류

등록을 위해 제출하여야 하는 서류는 기술서류(TD ; technical dossier)와 화학물질안전성 보고서(CSR ; chemical safety report)로 구분될 수 있으며, 등록시에 제출은 요구되지 않지만 하위사용자에게 제공하여야 하는 안전성 데이터시트(SDS ; safety data sheet)의 준비가 필요하다. 각 서류의 주요 구성은 표 5-7과 같으며, TD의 세부항목과 CSR에 대한 세부항목은 부록에 나타낸 바와 같다.

표 5-7 등록서류의 구성항목

서 류	항 목	세부내용
기술서류	개요	· 등록을 위한 기술문서 · 온라인을 통해 제출
	기술자료	· 제조 및 수입량에 따라 차등적용 ▸물리화학적 특성 ▸독성 정보 ▸생태독성 정보
	일반정보	· 등록자 정보 · 물질 확인 ▸물질명칭, Cas No. 순도, 구조식 등
	물질정보	· 제조 및 용도 · 분류의 경고표지 · 안전한 사용안내
	Robust Safety Summary	· 각 시험별 정보 요약문 · 척추동물을 포함하지 않는 시험에 대해 자료공유여부 서술
	추가시험 계획	새로운 시험에 대한 계획(필요한 경우)
	등록시험 서술	척추동물에 대해 수행한 시험
화학물질 안전성보고서	개 요	· 등록을 위한 화학안전성평가보고서 · 10tpa 이상인 경우에만 등록시 제출필요 · 서류상으로 제출
	물질의 위해성 관리대책	위해성 관리대책 요약, 위해성 관리대책 이행여부 서술서, 위해성 관리대책 상하전달여부 서술서
	물질의 동질성 및 물리화학적 특성	–
	제조와 용도	제조 · 사용이 확인된 용도, 사용하지 말아야 하는 용도
	분류 및 표시	–
	물질의 환경거동 특성 인체유해성 평가	인체건강 관련자료 평가, 인체건강이외의 자료평가, DNEL
	물질의 환경거동 특성 환경유해성 평가 PBT 및 vPVB 평가 노출 평가 위해도 정량화	 환경관련 자료평가, PNEC 기준값과 비교, 배출량 산정 노출시나리오 개발, 배출량 산정 –

3) 의무이행

등록은 상기와 같이 작성된 서류를 유럽화학물질청(ECHA)을 통해 제출함으로서 수행될 수 있다. 그렇지만 등록시에 모든 정보가 일괄적으로 제출되지 않는 경우도 있으며, 유럽연합의 기관을 통한 평가절차가 남아 있으므로 등록은 서류의 제출로 완전히 종료된다고 보기 어려우며 지속적인 교류에 대한 대응책을 마련해 둘 필요가 있다.

단, 국내 수출업자의 경우에는 등록을 직접 이행할 수가 없으므로 서류제출에 앞서 해외법인, 수입업자, 유일대리인과 같은 등록주체를 선정하여야 한다. 특히, 등록주체는 유럽당국과 전문적인 분야에 교류가 지속되어야 하기 때문에 신중한 선택이 필요하다.

3.3.2 신 고

신고(notification)의 기본개념은 등록을 이행하기 이전에 등록의 필요여부를 유럽화학물질청(ECHA)을 통하여 확인하기 위한 절차로서 성형품만을 대상으로 적용하는 규정이다. 성형품의 경우는 기존 제품의 종류가 적게는 수십가지에서 많게는 수만가지 이상의 물질이 포함되어 있기 때문에 이를 모두 직법 등록한다는 것은 현실적으로 불가능하다. 그렇기 때문에 성형품에 포함되어 있는 물질 중에 인간과 환경에 노출될 수 있으며, 그것으로 유해한 영향을 미칠 수 있는 물질들을 신고하도록 하고 있으며, 신고된 물질은 당국의 판단에 따라 추가적인 등록여부를 결정하도록 하고 있다. 신고대상물질의 범위는 표 5-8과 같다.

표 5-8 신고대상물질과 추가등록요구물질

구분	내역	
신고 대상물질	성형품	성형품에 포함된 0.1% 이상, 1tpa 이상의 SVHC물질
신고 제외물질	· 상위공급자 또는 다른 사업자를 통해 동일한 용도로 등록된 물질 · 제품의 사용 및 폐기단계에서 외부로 노출이 차단되는 물질 · 의도적 배출물질(등록대상)	
추가등록 요구물질	· 연간 1tpa 이상이며, · 정상적 사용조건에서 제품으로부터 배출되고 · 배출로 인한 인간의 건강 또는 환경에 유해한 영향이 발생될 수 있다고 의심할 수 있는 근거가 있는 경우	

1) 제출서류

신고시에 제출해야 하는 정보는 표 5-9와 같이 신고자 및 대상물질에 대한 기초적인 정보로 구성되어 있으며, 해당하는 정보를 서류로 작성하여 당국에 제출하면 된다.

2) 의무이행

신고는 표 5-9와 같은 신고서류를 제출함으로서 이행할 수 있다. 그렇지만, 신고의 경우에는 위해우려가 있는 경우에 한하여 추가등록이 요구될 수 있으므로 신고이후에 당국의 등록여부에 대한 판단결과에 대해 주목하여야 한다. 또한 신고규정 역시 국내 수출자가 직접 이행할 수 없으므로 서류제출이전에 등록주체를 선정하는 것이 중요하다.

3) 이행시한

신고시점은 REACH법률에 따른 고위해성(SVHC)의 목록이 공포된 이후 6개월 이후부터이다. 고위해물질의 후보목록은 2009년 6월 1일경에 발표될 것으로 예상되고 있다.

표 5-9 신고서류의 내역

구 분	내 역
신고자 정보	제조자, 수입자 또는 대리인의 신원 및 연락정보 (REACH법률 부속서 6.1절에 명시된 정보, 사용장소 제외)
등록 번호	해당물질의 등록번호(가능한 경우) (REACH법률 제20조 제1항에 의거한 등록번호)
물질 정보	해당물질의 ID정보 (부속서6의 2.1절-2.3.4절에서 명시된 물질정보)
물질 분류	해당물질의 분류정보 (부속서6의 4.1절, 4.2절에 명시된 물질의 분류)
용도 정보	해당물질의 성형품 내 용도 및 제품용도에 대한 간단한 설명 (부속서6의 3.5절 참조)
톤수 범위	물질의 톤수범위(예, 1~10톤, 10~100톤 등)

3.3.3 평 가

REACH는 이미 제출된 등록서류에 대한 평가(evaluation)절차를 두고 있으며, 해당절차 내에서 등록된 서류자체에 대한 평가와 등록된 물질에 대한 평가를 수행하도록 규정되어 있다. 등록서류에 대한 평가에서는 서류의 완전성과 적합성 그리고 시험제안서 및 CSR에 대한 점검이 이루어지며, 물질평가에서는 각 물질의 위해성에 대한 평가를 수행함으로서 향후의 허가나 제한규정을 통해 사용을 제한하게 될 물질을 규명하기 위한 활동이 이루어진다. 평가과정을 통해 ECHA는 등록자에게 시험제안서의 허가와 등록서류의 보완 등의 추가적인 요구를 할 수 있다.

3.3.4 허 가

허가(authorization)는 물질의 제조와 사용이 인간의 건강과 환경에 유해한 영향을 미칠 수도 있지만 적절한 관리가 이루어질 수 있으며, 해당 물질의 사용으로 인한 환경적인 측면에서 부정적인 영향보다 경제적, 사회적 측면에서 긍정적인 영향이 크고, 적절한 대체물질이나 기술이 존재하지 않은 경우에는 그 사용을 한시적으로 허용하는 규정이다.

표 5-10 허가대상물질과 면제물질

구 분	대 상	
허가대상물질	화학물질	· 부속서 14에 해당하는 물질 · CMRs, PBTs, vPvB 물질 외 · 2009년 6월 1일경 발표예정 · 유통량, 사용량과 무관하게 공통지정
	조제품	
	성형품	
	고분자물질	
허가면제물질	· 과학적 연구개발에 사용되는 물질 · 작물보호제품에 사용되는 물질 · 살균제에 사용되는 물질 · 자동차연료에 사용되는 물질 · 고정연소플랜트로 사용되거나 밀폐계에서 연료로 사용되는 경우 · 화장품에 사용되는 물질 · 식품접촉물질 · 농도한계 0.1% 미만의 제재상태 · Directive 67/548/EEC, Directive 1999/45/EC에 명시된 농도한계 미만의 물질 · 용도나 용도외 카테고리에 대해 위해성이 적절히 조절된다는 것을 증명시	

1) 대상물질

허가대상물질은 REACH부속서14에 해당하는 물질로 CMRs, PBTs, vPvB에 속하는 고위해물질이 그 대상이 될 것으로 예상되고 있다. 현재 REACH법률에서는 일부 품목만을 공개하고 있으며, 2009년 6월 1일경에 대상 후보물질의 리스트를 공표할 것으로 알려져 있다.

2) 제출서류

허가대상물질의 제조자와 수입자 그리고 하위사용자는 해당물질의 지속적인 사용을 위해서는 별도의 허가신청절차를 거쳐야 한다. 허가신청을 위해서는 기본적으로 해당물질의 적정관리 가능성에 대한 정보와 해당물질의 사용으로 인한 환경적 유해성이 그 사용으로 인한 경제적, 사회적 편익보다 적다는 것에 대한 입증정보, 그리고 대체물질 및 대체기술의 개발현황 등에 대한 정보를 기입하여 화학물질청에 제출하여야 한다. 구체적인 허가서류의 종류는 표 5-11에 나타낸 바와 같다.

표 5-11 허가서류의 종류

구 분	내 역
물질정보	해당물질의 ID정보(부속서6의 2절에 명시된 물질내역)
신청자정보	작성자 및 세부연락처
허가신청내역	해당물질의 사용허가를 신청하는 용도의 명시
CSR	화학물질안전보고서(등록시에 제출되지 않은 경우에 한함)
대체물질 및 기술	해당물질의 대체물질 및 기술개발에 대한 분석
대체계획	신청인이 제시한 대체계획(적절한 대체물질의 입수가능시)
사회경제적 편익	부속서 16에 따른 사회경제정 분석결과(선택사항)
적정관리의 가능성	적절히 관리되는 경로를 통한 배출, 관리에 대한 정보

3.3.5 제한 허가

REACH에서는 해당물질의 제조, 수입, 사용으로 인하여 인간의 건강과 환경에 허용할 수 없는 위해성을 유발하는 물질에 대하여 그 사용을 금지한다. 제한조치가 이루어지면 해당 화학물질의 제조와 수입 및 제품내부에 사용이 전면적으로 금지된다. 단, 화장품 및 연구개발을 목적으로 사용하는 경우에는 적용되지 않는다. 제한규정은 2009년 9월부터 시행될 예정이지만 대상물질에 따라 실질적인 제한시점은 차등적으로 적용될 것으로 예상된다.

3.4 등록정보의 공유

REACH에서는 불필요한 중복시험의 방지 및 의무요건이행 대상자인 해당기업의 부담을 경감시키기 위하여 한가지물질은 한번 등록(OSOR ; One Substance One Registration)원칙을 규정하고 있다. 이를 위한 지원수단에는 SIEF와 컨소시아가 있으며, 내부공정의 메카니즘은 RIP3,4(정보공유에 대한 지침서)에서 다루어질 것이다.

3.4.1 물질정보 공유포럼

기존 물질에 대하여는 REACH-IT시스탬을 이용한 사전등록을 통하여 동일물질을 취급하는 각각의 이해 관계자들의 연락처가 공유되며, 기본적으로 한 물질에 대하여 한 SIEF(Substance Information Exchange Forum)가 형성된다. SIEF에는 해당물질의 제조자, 수입자 이외에 그 하위사용자 및 그 밖의 이해 관계자가 참여할 수 있다. 이러한 SIEF 내에서는 공동등록을 위한 별도의 컨소시아가 구성될 수 있는데 SIEF란 궁극적으로 컨소시아 형성을 위한 사전적인 플랫폼(platform)으로 정의할 수 있다.

표 5-12 SIEF와 컨소시아의 비교

구 분	SIEF	컨소시아
목 적	· 등록정보(물리화학적 특성, 독성정보)공유 · 분포 및 표시의 통일화	· 다양한 형태의 공동등록 예) 시험항목별,용도별
법적의무	· 사전등록후 참가자격 획득 · 동물실험 데이터의 공유	· 자발적인 의사
형 태	· 동일 물질별 1SIEF	· 1 SIEF내의 컨소시아 · 다수 SIEF멤버에 의한 동일 컨소시아 · 각 SIEF내의 컨소시아 간의 연계

3.4.2 컨소시아

SIEF멤버들은 자발적으로 컨소시아를 형성하여 REACH에서 규정하는 공동등록을 수행한다. REACH의 의무요건은 개별기업별로 다양할 수 있다. 예를 들면 의무요건별, 시험항목별, CSR 등에 따라 공통된 의무요건이 요구되는 기업들은 공동등록을 위해 컨소시아를 형성할 수 있다. 따라서 하나의 SIEF내에는 다수의 컨소시아가 존재할 수 있으며, 경우에 따라서는 서로 상이한 SIEF의 멤버들이 하나의 컨소시아를 형성할 수 있다. 이러한 SIEF와 컨소시아의 차이점을 표 5-12에 비교하였다.

3.4.3 SIEF와 컨소시아의 정보공유

실제 SIEF와 컨소시아에서 정보공유과정의 차이점은 존재하지 않는다. SIEF란 단지 컨소시아 구성을 위한 기반이기 때문이다. 규제에서는 SIEF 및 정보공유 프로세스에 대한 구체적인 사항은 언급되고 있지 않으며, 단지 일반적인 원칙만이 제시되어 있다. 그림 5-6은 현재 논의 중인 SIEF 및 컨소시아 내부 프로세스의 일부내용을 수록한 것으로 정보공유의 핵심 메카니즘 즉, 비용분담, 가치평가 및 정보획득방법 등은 표준화된 방법론이 제기되기 보다는 유럽연합에서 제시하는 원칙을 기본적으로 개별 컨소시아내에서 논의되어 합의될 가능성이 크다.

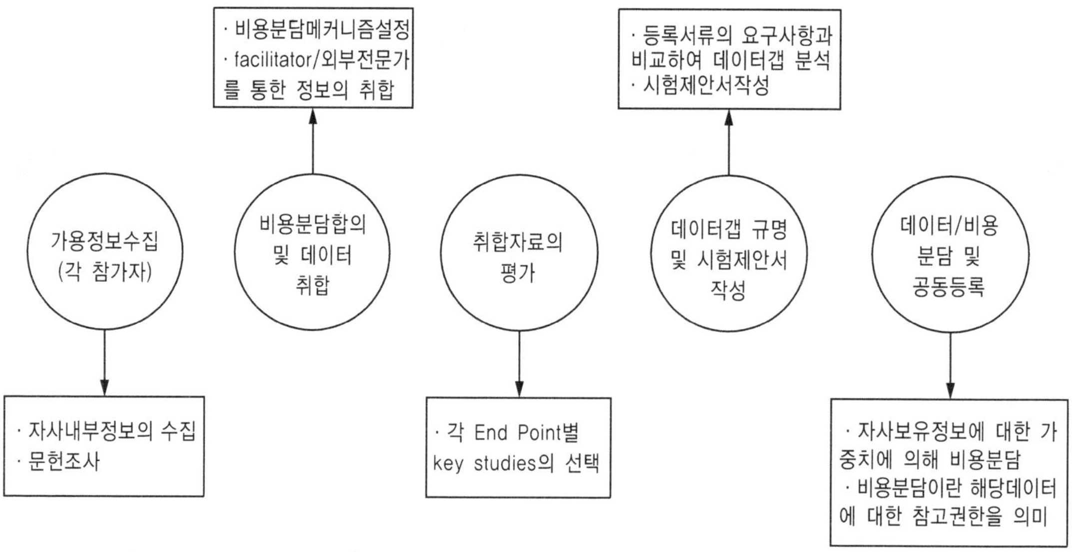

그림 5-6 SIEF 및 컨소시아 내의 정보공유

3.5 REACH 대상물질의 확인

대상물질의 명칭 및 동질성확인은 ECHA에 등록하고자 하는 물질을 정확히 알리기 위한 목적뿐만 아니라 다른 제조자 및 수입자의 대상물질들과 동일여부를 판단하기 위해 필수적으로 이루어져야 하는 과정으로 SIEF와 컨소시아 내에서 물질정보공유가 이루어지기 위한 기본 작업이다.

REACH에서 대상물질의 확인과 명명규칙은 물질의 종류에 따라 달라진다. 화학적 구성, 특성 및 물질의 성분에 의해 확인되며 대부분 이러한 확인법으로 물질의 동질성 확인이 가능하지만 몇몇 물질은 추가적으로 확인해야 하는 정보가 필요하다. 이와 같이 대상물질의 확인을 위한 절차를 그림 5-7에 나타내었다.

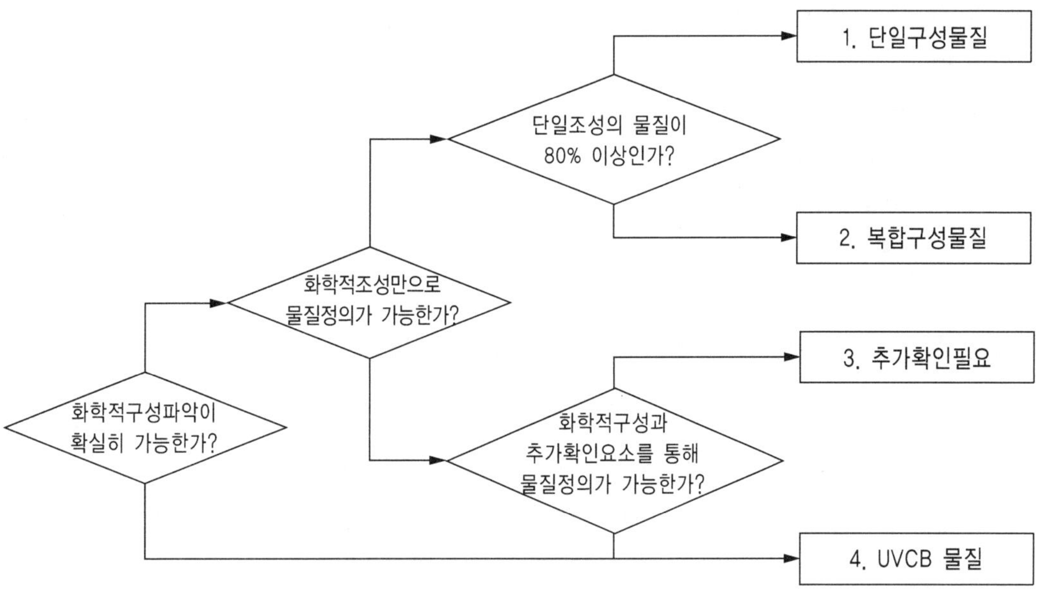

그림 5-7 REACH 대상물질의 확인을 위한 절차

3.5.1 단일물질의 구성

단일물질들은 구성물질의 함량에 의해 정의된 물질이며, 주 구성요소가 최소 80 wt% 이상으로 명명하는 방법은 주 구성물질의 명칭에 따라 IUPAC명명법으로 작성한다. 예를 들면 *o*-xylene 82%, *m*-xylene 10%, *p*-xylene 8%와 같이 구성되어 있는 경우에는 *o*-xylene의 함량이 80% 이상이므로 이 물질의 명칭은 주 구성물질의 명칭에 따라 *o*-xylene으로 한다. 단, 다음의 두가지 경우를 만족하는 경우에는 80% 규칙은 약간 조정이 필요하다.

① 주 구성요소가 $<$ 80% 이지만 다른 구성물질과 유사한 물리화학적인 특징을 가지고 있는 경우

② 주 구성요소와 불순물이 따로 $\leq$ 80% 이더라도 일반적 농도범위가 80% 기준에 일치할 경우

3.5.2 복합물질의 명명법

복합구성물질은 구성물질의 함량에 의해 정의된 물질이며, 하나 이상의 주요 구성요소의 농도가 $\geq$10 wt%와 $\leq$80 wt%일 경우에는 주요구성물질의 혼합으로 명명되며 일반적으로 명명하는 방법은 IUPAC명명법으로 작성한다. 예를 들면 *m*-xylene 50%, *o*-xylene 42%, *p*-xylene 8%로 구성되어 있는 경우에는 주요 구성요소인 *m*-xylene과 *p*-xylene의 함량이 $\geq$ 10%이고 $\leq$80%이므로 이 물질의 명명은 주요구성물질의 명명을 혼합하여 Reaction mass of *m*-xylene and *o*-xylene으로 한다. 또 한가지 구성요소가 $>$ 80%을 나타내더라도 다른 요소가 기술적 효과를 가지고 영향을 끼치는 경우에는 두 가지 구성요소를 가진 물질로 설명될 수 있다.

3.5.3 추가확인이 필요한 물질과 UVCB 물질의 명명법

화학적 구성만으로 물질의 동질성을 확인하기 어려운 물질들은 화학적 구성과 함께 추가적으로 특별한 확인요소가 필요하다. 흑연과 다이아몬드의 경우에는 두 물질이 동일한 화학적 성분인 탄소로 이루어져 있지만 이것만으로는 물질의 동질성 확인이 어렵기 때문에 추가적으로 물질의 결정구조를 확인해야 한다. 이렇게 화학적 구성만으로 물질의 확인이 어려운 경우에는 스펙트럼 자료, X선 회절분석에 의해 나타나는 결정구조, 적외선 흡수량, 팽창지수, 양이온 치환능력 등과 같은 추가적인 확인요소를 파악해야 한다.

UVCB(substances of unknown of variable composition complex reaction products or biological materials)물질이란 화학적 구조가 불충분하게 정의되거나 가변적 구조를 가지고 있는 복합적 반응물이나 생물학적 물질이다. 구성요소를 확인할 수 없고 구조에 가변성이 있는 물질은 명확성이 부족하여 IUPAC명명법에 따라 물질을 표시할 수 없다. 결국 화학구조만으로 물질을 확인하기에 충분하지 않기 때문에 그 물질의 명칭, 원료, 공정절차 중에

서 가장 관련성 있는 절차에 의해 확인될 수 있다.

일반적으로 UVCB물질의 명칭은 근원 및 공정의 결합형태이다. 생물학적 근원은 종의 명칭에 의해, 비생물학적 근원은 초기원료에 의해 확인되며 공정은 화학반응의 유형 즉, 추출, 분류, 농축 등에 의해 결정된다. UVCB물질은 물질의 동질성을 확인하기 위해 화학적 명칭, 원료 및 공정 이외에 추가적으로 다음과 같은 관련정보를 포함하여야 한다. 특히, UVCB물질들의 주요한 확인요소를 표 5-13에 나타내었다.

· 화학적 구조에 대한 일반적 설명
· 분석기기를 통한 결과
· 참조 물질 · 물리화학적 요소(예 : 끓는점)
· Color Index Number
· AISE Number

3.6 REACH 규제 이행계획

ECHA에서는 광범위하고 복잡한 REACH를 좀 더 구체적으로 대응하기 위하여 RIPs (REACH Implementation Projects; REACH규제 이행계획)를 마련하여 각 부문별로 가이드를 작성, 제공하는 사업을 진행 중이다. RIPs는 REACH가 원활히 시행되는 것을 목적으로 실제 기업 또는 시행대상자들이 REACH를 시행하기 위해 필요한 모든 준비과정을 상세히 다루고 있다.

REACH에 대한 전체적인 개요 및 설명에서부터 REACH를 원활히 진행시킬 수 있는 시스탬의 개발, 특히, RIP 3은 기업의 REACH규제준수를 위한 각 세부과정을 상세히 안내하기 위한 지침서로서 등록, 평가, 허가와 같은 일체의 세부과정에서 기업이 무엇을 어떻게 진행해야 하는가에 대해 상세히 안내하고 있다. 또한 시행대상자 뿐만 아니라 REACH의 관리 주체자인 ECHA와 회원국의 REACH 내의 역할에 대해서도 안내서를 작성하여 이들이 REACH를 일관성 있게 운영하는 것을 돕는다.

표 5-13 UVCB물질들의 주요 확인요소

일반특징	사례	확인요소		
		원료	공정	기타 요소
생물학적 자료(B)	생물학적 요소추출 예) 천연 방향제, 기름, 염료와 색소	▸식물 혹은 동물의 종 및 과 ▸식물/동물의 일부	▸추출물 ▸세분화 농축 분리 정화 등 ▸미생물	▸알려지거나 일반적 구성 ▸크로마토그래피 및 기타 자문 ▸참조 기준 ▸표준효소 색인 ▸유전코드 ▸입체배치 ▸물리적 특징 ▸기능/활성 ▸구조 ▸아미노산 순서
	복합생물학적 고분자 예) 효소, 단백질, DNA, RNA, 호르몬, 항생제			
	발효생성물, 항생물질, 바이오고분자, 혼합효소, vinasse (설탕발효 생성물 등)	▸배양기 ▸응용미생물	▸발효 ▸생성물의 분리 ▸미생물	▸생성물의 종류 예) 항생물질, 생물고분자물질, 단백질 등 ▸알려진 구성
정의되지 못하거나 가변적 구조를 가진 물질(UVC)	예측하기 어렵거나 변하기 쉬운 혼합반응물	▸물질발생	▸화학반응종류 예) 에스텔화 알킬화수소첨가	▸알려진 구성 ▸크로마토그래피 및 다른 분석 ▸참조 기준
	▸분류나 증류액 예) 석유물질 ▸진흙 예) 벤토나이트 ▸타르	▸원유 ▸석탄/토탄 ▸광물가스 ▸광물	▸분류법, 증류법 ▸부분적변환 ▸물리적공정 ▸잔여물	▸범위 차단 ▸분자길이의 범위 ▸방향족/지방성 비율 ▸알려진 구성 ▸기준 색인
	농축이나 용해 예) 금속성광물 혹은 다양한 야금술공정 잔여물 예) 광재(sludge)	▸광석	▸재련 ▸열처리 ▸다양한 야금공정	▸알려지거나 일반적 구성 ▸금속의 농축

연습문제

1. 어떤 사업장에서 독성물질이 저장된 땡크의 드레인 밸브의 고장으로 누설되어 그 방출량이 60kg/hr이고 그 때의 풍속이 8m/sec이며, 구간의 확산급수는 1/8 표기로서 Ⅲ/1(중립), 높이 50m일때 거리 200m에서의 농도는 얼마인가?

2. Gaussian model의 적용이 안전공학에서 재해방지대책에 필요한 이유와 Gaussian model을 사용할 때의 문제점을 열거할 것

3. Pasquill-gifford model을 설명하고 Gaussian model과의 차이점에 대하여 구체적으로 설명할 것

4. REACH 제도의 시행배경과 의무이행주체에 대하여 구체적으로 설명할 것

5. REACH 제도이행을 위한 업무내용과 이행대상에 대하여 구체적으로 설명할 것

6. REACH 제도에서 등록이 제외된 물질과 등록이 면제된 물질에 대하여 구체적으로 설명할 것

사업장의 부식 및 방식

6

1. 전기화학의 기초

1.1 전극전위와 기전력

1.1.1 전극전위

이온 전도체인 전해액에 담긴 전자전도체인 금속을 전극이라고 부른다. 그러나 전극이라고 하는 것은 넓은 의미로 보아서 금속과 그 주위의 전해질 물체까지를 포함해서 지칭하는 것으로 생각해야 한다. 그것은 전극반응이 금속상에서 일어나는 것이 아니라 금속과 전해질 계면에서 일어나기 때문이다.

고체금속은 전기적으로 중성인 금속원자들로 이루어져 있다고 하기보다는 결정 격자점에 고정되어 있는 금속이온들과 금속내에서 자유로이 움직일 수 있는 자유 전자들의 집합체라고 생각할 수 있다. 이러한 금속을 그 이온이 있는 용액에 담그면 금속에 있던 이온들은 용액으로 옮겨갈 수 있으나 전자는 그대로 금속 중에 남는 경우를 생각할 수 있다. 즉

$$\mathrm{M(금속)} \rightarrow \mathrm{M^{+}(용액)} + e^{-}\mathrm{(용액)}$$

그러면 금속내에는 전자가 금속이온보다 더 많이 있게 되어 음전하를 띄게 된다. 반면에 용액중의 어떤 금속이온들은 금속에 들어와 석출될 수 있다. 이와 같이 금속이온이 금속쪽으로 갈 것인지 용액쪽으로 갈 것인지는 화학적인 힘과 전기적인 힘의 두가지 요소에 의하여 결정된다.

우선, 금속결정 내와 용액내의 이온의 화학적 결합력, 즉 화학포텐셜 차이에 따라 이온의 방향이 결정될 것이다. 만일 이온들이 용액쪽으로 이동되면 금속이 음으로 대전되어 용액중의 양이온을 끌어 당겨 금속이온의 석출이 일어난다.

이러한 과정이 반복됨에 따라 결국은 금속의 용해와 석출의 속도가 꼭 같아지는 어떤 평형상태에 도달하게 된다. 그러나 주의하여야 할 것은 평형상태라는 것이 금속이 전기적으로 중성이 되었다는 뜻이 아니고, 음이나 양으로 대전된 상태에서 용해와 석출의 속도가 같아진 상태라는 것이다. 다시 말하면 화학포텐셜의 차이로 인해 용해나 석출하려는 경향을 정전기적 힘으로 상쇄시켜 주고 있는 상태가 평형상태라고 할 수 있다. 이때 금속전극과 용액에서 전하 분포를 나타내면 그림 6-1과 같이 되어 금속과 용액사이에 전위차가 생긴다. 이 전위차는 금속과 용액계면에서 생기는 전기이중층(electrical double layer) 전후의 전위의 차이를 말한다. 이온이 금속으로부터 용액으로 나가게 되면 금속의 표면은 그림

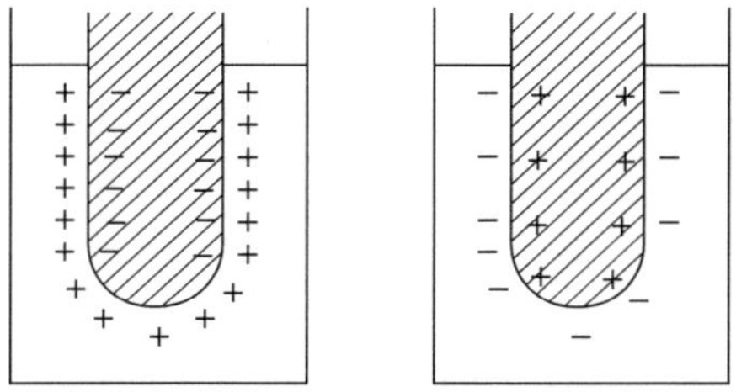

(a) (b)

그림 6-1 평형전극전위의 설명

6-1의 (a)와 같이 전기이중층의 －층을 이루고 금속 주위의 용액이 ＋층을 이룬다. 그림 6-1의 (b)는 금속이 석출되려는 경향이 더 클 때의 결과를 보여 주고 있다.

전기이중층의 폭은 매우 좁아서 처음에는 2～3Å 정도라고 생각되었으나 용액쪽으로는 명확한 경계가 없이 확산층을 이룬다고 설명되고 있다. 전기이중층은 전기화학적 현상에서 매우 중요한 역할을 하지만 더 이상 설명하지 않고 다만 전극전위는 이 전극과 용액계면의 이중층 전후의 전위차라는 것만을 말한다.

이 전위차를 갈바니 포텐셜(galvanic potential)이라고 부르며 이것은 직접 측정하거나 계산하여 얻을 수 없다. 그 이유는 이 전극전위가 화학적 포텐셜과 전기적 포텐셜의 합으로 주어지고 이 두 포텐셜을 각각 분리해서 생각할 수 없기 때문이다. 그러나 다음에 설명하는 바와 같이 어떤 특정전극의 전위를 기준으로 정해주면 임의의 전극의 상대적인 전위를 알 수 있게 된다.

이러한 전극전위의 개념은 금속과 그 금속이온으로 이루어지는 전극에 국한되는 것이 아니고 기체와 그 기체의 이온을 포함한 용액이 평형을 이루는 전극도 만들 수 있다. 예를 들어 염소기체(Cl_2)를 KCl 용액과 같이 Cl^-이온이 있는 용액에 담긴 백금과 같은 불활성 전극표면에 불어 넣어주면 금속표면에 흡착된 기체가 용액중의 Cl^-이온과 다음과 같은 평형을 이룬다.

$$\frac{1}{2}Cl_2\,(\text{금속표면에흡착}) \;+\; e^-(\text{금속}) \;\rightarrow\; Cl^-(\text{용액})$$

이때 흡착된 염소기체의 화학포텐셜이 더 크면 금속중의 전자를 받아 Cl^- 이온으로 되어 용액으로 가며 전극은 그림 6-1(b)와 같은 상태로 될 것이며 용액중의 Cl^- 이온의 화학포텐셜이 더 크면 반대로 그림 6-1(a)와 같이 될 것이다. 따라서 이때도 금속과 그 이온으로 구성되는 전극과 같은 의미의 전극전위가 생긴다. 만약 염소기체 대신 수소를 불어넣고 용액은 HCl과 같이 H^+ 이온을 포함한 용액을 사용하면 다음과 같은 평형이 이루어지고 이 전극을 수소전극이라고 부른다.

$$H^+ (\text{용액}) + e^- (\text{금속}) \rightleftarrows \frac{1}{2} H_2 (\text{금속표면에 흡착})$$

기체전극에 사용되는 금속전극은 화학반응에는 전혀 참여하지 않고 단지 전자의 전도체로서만 작용하는 것으로 백금흑 전극이 사용된다. 백금흑 전극이란 백금표면에 큰 전류밀도로 백금도금을 한 것으로 도금시에 백금이 작은 분말상으로 석출되어 그 표면색깔이 검정색으로 되기 때문에 백금흑 전극이라고 부른다. 이상의 전극에서는 산화된 상태의 물질(M^+, H^+, Cl_2)과 환원된 상태의 물질(M, H_2, Cl^-)이 용액쪽과 금속쪽으로 분리되어 있는 경우이었다. 염소전극에서는 수소전극이나 M/M^+금속전극에서와 반대로 용액쪽이 환원상태이고 금속쪽이 산화상태이다. 산화환원전극(redox electrode)이라고 부르는 다른 형태의 전극에서는 산화상태의 물질과 환원상태의 물질이 모두 용액에만 존재하게 되고 이 용액에 담긴 금속전극은 단지 전자만을 주고 받는 전도체 작용만 한다. 예를 들어 2가 철이온(Fe^{2+})과 3가 철이온(Fe^{3+})이 혼합되어 있는 용액에 백금전극을 담그면 환원상태의 물질(Fe^{2+})과 산화상태의 물질(Fe^{3+}) 간에 다음과 같은 평형이 이루어진다.

$$Fe^{3+} (\text{용액}) + e^- (\text{금속}) \rightleftarrows Fe^{2+} (\text{용액})$$

만약 용액 중에서 Fe^{2+}이온이 더 안정하다면 Fe^{3+}이온이 금속에서 전자를 받아 Fe^{2+}이온으로 되려 할 것이다. 이때 금속은 전자를 잃게 되어 +로 대전되어 그림 6-1의 (b)와 같은 상태로 되며 용액과 금속사이에는 전극전위가 생기게 된다.

1.1.2 표준전극전위와 기준전극

표준전극전위를 결정할 때 기준으로 사용하는 전극은 표준 수소전극이다. 이 전극의 일반적인 구조의 예를 그림 6-2(a)에 표시하였다. 유리관 위로 들어가는 1 atm의 수소가스가 유리관 내에 놓인 백금 전극의 아래쪽 반이 용액에 침적되어 용액과 수소가스와 전극의 세 가지의 상이 서로 접촉되도록 되어 있다. 백금 전극의 표면은 전극반응의 진행을 빠르게 하기 위하여 표면적이 크고 활성이 있는 백금흑 도금을 한 것이다. 이 전극은 H^+에 대해 가역적인 전극전위 측정용의 기준전극으로 사용한다. 그러나 수소전극을 사용하는데 기

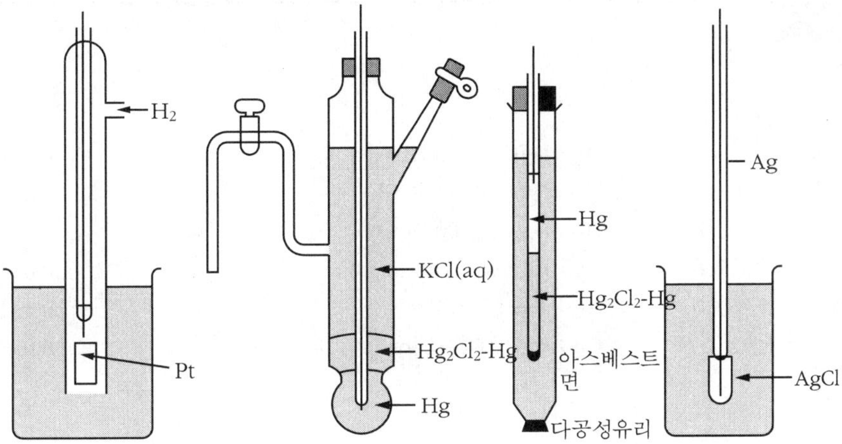

(a) 수소전극 (b) 칼로멜전극 (c) 은-염화은 전극

그림 6-2 기준전극

체를 사용하므로 불편한 점이 많아 적당한 보조적인 기준전극(reference electrode)을 사용하는 경우가 많다. 이 기준전극의 전위도 표준 수소전극을 기준으로 구한 전위를 사용한다. 실제로 기준전극으로 많이 사용하는 것이 칼로멜전극(calomel electrode)이다. 칼로멜전극의 구조는 그림 6-2(b)에 보여준다. 포화칼로멜 전극(saturated calomel electrode : SCE)의 전위는 다음 식에 의해 구한다.

$$\text{ESC} = 0.2412 - 6.61 \times 10^{-4}(t-25) - 1.75 \times 10^{-6}(t-25)^2 - 9 \times 10^{-10}(t-25)^3$$

여기서, t는 측정온도(℃)이다.

칼로멜 전극 이외에도 은-염화은 전극도 이용되는데, 이 구조는 그림 (c)와 같다. 기준전극을 사용할 때는 될 수 있는 한 전해액이 동일하고 액간 전위가 적을수록 좋다. 기준전극의 전위는 표 6-1과 같다.

어떤 다른 전극의 전위를 수소전극전위를 기준으로 하여 표시하려면 표준수소전극을 (−)극, 다른 전극을 (+)극으로 하여 전지를 형성한 후 그 전지의 기전력을 측정한다. 이 때 표준수소전극의 표준전위를 0볼트로 정한다. 표준수소전극은 수소기체의 압력이 1기압(퓨가시티=1)이고, 전해액 중 H^+ 이온의 활동도가 1(M=1)인 수소전극을 말한다. 예를 들면, 아연을 산화반응시키는 $Zn-Zn^+$쌍의 표준전극전위는 그림 6-3과 같다. 이때의 온도는 25℃로 고정한다.

표 6-1 기준전극의 전위(25℃)

전극의 종류		E [V vs. SHE]
포화칼로멜전극	Hg | Hg_2Cl_2 | sat.KCl	0.2412
1N 칼로멜전극	Hg | Hg_2Cl_2 | 1N KCl	0.2801
0.1N 칼로멜전극	Hg | Hg_2Cl_2 | 0.1N KCl	0.3337
표준황산제일수은전극	Hg | Hg_2SO_4 | H_2SO_4(aq)	0.6152
표준 은-염화은전극	Ag | AgCl | HCl(aq)	0.2223
표준 산화수은전극	Hg | HgO | KOH(aq)	0.0980

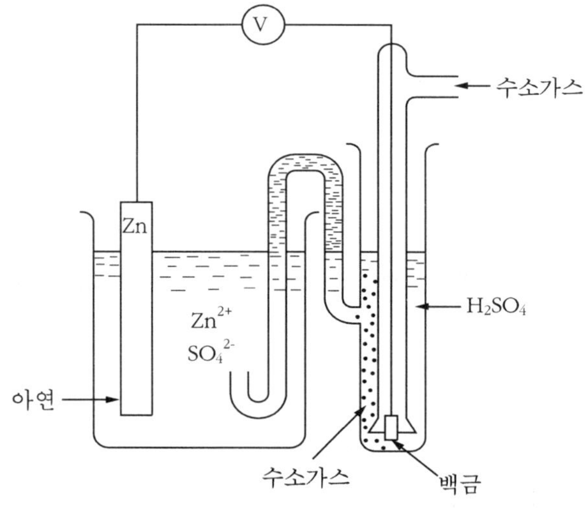

그림 6-3 아연표준전극

$$-\text{극} \quad H_2 \rightarrow 2H^+ + 2e^- \ (\text{산화반응})$$

$$+\text{극} \quad Zn^{2+} + 2e^- \rightarrow Zn \ (\text{환원반응})$$

$$\text{전체반응} \quad Zn^{2+} + H_2 \rightarrow Zn + 2H^+$$

이 전지의 기전력은 −0.763V가 된다. 그러므로 아연전극의 표준전극전위는 25℃에서 −0.763V가 된다. (−)의 값은 반응물질이 각각 표준 상태에 있을 때 (+)전극의 전지반응은 자발적으로 진행하지 않는다는 것이다. (+)극을 이루는 전극의 평형전극전위는 (+)극 반응이 일어날 때의 기전력이므로 평형전위가 (+)값이라면 (+)극 반응이 정반응으로 진행된다는 것이고 ($\Delta G = -zFE$ 로부터 E가 +일 때 ΔG는 −값), 평형전위가 (−)값이라면 이 반응이 역으로 진행된다는 것이다(ΔG가 +임). 즉, 전지의 기전력이 (−)값이므로 그 전지의 (+)극과 (−)극이 바뀌었다는 것을 뜻한다. 표 6-2에 몇 가지 전극의 표준전극전위와 전극반응을 나타내었다.

표 6-2 표준전극전위(25℃)

전 극	E^0	전극반응
$Li \mid Li$	−3.045	$Li^+ + e = Li$
$K^+ \mid K$	−2.925	$K^+ + e = K$
$Rb^+ \mid Rb$	−2.925	$Rb^+ + e = Rb$
$Na^+ \mid Na$	−2.714	$Na^+ + e = Na$
$Mg^{2+} \mid Mg$	−2.37	$1/2Mg^{2+} + e = 1/2Mg$
$Pu^{3+} \mid Pu$	−2.07	$1/3Pu^{3+} + e = 1/3Pu$
$Th^{4+} \mid Th$	−1.90	$1/4Th^{4+} + e = 1/4Th$
$Np^{3+} \mid Np$	−1.86	$1/3Np^{3+} + e = 1/3Np$
$Al^{3+} \mid Al$	−1.66	$1/3Al^{3+} + e = 1/3Al$
$Zn^{2+} \mid Zn$	−0.763	$1/2Zn^{2+} + e = 1/2Zn$
$Fe^{2+} \mid Fe$	−0.440	$1/2Fe^{2+} + e = 1/2Fe$
$Cr^{3+}, Cr^{2+} \mid Pt^{2,3}$	−0.41	$Cr^{3+} + e = Cr^{2+}$
$Cd^{2+} \mid Cd$	−0.403	$1/2Cd^{2+} + e = 1/2Cd$
$Tl^+ \mid Tl$	−0.3363	$Tl+ + e = Tl$
$Br^- \mid PbBr_2(s), Pb$	−0.280	$1/2PbBr_2 + e = 1/2Pb + Br^-$
$Co^{2+} \mid Co$	−0.277	$1/2Co^{2+} + e = 1/2Co$
$Ni^{2+} \mid Ni$	−0.250	$1/2Ni^{2+} + e = 1/2Ni$
$I^- \mid AgI(s),Ag$	−0.151	$AgI + e = Ag + I^-$
$Sn^{2+} \mid Sn$	−0.140	$1/2Sn^{2+} + e = 1/2Sn$
$Pb^{2+} \mid Pb$	−0.126	$1/2Pb^{2+} + e = 1/2Pb$
$D^+ \mid D_2, Pt$	−0.0034	$D^+ + e = 1/2D_2$
$H^+ \mid H_2, Pt$	0.0000	$H^+ + e = 1/2H_2$
$Ti_4,Ti_3 \mid Pt$	0.04	$Ti^{4+} + e = Ti^{3+}$
$Br^- \mid AgBr(s), Ag$	0.095	$AgBr + e = 1/2Sn^{2+}$
$Sn^{4+}, Sn^{2+} \mid Pt$	0.15	$1/2Sn^{4+} + e = 1/2Sn^{2+}$
$Cu^{2+}, Cu^+ \mid Pt$	0.153	$Cu^{2+} + e = Cu^+$
$Cl^- \mid AgCl(s),Ag$	0.2224	$AgCl + e = Ag + Cl^-$
$Cl^- \mid Hg_2Cl_2(s), Hg_4$	0.268	$1/2HgCl_2 + e = Hg + Cl^-$

Cu^{2+} | Cu	0.337	$1/2Cu^{2+}$ + e = 1/2Cu
OH^- | O_2, Pt	0.401	$1/4O_2$ + $1/2H_2O$ + e = OH^-
Cu^+ | Cu	0.521	Cu^+ + e = Cu
I^- | I_2(s), Pt	0.5355	$1/2I_2$ + e = I^-
H^+, quinhydrone(s) | Pt	0.6996	$1/2C_6H_4O_2$ + H^+ + e = $1/2C_6H_6O_2$
Fe^{3+}, Fe^{2+} | Pt	0.771	Fe^{3+} + e = Fe^{2+}
Hg_2^{2+} | Hg	0.789	$1/2Hg_2^{2+}$ + e = Hg
Ag^+ | Ag	0.7991	Ag^+ + e = Ag
Hg^{2+}, Hg_2^{2+} | Pt	0.920	Hg_2^{2+} + e = $1/2Hg_2^{2+}$
Pu^{4+}, Pu^{3+} | Pt	0.97	Pu^{4+} + e = Pu^{3+}
Br^- | $Br_2(l)$ | Pt	1.0652	$1/2Br_2(l)$ + e = Br^-
H_2O, H^+ | O_2(g) | Pt	1,229	$1/4O_2$ + H^+ + e = $1/2H_2O$
Cl^- | Cl_2(g) | Pt	1.3595	$1/2Cl_2$ + e = Cl^-
Pb^{2+} | PbO_2 | Pb	1.455	$1/2PbO_2$ + $2H^+$ + e = $1/2Pb_2$ + H_2O
Au^{3+} | Au	1.50	$1/3Au^{3+}$ + e = 1/3Au
Ce^{4+}, Ce^{3+} | Pt	1.61	Ce^{4+} + e = Ce^{3+}
Co^{3+}, Co^{2+} | Pt	1.82	Co^{3+} + e = Co^{2+}
F^- | F_2(g) | Pt	2.87	$1/2F_2$ + e = F^-

1.1.3 전지의 기전력

전지의 기전력은 두 전극의 평형전위의 차이를 말하며, 이 기전력은 전지에서 전류가 거의 흐르지 않는 상태에서 측정하여야 한다. 어떤 전지에서 1몰(mole)의 물질이 가역적으로 반응하였다면 zF 쿨롱(Coulomb)의 전기량이 전위차가 E volt인 두 전극사이를 흐른다(z는 전극반응에 참여하는 전자수).

두 전극의 전위차 E는 전극반응이 가역적으로 일어났으므로 각 전극의 평형전위의 차이이므로 전위차 E volt일 때 Q 쿨롱의 전하를 통과시키면 이때 행하여지는 전기적 일은 $Q.E$주울(Joule)이다. n전하(당량)의 반응물질이 생성물질로 변하는 전자를 생각하여 이때 전하가 외부회로에 흐른다면 이에 대응하는 계의 깁스(Gibbs) 자유에너지의 감소량은 $-\Delta G$이다. 또한 전지가 행한 일 $Q.E$는 전지내에서 1mole의 물질이 반응하여 $-zFE$ 주울(Joule)의 전기적 일을 한 것과 같으므로 다음과 같은 관계가 얻어진다.

$$\Delta G = -zFE \tag{6.1}$$

다음에 물질 A의 a몰(mole), 물질 B의 b몰(mole), …이 반응하여 물질 C의 c몰(mole), 물질 D의 d몰(mole),…을 생성하는 기전력 반응이 가역적으로 일어난 경우를 생각하면

$$aA + bB + \cdots \rightarrow cC + dD + \cdots \tag{6.2}$$

지금 a_A, a_B, a_C, a_D을 각각 A, B, …와 C, D, …인 물질의 g분자로 표시된 농도라고 하고, 각 종류의 활동도가 1인 표준상태에서의 깁스(Gibbs) 자유에너지의 변화량을 ΔG^o라 하면 다음 관계가 성립한다.

$$\Delta G = \Delta G^o + RT \ln \frac{a_C^c \times a_D^d \times \cdots}{a_A^a \times a_B^b \times \cdots} \tag{6.3}$$

식 (6.1)에서

$$\Delta G = -zFE \tag{6.4}$$

$$\Delta G^o = -zFE^o \tag{6.5}$$

식 (6.4)와 식 (6.5)를 식 (6.3)에 대입하면

$$-zFE = -zFE^o + RT \ln \frac{a_C^c \times a_D^d \times \cdots}{a_A^a \times a_B^b \times \cdots} \tag{6.6}$$

식 (6.6)을 $-zF$로 나누면

$$E = E^o - \frac{RT}{zF} \ln \frac{a_C^c \times a_D^d \times \ldots}{a_A^a \times a_B^b \times \ldots} \tag{6.7}$$

여기서 E : 식 (6.2)의 기전력
E^o : 활동도 1인 때의 기전력(표준기전력)
T : 절대온도
z : 식 (6.2)에서 전자의 주고 받는 수(당량수 및 전자수)
R : 기체상수(8.314 joule/K.mole)
F : Faraday상수(96500 coulomb/mole)

식 (6.7)을 일반적으로 표시하면

$$E = E^o - \frac{RT}{zF} \sum \ln a_i^{vi} \tag{6.8}$$

여기서, v_i는 반응에 참여하는 물질의 계수

식 (6.7)과 식 (6.8)은 전기화학의 기본식으로서 네른스트(Nernst)식이라 한다.

1.1.4 전지의 표시방법

전기분해는 전기에너지를 공급하여 화학변화를 일으키는 데에 비해, 화학변화를 일으켜서 전기에너지를 얻을 수 있는 장치를 화학전지(chemical cell)라고 하며 그 반응은 전기분해와 역반응이 일어난다. 전지를 나타낼 때 그림 6-4와 같이 그려서 표시하지 않고 몇 가지 약정하에 간단히 표기하는 방법이 있다.

첫째, 전지의 두 극중 －극을 왼쪽에 표시하고 두 상의 경계는 수직선으로 나타낸다. 따라서 다니엘전지는 다음과 같이 표기한다.

$$(-)\ Zn \mid ZnSO_4(\text{용액}) \mid CuSO_4(\text{용액}) \mid Cu(+)$$

또한 전해액 중에 전극반응에 참여하는 한 개 이상의 이온이 있을 때는 쉼표(comma)를 사용한다. 예를 들어 수소전극과 제1철－제2철 이온전극으로 이루어지는 전지는 다음과 같이 표시한다.

$$Pt \mid H_2 \mid H^+(\text{용액}) \mid Fe^{2+},\ Fe^{3+}(\text{용액}) \mid Pt$$

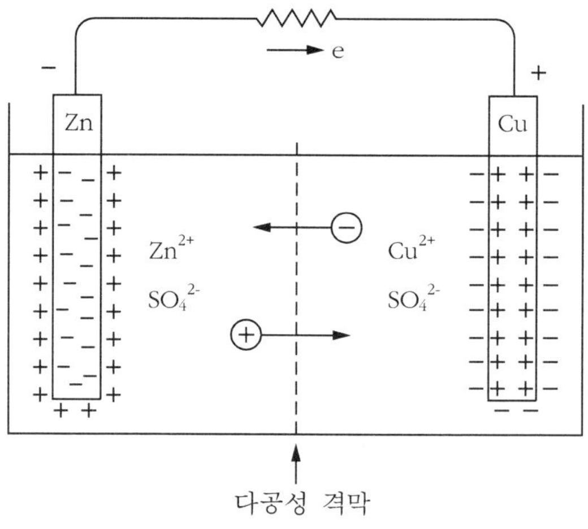

그림 6-4 다니엘전지

이 전지의 전지반응에서 수소전극은 $H^{+}+e^{-}=1/2H_2$ 평형이 이루어질 것이고 제1철－제2철이온 전극에서는 $Fe^{3+}+e^{-}=Fe^{2+}$ 평형이 이루어질 것이나 수소전극이 －극이므로 전자를 공급해 주는 방향으로 반응이 진행될 것이고 ($1/2H_2 \rightarrow H^{+}+e^{-}$), 오른쪽 전극에서는 전자를 소모하는 방향으로 반응이 진행될 것이다. ($Fe^{3+}+e^{-} \rightarrow Fe^{2+}$) 따라서 전지반응은

$$1/2H_2 + Fe^{3+} \rightarrow H^{+} + Fe^{2+}$$

즉 Fe^{3+}이온이 수소기체에 의해 Fe^{2+}로 환원되고 이때 수소기체는 용액 중에 H^{+} 이온으로 된다.

염화은 전극이나 감홍전극(calomel electrode)은 금속과 그 금속의 난용성염 또 이 염과 공통 음이온을 가진 용액으로 구성된 것으로 다음과 같이 표시한다.

염화은 전극	$Ag \mid AgCl(s),\ Cl^{-}$(용액)
감홍 전극	$Hg \mid Hg_2Cl_2(s),\ Cl^{-}$(용액)

이 전극에서는 각기 다음의 평형이 이루어진다.

염화은 전극	$AgCl(s) + e^{-} = Ag + Cl^{-}$
감홍 전극	$1/2\ HgCl_2(s) + e^{-} = Hg + Cl^{-}$

수소전극과 염화은 전극을 조합하여 만든 전지는 다음과 같이 쓸 수 있다.

$$(-)\ Pt \mid H_2(\text{기체}) \mid H^{+}Cl^{-}(\text{염산용액})\ AgCl(\text{고체}) \mid Ag\ (+)$$

이때 수소전극이 －극, 염화은 전극이 ＋극이므로 전지반응은 다음과 같다.

－극	$1/2H_2 \rightarrow H^{+} + e^{-}$
＋극	$AgCl(s) + e^{-} \rightarrow Ag + Cl^{-}$
전체 전지반응	$AgCl(s) + 1/2\ H_2 \rightarrow Ag + HCl$(용액)

지금까지는 전지내부에서 화학변화가 일어나며 그 때의 자유에너지 변화로 인해 기전력이 발생하는 화학전지만을 생각했으나 전지의 두 전극이 동일한 물질로 구성되고 단지 그 농도가 다르기 때문에 기전력이 발생하는 전지도 있다. 이러한 종류의 전지를 농도차 전지

라고 부른다. 예를 들어 두개의 수소전극을 조합해서 전지를 만들었다고 생각하자 그 전지는 다음과 같이 표시할 수 있다.

$$\mathrm{Pt} \mid \mathrm{H_2}\,(P_1) \mid \mathrm{HCl}(\text{용액}) \mid \mathrm{H_2}\,(P_2) \mid \mathrm{Pt}$$

여기서 P_1, P_2는 각각 백금전극주위에서 기포를 발생시킬 때의 수소의 분압을 표시한다. 만약 P_1과 P_2가 동일하다면 기전력은 발생하지 않는다. 그러나 왼쪽전극에는 순수한 수소를 불어넣고 오른쪽에는 수소와 헬륨을 50%씩 섞어 불어넣으면 P_1은 1기압 P_2는 0.5기압이 될 것이다. 이때 왼쪽전극의 수소는 오른쪽의 수소보다 H^+이온으로 되려는 경향이 클 것이고 반대로 용액중의 H^+이온은 수소기체로 되는 것이 오른쪽 전극에서 훨씬 수월할 것이다. 결국 왼쪽 전극은

$$1/2\ \mathrm{H_2}\,(P_1) \rightarrow \mathrm{H^+} + e^-$$

반응이 우세하여 −극으로 작용하고, 오른쪽 전극에서는

$$\mathrm{H^+} + e^- \rightarrow 1/2\ \mathrm{H_2}\,(P_2)$$

반응이 우세하여 +극으로 작용하며 전체 전지반응은 이 둘을 합쳐서

$$1/2\ \mathrm{H_2}\,(P_1) \rightarrow 1/2\ \mathrm{H_2}\,(P_2) \tag{6.9}$$

가 될 것이다.

이 반응은 화학적 변화가 아니라 수소기체의 농도가 큰 쪽에서 작은 쪽으로 이동해 감으로써 단지 농도를 변화시키는 반응이다. 물질의 농도가 큰 데에서 작은 데로 이동해 가는 현상은 자발적인 반응이고 이때 자유에너지(ΔG)는 감소한다. 이 감소하는 양만큼의 자유에너지가 전기에너지로 변하는 것이다. 이 농도차전지의 반응, 즉 식 (6.9)의 반응을 식 (6.8)에 적용하면 이 전지의 기전력은 다음과 같이 표시한다.

$$E = -\frac{RT}{F}\ln\frac{P_2^{\frac{1}{2}}}{P_1^{\frac{1}{2}}} = -\frac{RT}{2F}\ln\frac{P_2}{P_1}$$

이때 E^o는 반응물과 생성물이 동일한 물질이므로 0이 되고, 또 압력이 크지 않을 때는 기체에 대해서 활동도(activity)를 분압으로 대치할 수 있다. 위에서 말한 농도차 전지는 전극물질(수소)의 농도차가 있는 전지이나 다음과 같은 전지는 전해질용액의 농도차가 있는

전지이다.

$$Pt \mid H_2(P_{H_2}) \mid HCl(C_1) \quad \mid HCl(C_2) \mid H_2(P_{H_2}) \mid Pt$$

이 전지에서는 두 전극에서의 수소분압은 동일하게 P_{H_2}로 하고 두 전극이 담긴 염산 용액의 농도가 각각 C_1, C_2이며 이 농도가 다른 용액이 섞이지 않도록 그림 6-5와 같이 다공성 격막으로 분리시켜 놓는다. 만약 $C_1 > C_2$이라면 왼쪽 전극의 수소는 오른쪽 전극의 수소보다 H^+이온으로 되기 수월할 것이고 오른쪽 용액의 H^+이온은 왼쪽에서보다 H_2 기체로 되려는 경향이 클 것이다.

따라서 왼쪽 전극은 $1/2\ H_2 \rightarrow H^+ + e^-$ 반응이 우세한 $-$극이 되고 오른쪽 전극은 $H^+ + e^- \rightarrow 1/2\ H_2$ 반응이 우세하여 $+$극으로 된다. 왼쪽 용액의 H^+ 이온 활동도를 a_1이라 하고 오른쪽 용액의 H^+이온 활동도를 a_2라 하면 전지에서 1 Faraday의 전류가 흐를 때 양쪽 전극에서의 반응을 합쳐서 다음과 같이 쓸 수 있다.

$$H^+(a_2) \rightarrow H^+(a_1)$$

즉 농도가 짙은 용액에서 옅은 용액으로 1 mole의 H^+이온이 옮겨진 것과 같은 반응이라고 할 수 있다. 그러나 전지내부에서 전해액의 농도변화는 이것 이외에 이온들의 수율에 따른 변화가 있게 된다. $+$이온들은 전지내부에서 $+$극으로 이동하고 $-$이온들은 $-$극으로 이동되어야 하며 그 이동량은 각각 t_+ 당량, t_- 당량이 될 것이다. 그림 6-5에서 쉽게 알 수 있듯이 결국 1 Faraday의 전류가 흐를 때 이 전지에서의 농도변화는 $-$극에서 t_- 당량의 H^+, Cl^-이온이 증가하고 $+$극에 t_- 당량의 H^+, Cl^-이온이 감소함으로써 t_- mole의 염산이 농도가 짙은 쪽에서 옅은 쪽으로 이동했다고 말할 수 있고 다음과 같이 쓸 수 있다.

$$t_-\ HCl\ (C_2) \rightarrow t_-\ HCl\ (C_1)$$

이와 같은 전지를 수율이 관계되는 농도차전지라고 부른다. 이러한 전지의 전체 기전력은 두 전극의 전위차와 액간 기전력(liquid junction potential)의 합으로 나타난다. 액간기전력이라 함은 두 가지 전해질용액이 접촉한 계면에 생기는 전위차를 말하며 이것을 확산전위라고도 말한다.

그림 6-5에서 농도가 다른 염산용액이 서로 접촉하고 있는 계면을 보자. 두 용액은 다공성 격막으로 분리되어 있지만 이 격막은 두 용액이 대류에 의하여 섞이는 것만을 방지할

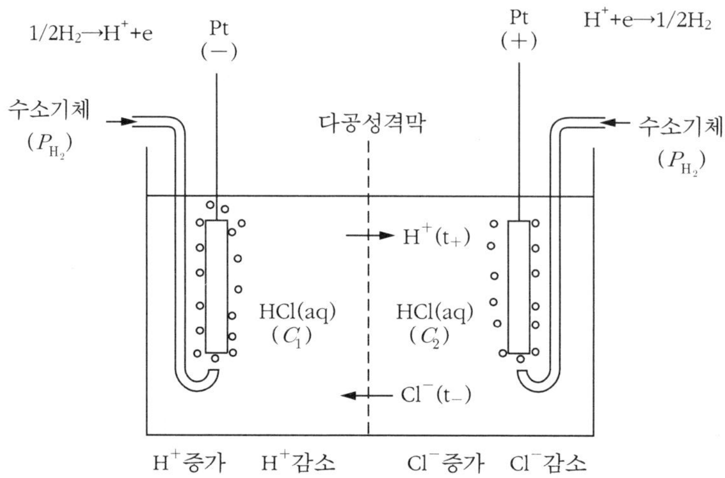

그림 6-5 수율이 관계되는 농도차전지

뿐 이온의 확산이나 전기장에 의한 이동현상은 가능케 하고 있다. 이제 전지 내부에 전류가 흐르지 않을 때에도 H^+이온이나 Cl^-이온은 농도가 큰 쪽에서 작은 쪽으로 확산되어 가려고 한다.

만약 H^+의 확산속도가 Cl^-보다 빠르다고 하면 농도가 작은 용액으로 H^+의 이동이 많아져 이 용액은 +로 대전될 것이고 반대로 농도가 짙은 용액은 Cl^-이 많아 −로 대전될 것이다. 물론, 실제 용액이 +와 −전기를 띤 채로 분리된다는 것은 불가능하다. 농도가 작은 용액이 어느 정도 +로 대전되면 H^+의 유입을 억제하고 오히려 Cl^-의 유입이 촉진될 것이기 때문이다. 그러나 이 계면사이에 전위차가 생길 것은 확실하다.

그림 6-4와 같은 다니엘전지에도 황산동 용액과 황산아연 용액의 접촉계면에 액간기전력이 발생한다. 우선 SO_4^{2-}이온은 농도가 거의 비슷하여 확산이 일어나지 않는다고 가정해도 Zn^{2+}이온은 황산동 용액쪽으로 Cu^{2+}이온은 황산아연 용액쪽으로 각각 확산해 나가려고 한다. 이때 Cu^{2+}의 확산속도가 Zn^{2+}이온의 확산속도보다 더 빠르면 황산아연 용액은 Zn^{2+} 유출량보다 Cu^{2+} 유입량이 더 많아 +로 대전되고 반대로 황산동 용액은 -로 대전된다. 두 용액의 전위차가 어느 정도 커지면 정전기적 인력에 의해 Cu^{2+} 확산속도는 늦어지고 Zn^{2+} 속도는 빨라서 결국 두 이온의 확산속도가 동일해지는 정상상태에 도달하고 이 계면에는 일정한 전위차가 형성된다.

액간 기전력은 일반적으로 크지 않아 0.1V 미만이다. 그러나 전극전위를 측정하려고 할

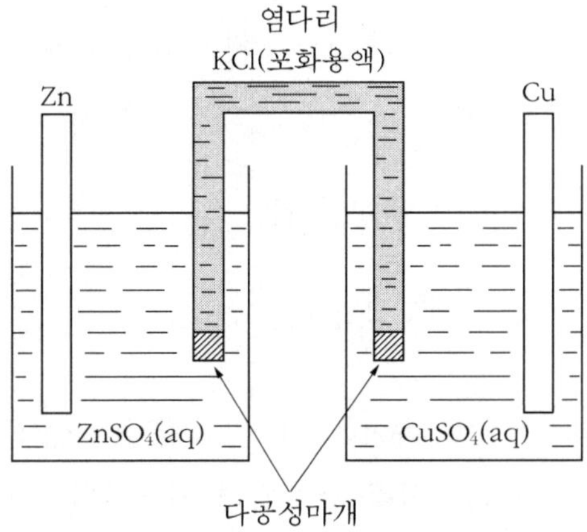

그림 6-6 염교를 설치한 다니엘 전지

때는 이 액간 기전력을 제거해야 한다. 이것을 완전히 제거하기는 매우 어려워 실제 실험을 할 때는 염교(salt bridge)를 사용하여 이 액간 기전력이 아주 작아지도록 한다. 염교는 KCl 또는 NH_4NO_3의 포화용액으로 만들며 이 용액에서는 음이온과 양이온의 이동속도가 거의 같아 액간 기전력이 매우 작아진다.

염교는 그림 6-6과 같이 설치하며 이와 같이 액간 기전력을 제거시킨 전지를 표시할 때는 다음과 같이 전해액 사이에 두개의 수직선을 그어 나타낸다.

$$Zn \mid ZnSO_4\text{용액} \parallel CuSO_4\text{용액} \mid Cu$$

수율이 관계되는 농도차전지의 기전력과 액간 기전력의 정량적 표현에 대해서는 이 책에서는 생략하기로 한다.

1.1.5 금속의 열역학적 안정구역

부식현상에 관여하는 물은 어떤 양의 용질을 포함하는 다원계일 때가 많으나, 먼저 물 중에서의 부식반응은 물, H^+ 및 OH^-과 금속과의 사이에 있어서 전자를 주고받는 것으로 간단하게 생각할 수도 있다.

금속 M의 산화상태인 M^{n+}와 수산화물형인 $M(OH)_n$으로 표시할 때, 그 반응은 다음의 세가지로 생각할 수 있다.

$$M \rightleftharpoons M^{n+} + ne^- \qquad (6.10)$$

$$M^{n+} + nH_2O \rightleftharpoons M(OH)_n + nH^+ \tag{6.11}$$

$$M(OH)_n + nH^+ + ne^- \rightleftharpoons M + nH_2O \tag{6.12}$$

식 (6.10)은 산화환원반응이고 그 평형전위는

$$E = E^o + \frac{1}{n}0.0591 \log a_{M^{n+}} \tag{6.13}$$

로 표시된다. 위 식에서 $a_{M^{n+}}$은 금속이온 M^{n+}의 활량(활성도)이고, E^o는 $a_{M^{n+}} = 1$일 때의 E이므로 E는 M^{n+}의 활량에 따라 결정되는 평형전위이다. 그러므로 이 전위 이하에서는 M가 안정하고 그 이상의 전위에서는 M^{n+}가 안정하다. 식 (6.11)은 전자의 출입이 없는 비산화반응이기 때문에 전위에는 무관하다. 따라서 평형조건은

$$pH = pH^o - \frac{1}{n} \log a_{M^{n+}} \tag{6.14}$$

이다. 위 식에서 E^o는 pH=0일 때의 E이고, E는 그 용액의 수소이온농도 즉 pH에 따라 결정하는 평형전위이다. 그러므로 이 전위이상에는 $M(OH)_n$이 안정하고 그 이하에는 M이 안정하다. 식 (6.12)는 산화환원반응이며 그 평형조건은

$$E = E^o - 0.0591\ pH \tag{6.15}$$

이다. 위 식에서 E^o는 pH=0일 때의 E이고, E는 그 용액의 수소이온농도, 즉 pH에 따라 결정하는 평형단위이다. 그러므로 이 전위이상에서는 $M(OH)_n$이 안정하고 그 이하에는 M이 안정하다. 그러므로 식 (6.13), (6.14), (6.15)에서 금속이온 M^{n+}의 활량을 임의의 일정값을 잡아서 (M^{n+}의 활량이 감소되며 A선은 아래로, B선은 좌측으로 이동하고 C선은 M^{n+}와 무관하므로 변하지 않는다) 전위−pH도면에 종합으로 나타내면 그림 6-7과 같이 된다.

이 그림에서 A선과 C선이 표시하는 구역은 환원형 금속 M이 안정하고 C선과 B선이 표시하는 구역은 수산화물형금속 M(OH)n이 안정하며, B선과 A선으로 표시되는 구역은 금속이온 M^{n+}가 안정하다.

또한 금속과 평형되는 가용성이온의 활량이 10^{-6} mole/L 이하이면 그 금속의 용해는 무시해도 좋다. 이 구역을 그 금속의 안정영역이라 하면 열역학적으로 금속이 용해하는 구역과

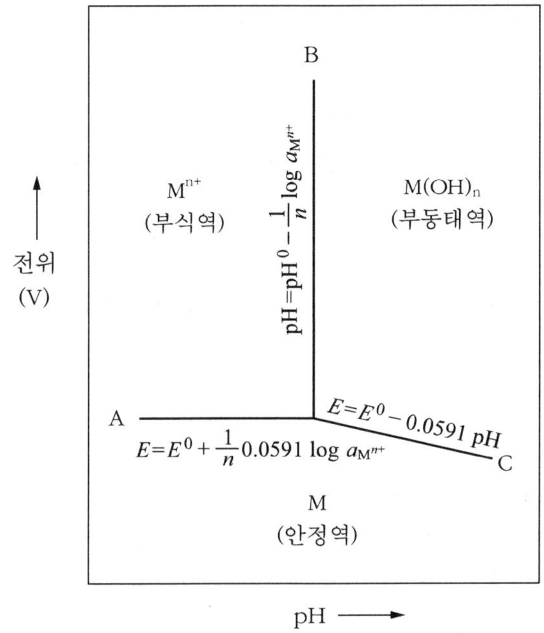

그림 6-7 전위-pH도

용해하지 않는 구역으로 나눌 수 있다. 즉 용해상의 금속 활량이 10^{-6} mole/L 이상인 구역을 부식역(corrosion), 금속이온활량이 10^{-6} mole/L 이하이고 금속이 환원형 M로 존재하는 영역을 안정역(immunity), 이온활량이 10^{-6} mole/L 이하의 용해도를 가진 고체의 부식생성물을 형성하는 구역을 부동태역(passivation)이라 한다. 그러므로 M^{n+}의 활량이 10^{-6} mole/L일 때를 나타내면 그림 6-7과 같이 된다.

1.1.6 Pourbaix diagram

이미 설명한 바와 같이 모든 전기화학반응의 평형전위를 pH변화에 따라 표시할 수 있었다. 이제 그림 6-8과 같이 종축을 전위로 하고 횡축을 pH로 하여 어떤 전기화학반응의 평형전위를 나타내면 한 개의 직선으로 될 것이다.

예를 들어 수소의 환원반응($H^+ + e^- \rightarrow 1/2\ H_2$)의 평형전위식을 나타내면 그림의 직선 1로 될 것이다. 물론 이때 수소기체의 압력은 1기압이다. 이 직선의 윗부분, 즉 평형 전위보다 높은 전위가 가해졌을 때는 H^+/H_2 평형에서 산화반응이 우세해지고 직선의 아래 부분은 평형전위보다 낮은 전위가 가해져 환원반응이 우세해진다. 산화반응이 우세하다는 것은 1기압의 수소기체보다는 H^+이온, 즉 H_2O가 안정하다는 말이고 환원반응이 우세하다는 것은 물보다는 1기압의 수소기체가 안정하다는 말이다. 결국 이 선 윗부분에서는 H_2O가 안정하나 아래 부분에서는 H_2가 안정하여 물로부터 수소가 발생한다는 것이다.

또 산소의 환원반응에서 평형전위의 식을 나타내면 그림 6-8의 직선2가 된다. 이 직선의 윗부분은 산화반응을 일으키게 되어 1기압의 산소가 안정하고 아랫 부분은 환원반응이 우세하여 물이 안정한 구간이다. 이 두 직선을 합쳐서 생각하면 두 직선 사이에서는 물이 안정하나 그 전위를 높여주면 산소가 발생하고 전위를 낮추면 수소가 발생한다는 것을 알 수 있으므로 이 그림을 물과 그 구성 성분인 수소, 산소간의 평형상태를 보여주는 것이다. 이 그림을 pH-potential diagram 또는 Pourbaix diagram이라고 부르며 전기도금을 할 때 어떤 조건하에서 금속의 석출이 가능한지 또 어떤 조건에서 양극의 용해가 일어날지를 판단할 수 있게 해 주며 또한 금속부식이 억제되는 것은 어떤 구간인지를 평형론적으로 판별할 수 있게 해 준다.

이제 실제 예로써 철이 수중에서 산화되는 경우의 철과 그 산화상태 물질간의 평형을 생각하자. 우선 철이 산화되면 용액 중에서는 Fe^{2+}, Fe^{3+}이온으로 존재하고 고체 상태로는 Fe_3O_4나 Fe_2O_3로 존재하는 경우에는 그림 6-9와 같은 도표를 그릴 수 있다. 이 도표를 그

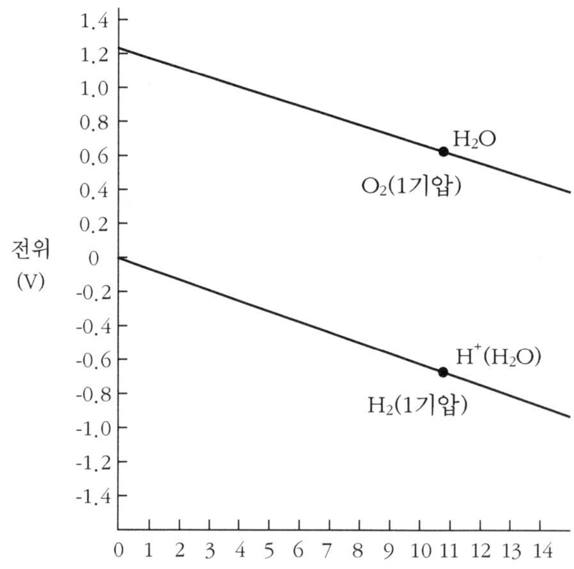

그림 6-8 물의 pH-전위도표

리기 위해 필요한 데이터들은 다음과 같다. 그리고 고체상태 물질, 즉 Fe, Fe_2O_3의 활동도는 1이라고 보고, 용액상태의 물질 Fe^{2+}, Fe^{3+}의 활동도는 모두 1인 경우와 10^{-4}인 두 경우로 나누어 생각한다.

(1) 우선 $Fe\text{-}Fe^{2+}$ 사이의 평형은

$Fe^{2+} + 2e^- \rightarrow Fe$

$a_{Fe^{2+}} = 1$일 때 $\quad E = -0.440V \qquad (1)$

$a_{Fe^{2+}} = 10^{-4}$일 때 $\quad E = -0.558V \qquad (1')$

(2) $Fe^{2+}\text{-}Fe^{3+}$ 평형

$Fe^{3+} + e^- \rightarrow Fe^{2+}$

$a_{Fe^{2+}}$ 및 $a_{Fe^{3+}}$가 1이거나 10^{-4}이거나 상관없이 서로 같기만 한다면

$E = +0.771 \qquad (2)$

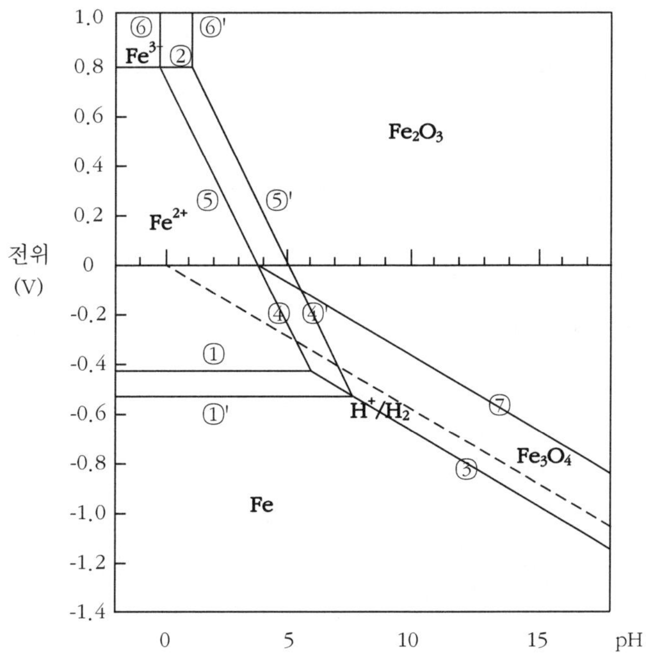

그림 6-9 철-물계의 pH-전위도표(25℃) (고체물질이 Fe, Fe_3O_4, Fe_2O_3일 때)

(3) $Fe\text{-}Fe_3O_4$ 평형

$Fe_3O_4 + 8H^+ + 8e^- \rightarrow 3Fe + 4H_2O$

Fe^{2+}이나 Fe^{3+}가 평형에 참가하지 않으므로 항상

$E = -0.085 - 0.0591\ \mathrm{pH}$ (3)

(4) $Fe^{2+}\text{-}Fe_3O_4$ 평형

$Fe_3O_4 + 8H^+ + 2e^- \rightarrow 3Fe^{2+} + 4H_2O$

$a_{Fe^{2+}} = 1$일 때 $E = 0.982^{-4} \times 0.0591\ \mathrm{pH}$ (4)

$a_{Fe^{2+}} = 10^{-4}$일 때 $E = 1.337^{-4} \times 0.0591\ \mathrm{pH}$ (4')

(5) $Fe^{2+}\text{-}Fe_2O_3$ 평형

$Fe_2O_3 + 6H^+ + 2e^- \rightarrow 2Fe^{2+} + 3H_2O$

$a_{Fe^{2+}} = 1$일 때 $E = 0.728^{-3} \times 0.0591\ \mathrm{pH}$

$a_{Fe^{2+}} = 10^{-4}$일 때 $E = 0.964^{-3} \times 0.0591\ \mathrm{pH}$ (5)

(6) $Fe^{3+}\text{-}Fe_2O_3$ 평형

$Fe_2O_3 + 6H^+ \rightarrow 2Fe^{3+} + 3H_2O$

이때는 산화환원반응이 아니며

$\triangle G^0 = -2.303RT\ \log\dfrac{a^2_{Fe^{3+}}}{a^6_{H^+}} = 1970\ (\mathrm{cal})$에서

$a_{Fe^{3+}} = 1$일 때 $\mathrm{pH} = -0.241$ (6)

$a_{Fe^{3+}} = 10^{-4}$일 때 $\mathrm{pH} = 1.093$ (6')

(7) $Fe_3O_4\text{-}Fe_2O_3$ 평형

$3Fe_2O_3 + 2H^+ + 2e^- \rightarrow 2Fe_3O_4 + H_2O$

이 평형에는 Fe^{2+}나 Fe^{3+}이온이 관여하지 않고

$E = 0.221 - 0.0591\ \mathrm{pH}$ (7)

표 6-3 화학포텐셜

물 질	μ^o(cal)[25℃]
Fe	0
Fe_3O_4	−242,400
Fe_2O_3	−177,100
Fe^{2+}	−20,300
Fe^{3+}	−2,530
H_2O	−56,690

이상 7개 평형반응에 대한 전위－pH관계식을 표시하면 그림 6-9가 된다. 그림 중 (1)~(7)의 번호는 각각 해당하는 관계식을 가리키며 (1) (4) (5) (6)은 Fe^{2+}, Fe^{3+}이온의 활동도가 10^{-4}일 때의 직선 관계식에 해당한다. 이 그림에서 활동도가 1인 Fe^{2+}이온은 직선 (2) (5) (4) (1)로 둘러싸인 영역에서만 존재할 수 있음을 알 수 있으며 만약 Fe^{2+}이온의 용액의 pH가 7로 된다면 전위에 따라 Fe_2O_3나 Fe_3O_4 또는 Fe로 변할 것이다.

철이 수중에서 산화될 때 Fe_3O_4나 Fe_2O_3로 되지 않고 $Fe(OH)_2$나 $Fe(OH)_3$ 형태의 고체 물질로 되는 경우가 많다. 이때는 $Fe(OH)_2$와 $Fe(OH)_3$의 표준화학포텐셜(μ^o)을 써서 Fe－$Fe(OH)^2$, Fe^{2+}－$Fe(OH)_2$, Fe^{2+}－$Fe(OH)_2$, Fe^{2+}－$Fe(OH)_3$, Fe^{3+}－$Fe(OH)_3$ 및 $Fe(OH)_2$－$Fe(OH)_3$ 평형에 대해 평형반응식을 쓰고 그 반응의 pH－전위관계를 구하여 pH－전위도표를 그리면 된다.

$$\mu^o_{Fe(OH)_2} = -58880\ \text{cal}, \quad \mu^o_{Fe(OH)_3} = -161930\ \text{cal}$$

임을 알고 고체물질이 Fe, $Fe(OH)_2$, $Fe(OH)_3$이고 Fe^{2+} 및 Fe^{3+}이온의 활동도가 1일 때 pH-전위도표를 그리면 그림 6-10과 같이 된다.

그림 6-9나 6-10을 그릴 때 Fe^{3+}－Fe간의 평형이나 Fe^{3+}－Fe간, 또는 $Fe(OH)_3$－Fe간의 평형 등은 생각할 필요가 없다. 그것은 Fe가 Fe^{3+}이나 $Fe(OH)_3$ 또는 Fe_2O_3으로 산화되려면 중간단계인 Fe^{2+}, $Fe(OH)_2$ 또는 Fe_3O_4를 거쳐야 할 것이므로 Fe－Fe^{3+}간의 평형은 Fe－Fe^{2+}, Fe^{2+}－Fe^{3+}의 두 단계로 나누어 생각해야 하기 때문이다.

이 도표를 토대로 철도금의 경우를 생각하여 보자. 철의 도금용액은 Fe^{2+}이온이 안정한 영역에 있을 것이다. 도금할 물체를 이 용액에 담그고 직류전원의 음극에 연결하여 그 전위를 낮추어 주면 물체 주위의 용액은 철이 안정한 구역으로 되어 Fe^{2+}이온이 Fe로 되면서 물체 표면에 석출할 것이다. 이와 같이 철이 석출하기 위해서는 반드시 철이 안정한 상태로 되어야만 한다.

한편 그림 6-9와 6-10에서 점선으로 표시된 선은 그림 6-8의 ①직선, 즉 물이 안정하게 존재할 수 있는 하한을 나타내어 이 선 아래쪽에서는 물로부터 수소가 발생하게 된다. 그런데 이 점선이 철의 안정영역보다 위에 있으므로, 철을 석출시키려면 물은 불안정해진다. 그러나 물이 수소로 분해되는 속도는 철이 석출하는 속도보다 느리므로 큰 어려움 없이 철의 도금을 할 수 있게 된다. 또한 금속재료의 부식문제도 이러한 평형상태의 판별만으로는 완전히 해결되지 않는다. 철강재료의 경우에 그 사용분위기는 그림 6-9나 그림 6-10에서 철이 안정한 영역보다 더 위에 속하는 경우가 많다. 그래서 pH가 낮을 때는 철이 Fe^{2+} 이온으로 녹아나고 pH가 높을 때는 Fe_3O_4나 $Fe(OH)_2$ 등의 산화물로 된다. 그러나 철의 산화속도가 상당히 느리다면 철이 불안정한 분위기에서라도 철강재료로 사용할 수 있다.

철이 Fe^{2+} 이온으로 녹아날 때는 산화속도가 빠르겠지만 고체산화물로 될 때는 철표면에 산화물의 피막을 형성하게 되므로 산화속도가 느리다. 따라서 철강재료는 산성용액에 사용할 수는 없으나 중성내지 알칼리성 용액에서는 사용할 수 있다.

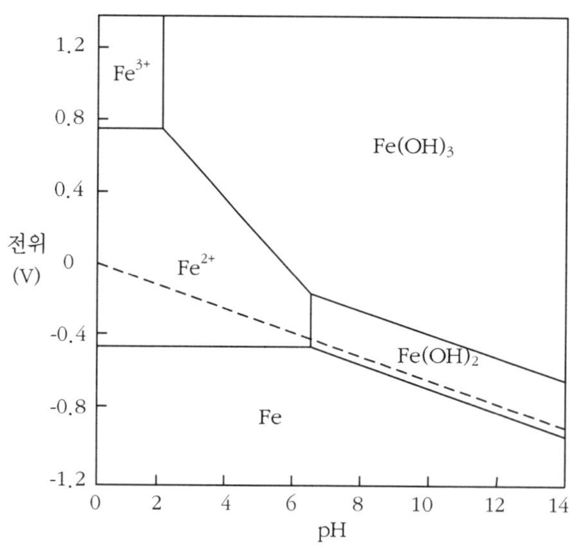

그림 6-10 철-물계의 pH-전위도표(25℃)
(고체물질이 Fe, $Fe(OH)_2$, $Fe(OH)_3$이고, $a_{Fe^{2+}}$, $a_{Fe^{3+}}$가 1일 때)

이와 같이 pH－전위도표에서는 직접반응의 진행속도를 알 수는 없으나 어떤 반응을 일으키기 위해서는 최소한 어떤 조건을 만족시켜야 되는가를 알 수 있게 해 준다.

1.2 전극반응의 속도

1.2.1 전기화학반응의 속도

금속 M을 그의 이온 $M(H_2O)_x^+$의 수용액에 넣으면 그 금속이 이온으로 되면서 용액으로 들어가려는 경향과 동시에 그 이온이 방전하여 금속이 되면서 용액 밖으로 나오려고 하는 경향이 있다. 즉 다음의 가역반응이 동시에 일어날 것이다.

$$M(H_2O)_x^+ + e \underset{k_2}{\overset{k_1}{\rightleftarrows}} M + xH_2O \tag{6.16}$$

이때 이온 $M(H_2O)_x^+$은 용액에 있고 전자 e는 금속에 있다. 평형에 도달하면 가역전위가 성립되고 두 반응은 같은 속도가 된다.

반응속도는 어떤 표준상태에서 정의한 비속도에 반응물질의 활동도를 곱한 것과 같다. 어떠한 전위차가 없을 때 정반응과 역반응의 비속도를 k_1과 k_2라고 하면 용액 중에 용매화되어 있는 이온의 활동도는 a_+이고, 고체금속의 활동도는 1이므로 반응속도는 각 k_1a_+와 k_2이다. k_2가 k_1a_+보다 크면 즉 전극에 전위차가 없을 때에 금속이 용해하여 이온이 되는 반응이 이온의 방전반응보다 빠르면 금속이 계속하여 용해할 것이다. 그러므로 유리된 전자들은 금속에 남고 양이온은 전극 근처의 용액에 모일 것이다. 결국 이것이 전기 2중층이며, 이 전기2중층간의 전위차가 즉 전극전위이다. 2중층이 생김으로써 전위차가 발생하고 그럼으로써 이온들이 음으로 하전된 전극을 떠나서 용액으로 들어가는 것이 점점 어렵게 되며 반대로 이온이 금속이 되려고 하는 정방향의 반응이 용이하게 된다.

금속에 남은 전자와 용액중의 이온으로 구성된 2중층의 전위차를 E라고 하면, 이 전위의 등분인 a는 이온의 방전을 도우며 나머지 $1-a$는 역반응인 금속의 용해반응을 돕는다. 0과 1사이인 a는 나중에 다 없어지므로 문제시 되지 않는다. 그러므로 2중층을 사이에 두고 일어나는 반응에서 이온방전의 유리에너지는 $azFE$ 만큼 증가하고, 금속용해의 유리에너지는 $(1-a)zFE$ 만큼 감소한다. 2중층의 전위가 E일 때 이들 유리에너지의 변화로 정방향과 역반향의 반응속도는 다음과 같다.

$$\text{이온의 방전속도} = k_1 a \exp\left(\frac{azFE}{RT}\right) \tag{6.17}$$

$$\text{금속의 용해속도} = k_2 \exp\left(\frac{-(1-a)zFE}{RT}\right) \tag{6.18}$$

가역적인 평형전위에서는 두 반응속도가 같아야 하므로

$$k_1 a \exp\left(\frac{azFE}{RT}\right) = k_2 \exp\left(\frac{-(1-a)zFE}{RT}\right) \tag{6.19}$$

이므로

$$\exp\left(\frac{-zFE}{RT}\right) = \frac{k_2}{ak_1} \tag{6.20}$$

$$E = \frac{RT}{zF}\ln\frac{k_v}{k_1} - \frac{RT}{zF}\ln a \tag{6.21}$$

k_1/k_2는 일정한 온도에서는 일정하므로 위의 식은 열역학적으로 유도한 양이온에 관한 전극전위식과 같은 형이다. 우변의 첫째 항은 그 전극의 절대적인 전극전위이며, 이는 고체금속이 용매화한 이온이 되어 용해할 때의 유리에너지를 zF로 나눈 것이다.

1.2.2 과전압과 분극

전기화학적으로 평형상태에 있는 전극에 대해 생각해 보자.

$$M^{2+} + 2e^- \rightleftharpoons M \tag{6.22}$$

에서 전극반응의 양쪽방향 성분반응의 속도, 즉 산화전류(anode)가 흐르는 방향의 반응전류와 환원전류(cathode)가 흐르는 방향의 반응전류 각 각의 절대값이 같은 경우가 평형상태에 있는 전극이라고 해석할 수 있다. 이 두개의 방향성분에 같은 전류의 절대값을 말하며 교환전류(exchange current) i_o라고 한다.

산화전류를 i_+, 환원전류를 i_-라 하면

$$i_o = |i_+| = |i_-|$$

가 된다. 이에 관계되는 것을 그림 6-11에서 E_{eq}때의 전류와 같다. 즉 평형전위 E_{eq}보다 높은 전위 E_a가 되면 i_a만큼의 산화전류가 흐르고 E_{eq}보다 낮은 전위 E_c가 되면 i_c만큼의 환원전류가 흐른다. 이것을 다시 말하면 어떤 전극에 산화전류 i_a가 흐르면 전극전위는 E_{eq}로부터 E_a로 변한다는 것이다.

이와 같이 전극전위가 평형전위로부터 벗어났을 때 이 전극은 분극(polarization)되었다고 말한다. 그리고 이 분극화된 정도, 즉 어떤 전류가 흐를 때의 전극전위(E_a 또는 E_c)와 평형전위의 차이를 과전압(over voltage) n라고 한다.

$$\eta_a = E_a - E_{eq} \tag{6.23}$$

또는

$$\eta_c = E_c - E_{eq} \tag{6.24}$$

여기서 E_a는 anode 과전압, E_c는 cathode 과전압이다. 이 그림은 6-11과 같다.

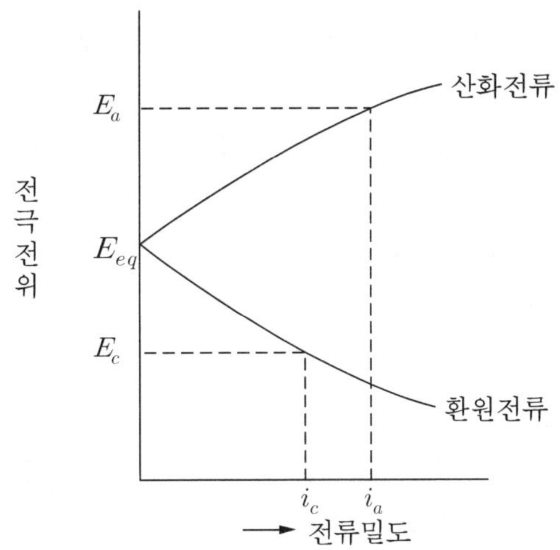

그림 6-11 전극의 분극현상

이러한 과전압 또는 분극현상이 생기는 것은 전극반응을 억제하는 요인이 있기 때문이다. 이 억제 요인에 따라 분극을 분류하면 다음과 같다.

1) **활성화 분극**(activation polarization)

석출하는 이온이 전극과 전극액 사이의 계면(전기 2중층)을 통과할 때, 즉 방전과정의

억제요인에 의하여 생기는 분극이다. 이것은 모든 반응에서 일어나며, 모든 반응이 일어날 때는 활성화 에너지라는 에너지 장벽을 넘어야 하기 때문이다.

2) **농도 분극**(concentration polarization)

전류가 통과할 때 전극표면부근에 있는 반응생성물의 농도가 변하기 때문에 생기는 분극이다. 활성화 분극을 생각할 때는 전극계면에서 금속이온 농도가 일정하다고 가정한 것이다.

전극반응이 느릴 때는 이 가정이 틀리지 않겠지만 전극반응이 빨라져서 금속이 석출하는 경우 그 이온의 농도가 감소할 것이고 금속이 용해되는 경우에는 그 금속이온의 농도가 증가할 것이다. 그러므로 농도분극은 이와 같이 전극표면의 용액농도가 평형상태에서의 농도와 달라지기 때문에 생기는 것이다.

3) **저항 분극**(resistance polarization)

전극에 피막과 같은 저항물질이 생겨서, 이것을 극복해서 반응이 일어나기 위한 분극이다. 이 원인은 금속의 용해시에 생성물의 분산이 느려져서 전극표면이 용해도가 적은 물질로 포화되고 이것이 전극면에 고착하여 저항성 피막이 생성하기 때문이다.

4) **결정화 분극**(crystallization plarization)

이것은 전극 금속의 결정화 또는 비결정화 하는데 요구되는 것으로 전극 금속상이 직접 전극반응에 관계하는 경우이다. 전극의 결정격자속으로 금속이온이 결합해 들어가는 과정에 대한 반응이 있기 때문에 형성된다.

이와 같이 실제 측정되는 분극 또는 과전압은 이러한 모든 종류의 분극을 합친 것이나 가장 중요한 것은 활성화분극과 농도분극이다.

2. 부식의 종류

부식이란 금속이나 기타재료가 주위환경과 반응하여 본래의 기능을 발휘하지 못하고 그 성질이 악화되는 현상을 말한다. 이러한 부식은 모든 사업장에서 크건 작건 간에 공통적인 문제점이 되고 있다. 예를 들면, 부식된 설비의 교체를 위한 공장의 운휴, 부식 생성물에 의한 제품의 오염, 부식부위를 통한 원료 및 제품의 유실 등으로 부식은 당해 공장의 경제적 손실을 초래하기도 하고, 또 심한 경우에는 화재, 폭발, 유독성 물질의 배출, 구조물 붕괴 등의 원인이 되어 안전사고를 일으키기도 한다.

각 공장에서 일어나는 부식문제의 대부분은 이미 잘 알려진 부식원이나 부식원인을 등한히 하였기 때문에 발생하는 경우가 많다. 실제로 공기나 용액 중에서 금속재료의 부식은 불가피한 것이지만 금속표면의 부식에 의하여 피막을 형성시키거나, 용액의 성질을 부식이 발생되지 않는 환경으로 유지시켜 부식의 진행속도를 늦추는 방법을 강구함으로써 각종 구조물의 재료가 실제로 사용되어질 때는 오랫동안 내구성을 갖고 이용되어질 수 있게 되어야 한다.

이와 같이 재료에 불가피한 부식현상은 재료와 환경을 적절히 선택함으로써 기기나 설비 등의 기능정지없이 효과적으로 이용될 수 있다. 기존 및 신설 공장의 부식문제는 현재까지의 부식사례에 대한 해석과 평가 및 부식방지기술에 대한 지식으로 사전점검 및 진단을 정확히 실시함으로써 적절한 안전대책이 수립되어야 한다.

특히 부식발생은 되도록이면 미연에 억제하는 것이 고려되지 않으면 안되기 때문이다. 실제로 부식이 진행되는 과정은 여러 가지의 복합적인 요인에 의해서 발생되고 진행된다. 그러나 금속 부식은 부식매질의 성질에 따라 수용액 및 액체내에서 발생되는 습식과 가스나 증기와의 반응에 의하여 발생되는 건식으로 분류하나 건식부식은 기체 분위기에 따라 산화, 황화, 염화 등으로 구별하여 부르는 것이 일반적이다. 부식형태는 다음 세가지 기준에 따라 분류한다.

2.1 부식매질에 의한 분류

습식과 건식으로 분류되며 습식은 수용액에서 부식되는 것을 말하고 건식은 고온가스와의 반응 등에 의한 부식을 말한다.

2.2 부식된 금속의 표면상태에 의한 분류

금속의 전 표면에 걸쳐 균일하게 부식되는 균일 부식과 금속의 일부분만 부식되는 국부 부식으로 분류되며 전자의 경우는 설계자가 재료의 여러 가지 열화를 고려하여 설계하고 운용자의 계속적 또는 주기적 운용 및 보수관리에 의하여 신뢰도유지가 가능하나 후자의 경우는 재료, 응력, 환경 등의 복합적 요인에서 발생, 성장하기 때문에 사전예측에 의한 방지가 어렵고 일단 발생되면 기계수명에 심각한 영향을 미치게 된다. 국부 부식은 다시 그림 6-12에 나타낸 바와 같이 거시적인 분류와 미시적인 분류로 구분할 수 있다.

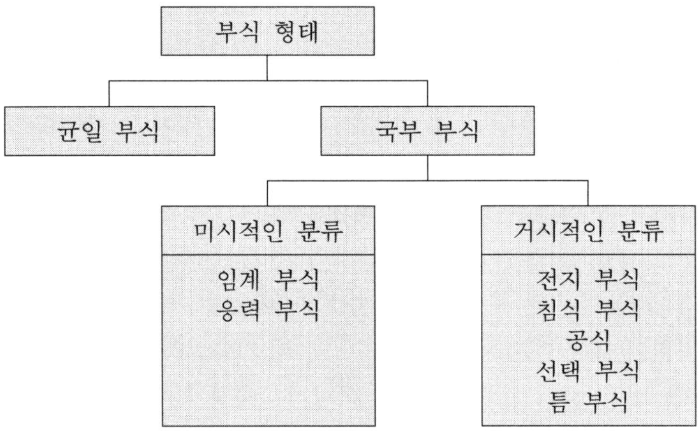

그림 6-12 부식형태의 분류

2.3 부식기구에 의한 분류

부식현상은 부식을 일으키는 메카니즘을 기초로 해서 살펴보면 전기화학적작용, 순화학적작용, 생물적작용, 기계적작용으로 구분될 수 있다.

1) 전기화학적 작용

천연수, 염류액, 산알카리 등에 의한 습식부식의 대부분은 금속표면에서 전위의 불균형으로 전류를 수반하여 전기화학적 작용이 되어 일어나는 현상이다. 일반적으로 발생하는 부식 문제는 거의 대부분 전기화학적 부식에 해당된다.

전기화학적 부식은 금속과 부식성 물질과의 사이에 전자를 주고 받음으로 일어나는 부식을 말하는데, 금속체 표면의 금속원자는 자유전자를 잃어 전해질 수용액 중에 양으로 대전한 금속이온으로서 작용하고 용액 중에서 음으로 대전한 비금속원소 또는 화합물과 결합되어 금속염을 발생하는 것에 의하여 부식이 진행된다. 그리고 전기화학적 부식은 금속의 상호치환작용, 전기작용, 전해작용의 세가지로 분류된다.

일반적으로 금속은 그 금속보다 이온화 경향이 작은 금속의 염류 수용액 중에 담그면 이온화 경향이 큰 쪽의 금속은 액 중에 이온으로서 용해되며 이온화 경향이 작은 금속은 석출되어 금속의 치환작용이 일어난다. 금속과 산과의 작용도 이 경우와 같이 산성 수용액에 존재하는 수소이온에 의하여 철(Fe) 등과 같이 수소보다 이온화 경향이 큰 금속은 액 중에 용해되어 부식되고 산성 수용액 중의 H^+은 금속표면에 방전하여 원자상태의 수소로 되어 석출된다. 이와 같이 하여 일어나는 부식을 금속의 상호치환작용에 의한 부식이라 한다. 즉,

$$Fe \rightarrow Fe^{2+} + 2e^-$$

$$2H^+ + 2e^- \rightarrow 2H$$

순수에서는 극히 미량이지만 H^+와 OH^-으로 전리하고 있으므로 그 반응은 이론적으로 일어난다고 생각된다. 여기서 발생한 Fe^{2+}는 수용액중의 OH^-와 응하여 수산화 제1철 [$Fe(OH)_2$]로 되고 다시 수중의 용존산소에 의하여 붉은 녹의 주성분인 수산화 제2철 [$Fe(OH)_3$] 등으로 되어 침전한다.

$$Fe^{2+} + 2OH^- \rightarrow Fe(OH)_2$$

$$Fe(OH)_2 + \frac{1}{2}O_2 + H_2O \rightarrow Fe(OH)_2$$

$$2Fe(OH)_2 + \frac{1}{2}O_2 \rightarrow \underset{\text{ferrous oxide(rust)}}{Fe_2O_2 \cdot H_2O} + H_2O$$

석출된 수소로 철 표면이 덮어지면 치환작용은 저지되어 부식진행은 정지되어야 하지만 수소가 기포로 되어 철 표면에서 이탈되거나 또는 용존산소에 의하여 산화되면 수소의 부식방지작용은 없어진다.

2) 순화학적 작용

금속표면에 전위차의 불균형으로 발생되는 전류의 흐름이 없이 부식이 일어나는 것으로 건식이 이에 해당한다. 건식은 수분이 없는 환경에서 금속이 산소, 수증기, 탄산가스, 유황증기, 할로겐화물의 고체피막을 생성하고 이것이 시간과 더불어 두꺼워지는 형식의 금속부식을 말하며 일반적으로 건식은 실온에서 반응속도가 작고 습식에 비해 큰 문제가 되지 않으나 고온에서는 반응이 촉진되기 때문에 큰 문제가 될 수도 있다. 건식에 의해 피막이 생성되기 위해서는 금속, 음성원소의 어느 한쪽 또는 양쪽이 어떠한 기구에 의해 피막내부를 통과하고 상대방의 성분과 함께 하지 않으면 안된다. 산화물, 황화물, 할로겐화물 등에 대한 물성 연구에서 이들의 화합물중의 물질이동은 중성의 원자나 분자로서가 아니라 이온이나 전자라고 하는 하전입자의 형으로 행하여진다고 여겨지고 있다.

3) 생물적 작용

물속이나 땅속에서 세균이나 박테리아(bacteria)의 번식에 의해서 부식이 촉진되는 경우로서 이것도 본질적으로는 전기화학작용이 기초로 되어 있다.

4) 기계적 작용

금속재질 자체에서 발생되는 응력이나 장력 또는 금속 상호간의 작용에 의해서 발생되는 마모현상으로 일어나는 부식현상이다.

3. 부식에 영향을 주는 입자

3.1 금속의 영향인자

1) 금속의 종류에 따른 부식속도
2) 조성에 의한 영향
3) 금속의 갈바닉 영향
4) 열처리의 영향

3.2 환경의 영향인자

1) pH의 영향

금속은 수중에서 금속이온과 자유전자로 전리되는데 이들은 어느 시점에서 평형을 이룬다. 그러나 수중에 수소이온이 존재할 경우 수소이온은 자유전자와 결합하면서 평형을 깨뜨려 금속의 전리, 즉 부식의 진행을 촉진케 한다. 여기서 수중의 수소이온(H^+)은 금속의 부식을 유발하는 인자로 작용함을 알 수 있다.

반면에 수중의 수산이온(OH^-)은 금속이온과 결합하면서 금속표면에 금속산화물의 피막 $Fe(OH)_2$을 형성하는데 이 피막이 전자의 이동을 방해하고 불순물의 침투를 막음으로 부식 진행을 억제한다. 위 두가지 현상으로 부터 용액의 pH는 금속의 부식방지 또는 보호피막 형성에 영향을 끼친다는 것을 알 수 있다. 이때는 $Fe(OH)_2$ 피막을 통해 확산되는 산소의 복극작용에 의해서만 부식이 촉진되므로 pH 4.0~9.0 사이에서는 용존산소가 더욱 큰 부식요인이 된다. 그러나 pH 9.5 이상의 알카리성 물에서는 수산화물 피막의 용해도가 점점 감소하고 철이 부동태화하여 부식은 점차 감소한다.

다시 말해서 수용액중의 철 이온과 수산이온들은 $[Fe^{2+}][OH^-]^2 = k\,[Fe(OH)_2]$로 되므로 pH를 높이면 수산이온의 농도가 증가하게 되고 철 이온(Fe^{2+})의 농도는 감소하게 된다. 따라서 알카리성 용액에서는 Fe^{2+}로 포화되어서 용해가 멈추고 금속면에 보호피막이 형성하게 된다. 이와 반대로 산성용액에서는 수산화물이 녹으면서 수소가 발생하여 철의 부식이 촉진되게 된다.

그림 6-13은 용액의 pH변화에 따른 철과 구리의 부식율 관계를 나타낸 것이다. 그러나 실제 구조물에서는 각종 구조물 재질의 용출량을 부위별로 정확히 평가한 후 pH를 결정하는 것이 좋다.

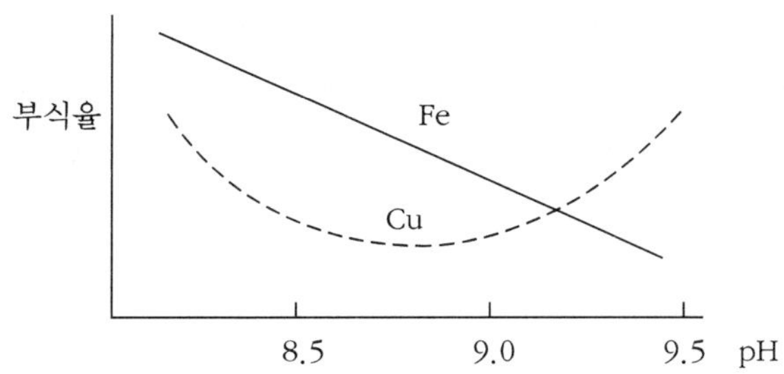

그림 6-13 용액의 pH변화에 따른 탄소강과 구리의 부식율

2) 용존산소의 영향

용존산소는 부식의 주원인이 되는 경우가 많다. 금속에 접해 있는 물속의 용존산소농도가 불균일하면 농도가 큰 부분이 음극, 농도가 작은 부분이 양극이 되어서 일종의 농담전지를 일으켜 부식을 일으킨다. 예를 들면 물속의 금속면에 오염이나 부착물이 있으면 그 일부분은 산소공급이 불충분하게 되어 이 부분에 국부적으로 부식이 일어난다. 일정한 부분에 부식이 일어나면 그 내부는 산소공급이 점점 작게 되므로 부식은 더욱 촉진되고 부식부위는 점차 크게 된다. 그리고 물에 의한 부식기구에서 수산화 제1철을 산화해서 수산화 제2철로 침전시키면 철의 용출이 계속 진행되므로 보호피막의 형성이 방해된다.

$$2Fe(OH)_2 + \frac{1}{2}O_2 + H_2O \rightarrow 2Fe(OH)_3$$

$$2Fe(OH)_3 \rightarrow 3H_2O + \underset{\text{ferrous oxide (rust)}}{Fe_2O_3}$$

따라서 금속재질의 부식을 방지하기 위해서는 용존산소를 제거하여야 한다. 산성이 아닌 물중에서의 부식에는 용존산소가 부식에 필요 불가결의 요소이다. 대기와 접촉하고 있는 산소의 물에 대한 용해도는 염류농도가 증가할수록 감소하고 또 수온이 상승할수록 감소한다.

용존산소는 경우에 따라 두 가지의 서로 상반된 작용을 하는데 첫째는 복극제로서 음극반응을 촉진시켜 부식을 진행시키는 작용, 둘째는 금속표면에 보호피막을 형성하는 부식억제로서의 작용을 들수 있다.

실제로 용존산소가 부식에 미치는 작용은 복잡하지만 부동태화 현상을 일으키지 않는 계에서는 북극제로서의 작용을 한다. 그러나 용존산소가 철강을 부식하는 경우 어느 정도까지의 산소농도에서는 복극제로서 작용하고 농도가 그 이상이 되면 부식억제제로서 작용한다. 약 알칼리성(pH 8.0)의 수용액에서 부식속도는 용존산소량이 16 ppm까지는 증대하지만 그 이상의 농도에서는 철산화물로 된 보호피막을 형성하기 때문에 거의 부식이 없어지고, 중성(pH 6.0)의 수용액에서는 보호피막을 형성하지 않고 용존산소가 증가할수록 부식이 증대된다.

3) 용해염류의 영향

수중에 용해이온이 존재할 경우 물의 전기 전도도는 증가되어 전자의 이동이 활발해지며, 한편 금속이온들이 수중의 수산화이온과 결합하여 대부분 불용성으로 침전됨으로써 용액의 pH를 낮게 한다.

$$Mg^{2+} + 2OH^{-} \rightarrow Mg(OH)_2 \downarrow$$

이와 같은 현상은 보호피막의 형성을 방해하고, 전기음성도가 재료 금속보다 높은 금속이온은 자신이 환원되고 재료 금속을 산화시켜 금속부식을 촉진하는 원인이 된다. 특히 염소이온과 용존산소가 존재하는 때에는 부식이 더욱 현저하게 된다. 또한 이들 용해염류들 중에는 특정한 환경조건, 즉 수온, 응력, 알카리, 할로겐 이온 등이 복합적으로 작용할 경우 특정한 합금에 응력 부식으로 인한 균열현상을 초래하여 대형 사고를 유발하는 원인이 되기도 한다.

그림 6-14는 전도도 및 용존산소 농도 변화에 따른 부식율을 나타낸 것으로 전도도가 낮을 때는 용존산소의 농도변화에 영향을 별로 받지 않고 부식율이 낮은 반면, 전도도가 높은 용액에서는 산소농도가 증가함에 따라 큰 폭으로 부식율이 증가함을 알 수 있다. Suzuki와 Sato에 의하면 전도도가 5 μS/cm 이상일 때 전도도가 큰 값을 가질수록 용존산소 증가에 따른 부식증가폭이 더 커진다고 하였다. 또 Foroulis는 전도도가 1 μS/cm 이하에서는 용존산소가 증가함에 따라 어떤 시험조건에서는 부식이 감소하였다고 하였다.

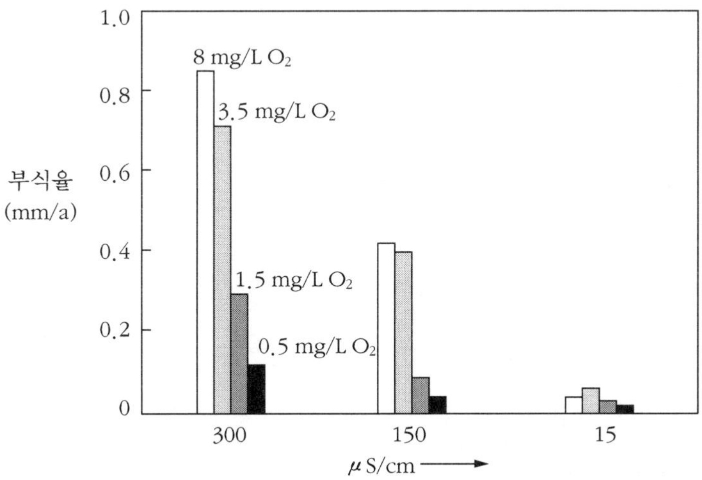

그림 6-14 전도도 및 용존산소 농도에 의한 부식율
(St 35.8, pH 7인 실온의 물)

4) 온도의 영향

금속의 부식에 대한 수온의 영향은 산소확산에 의해서 결정되는 경우가 많고 통상 10℃의 온도상승에 따라 약 30%의 부식이 증가한다. 온도가 상승하면 물의 점도를 감소시켜 산소의 확산속도를 증가시키기 때문이다. 밀폐순환계에서는 온도에 따라 직선적으로 침식도가 증가하지만 개방순환계에서는 80℃에서 침식이 최대로 되고 그 이후 더 고온에서는 부식이 급격히 감소하였다. 이것은 수온의 상승에 따라 용존산소가 감소하기 때문이다. (그림 6-15 참조)

한 종류의 금속에서 동일표면의 온도변화는 온도가 높은 부분은 온도가 낮은 부분에 대해 음극이 된다. 탄소강이나 스텐레스 강이 고온수중에 있을 경우 표면피막의 생성상황에 따라 부식속도는 크게 영향을 받는다. 약 200℃ 이상의 고온조건하에서는 철부식 과정인 다음 반응이 촉진된다.

$$3Fe(OH)_2 \rightarrow Fe_3O_2 + H_2 + H_2O$$

이 반응에서 생성되는 Magnetite는 난용성 피막을 형성하고 있으므로 철이온의 용해는 적어진다. 고온수 부식의 경우에는 표면피막이 생성되기 시작하면 이 피막은 철이온, 산소이온 등의 이동을 억제하는 역할을 하여 부식속도는 시간이 경과함에 따라 크게 저하하게 된다. 고온수 부식과 같이 고온수 중에서 부식생성물질의 표면피막이 금속면에 밀착하여 생성하고 피막의 용해력이 낮을 경우에는 금속의 표면부식속도는 다음 식과 같이 시간의

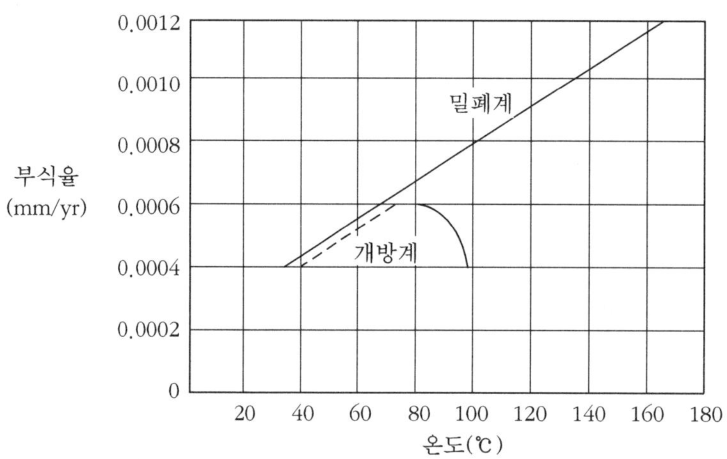

그림 6-15 철의 침식에 대한 온도의 영향

$1/n$제곱 관계에 있다. 탄소강이나 스텐레스강일 경우에는 n의 값이 3이상으로 커지므로 시간이 경과함에 따라 부식속도가 현저히 저하된다.

$$\text{부식량} = \text{상수} \times \text{시간}^{1/n}$$

5) 유속의 영향

물의 흐름에는 층류와 난류의 두 가지 유형이 있다. 층류는 속도가 낮고 금속표면과 직각으로 되지 않는다. 난류는 어떤 속도에서 "Plug flow"로 확대된다. 층류인 경우에 금속표면에 따라서는 물이 얇은 층의 막을 형성하고 난류가 심할수록 물의 형성막은 얇아진다. 용존산소는 유체를 통해 급속히 혼합됨으로써 빠르게 확산 되어간다. 그러나 수막층은 얇아져 용존산소가 금속표면에 이르기 용이하다. 더욱이 고속의 물은 부식생성물에 의한 부동태 막을 제거하기 쉽고 부식을 가속시키는 역할을 한다. 금속표면의 산소확산이 증가되면 동시에 부식억제제의 확산도 증가하므로 높은 유속에서는 적은 양의 부식억제제가 필요하다. 반대로 냉각수 계통에서 정지상태나 낮은 속도부분(예: 열교환기의 관외면측)은 정상적인 부식억제상태로 부식을 억제하기 어렵다.

6) 응력의 영향

공정의 운전 중에는 여러 가지 현상에 의해 금속 구조물에 응력이 작용한다. 금속재료가 처음부터 갖고 있는 내부응력도 문제지만 주로 부하의 급격한 변동에 따른 응력 집중현상이 문제시 되는데 응력 준위가 낮을 경우에는 금속표면의 보호피막 파괴 정도로 금속표면이 노출되어 부식이 진행되지만 응력준위가 그 한계를 초과한 경우에는 금속구조물 자체를 균열케 하는 사고로 확대될 수 있다. 이는 단순금속보다 합금쪽이 응력 균열부식이 문제가 되는데 실험에 의하면 용존산소, 용해염류 특히 Cl^-, F^-, 알카리 등이나 수온이 복합적으로 작용할 때 이에 민감한 재질(스텐레스강, 인코넬 등)에 대한 응력한계가 낮아지게 된다.

7) 탄산의 영향

수용액중의 중탄산칼륨[$Ca(HCO_3)_2$]과 같은 탄산염은 계통내에 혼합되어 아래와 같이 분해되어 탄산칼슘과 탄산가스를 생성시킨다.

$$Ca(HCO_3)_2 \rightarrow CaCO_3 + H_2O + CO_2$$

$$CO_2 + H_2O \rightarrow H_2CO_3$$

이때 생성된 탄산칼슘은 퇴적물로 계통내에 침적하여 국부 부식을 초래하고 탄산가스는 물과 작용하여 탄산을 이루어 pH를 낮추므로 금속표면을 부식시킨다.

4. 부식의 특성

4.1 균일 부식과 국부 부식

균일 부식은 금속의 전 표면에 걸쳐 균일하게 두께가 감소되는 부식형태를 말하며 거의 대부분이 화학적인 메카니즘을 따른다. 균일 부식은 가장 측정하기 쉬운 부식형태이고 규칙적인 검사를 수행함으로써 이에 대한 사고를 사전에 방지할 수 있다. 균일 부식은 가장 일반적인 형태로서 그 특징은 다음과 같다.

1) 금속표면에 전반적으로 고르게 융해되며
2) 부식의 진행속도가 느리고
3) 금속표면에 균일하게 피막을 형성하며
4) 양극부와 음극부가 아주 근접함으로 구분되지 않는다.

그러므로 이 균일 부식은 공학적인 관점에서 그리 큰 중요성을 갖지는 못한다. 전면부식에 의한 장비의 수명단축은 간단한 실험으로도 쉽게 정확히 계산할 수 있기 때문이다. 시험편을 용액 속에 담구어 놓는 것만으로 실험은 행해질 수 있는 것이다. 전면부식의 방지 또는 감소대책으로 다음과 같은 것을 들 수 있다.

1) 적당한 재료선택
2) 부식억제제 사용
3) 음극방식
4) 피복(coating)

이 외에도 여러 가지 방법에 의해서 효과적으로 행해질 수 있다. 그러나 화학공정에서 안전문제에 관련된 부식은 주로 국부 부식인데 이 부식형태들은 말 그대로 국부적으로 발생하며, 그림 6-12에 보인 바와 같이 거시적(macroscopic)인 것과 미시적(microscopic)인 것이 있다. 국부 부식은 원래가 잠행성이어서 눈에 쉽게 띄지 않는 경우가 많고 평소에 유념 해두지 않으면 예상 밖의 사고를 일으키게 된다(표 6-4 및 그림 6-16 참조).

표 6-4 부식율의 표준

내식성 구분	부식율(mm/년)
부식되지 않는다고 하는 재료	0.025 이하
우수한 내식재료	0.05 이하
양호한 내식재료	0.5 이하
사용해도 좋은 재료	0.5 ~ 1.25
사용할 수 없는 재료	1.25 이상

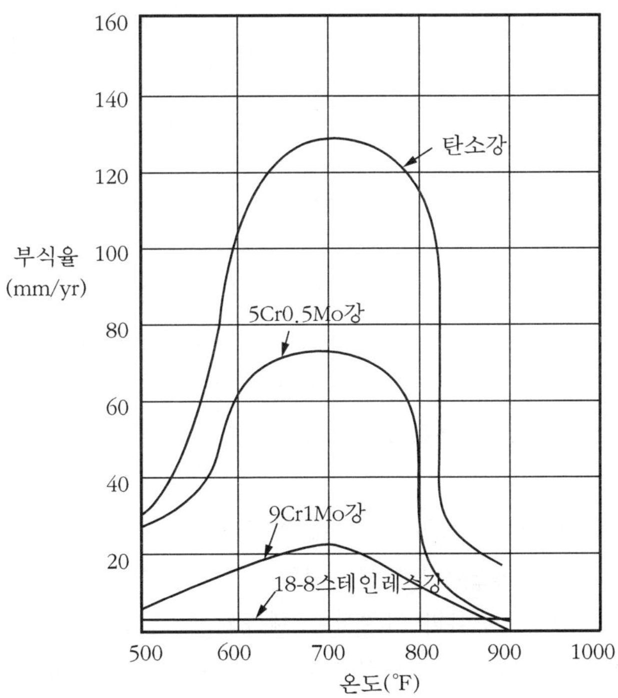

그림 6-16 원유(1.5% S)에 대한 철재의 부식율

4.2 전지 부식

두 개의 다른 금속이 서로 접촉되어 전해질 용액 내에 존재할 때 서로 다른 재질의 금속사이에 전위차가 있게 되고 이 때문에 용액을 통하여 전류가 흐르게 된다. 한편 전자는 금속사이에서 이동하여 결국 국부적인 전기회로 즉 국부전지를 형성한다. 이때 두 금속중의 하나가 부식되는데 이러한 현상을 전지 부식(galvanic corrosion)이라 부른다. 전지 부식이 일어날 때, 두 가지의 금속 중에서 내식성이 상대적으로 약했던 즉 활성이 큰 금속은 같은 부식환경에 단독으로 존재할 때보다 더욱 부식되고, 내식성이 상대적으로 강했던 즉 활성이 적은 금속은 단독으로 존재할 때보다 음극으로 작용하여 부식이 오히려 덜 일어난다. 즉 양극에서 발생한 전자가 음극으로 이동되어 음극을 방식하는 역할을 한다고 볼 수 있다. 그림 6-17은 전지 부식의 원리를 도식한 것이다.

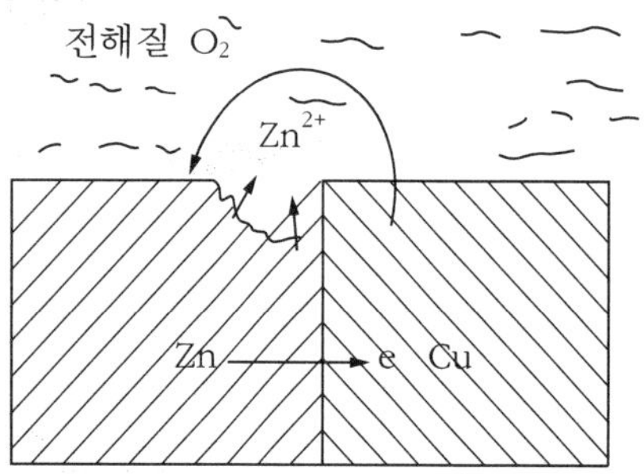

그림 6-17 전자부식의 원리

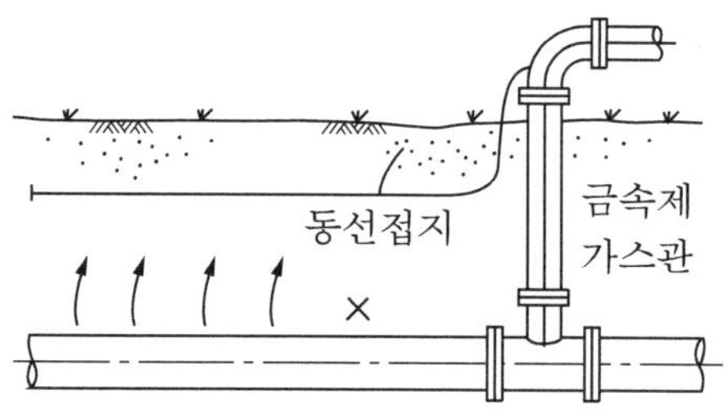

그림 6-18 전지 부식 발생의 예 1

반응탑, 열교환기, 배관, 밸브, 펌프 등 각종 이질 금속이 연결되어 있는 화학 공장에서는 조금만 부주의 하여도 전지 부식이 발생할 가능성이 많다. 그림 6-18은 그 한 예로 지하매설 가스관에 접지용 구리 극판을 도선으로 연결해 놓은 모양을 나타낸 것이다. 이때 강관은 구리판에 대하여 양극으로 작용하므로 강관에 전지 부식이 발생하여 가스누출 사고가 일어날 위험성이 생긴다.

실제적으로 부식환경 내에서 여러 가지 금속 및 합금이 나타내는 전위서열을 표로 모아 놓은 것이 galvanic serries이다. 표준전극전위의 서열표 6-2는 주어진 환경내에서 실제 부식시험을 하지 못할 경우에 전지 부식의 가능성을 예측할 수 있는 좋은 참고자료가 된다. 즉 전위서열의 차이가 적은 금속을 짝지어 사용할 때 전지 부식이 일어날 위험성이 없어진다. 전지 부식에서 부식환경에 노출된 두 금속의 면적비는 대단히 중요하다. 즉, 활성이 큰 금속의 면적이 활성이 작은 금속의 면적보다 상대적으로 크면 클수록 활성이 큰 금속의 부식은 촉진되며 이것을 "unfavorable area ratio"라 부른다.

예를 들면 어떤 화학공장에서 제품의 저장탱크로 탱크 내벽 및 바닥을 폐놀계 도료로 도장한 연강탱크를 사용하였는데 탱크의 바닥부분이 다소 부식되어 제품이 오염되는 문제점이 있었다. 여기에 탱크 바닥 부분을 18－8 스테인레스강을 접합시킨 연강으로 바꾸고 그림 6-19에 나타낸 바와 같이 탱크벽과 용접한 뒤에 탱크벽은 이전과 마찬가지 방법으로 도장하여 위에 말한 오염의 문제점이 해소되기를 기대하였다. 그러나 2～3개월이 지난 뒤 탱크벽의 용접부 약 2인치 위에 구멍이 뚫리는 부식이 발생하여 오히려 제품이 유실되는 사고가 일어났다. 이러한 부식은 연강만을 탱크 재료로 사용하였을 때에는 10년이 지나도록 발생하지 않았던 것이었다.

이 부식사고의 원인은 결국 전지 부식 문제로 결론지어졌는데 그 이유는 다음과 같다.

즉, 강판에 페놀계 도료를 도장한 경우에는 도막에 작은 구멍과 같은 결함이 생기기 마련인데 이 작은 구멍부위가 양극, 탱크 바닥부분의 스테인레스강 부위가 음극으로 작용하여 "unfavorable area ratio"를 형성하였기 때문에 구멍부위에 전지 부식이 집중되어 연강에 구멍이 뚫린 것이었다. 이 부식사고는 아예 탱크바닥 부위의 스테인레스강을 탱크벽과 마찬가지로 도장한 결과 해결될 수 있었다.

전지 부식을 최소화하기 위하여 아래에 열거한 바와 같은 여러 가지 방법이 사용되고 있다. 어떤 경우에는 한 가지 방법으로도 충분하지만 2가지 이상의 조합이 요구될 때도 있다.

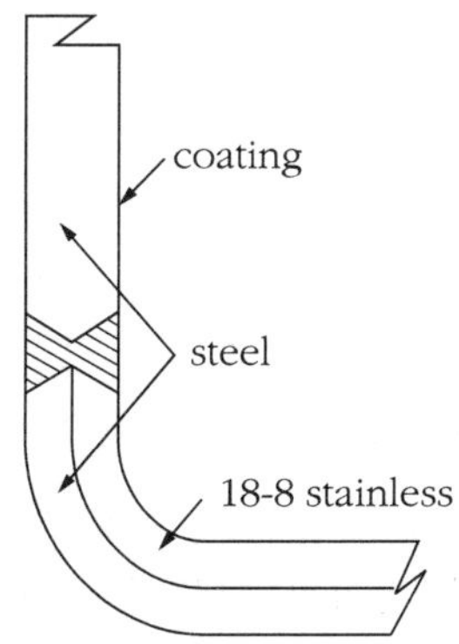

그림 6-19 전지 부식 발생의 예2

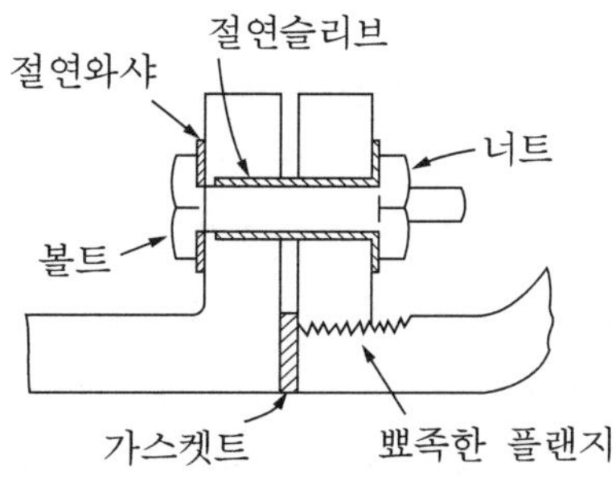

그림 6-20 배관접합부 적합한 보온

1) 전위서열에서 가능한 서로 접근된 금속들을 선택할 것.
2) Unfavorable area ratio를 피할 것.
3) 실시 가능한 곳은 어디에나 이질금속을 절연체로 절연할 것.
플랜지 연결부위의 절연시에는 그림 6-20에 보인 바와 같이 볼트가 플랜지 에서 완전히 절연되도록 주의할 것.
4) 코팅할 때 주의할 것. 특히 그림 6-19와 같은 유사한 결과가 나오지 않도록 활성이 큰 쪽은 더욱 주의할 것.
5) 가능하다면 부식억제제를 사용하여 부식환경의 부식성을 줄일 것.
6) 뾰족한 연결부를 피하고 같은 합금으로 용접하는 것이 더욱 좋음.
7) 부식이 잘 되는 부분은 부수가 용이하게 설계하거나, 수명이 길도록 두껍게 설계할 것.
8) 두 금속보다 활성이 큰 제3의 금속(희생양극)을 부착할 것.

4.3 틈 부식

틈 부식(crevice corrosion)이란 구멍이나, 가스켓 표면, 접합부, 표면의 흠, 벨트 등의 틈에 소량의 수용액이 정체되어 있을 때 이 틈에서 발생하는 부식의 형태를 말한다. 틈 부식이 일어나려면 용액이 틈안에 정체될 정도로 충분히 좁아야 한다. 이 때문에 틈 부식은 2~3mm 정도 폭의 틈이 있는 곳에서 흔히 일어나며 틈 입구가 너무 넓은 경우에는 틈 부식이 일어나지 않는다. 섬유질 가스켓을 사용할 플랜지 자리는 섬유질의 이상적인 틈 부식 자리가 될 가능성이 많다.

스테인레스강은 특히 틈 부식에 민감하다. 예를 들어 18-8스테인레스강판 주위에 고무밴드를 밀착시켜 감아, 바닷물속에 담가두면 강판을 절단시킬 수 있는데 이것은 강판과 고무밴드 접합부문에서 틈 부식이 발생하여 강판을 자를 수 있을 정도로 진행되기 때문이다. 산화물 피막이나 부동태 피막을 형성하여 내식성을 나타내는 자료들은 일반적으로 염소이온이 들어 있는 용액속에서 틈 부식을 잘 일으킨다. 그 이유는 이러한 피막들이 짙은 농도의 염소이온에 의하여 국부적으로 파괴되고 피막이 파괴된 부분의 금속과 피막사이에 틈이 형성되어 틈 부식을 촉진시키기 때문이다

틈 부식은 다음 중 하나 또는 둘 이상 때문에 일어난다.

1) 틈에서의 산소부족
2) 틈에서의 산성도 변화

3) 틈에서의 부식성이 강한 이온이 축적될 때

4) 틈에서의 부식억제가 결핍될 때

틈 부식의 진행과정은 그림 6-21과 6-22에서 알 수 있다. 틈 부식의 근본적인 메카니즘을 알아보기 위해 공기와 접촉하고 있는 해수에 담군 금속 M(예: 철 또는 강)을 생각해 보자. 이 금속의 판재는 리벳(rivet)으로 고정되어 있다(그림 6-21). 여기서 일어나는 반응은 금속 M의 용해와 산소의 환원이다.

금속의 산화 $\quad M \rightarrow M^{+} + e^{-}$

산소의 환원 $\quad O_2 + 2H_2O + 4e^{-} \rightarrow 4OH^{-}$

맨 처음에는 이러한 반응들은 틈내부를 포함한 금속 표면 전체에 걸쳐서 균일하게 발생한다.

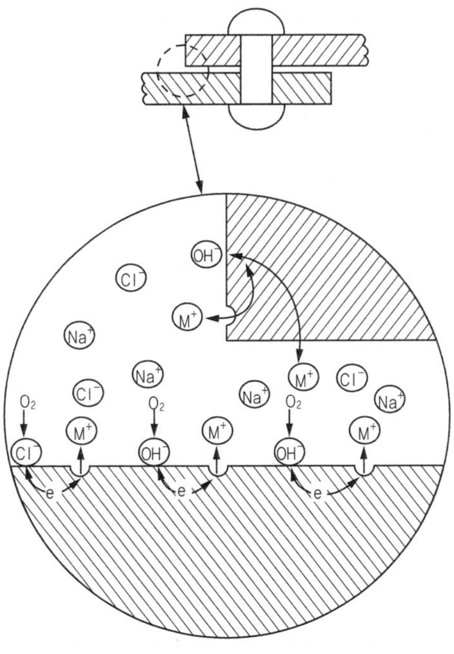

그림 6-21 틈 부식의 초기단계

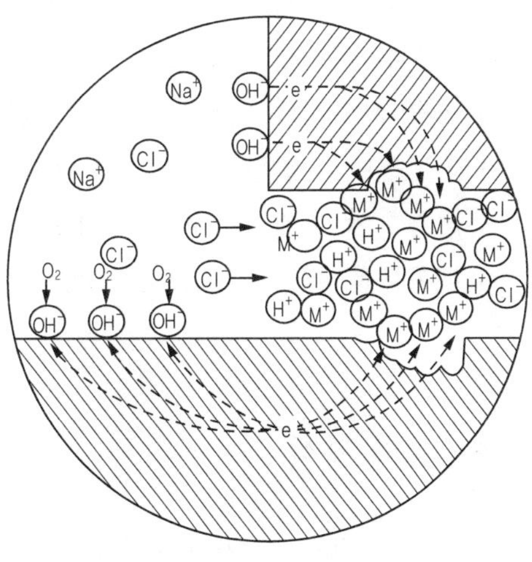

그림 6-22 틈 부식의 후기단계

금속과 용액에서는 똑같이 전하보전의 법칙(the law of conservation of charge)이 유지된다. 따라서 금속이온의 생성 중에 방출된 전자는 산소의 환원반응에 의해서 즉시 소비된다. 또한 용액속의 각 금속 이온에 대해서 수산기 이온이 하나씩 생성된다. 틈내부에는 산소의 공급이 힘들기 때문에 잠시후에 이곳의 산소가 전부 소비되고, 산소환원 반응이 정지되고 만다. 그러나 산소가 고갈된 후에 더 이상의 산소환원반응은 일어나지 않지만 금속 M의 용해는 계속된다(그림 6-22).

이 때문에 틈내부에는 용액에 (+)전하(M^+)가 과도하게 많아지게 되고 따라서 평행을 유지하기 위해서는 틈 바깥으로부터 틈내부로 Cl^-이온이 이동해 와야 한다. 이때 OH^-이온도 이동을 해 오지만 Cl^-이온보다 이동속도가 훨씬 느리다. 이러한 Cl^-이온의 이동으로 인해 틈내부에는 M^+Cl^-의 농도가 증가하게 된다. Na, K등과 같은 알카리금속을 제외한 다른 금속염은 물과 반응해서 MOH가 된다.

$$M + Cl^- + H_2O = MOH\downarrow + H + Cl^-$$

틈 부식을 방지 또는 감소시키기 위한 방법으로는 다음과 같은 것들이 있다.

1) 맞대기 용접법(butt welding)을 사용할 것.
2) 설계할 때 용액이 정체되는 부분이 없도록 할 것.
3) 장치들을 수시로 점검하고 보유물의 퇴적은 제거해 줄 것.
4) 고체부유물들은 가능하면 공정의 시작 단계에서 제거할 것.
5) 공장이 장기간 가동되지 않을 때는 습윤충진 물질을 제거할 것.
6) 가능하면 균일한 환경을 만들어 줄 것.
7) 비흡수형 고체가스켓(예: teflon)을 사용할 것.
8) 배관부분에서 관을 단순히 끼우는 대신 용접해 줄 것.

4.4 응력 부식

응력 부식(stress corrosion)은 응력-균열부식(stress-corrosion cracking)이라고도 하는데 인장응력과 특정한 부식성 매질이 공존하는 환경에서 응력 부식과 함께 재질에 균열을 일으키는 현상으로 단순한 금속에서 보다 합금, 즉 고Ni합금, Fe-Cr합금, 황동류 등에서 이 같은 현상이 나타내고 있다.

균열현상은 결정입계에 따라 진행되는 경우(intergranular cracking)와 결정입계와 관계없이 진행되는 경우(trans-granular cracking)가 있는데 두 가지 현상이 동시에 같은 합금에서 나타나기도 한다.

1) 응력 부식에 영향을 미치는 요소

첫째, 응력의 영향-금속의 균열을 일으키게 하는 응력으로는 인가응력(applied stress), 잔유응력(residual stress), 열응력(thermal stress) 및 용접 등이 있는데 이런 응력을 갖고 있을 때는 외부응력이 없는 곳에서도 균열현상이 일어난다.

둘째, 환경적 인자로는 (1) 산소 및 화학물질 (2) 온도 (3) 물리적 상태 변화 등이 있다.

셋째, 야금술적 인자-금속조직상 화학성분의 평균조성, 결정입자의 위치, 침전물 의 조성 및 분포, 상변화 등은 응력-균열부식의 요소로 작용한다.

2) 응력 부식의 발생기구(mechanism)

응력 부식-균열현상은 가장 중요한 부식의 하나로 대두되고 있지만 그 기구에 대해서는 현재까지 분명하게 규명되어 있지 않다. 해결하지 못하는 가장 큰 이유중의 하나가 앞의 금속 야금술적 특성, 환경적 특성에 의한 복합적인 상호작용 때문이다. 현재로서 가장 신뢰성 있는 것으로는 부식이 균열초기에 중요 역할을 하며 금속면의 흠집, 구멍 또는 굴곡 등이 응력 주위를 높여주는데 기여하고, 응력의 집중현상은 V자형 흠집의 예리한 부분에서 일어난다. 일단 균열이 발생되면 진행중인 균열부의 틈새는 보다 예리하게 되면서 응력의 집중이 일어난다. 응력 부식의 방지를 위한 방법을 제시하면 다음과 같다.

① 응력을 낮춘다.
② 환경의 유해성분을 제거시킨다.
③ 합금을 변화시킨다.
④ 외부전력공급(external power supply) 또는 희생양극(sacrificial anode) 사용함으로써 음극방식을 한다.
⑤ 가능하면 부식억제제를 첨가한다.

4.5 공식

부식이 금속표면에 국부적으로 집중하고, 이 부분에서의 부식속도가 특히 빨라서 금속내로 깊게 뚫고 들어가는 심한 국부 부식의 형태를 이룰 때 이를 공식(pitting corrosion)이라 한다. 공식은 그 진행속도가 대단히 빠르기 때문에 비교적 짧은 시간에 금속 내부로 뚫고 들어가 구조물을 손상시킨다. 공식된 표면을 관찰해 보면 핏트(pit)가 나타난 이외의 부분은 거의 또는 전면 부식을 일으키지 않았다는 사실을 알 수 있다. 핏트의 직경은 작을 수도 있고 클 수도 있다. 그러나 대부부의 경우 비교적 적다.

공식은 가장 파괴적이고 무서운 부식이라고 할 수 있다. 전체 구조물의 불과 몇%의 무게감소로 인해서 사용이 불가능해질 뿐만 아니라 그 크기가 대단히 작고 부식생성물에 의해서 덮혀 있는 경우가 자주 있기 때문에 발견하기도 매우 힘들다. 공식은 여러 가지 모형이 있으나, 이 중에서 산소공식(active oxygen pit)은 퇴적물 표면이 붉은 갈색의 산화물 캡(cap)으로 되어있고, 이 돌기(tubercule)를 제거하면 검은 철 산화물이 있는 것이 특징이다. 대부분의 핏트는 금속 표면의 윗부분에서 생겨 아래로 성장하여 금속 내부로 뚫고 들어간다. 금속표면의 측면에서는 더 적은 수의 핏트가 생기며 아랫면에서는 거의 생기지 않는다.

그림 6-23은 균일 부식과 내식성 사이의 중간단계로서 공식을 도식적으로 나타낸 것이다. 시험편 A는 완전한 내식성을 보이며 부식이 발생하지 않는다. 시험편 C는 전체표면이 균일하게 부식되었다. 시험편 B에서는 공식이 심각하게 발생한 것을 볼 수 있다.

이러한 공식은 금속면에서 비교적 화학적 활성도가 큰 부위부터 집중적으로 국부 부식이 진행되는데 금속표면에서 상대적으로 화학적 활성도가 커지는 예로는

1) 재질의 성분이 다른 부위에 비해 차이가 있을 때 즉 비균질 부위
2) 보호피막이 부분적으로 파괴된 부위
3) 금속면에서 이물질의 침적부위 등을 들 수 있는데,

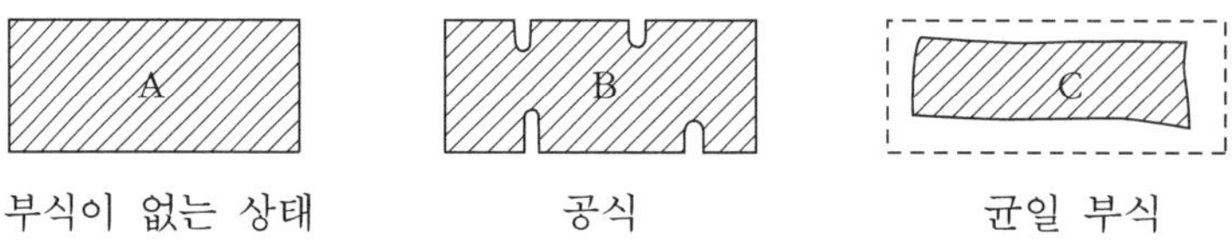

그림 6-23 균일 부식과 공식의 도식적 설명

특히 유의할 점은 수용액 중에 염소이온이 존재할 경우, 이와 같은 활성부위의 형성을 촉진하며 여기에 용존산소가 존재하게 되면 이들 활성부위에서 부식작용이 활발해진다. 그리고 액성이 산성일 때 보다는 알카리성일 때 공식이 일어나기 쉽다. 공식의 방지는 틈 부식을 방지하기 위해서 제안된 방법들이 대부분 적용된다. 가장 좋은 방법은 재료선택을 잘하는 일이다. 어떤 환경에서 공식이 발생하지 않는 재료를 선택하여 사용하도록 한다. 경우에 따라서는 부식억제제를 사용할 수도 있으나 완전치 못하면 공식을 오히려 조장할 수도 있으므로 주의를 요한다.

1) 공식의 메카니즘

공식에서 구멍크기의 확대와 틈 부식과정은 실질적으로 일치함을 알 수 있다. 이러한 유사성 때문에 어떤 사람들은 공식이 틈 부식의 특수한 경우라고 말하기도 한다. 그러나 이러한 관심은 공식을 나타내는 모든 부식반응계가 특히 틈 부식에 민감하여서 이렇게 나타낼 수도 있으나 틈 부식을 나타내는 모든 부식 반응계가 반드시 공식을 일으키지는 않기 때문에 공식을 특별히 분류하여야 할 가치가 있다. 즉 공식은 틈을 자생하면서 자행하는 부식형태라 할 수 있다.

2) 공식에 영향을 미치는 요소

(1) 용액의 조성

실제로 거의 모든 공식은 염소이온(−)과 염소를 함유하는 이온(hypochlorite)에 의하여 발생한다. 특히 염화구리($CuCl_2$), 염화철($FeCl_3$) 또는 염화수은($HgCl_2$) 등과 같은 산화성 금속이온의 염화물내에서는 공식이 심하게 일어나는데, 산화성이온이 들어있는 용액내부에 용존산소가 없더라도 이들 이온이 부식의 환원반응쪽으로 작용하기 때문이다. 또한 수산화물, 크롬산염, 규산염 등이 용액내에 용존되어 있으면 많은 경우에 공식이 완화될 수 있으나 소량 존재하면 오히려 공식을 촉진하는 경향이 있다.

(2) 유속

공식은 원래 정체된 용액내에서 발생하는 것이기 때문에 유속이 증가하면 공식이 많이 완화된다.

(3) 금속학적 요인

스테인레스강 합금들은 다른 금속재료에 비하여 공식에 민감하다. 그래서 스테인레스강의 공식에 대한 저항성을 개선하기 위한 합금을 많이 사용하고 있다. 보통강은 스테인레스강보다 공식에 대한 저항성은 큰데 응축관을 보통강판으로 대치하면 보통강은 일반부식이 스테인레스강보다 심하지만 공식에 의해서 구멍이 생기는 일은 빨리 발생하지 않는다.

4.6 선택 부식

선택 부식(selective leaching)이란 합금 중의 한 성분이 부식으로 인해 선택적으로 제거되는 현상을 말한다. 가장 흔히 볼 수 있는 것으로는 황동에 있어서의 Zn제거(dezincification)이다. 때로는 parting이란 용어를 사용하기도 하지만 선택 부식이라 함이 더 일반적이다.

1) 탈아연부식

보통의 황동은 약 70% Cu와 30% Zn으로 구성되어 있으며 황색을 띠고 있다. 탈아연부식은 눈으로 쉽게 확인할 수 있는데 황동의 색과는 반대로 붉은 색을 띈다. 탈아연 부식에는 두 가지 형태가 있으며, 그 중에서 하나는 층형(layer-type)으로 된 균일 탈아연부식이고 다른 하나는 프리그(plug-type)로 된 국부 탈아연부식이다. 탈아연부식에 대한 발생기구는 다음과 같이 3단계로 생각할 수 있다.

① 황동이 분해한다.
② Zn^{2+}이온이 용액속에 남는다.
③ Cu^{2+}이온은 용액속에 머무르지 않고 황동에 침전된다.

Zn은 반응성이 대단히 강하며 Cu는 Zn에 비해 더욱 안정하고 Zn은 순수한 물에서도 H_2O의 음극이온반응에 의해서 느리게 부식될 수 있다. 즉,

$$2H_2O + 2e^- \rightarrow H_2 + 2(OH)^-$$

따라서 탈아연부식은 산소가 존재하지 않아도 일어날 수 있고 산소가 존재할 경우 산소도 음극반응에 참여하며 부식속도를 더 증가시킨다. 탈아연부식을 방지하기 위해서는 환경측의 부식촉진 성분을 감소시킴으로서(예: 산소제거) 음극방식 등에 의해서 탈아연부식을 방지할 수 있다. 그러나 대부분의 경우, 이러한 것들은 경제적인 방법이 못된다. 따라서 탈아연부식에 덜 민감한 합금을 사용하는 것이 가장 좋은 방법이다. 예를 들면, Zn을 15% 함유한 레드브라스(red brass)를 사용한다. 탈아연부식을 방지하기 위해서 맨처음 행해진

방법은 70～30brass에 1%의 Sn을 첨가한 것이다(이를 admiralty metal이라 함). 여기에 소량의 As, Sb, P등을 부식억제제로서 첨가하면 더욱 좋다는 것이 밝혀졌다. 예를 들면 "arsenic admiralty metal"은 70% Cu, 29% Zn, 0.04% As로 되어 있다.

2) 탄소화 현상(graphitization)

회주철은 가끔 비교적 온화한 분위기에서 선택 부식을 일으키는 경우가 있다. 이때 주철 표면층은 흑연처럼 보이며 이 표면층은 칼로서 쉽게 잘라낼 수 있다. 따라서 이러한 외관과 거동에 근거한 현상을 탄소화 현상 혹은 흑변화라고 한다. 흑연은 부식이 발생하기 전에도 주철 내에 존재했기 때문에 사실상 이러한 명명이 옳은 것은 아니다.

주철의 부식에서 사실은 흑연조직은 남기고 철과 강이 선택적으로 부식된다. 흑연은 강에 비해서 안정된 전위를 가지고 있으며 따라서 갈바닉 전지를 이룰때 음극으로 작용하기 때문이다. 강이 용해되면서 흑연, 기공, 녹 등으로 된 다공성의 물질을 남기게 된다. 이리하여 주철은 그 강도 및 금속성질을 상실하게 된다. 이때 재료의 면적이 변화되든가, 치수가 달라지는 등의 변화가 없으며 발전되지 않은 채 크게 부식이 되어 무서운 결과를 초래하는 경우가 있다. 표면에는 약간의 녹을 보일 뿐이지만 금속은 그 강도를 잃고 있는 것이다. 이 강도의 감소는 부식의 깊이와 관계가 있다.

이러한 금속의 재질변화에 따른 사고특성을 보면, 거시적인 면에서 파열부위가 두껍게 갈라지거나 직선형으로 길게 파열되는 것이 특징이다. 파열의 정도는 1/4인치 정도 갈라진 좁은 부위에서 그 길이와 폭이 수 인치에 이르는 것도 있다. 파열이 일어난 재질의 옆부분은 볼록하게 배처럼 부르고 작게는 재질의 지름이 조금 넓어질 정도로 부풀음 현상이 일어난다.

파열크기는 사고시에 도달한 개략적인 온도의 지표가 된다. 조금 부풀어 있고 파열된 정도가 작으면 이는 장시간 완만한 과열이 일어났음을 알 수 있고, 반면 큰 파열은 온도가 900～1300 °F로 과열되었음을 뜻한다. 부착물이 사고의 주범일 수도 있으나 부착물이 사고부위 주위에 없을 때도 있다.

4.7 알칼리 부식

대부분의 금속은 용액의 액성이 약알칼리성일때 부식율은 가장 낮게 유지할 수 있으나 pH가 매우 높아지면 격렬한 부식이 일어난다. 일반적으로 열교환기 전열면의 온도는 관중심부 온도보다 높으며, 때로는 매우 높은 관벽온도를 나타내는 수가 있다. 이 부분을 고온부위라고 하며 계통수의 순환속도가 낮은 부위나 전열면에 부착물이 축적되어 있는 부위에 나타난다. 이 고온부위에서는 금속과 물과의 계면에 계통수가 농축되어 농축층이 형성된다. 이 때문에 전열면에 접하는 물의 엷은 층은 포화온도 이상이 되어 얇은 층의 용해염류 즉 알카리 농도는 계통수 평균농도보다 높아지고 농축층이 형성된다. 이러한 부분의 알칼리 부식(caustic corrosion)은 비교적 단기간에 진행되고 또 광범위하게 발생된다. 부식의 특징은 고온에서 수소의 발생이 활발해지는 것이고 수소부식의 현상으로 금속재료의 취화를 동반케 한다.

알카리 농축층과 접한 전열면의 부식 진행과정은 다음과 같다.

$$Fe_2O_3 + 4NaOH + 1/2O_2 \rightarrow 2Na_2FeO_2 + 2H_2$$
$$Fe_3O_4 + 4NaOH \rightarrow Na_2FeO_2 + 2NaFeO_2 + 2H_2O$$
$$Fe + 2NaOH \rightarrow Na_2FeO_2 + H_2$$

이 반응에서 생성된 Na_2FeO_2는 농축 알칼리 중에서는 안정하나 계통수에 접촉하면 Fe_3O_4 및 Fe_2O_3로 변한다.

$$3Na_2FeO_2 + 4H_2O \rightarrow Fe_3O_4 + 6NaOH + 2H$$
$$3Na_2FeO_2 + 3H_2O + 1/2O_2 \rightarrow Fe_3O_4 + 6NaOH$$
$$2Na_2FeO_2 + H_2O \rightarrow Fe_2O_3 + 2NaOH$$

한편 알칼리부식을 가성취화라고도 하며 알칼리부식의 발생조건을 살펴보면

1) 계통수 중에 유리 알칼리가 존재할 때
2) 전열면에 고온부위가 존재할 때
3) 고온부위에 발생한 농축층이 증발면에 부착된 채 세척작용을 받지않고 정체될 때의 3가지가 있으며 이들 3조건을 억제시키는 것이 알칼리 부식의 방지책이라 할 수 있다.

4.8 수소 부식

수소 부식(hydrogen damage)의 원인이 되는 수소균열의 발생은 금속부식 중에서 수소의 존재로 또는 수소와의 상호작용으로 금속이 기계적 손상을 입게 되는 현상을 총괄적으로 나타낼 때 쓰는 말이며 다음과 같이 분류된다.

1) 수소 기포화 현상(hydrogen blistering)

부식반응이나 음극반응에 의해서 생성된 수소원자가 내부응력이나 잔류응력이 충분히 높은 금속내부에 침투하게 되고, 이것이 금속 내의 빈자리(void) 또는 다른 유리한 영역에 수소분자로 방출하게 됨으로서 내부응력이 형성되기 때문에 균열이 발생하는 것으로 설명된다. 따라서 수소발생이 일어나게 되는 부식반응, 음극반응 또는 전기도금 때에는 금속내로 수소가 침투할 가능성이 많아진다. 황이온, 인을 함유하는 이온, 시안화합물 또는 비소화합물들은 재결합율을 감소시키는 작용을 하기 때문에 수소발생반응을 억제하는 물질로 알려져 있다.

2) 수소 취화 현상(hydrogen embrittlement)

수소취화현상과 응력 부식현상을 혼동할 염려가 있으나 금속시편에 강제전류를 흘려서 시험하면 그림 6-24와 같이 구별된다. 양성전류를 흘려 보낼 때 균열이 촉진되면 응력 부식 현상이고 음전류를 흘려 보낼 때 균열이 촉진되면 수소취화 현상이라고 한다.

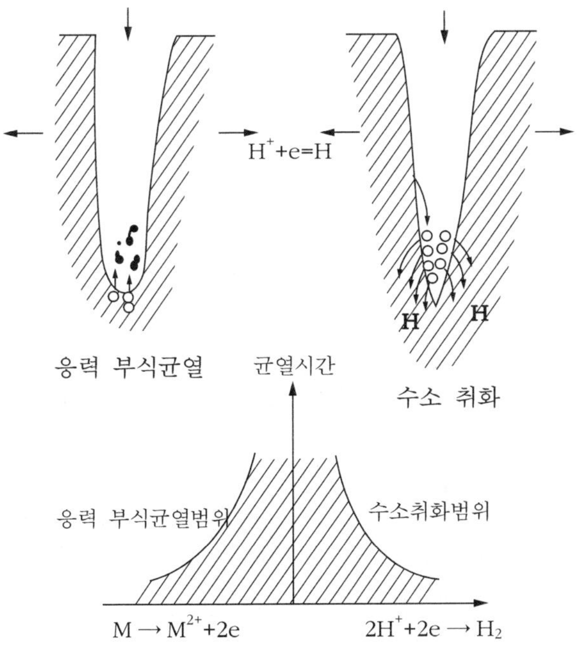

그림 6-24 수소취성과 응력 부식 균열

3) 탈탄소 현상(decarbonization)

4) hydrogen attack

높은 온도에서 수소와 합금내의 금속성분이 상호작용하는 현상을 말한다. 상기의 1), 2) 현상은 ① 금속이 원유에 노출될 때 ② 일반 화학공장 설비에서 ③ 산세척 및 용접 때 ④ 부식반응 결과 등의 원인으로 발생한다. 특히 금속이 기계적 손상을 일으키기 때문에 이러한 부식은 미연에 방지하여야 한다. 금속내부로 확산하여 들어갈 수 있다는 것은 수소분자(H_2)가 아니고, 원자상태(H^+)의 수소이온이다. 수소이온은 환원에 의하여 수소가 발생할 때 첫째, 전자전이(electron transfer, $H^+ + e^- = H$), 둘째, 재결합(recombination, $H + H = H_2$) 단계를 밟는다(그림 6-25 참조).

다시 말하면 높은 온도에서 활성이 커진 수소가 합금성분중의 탄소와 반응하여 탄소가 제거되는 현상을 말한다. 합금중의 탄소는 금속의 강도를 높이기 위해 첨가된 것인데 이와 같은 탈 탄소현상은 합금의 장력을 떨어뜨리고 연성과 신장율(creep rate)을 증가시킨다.

$$C(Fe) + 2H_2 \rightarrow CH_4$$

이러한 수소균열을 방지 또는 감소시키기 위한 방법으로는 다음과 같은 것들이 있다.

① 재료선택을 잘한다.

② 피복(coating)을 입힌다.

③ 부식억제제를 첨가한다.

④ 유해촉매성분을 제거한다.

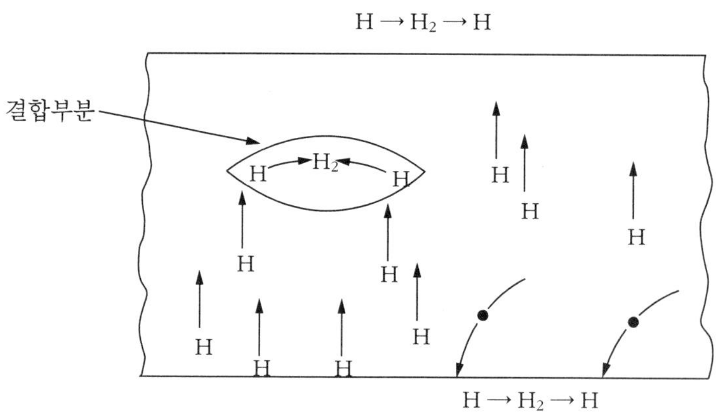

그림 6-25 수소에 의한 손상 메카니즘

4.9 침식 부식

침식 부식(erosion corrosion)이란 부식용액과 금속표면사이의 상대적인 운동으로 인하여 금속의 부식속도가 더욱 촉진 또는 증가되는 현상을 말한다. 일반적으로 용액과 금속표면 사이의 상대적 운동은 매우 빠르며, 기계적 마멸효과도 포함이 된다. 따라서 침식부식을 마모부식이라 일컫기도 한다. 그림 6-26은 물을 취급하는 열교환기에서 침식부식을 나타낸 것이다. 유체에 노출된 모든 구조물은 침식부식을 받는다. 파이프의 굴곡부, 밸브, 펌프, 프로펠러, 임펠러, 교반기, 열교환기관 등에서 이러한 침식이 자주 발생한다. 대부분의 금속은 마모에 의해 손상될 수 있으며 금속표면에 생성된 보호피막의 상태나 부식저항 정도에 따라 차이가 있다. 침식부식에 영향을 미치는 인자는 다음과 같다.

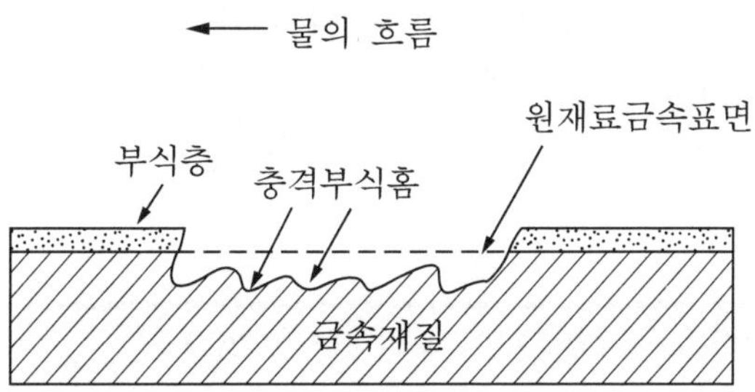

그림 6-26 열교환기관의 벽에 생긴 침식부식

1) 표면피막의 영향

금속 또는 합금의 표면에 생성되는 보호피막의 성질 및 특성은 침식부식에 커다란 영향을 미친다. 이러한 보호피막이 침식부식으로부터 금속을 얼마나 잘 보호할 수 있느냐 하는 것은

① 금속이 용액에 처음 노출되었을 때 얼마나 빨리 금속표면상에 생성되는가?
② 기계적 손상 또는 마멸에 얼마나 잘 견디는가?
③ 기계적 영향에 의해 파괴되었을 때 얼마나 빠른 속도로 다시 생성되는가?

등에 의해서 결정된다.

2) 유속의 영향

일반적으로 유속이 증가하면 금속이 받는 손상도 증가한다. 유속에 의한 영향은 임계유속(critical velocity)에 도달하기 전까지는 거의 없거나 또는 매우 느릴 수도 있다. 표 6-5에서 유속이 1 ft/sec에서 4 ft/sec로 증가할 때는 거의 영향을 나타내지 않으나 27 ft/sec에서서는 크게 손상을 받는 금속을 몇 개 볼 수 있다. 그러나 27 ft/sec도 역시 임계유속 아래에 있는 경우이므로 27 ft/sec에서도 부식손상을 받지 않는 금속이 있다.

또한 유속증가는 부식기구에 따라서 부식속도를 증가시킬 수도 있고 감소시킬 수도 있다. 금속부식에서 유속증가는 금속표면에 산소, 이산화탄소, 황화수소 등의 공급을 증가시킴으로서 또는 금속표면의 확산층 두께를 감소시켜 이온의 확산속도를 증가시킴으로써 부식속도를 증가시키게 된다. 유속증가가 부식속도를 감소시키는 경우를 생각해 보면 금속표면에 부식억제제를 더 빨리 공급하게 됨으로써 금속을 부식으로부터 보호하는 것이다.

3) 난류의 영향

용액의 난류(turbulence)가 존재하게 되면 침식부식은 더욱 쉽게 발생한다. 용액이 직선적으로 움직이는 경우보다 난류로 될 경우에 금속표면의 액체는 더 많이 교반되고 따라서 용액과 금속표면이 더 많은 접촉을 가지게 된다. 이러한 현상은 대형 열교환기 튜브의 입구부분에서 가장 많이 발생한다. 그리하여 이를 관의 입구 부식이라 부르기도 하는 것이다.

표 6-5 유속이 금속 및 합금의 부식에 미치는 영향(해수)

Material	Typical Corrosion Rates		
	1 ft/sec	4 ft/sec	27 ft/sec
Carbon Steel	34	72	254
Cast Iron	45	-	270
Silicon Bronze	1	2	343
Admiralty Brass	2	20	170
Hydraulic Bronze	4	1	339
G Bronze	7	2	280
Al Bronze(10% Al)	5	-	236
Aluminum Brass	2	-	105
90~10 Cu Ni (0.8%Fe)	5	-	99
70~30 Cu Ni (0.05%Fe)	2	-	199
70~30 Cu Ni (0.5%Fe)	<1	<1	39
Monel	<1	<1	4
Stainless Steel Type 316	1	0	<1
Hastelloy C	<1	-	3
Titanium	0	-	0

인용 : International Nickel CO.

4) 충돌(impingement)의 영향

용액의 충돌에 의해서 금속 또는 합금은 직접적 손상을 입는다. 파이프의 수직부분과 수평부분은 비교적 손상을 입지 않는데 비해 수평에서 수직으로 꺾이는 지점에서는 물이 그 진로를 바꾸기 위해서 파이프와 직접 충돌하게 되고 그 결과 이 부분이 크게 손상을 입게 된다.

5) 갈바닉 영향

두 이종금속이 접촉되어 사용되면 갈바닉부식이 침식부식에 영향을 미친다.

6) 금속의 영향

금속 또는 합금의 화학조성, 내부성, 경도 등은 침식부식에 영향을 미친다. 침식부식을 방지 또는 감소시키기 위한 방법으로는 보통 다음의 5가지가 있다.

① 재료선택 ② 설계 ③ 환경의 변화 ④ 피복(coating) ⑤ 음극방식(cathodic protection)

또 침식부식의 특수한 형태인 공동(cavitation)의 발생기구는 그림 6-27과 같이 금속표면 가까이의 액체에서 증기포가 생성 또는 소멸되는 것과 관련되며 공동손상이라 일컫기도 한다.

이것의 발생단계는 다음과 같다.

① 보호피막 위에 공동기포가 생성된다.

② 기포가 소멸되면서 피막을 파괴한다.

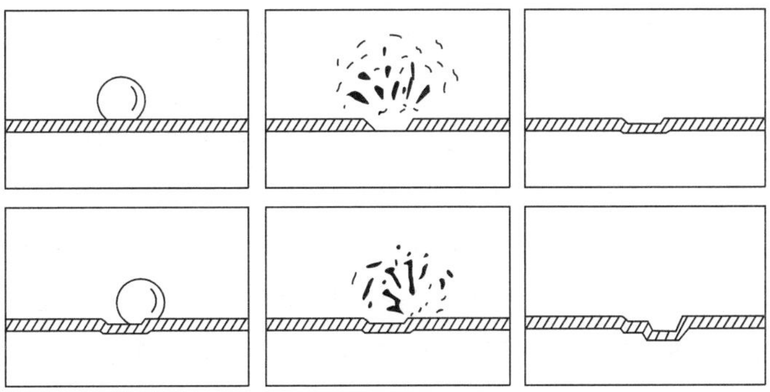

그림 6-27 공동부식의 발생과정

③ 새로 노출되면서 금속표면이 부식되고 따라서 피막이 부식되고, 피막이 다시 생성된다.
④ 똑같은 지점에 새로운 공동기포가 생성된다.
⑤ 기포가 파멸되면서 피막을 다시 파괴한다.
⑥ 노출면적이 부식되고 피막이 또다시 생성된다.

이러한 과정이 계속 반복되어 표면에 깊은 구멍이 생기면서 손상을 받는다. 이러한 공동부식의 방지를 위해서는 침식부식의 방지를 위해서 사용한 방법들을 이용하면 된다.

5. 방식대책

부식은 유체성상, 사용조건에 의해 좌우되지만 장치내부의 부식을 막기 위하여 유체성상을 개선하는 것이 곤란하다. 그러나 유체 중에 함유되는 수증기나 기타의 불순물은 제거할 수는 있다. 이들 불순물이 장치내의 부식요인이 될 염려가 있을 경우에는 미리 각 설비에서 사용하기 전에 적당한 방법으로 제거하는 것이 바람직하다. 냉각수, 수증기 등은 장치의 제품과는 관계없이 불순물이 존재할 경우에 제거할 수 있으므로 냉각수에는 스트레이너를 설치하거나 수증기, 공기, 질소, 기타의 가스에는 분리기를 준비할 필요가 있다. 특히 냉각수에 함유되는 기포, 용존산소는 부식에 현저한 영향을 미치는 수가 있으므로 주의해야 한다.

해수를 냉각수로 사용하는 경우에는 스트레이너를 설치하는 동시에 조개류, 해초류, 세균 등의 번식을 방지하기 위해 염소첨가를 실시하는 것이 바람직하다. 그러나 과도한 염소첨가는 반대로 부식을 촉진시키므로 설비에서의 염소 요구량을 계산하여 잔유 염소량의 농도는 0.5 ppm 이하로 유지하는 것이 바람직하다.

유체성상과 온도 및 유속은 부식에 중요한 관계성을 가지고 있다. 온도를 약간 저하시켰기 때문에 부식속도가 작아진 예나, 적당한 유속을 바꿈으로써 보수기간을 연장시킬 수 있었던 예도 있으므로 실적이나 경험을 바탕으로 신중하게 온도나 유속을 결정할 필요가 있다. 설비의 구조 및 제작방법도 역시 부식에 중요한 관계가 있다. 설계시에 균일한 흐름을 얻을 수 있는 구조로 하여 유체가 정체될 곳이나 부식의 원인이 되는 접합부, 움푹한 곳 등은 가급적 제거하는 것이 좋다. 전열관과 관공과의 간극 및 확관율을 적당하게 선정하여 적절한 확관작업을 실시함과 동시에 각부의 용접작업, 조립작업 등의 공작법을 사용유체, 사용재료 등에 따라 고려하는 것이 부식방지에는 중요한 일이다.

부식에 의한 손실을 최대한 방지하기 위하여 여러 가지 방식법을 채택하고 있는데 그중 가장 확실한 효과를 얻고 있는 것이 전기방식법이다.

5.1 전기방식법

열교환기 등 공장에서 발생하는 부식은 전기화학적 부식에 의한 것이 대부분이며 이러한 부식대책으로서 전기방식법이 이용되고 있다. 전기방식법에는 희생양극법과 외부전원법이 있다. 외부전원법은 전기화학적부식이 생기는 음극부에 외부에서 방식전류를 통하게 하여 국부전위를 형성하는 양극과 음극의 전위를 평형시켜 부식전류에 소멸시켜 부식을 방지하는 방법이다. 양극방식법은 최근에 개발된 방식법으로 방식전류에 의해 양극부 표면에 산화피막을 형성시켜 그 피막을 유지함으로써 부식을 방지한다. 따라서 내식성의 산화피막을 형성하는 것에만 유효하며 아직 연구의 여지가 많은 방식법이다. 현재 실시되고 있는 전기방식법은 대부분이 음극방식법이며 여기에는 희생양극법과 외부전원법이 있다.

1) 희생양극법

희생양극법(sacrificial anode system)은 아연, 알루미늄, 마그네슘 등과 같이 저전위에 있는 금속을 피방식금속과 전기적으로 연결하여 두 금속간의 전위차에 의한 전지작용에 의해 방식전류를 발생시켜 방식하는 방법이다. 이때 저전위 금속은 전류를 흘려서 자체가 소모되므로 유전양극법 또는 희생양극법이라 한다(그림 6-28).

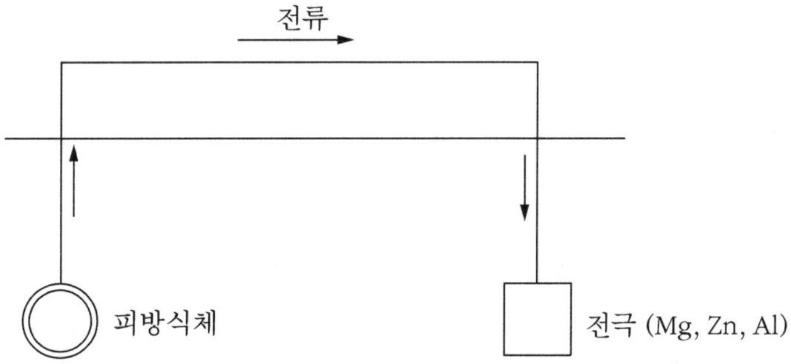

그림 6-28 희생양극법

희생양극의 기본조건은

① 피방식 금속의 부식전위에 대해 충분히 낮은 전위의 것이라야 하며 사용 중에도 항상 이 전위를 유지할 것.
② 소모량에 대한 발생전류가 충분히 클 것이며 중량의 85% 이상 소모되어도 발생전류가 적어지지 않으며 균일하게 잘 용해할 것.
③ 자기부식이 적을 것이며 값이 싸고 제작하기 쉬울 것 등이다.

희생양극법의 장단점은 다음과 같다.

① 장점
- 소규모 시설이나 적은 방식전류로 방식이 가능한 다수로 분산된 대상물에 적합 (예: pump 등)
- 전원이 없는 지역이나 이동하는 설비에 적합
- 시공이 간단하다.
- 시공후의 관리가 거의 필요 없다.

② 단점
- Anode에서 발생되는 전류 및 전압조정이 불가.
- 대형 구조물에는 anode의 부착량이 많거나 또는 많은 수량을 부착해야 하므로 복수기같은 경우는 유량에 영향을 미칠 수 있고 특히 오염해수 사용 지역에는 더욱 많은 량이 필요.
- 부식인자가 많으면 효과감소
- 방식 효과범위가 좁다.

유전양극법에서 사용되는 전극재료는 마그네슘 및 마그네슘합금, 아연 및 아연합금, 알미늄합금, 순철 등이 있다.

2) 외부전원법

외부전원법은 방식해야 할 금속을 외부직류전원의 (−)극에 연결하고 수용액 중에 침적한 전극을 전원의 (+)극에 연결하여 금속표면에 음극전류를 보내 방식하는 것으로 외부전원의 전압 및 전류를 변동시켜 방식전류를 조절할 수 있다(그림 6-29 참조).

설계시에 피방식금속의 각 부분에 고른 방식전류밀도로 방식전류를 분포시켜 방식효율을 높이는 것이 중요하다. 적용전압은 전극과 피방식금속 각각의 분극전압, 용액 중의 전압강하,

배선 등이 전압강하의 총계이며 난용성전극을 사용할 때는 용액분해전압을 추가한다.

적용전압은 이와 같은 각종 전압의 합계이므로 회로 각각의 저항에 따라 변화하며 보통 D.C 4~20V이다. 복수기 등과 같이 적정 전위유지가 필수적으로 요구되거나, 연료유 탱크, 취수설비 등과 같은 대형설비 경우에는 희생양극법으로 효과적인 운용이 어려우므로 외부전원법을 채택하여 자동시스템을 이용하고 있다.

① 장점

- 방식을 위해 공급하는 전압 및 전류조정이 가능하므로 계절에 따른 수온변화 등 냉각수 조건이 변해도 피방식체의 부식방지 적용전위를 자동으로 조정가능하므로 방식이 확실하며 효과적이다.
- 고저항의 환경과 매우 나쁜 부식조건에도 효과가 좋다.
- 불용성 전극으로 장기사용 가능
- 언제든지 피 방식체의 방식여부를 알 수 있다.
- 많은 전류를 필요로 하는 경우 경제적이다.
- 최초의 시공비를 제외하면 유지비가 싸다.
- 설비 내에 소수의 전극만을 부착하므로 유량에 장애를 주지 않는다.

② 단점

- 초기 설치비용이 많이 든다.
- 운용에 전문지식이 필요하다.

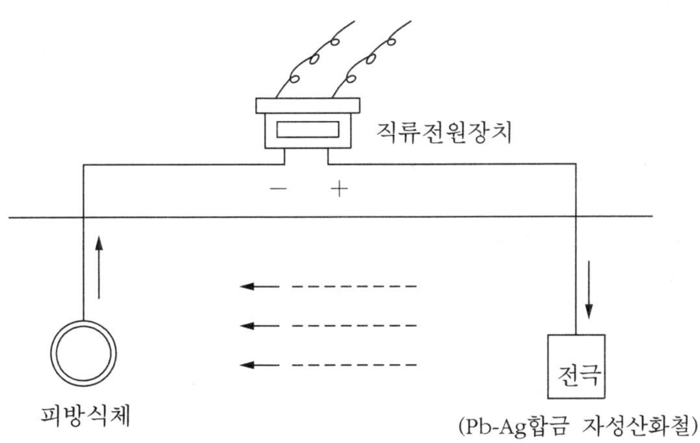

그림 6-29 외부전원법

외부전원법에서 전극으로 이용되고 있는 양극 재질은 크게 나누어 소모성전극과 난용성 전극으로 나눌 수 있다. 소모성 전극으로는 주철, 알루미늄, 연강 등이 있으며 전극을 선택하는 것은 전극의 수명, 최초경비, 규격 및 중량, 보수 유지비 등을 고려하여 경제성이 있는 전극을 선택해야 한다. 난용성전극으로는 탄소계, 자성산화철, 고탄소 주철계, Ferrite, 아연계, 백금계, 니켈(Ni)전극 등이 있다.

3) 외부전원법과 희생양극법의 비교

외부전원법과 희생양극법의 일반적인 용도와 그 특징을 비교하면 표 6-6과 같다.

표 6-6 외부전원식과 희생양극식의 비교

구분 \ 방법	외부전원식	희생양극식
용도	1. 큰 방식전류를 필요로 할 경우 2. 항구적 방식설비를 필요로 할 경우	1. 적은 방식전류로 충분할 때 2. 피방식체가 이동하는 것일 경우
특 징	1. 적용전압의 조정범위가 크고 최악의 부식조건에도 사용가능. 2. 불용성 전극을 사용하면 반영구적 방식시설이 됨. 3. 최초 설비시외에는 적은 전력비로 운영이 가능.	1. 일반적으로 시공이 간단. 2. 시공후에는 거의 관리가 불필요. 3. 소규모로 분산되어 있는 대상이나 도장되어 있는 대상물 또는 적은 전류로 방식이 가능한 경우에 경제적임.

5.2 부식억제제, 방식도장 및 라이닝

① 부식억제제는 재료의 부식진행을 늦추든가 또는 저지하기 위해 유체 중에 소량으로 첨가하는 물질을 말하며, 재료표면에 흡착되어 유체가 직접재료에 접촉하는 것을 막는다. 재료표면에 흡착된 부식억제제는 시간이 경과함에 따라 차츰 소모되므로 일정량씩 연속적으로 첨가하든가 또는 간헐적으로 필요량을 첨가해야 한다. 부식억제제는 재료와 유체성상에 따라 적절히 선택되지만 화학장치에는 적당한 부식억제제의 결정이 매우 어려우며 그 비용도 무시할 수 없다. 현재 여러 곳에서 연구, 개발되어 가고 있으나 사용의 적정을 기하지 못하면 오히려 악영향을 미치게 되므로 주의해서

사용할 필요가 있다.

② 방식도장(coating)은 금속면과 유체가 직접 접촉하는 것을 막아서 금속의 부식을 방지하는 것이 목적이다. 그러나 이 방식피막은 전열효과를 저해하게 되므로 보통 전열에는 관계없는 동체 또는 간막이실 등에 많이 이용된다. 방식피막은 운전중 열화되기 쉽고 유체흐름에 따라 박리되어 전열관을 폐쇄시키든가 또는 퇴적물이 되어 오히려 부식의 원인이 되는 수도 있으므로 주의해야 한다. 방식도장은 주로 냉각수를 위한 방식에 이용된다.

연습문제

1. 산업안전에서 재질의 부식관리의 중요성에 대하여 설명할 것

2. 전기이중층(electric double layer)이란 무엇이며, 표준전극전위와 기준전극은 어떻게 다른가?

3. 기준전극전위의 표시방법에서 V vs SHE란 무엇이며 왜 이렇게 표시하는가?

4. 부식에서 기전력측정의 필요성을 논하고, Nernst식에 의한 기전력 측정방법에 대하여 설명할 것

5. 수용액 중에서 금속M.의 존재형태를 설명하고, 부식도에서 그 상관성에 대하여 설명할 것

6. Faraday라고 하는 단위는 무엇이며 왜 전지화학(전기화학)에서 사용하는가?

7. 금속의 표면상태와 부식기구에 따른 부식의 분류방법을 설명할 것

8. 전지 부식(galvanic corrosion)의 원리와 그 살례를 설명할 것

9. 공식(pitting corrosion)을 설명하고, 공식에 영향을 미치는 요소에 대하여 언급할 것

10. 부식속도에 영향을 미치는 환경적인 요인에 대하여 설명할 것

11. 용존산소가 부식에 미치는 영향과 용존산소가 방식효과로서 활용되는 방법에 대하여 설명할 것

12. 부식에서 분극효과에 대하여 설명할 것

13. 부식에서 부동태란 무엇인가?

14. 방식방법을 크게 두가지로 구분하여 상세히 설명할 것

15. 다음의 용어를 간단히 설명할 것
    1) Pourbaix diagram 2) 선택 부식 3) Calomel electrode

안전성평가의 실제

7

1. 안전성평가의 범위

모든 기계 설비의 설치 및 신규공장의 건설시에는 설계와 연구 개발단계에서부터 사용과 운전에 이르기까지 각 과정에 해당하는 안전상의 고려사항을 반듯이 확인해야 한다. 즉 기계설비의 안전을 확보하는 가장 좋은 방법은 설계 및 연구 개발단계에서부터 제거하는 것이다. 이와 같은 수단을 안전성평가라고 하며 이는 재해예방의 근원적인 방안이다.

산업안전보건법 제33조에서는 유해 위험기구로부터 발생될 수 있는 재해를 방지하기 위하여 설계 제작단계에서부터 양도, 대여, 설치 또는 사용시에 유해위험방지를 위한 방호조치를 취하도록 규정하고 있다. 또 법 제34조에는 위험하다고 판정된 기계 설비에 대하여 법정검사를 받도록 규정되어 있으며 동법 시행세칙 제58조에서 검사대상 기계 기구 등과 검사의 종류를 설명하고 있다. 대상 기계기구로는 크레인, 리프트, 승강기, 압력용기, 프레스, 공기 압축기 그리고 보일라 등이다. 검사로서는 설계검사, 완성 또는 성능 검사 그리고 정기 검사가 있다. 그리고 법 제36조에서는 기계 기구의 사용 중에도 노동부령이 정하는 기계·기구 등은 일정기간마다 자체적으로 검사를 하여 이상 유무를 확인하고 정상적인 기능을 유지하도록 의무화하였다.

또한 단위사업장을 신규로 설치하고자 할 때의 몇 가지 경우는 사업을 계획하고 설계하는 단계에서 안전성평가를 받도록 제도화하였다. 기계 설비의 안전성평가는 위험을 방지하는 차원에서 본다면, 법에서 구분한 어느 경우라도 그 비중은 같다고 본다. 다만 스스로 하느냐, 아니면 전문기관이 하느냐에 따라서 내용면으로 차이는 있을 수 있다. 법에 명시된 안전성 평가에 관련된 조항을 정리하면 표 7-1과 같다.

표 7-1 안전성 평가에 관련된 법 조항

시기		양도, 대여, 설치	설계, 제작, 사용	사용시	화학물질 관리	신설, 이전, 변경	기존, 신설, 이전, 변경
규제내용		방호조치	법정검사	자체검사	MSDS 작성, 비치	유해,위험 방지계획	공정안전 관리
구분	법	제33조	제34조	제36조	제41조	제48조	제49조의2
	영	제27조	–	–	제32조의 2	–	제33조
	규칙	제46조	제58조	제73조	제92조	제120조	제130조

특히 화학공장은 고도의 기술집약적인 장치산업으로서 국가의 기간산업이다. 화학공장은 여러 가지 종류의 화학물질을 원료, 중간체로 하고 첨가제, 용제 및 제품의 형태로 사용, 취급, 저장하고 있다. 그 보유량이 많고, 시스템이 복잡하여 위험물의 누출, 화재 또는 폭발과 같은 사고가 발생할 경우에는 공장내부의 근로자뿐만 아니라 인근의 주민 및 환경에까지 막대한 영향을 끼치고, 또한 설비의 파괴에 따른 직접적인 손실이 막대하다. 설비의 복구기간이 길기 때문에 이와 관련하여 원재료 수급 등의 차질을 가져와 최종적으로는 사고의 영향이 국가 경제에까지 미치게 된다. 우리나라에서도 최근에 화학공장의 대형사고가 빈번하게 발생되어 인적, 물적 손실을 경험하고 있다. 재해빈도 역시 선진국보다 매우 높은 실정으로 중대 산업사고예방 및 피해최소화를 위한 대책마련이 시급하다 할 수 있다.

최근에는 ILO, UNEP 등에서 위험물 누출, 화재, 폭발 등의 중대 산업사고예방을 위한 대책의 일환으로 ILO 협약(제174호, 1993.6)에서 "중대 산업사고 제도협약"이 채택되었고 우리나라도 이 협약을 조만간 수용하였다. 외국의 재보험사들도 독립기관의 설립, 위험성평가, 국제적 수준의 기술기준제정 등을 재보험 갱신조건으로 제시하고 있기 때문에 국내에도 많은 문제점이 존재한다. 이러한 국제적인 흐름 및 국내외의 요구에 따라 우리나라는 1994년 12월 산업안전보건법을 개정하여 중대 산업사고예방제도를 도입하였으며 1995년 중에 시행령, 시행규칙 등을 개정하였다. 1995년 1월에 개정된 산업안전보건법은 주요 위험설비를 운영하는 사업장을 대상으로 하여 종합적인 안전관리시스템인 공정안전관리제도를 도입하였다.

이 제도는 1996년 1월1일부터 시행되었으며, 본 제도에 관련된 시행령과 시행규칙을 제정하는 등 동제도의 운영을 위한 하위법령을 마련하였다. 공정안전보고서 제도란 중대 산업사고를 야기할 가능성이 큰 유해위험설비를 보유한 사업장에 대하여 안전보건자료의 관리, 유해위험설비에 대한 위험성평가, 안전운전계획 및 비상조치계획 수립 등에 관한 사항을 기록한 공정안전보고서를 작성하고 이를 이행토록 함으로써 중대 산업사고를 예방함은 물론 사업장의 자율적인 사고예방체제를 구축하기 위한 제도이다. 중대 산업사고란 화재, 폭발 및 독성물질 누출 등의 사고로 인하여 사업장 내의 근로자는 물론 인근지역에까지 피해를 야기하는 사고를 말하며, 중대 산업사고를 야기할 가능성이 큰 설비를 유해위험설비라 한다. 중대 산업사고예방제도를 오래전부터 시행하고 있는 미국, 유럽 등의 선진국에서는 이를 공정안전관리제도라 하며 실시하고 있다. 구체적으로 국내외를 구분하여 설명하면 다음과 같다.

1) 국제적 동향

위험물질의 누출이나 폭발 등으로 인한 중대 산업사고는 1940년대 이후 전 세계적으로 선. 후진국에 관계없이 발생되고 있으며, 이와 같은 화재·폭발 또는 누출과 같은 중대 산업사고를 예방하기 위하여 선진국에서 활발히 전개되고 있는 중대 산업사고 예방제도는 다음과 같다(그림 7-1 참조).

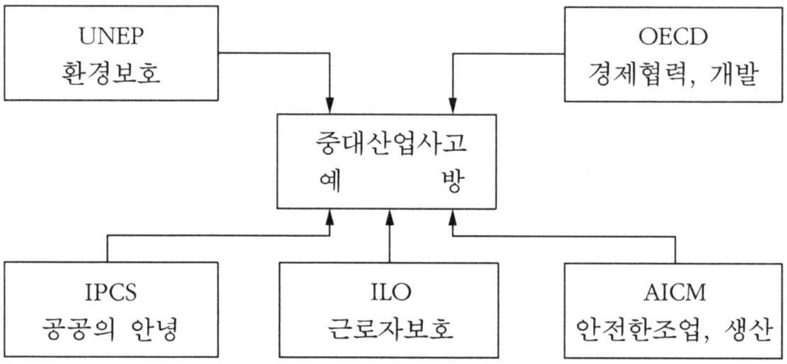

그림 7-1 국제기구의 중대 산업사고 예방활동

① 유럽공동체국가들은 1976년 이탈리아 쎄베소(Seveso)에서 발생한 독성물질 TCDD (2,3,7,8-tetrachlorodibenzoparadoxin)의 누출사고를 계기로 중대 산업사고 예방과 피해 감소를 위해서 가맹국들이 준수해야 할 최소한의 법적기준인 쎄베소 지침을 채택하였다. 회원국을 대상으로 이 지침을 시행하던 중, 1984년에 금세기 최대의 산업재해라 불리는 인도보팔시의 MIC 누출사고가 발생함으로써, 세계 각국에서 중대 산업사고예방에 대한 관심이 더욱 고조되어 이의 예방제도를 도입·추진하게 되었다.

② 미국은 1985년 환경보호청(EPA)에서 독성물질 누출사고예방을 위한 법안을 마련한 후, 1989년 10월 휴스턴소재 필립스사 반응기 폭발사고를 계기로 1992년 2월에 산업안전보건청(OSHA)에서 위험물질 취급공장의 안전관리에 관한 내용을 산업안전보건법에 추가시켜 시행하고 있다.

③ 일본은 중대 산업사고 발생가능성이 가장 큰 석유화학공장의 안전성확보와 효율적인 법의 집행을 위해 1976년 특별법으로 콤비나트법을 제정하여, 다량의 인화성 물질 또는 고압가스를 취급하고 있는 지역을 석유화학콤비나트 특별방재구역으로 지정하여, 인근 주거지역과의 완충지역설치, 사업장의 방재체제 구축 등에 대해 규정하여

시행하고 있다.

④ 국제노동기구(ILO), 유엔환경계획기구(UNEP) 및 경제협력개발기구(OECD) 등은 중대 산업사고를 예방하기 위하여 국제협약 또는 예방프로그램 등 다양한 지침을 마련하여 각국에 전파하고 있다. ILO는 이미 언급한 1984년 인도보팔의 MIC 누출사고를 계기로, 1985년 중대 산업사고예방에 대한 결의를 하고, 1993년 6월 제80차 총회에서 중대 산업사고예방에 관한 협약을 ILO협약 제174호로 채택하였다.

2) 국내현황

1960년대 이후 우리나라의 산업은 중화학공업을 중심으로 크게 발전하였으나, 이는 각종 공장 설비를 대형화시키고 복잡하게 함은 물론, 사용하는 화학물질도 다양화되어 인체에 유해한 화학물질의 사용량을 크게 증가시켜 화재. 폭발 및 위험물질 누출사고 등의 발생가능성 즉, 잠재적 사고 위험성이 크게 증대되었다.

국내 주요 산업사고의 예로는 1989년 10월 전남 여천공단의 ○○공장에서 작업관리 잘못으로 ABS 압출기가 폭발하여, 23명이 사망하였으며 20여명이 중경상을 입었고 반경 2 km 내의 유리창이 깨어지는 등의 큰 피해를 초래한 바 있다.

또한, 군산시로부터 1.5 km 정도 떨어진 ○○화학 군산공장의 TDA(toluene-2,4-diisocyanate) 누출(1991.9) 사고는 커다란 민원을 야기하였고, 최근에는 1994년 7월 농약원료 제조업체인 인천의 ○○정밀(주)에서의 폭발사고로 60여명이 사상하였다, 그리고 1994년 9월에는 여천 석유화학공단에 있는 00공장에서의 포스겐 등 유독가스 누출사고가 확산되어 3명이 사망하고 40여명이 유독가스에 중독되는 등 화학공장에서의 대형사고는 계속적으로 발생되어 근로자 및 인근 주민의 안전을 위협하고 회사경영에도 치명적인 타격을 주었다.

2. 안전성평가의 구분

여기에서 안전성평가라 함은 법 제48조 1항에 의한 유해위험방지계획서 제출에 관한 제도와 제49조 2항의 공정안전관리제도에 관련한 내용을 중심으로 취급하는 것을 의미한다.

2.1 유해 위험방지계획서

새로운 공장이나 시설물을 설치하여 어떤 제품을 생산하고자 할 때에는 사업을 계획하고 타당성조사를 하게 된다. 이 단계에서 그 사업의 경제적, 지역적 조건 등에 대한 타당성이 인정되면 다음으로 기본설계와 상세설계 단계를 거쳐 구체적인 사업장 형태를 갖추게 된다. 이 과정에서 각종 기계 설비가 선택되고 그에 따르는 건설공사가 이루어지게 되는데 이들이 갖고 있는 유해위험요소를 사전에 찾아내어 제거할 목적으로 법에서는 유해위험방지계획서를 수립하여 전문기관에서 심사를 받도록 의무화하였다.

이 단계에서 사업의 타당성이 인정되면 그 사업장을 어떤 형태로 설치할 것이며, 어떤 설비와 생산방법을 택할 것인지를 구체적으로 결정하는 소위 기본설계 단계를 거치게 되며, 기본설계가 완성되면 이에 따라서 상세설계를 실시하게 되는데 이 단계에서는 기본설계에서 결정된 설비나 시설물을 설치 운영하기 위한 토목건축공사, 기계설비 설치공사, 전기배관공사 등을 하기 위한 공사용 실시도면을 작성하게 된다. 이후에는 상세히 설계된 내용에 따라 각종 공사용 자재를 구입하여 각종 기계, 설비 등을 조립, 설치하는 건설공사 단계를 거쳐 사업장은 그 형태를 갖추게 된다.

건설공사 단계에서는 주로 상세설계도면 및 공사 사양서에 따라 이루어지는데, 건설공사 자체를 위해 필요로 하는 가설물 설치도면은 가설물의 일시성, 가변성 등의 특성 때문에 가설물 설치도면 없이 시공되는 경우가 많으며, 특별히 기술을 요하는 가설물에 한해 부분적으로 가설물 설치도면을 작성하는 것이 우리나라 실정이다.

이와 같이 제조업체는 물론 도로・항만・철도 등의 사회간접시설을 막론하고 모든 사업장이 형성되기 위해서는 설계단계를 거쳐야 하는데, 이 단계에서는 사업장의 규모, 기계설비의 배치, 기계설비의 조작순서, 작업방법 등은 물론 공사방법 등이 결정되므로 이 단계에서 유해위험방지를 위한 계획을 수립하여야 한다.

이와 같이 계획서수립을 사업주가 하도록 의무화하여 이 계획서에 산업안전보건기준이 사전에 반영되도록 유도함으로써 근원적인 안전보건을 확보하여 산업재해예방에 기여토록 하는 것이 사전안전성 평가제도라 할 수 있다.

현재까지 우리나라의 산업안전보건사업은 사업장이 설치되어 운영되고 있는 단계 즉, 사업장이 설치된 후 오랜 기간이 지난 다음에야 재해발생이 많은 사업장을 방문하여 기술지도, 진단 및 감독 등의 업무를 주로 해왔으나, 2008년 8월부터 제48조 1항에서 "대통령령으로 정하는 업종 및 규모에 해당하는 사업"의 사업주는 당해 사업에 관계있는 건설물·기계·기구 및 설비 등을 설치·이전하거나 그 주요구조부분을 변경하는 때에는 이 법 또는 이 법에 의한 명령에서 정하는 유해·위험방지사항에 관한 계획서를 작성하여 노동부령이 정하는 바에 의하여 노동부장관에게 제출하여야 한다. 이에 해당하는 사업으로서 전기사용설비의 정격용량의 합이 300킬로와트 이상인 사업을 말한다. 대상 사업장은 다음 각 호의 어느 하나에 해당하는 기계·기구 및 설비를 말한다.

1) 금속이나 그 밖의 기타 광물의 용해로
2) 화학설비
3) 건조설비
4) 가스집합용접장치
5) 허가대상·관리대상 유해물질 및 분진작업 관련 설비

그러나 사업장을 설치·이전하거나 주요 구조부분을 변경할 때 또는 위험한 건설공사를 시공하고자 할 때에 제출되는 유해위험방지계획서를 검토하는 것은 앞에서 언급한 바와 같이 계획 및 설계단계에서 안전기준 등을 반영하도록 하자는 것인데 이에 대한 필요성을 요약하면 다음과 같다.

첫째, 산업안전보건법에서 규정하고 있는 각종 기준은 근로자들의 안전보건확보를 위하여 지켜야 할 최소한의 기준이며 이 기준들의 대부분은 기술적인 사항들로서 설계단계에서의 안전기준 등을 준수하도록 지도·감독하는 것이 정부의 기본임무이며 이 업무의 철저한 시행이야말로 안전기준 등의 준수를 유도하기 위한 기본단계라고 볼 수 있기 때문이다.

둘째, 설계단계에서 기술지도를 통한 설계, 보완, 변경 등은 쉽게 반영될 수 있으나 사후 기술지도를 통한 시설개선이나 작업방법의 개선에는 한계가 있기 때문이다. 즉 기계, 설비가 이미 설치되었거나 구매조달이 완료된 상태이어서 교체가 불가능하고 구조적으로 방호조치를 할 수 없는 경우가 있으며 또한 시설개선을 위하여 막대한 경비가 소요될 경우가 있어서 사업주 입장에서 기피하는 경우가 있게 된다.

따라서 실질적인 개선보다는 형식적인 개선으로 잠재적이건 가시적이건 간에 재해를 일으킬 수 있는 위험요인을 그대로 방치하게 되고, 때에 따라서는 기술지도의 결과가 비현실

적으로 비칠 경우도 있게 된다. 이처럼 사후의 기술지도는 재해예방에 필요한 업무임에는 틀림이 없으나 이 업무만으로는 안정적인 재해예방효과를 이룩할 수는 없는 것이다.

사업장 설치 전 또는 건설공사 착공 전에 제출되는 유해위험방지계획서는 생산 기술자인 설계자가 작성하게 되며, 또한 이것은 사업주부터 말단 기술자까지 모두가 참여하여 관심을 갖는 사업장설치 계획의 일부이기 때문에 이들에게 계획서 작성 단계에서 안전보건기준을 준수하게 하고, 또한 이들을 대상으로 기술검토를 함으로써 안전의식고취는 물론 안전보건 기술지도 및 교육효과를 가져올 것이다. 따라서 사업장의 자율안전관리는 정착될 것이고 결국 산업재해를 예방하는 기본 사업으로서 역할을 하게 될 것이다.

2.2 공정안전관리제도

화학공정 등 주요 위험설비는 유해위험물질을 다량으로 취급할 뿐만 아니라 복잡하고 정밀한 장치나 설비가 자동제어되는 연속공정으로 시스템화되어 있다. 이렇게 거대 시스템화된 설비는 여러 전문분야의 기술자에 의하여 제작되고 운전되고 정비된다. 즉 설계자와 제작자, 운전자, 정비자가 모두 다르다.

이와 같이 복잡하고 정밀한 여러 분야의 기술이 집합되어 운영되고 있는 주요 위험설비는 그 속에 포함되어 있는 위험요소 또한 복잡한 요인들이 복합적으로 작용하여 이루어진 것이 많다. 따라서 이러한 설비 중에 숨어있는 잠재위험요소를 어느 한 분야의 기술자에 의하여 확인하고 평가하여 그 위험을 제거하거나 통제하기는 거의 불가능하다.

이러한 이유때문에 화학공장 등 주요 위험설비를 운영하는 사업장에서는 이런 위험에 대처하지 못함으로써 막대한 인적, 물적 손실을 가져오는 대형사고가 잇따르고 있다. 따라서 여러 분야의 기술을 종합하여 위험을 찾아 대처할 수 있는 구조적이고 체계적인 안전관리방법이 필요하다.

즉, 여러 분야의 기술자들이 함께 위험을 찾아 대처한다는 공동목표를 가지고 이들이 모여서 적절한 측정방법 및 평가도구를 이용하여 위험을 평가함으로써 무엇이 위험하며 이 위험은 어떻게 잘못되면 사고로 바뀌고 사고시에는 어느 정도의 피해가 있을 것인가를 예측하여 그 대책을 세우는 안전관리시스템이 요구된다.

여기서 대책이란 위험을 제거하거나 제어함을 말하는데 위험의 제거란 덜 위험한 물질의 사용이나 생산공정의 변경, 인적 에러 등의 근본적인 제거 등을 말하고, 제어란 위험이 사고로 바뀔 수 있는 경로를 모두 찾아내어 사고로 되지 않도록 하는 과학적, 기술적, 관리적인 모든 활동을 말한다.

공정안전보고서에는 위험성평가 및 위험의 제거 또는 제어하는 것과 같은 설비 및 공정 등에 관한 기술적인 요인 이외에 인간과 기계와의 관계, 인간심리, 안전관리 이론 및 체계, 안전교육 등 여러 요인이 함께 포함되는 것이 바람직하다.

이와 같이 위험을 관리하는데는 어느 한 분야의 정교한 전문지식만으로는 불가능하다. 여러 분야의 기술이 종합되어 하나의 목표에 모아져야 하고 여기에 방법론적인 요소가 가미되어야 한다.

즉 효율적인 안전관리를 위해서는 공정관리체제, 공정관련지식, 공정위험관리, 협력업체관리, 변경관리, 장치보전, 운영절차, 안전작업요령, 인간공학적인 요인, 교육훈련, 사고조사, 비상계획, 법률 및 기준, 감독과 같은 여러 가지 요인이 함께 관련되는 종합안전관리가 이루어져야 한다.

공정안전관리는 구조적이며 체계적이고 논리적이며 구체적인 방법론이 포함된 종합안전관리 시스템이다. 이 시스템은 안전전문가와 기술자의 협력은 물론 경영층의 적극적인 지원과 근로자의 적극적인 참여가 이루어지는 종합 전문안전관리이다.

우리의 생산현장에도 보다 구체적이고 체계적이며 논리적인 종합 안전관리시스템을 도입하여 전문적인 안전관리를 수행함으로써 중대 산업사고를 방지하도록 요구되는 시점에 온 것이다.

이와 같이 산업재해예방과 작업환경을 개선하고자 하는 노력에도 불구하고 전 세계의 산업체에서는 매년 약 5천만건의 사고가 발생하고, 하루에도 약 16만 건의 사고가 발생하고 있는 등 아직도 그 대책이 미흡한 실정이다. 더욱이 ILO의 보고서에 의하면 근래의 사고빈도는 점차 줄어들고 있으나 치명적인 중대 산업사고는 매년 2배씩 증가하고 있는 것으로 보고하고 있다. 우리나라에서도 대형사고가 빈발하고 산업체에서의 산업재해로 인한 사망자수가 줄어들지 않고 있는 실정이다.

이에 따라 세계 각국에서는 중대 산업사고를 예방하기 위한 제도적 장치를 마련하여 추진하게 되었으며 ILO, OECD, UNEP와 같은 국제기구에서도 중대 산업사고 예방을 위한 기법을 개발하여 각국에 보급하고 있다.

현재, 미국・유럽・대만 등에서 중대 산업사고 예방을 위한 수단으로서 공정안전관리제도를 도입하여 시행중에 있고, 우리나라에서도 산업안전보건법 제49조의 2에 이의 도입을 명시하였다.

1995년 현재 국내의 화학공장은 680여 개소로서 그 중에 정유. 석유화학공장 등 대형재해의 위험성이 있는 사업장 280여 개소가 대체로 4개 지역(울산, 여천, 경인, 대산)에 밀집

되어 있으며, 이 중 10년 이상 노후화된 설비가 60% 정도를 점유하고 있고, 특히 울산 및 여천 석유화학단지는 조성된 지 약 20여년이 경과된 노후 대형설비가 많이 집중되어 있어 그 위험성을 더욱 고조시키고 있다.

더구나 화학설비 등 주요 위험설비는 유해위험물질을 다량으로 취급할 뿐만 아니라, 복잡하고 정밀한 장치나 설비가 자동제어되는 연속공정으로 대형화되어 있고, 이와 같은 설비는 여러 분야의 전문가에 의하여 설계 · 제작 · 운전 · 정비되는 등 설계자와 제작자 · 운전자 · 정비자가 모두 다르다. 이렇게 복잡 · 정밀하고 정교한 여러 분야의 기술이 집합되어 제작 · 운영되고 있는 위험설비는 그 속에 내재되어 있는 위험요소, 즉 잠재위험요소를 어느 한 분야의 기술자에 의하여 확인, 평가하여 위험을 제거하거나 통제하기가 거의 불가능하므로 여러 분야의 기술을 종합하여 그 위험을 찾아 대처할 수 있는 체계적인 안전관리 방법이 필요하다.

즉 여러 분야의 기술자들이 함께 위험을 찾아 대처한다는 공동목표를 가지고 이들이 함께 모여서 적절한 평가방법 및 도구를 이용하여 위험을 평가함으로서, 무엇이 얼마나 위험하고 무엇이 잘못되면 어떤 사고로 전이되고 사고시에는 어느 정도의 피해가 있을 것인가를 예측하여 그 대책을 세우는 종합 안전관리체제가 요구된다. 이것을 체계적 · 논리적 · 구체적으로 구현한 종합 안전관리체제가 공정안전관리제도이며, 이는 안전전문가와 관련 기술자와의 협력은 물론, 경영층의 적극적인 지원과 근로자의 자발적인 참여가 이루어져야 하는 종합전문안전관리체제로서 우리나라의 생산현장에서도 이와 같은 안전관리체제를 도입 · 시행하여 스스로 중대 산업사고를 예방하여야 할 시점에 온 것이다.

특히 ILO협약은 중대 산업사고예방에 필요한 불가결한 제도로써, 협약비준을 위한 기반조성이 필요하다고 판단되며, 우선 시급한 것이 사업주 의무사항인 유해위험설비의 안전성평가, 안전보고서 및 중대 산업사고조사 보고서 작성 등이며, 이것이 바로 공정안전관리제도의 기본내용이다.

우리나라의 화학공장에서는 앞으로도 화학물질의 계속적인 사용증가와 더불어 화학설비의 노후화가 더욱 촉진될 것으로 예상됨에 따라 사고의 위험성도 그 만큼 높아질 것이다. 이와 관련된 예로서, 군산 시민들의 ○○화학 포스겐 저장설비 철거를 위한 서명운동과 같이 주변의 유해위험시설에 대한 재산권의 보호, 화재. 폭발 또는 누출 등 중대 산업사고의 우려와 근로자들의 안전한 작업환경에서 일하고자 하는 욕구에 의해 작업의 유해위험성에 대한 적절한 정보를 요구할 뿐만 아니라, 보다 적극적으로 위험요인의 측정 및 대책 수립에까지 참여하려는 경향을 보이고 있다.

이와 같은 사회적 여건에서 공정안전관리제도의 도입은 자율안전관리를 바탕으로 하여 우리나라의 안전관리수준을 한 단계 높일 수 있는 아주 좋은 계기가 될 것이며, 자율안전을 위해서는 자율을 실천하려는 측의 자율의지, 능력과 함께 국가 또는 기업차원에서의 제도적, 경제적인 지원이 필요하다.

그러나 정부 관련부처별로 중대 산업사고에 대한 예방, 경보, 소방이나 대피에 대한 책임한계가 불분명하고, 동일대상이 각기 다른 법에 의해 중복해서 상이한 기준에 따라 관리되고 있을 뿐만 아니라, 중대 산업사고 관련정보도 각 관련부처가 유해위험물질, 고압가스 등 각 분야별로 따로 보유하는 등 관련 기관간의 정보공유 체계확립이 극히 미흡한 실정이다. 이를 개선하기 위해서는 정부 부처간의 업무조정 및 관련법의 제·개정이 시급하고, 또한 산업안전보건법, 고압가스 안전관리법, 소방법 및 유해화학물질관리법 등의 규정에 의한 화학물질의 표시 등을 통일시켜야 하며, 이를 위해서 ILO 협약 화학물질의 사용안전규정의 내용을 참조하는 한편, 사용, 수입, 제조하고 있는 모든 화학물질을 물질안전보건자료로 데이타 베이스화하여 관련 부처, 사업장, 일반 국민들이 용이하게 관련정보를 이용할 수 있도록 하여야 할 것이다.

3. 공정안전관리제도의 적용

3.1 공정안전관리의 목적

산업사고예방을 위한 지속적인 노력에 따라, 사고건수는 점차 줄어들고 있으나 치명적인 중대산업사고는 오히려 증가하여 산업재해로 인한 사망자 수는 줄어들지 않고 있기 때문에 이에 대한 근본적인 대책을 마련하는데 있다. 이와 같은 상황에 따라 세계 각국에서는 중대 산업사고를 예방하기 위한 제도적 장치를 마련. 추진하고 있으며, ILO·OECD·UNEP와 같은 국제기구에서도 중대 산업사고예방을 위한 기법을 개발하여 각국에 보급하고 있다.

현재 미국, 유럽, 대만 등에서 중대 산업사고 예방을 위한 수단으로 공정안전관리제도를 도입하여 시행 중에 있고, 우리나라에서도 1996.1.1부터 시행하고 있는데 이 공정안전관리의 목적과 그 주요내용은 다음과 같다(그림 7-2 참조).

1) 제조공정과 관련한 기술자료 및 도면의 체계화
2) 체계화된 기술자료를 바탕으로 한 위험성 평가 및 필요한 조치시행
3) 안전운전절차, 하도급 관리기준을 설정하여 작업실수의 최소화 강구
4) 설비의 안전성유지를 위한 설계, 설치, 운전 및 정비기준을 제도화
5) 사고 발생시를 대비하여 피해를 최소화하기 위한 비상조치 계획 및 실천
6) 각종 절차와 기준 준수를 위한 전 종업원의 교육, 훈련의 정기적인 실시
7) 공정안전관리의 계획에 따른 추진여부를 정기적 자체감사로 개선

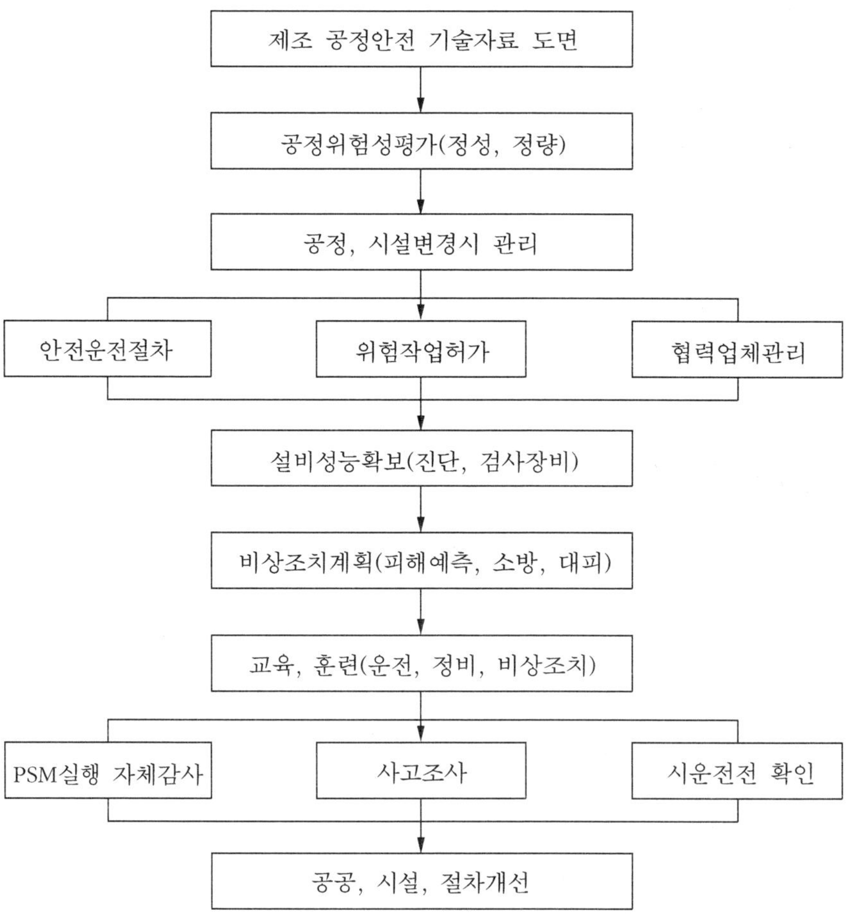

그림 7-2 공정안전관리기법의 내용

3.2 공정안전보고서의 주요구성

공정안전보고서를 작성하는데 필요한 자료는 사업개요와 함께 다음과 같은 내용이 반드시 포함되어야 한다.

1) 공정안전자료

(1) 유해위험물질 자료
- ① 유해위험물질의 물성 및 사용량
- ② 물질안전보건자료

(2) 유해위험설비 목록 및 사양
- ① 동력기계 목록
- ② 장치 및 설비사양
- ③ 배관 및 가스켓 사양
- ④ 안전밸브 및 파열판 사양

(3) 공정도면
- ① 공정설명서
- ② 공정흐름도(PFD)
- ③ 공정배관계장도(P&ID)
- ④ 유틸리티 계통도
- ⑤ 유틸리티 배관 계장도(UFD)

(4) 건물설비의 배치도
- ① 건물설비 전체 배치도면
- ② 설비배치도면
- ③ 건물 및 철구조물의 평면도 및 입면도
- ④ 내화구조 사양
- ⑤ 소화설비 설치계획
- ⑥ 화재탐지 및 경보설비 설치계획
- ⑦ 가스누출 감지경보기 설치계획
- ⑧ 세척 · 세안시설 및 안전보호장구 설치계획
- ⑨ 국소배기장치 설치계획

(5) 방폭지역 구분 및 전기 단선도
① 방폭지역 구분도
② 방폭전기 계장기계기구 선정기구
③ 전기 단선도
④ 접지계획
(6) 안전설계 · 제작 및 설치기준
(7) 배출물의 처리 설계기준 및 사양

2) 위험성 평가

(1) 위험성평가에 대한 검토결과
(2) 위험성 평가결과 조치계획

3) 안전운전계획

(1) 안전운전 지침서
(2) 설비검사 및 보수유지계획 및 지침서
(3) 안전작업허가
(4) 도급업체 안전관리 계획
(5) 근로자 교육계획
(6) 가동전 점검지침
(7) 변경요소 관리계획
(8) 자체감사계획
(9) 공정사고 조사계획

4) 비상조치계획

(1) 사고발생시나리오(비상사태 구분)
(2) 진화계획(테러대비)
(3) 피난계획(대피계획)

3.2.1 공정안전자료

1) 유해위험물질

(1) 대상설비에서 취급, 저장하는 원료, 보조재료, 첨가제, 촉매, 촉매보조제, 부산물, 중간 생성물, 중간 제품, 완제품 등 모든 유해물질은 보고서 양식 : 별지제13호 서식에 기입하여야 한다.

(2) 분자식란에는 구조식 또는 분자식을 기입하되 가능하면 구조식을 기입하며, 혼합물의 조성도 함께 기입한다. 단, 물질의 구조식, 분자식 또는 조성 등이 제조업체의 사업 비밀에 관련된 경우에는 기록하지 아니할 수 있다.

(3) 폭발한계란에는 물질의 폭발한계치를 상한, 하한으로 나누어 기입하고, 분진폭발성 물질인 경우에는 분진폭발한계치를 기입한다.

(4) 허용농도에는 노동부장관이 고시한 “유해물질의 허용농도”에 규정된 시간가중평균농도(TWA)를 우선적으로 기입한다. 노동부 고시에 규정되어 있지 않은 물질에 대하여는 통상적으로 사용하고 있는 허용기준을 문헌 등에서 조사하여 기입한다. 단위는 ppm 또는 mg/m^3으로 한다.

(5) 독성치에는 취급하는 물질이 액체 또는 고체인 경우에는 치사량(LD_{50} : 경구, 쥐 또는 경피, 쥐 또는 토끼)을, 기체인 경우에는 치사농도(LC_{50} : 흡입, 쥐, 4시간)를 기입하고, 단위는 LD_{50}은 mg/kg, LC_{50}은 ppm으로 기입한다. 특히산업안전보건법 시행령 <별표 1>에서 정하는 독성물질에 대하여는 빠짐없이 기입한다.

독성물질이라 함은 LD_{50}(경구, 쥐)이 200 mg/kg 이하, LD_{50}(경피, 쥐)이 400 mg/kg 이하 또는 LC_{50}(흡입, 4시간, 쥐)이 2000 ppm 이하인 물질을 말한다. 그리고 기온이 20℃일 경우의 mg/m^3와 ppm단위를 환산하는 식은 다음과 같다.

$$\text{ppm} = \text{mg/m}^3 \times \frac{22.4}{\text{분자량}} \times \frac{293}{273}$$

(6) 인화점 및 발화점란에는 그 물질의 인화점과 발화점을 ℃로 기입한다. 특히 인화점은 혼합물에 대하여도 기입한다.

(7) 증기압은 20℃에서 그 물질이 갖는 수치를 mmHg 단위로 기입한다.

(8) 부식성 유무는 그 물질이 특정 재질에 미치는 부식성이 있는 경우에는 O표를, 없는 경우에는 ×표를 하되 가능하면 부식성이 있는 재질과 부식정도(mm/year) 등을 기입한다.

(9) 이상반응 유무란에는 그 물질과 접촉혼합시에 이상반응을 일으킬 수 있는 물질, 이상 반응조건, 영향 등을 기입한다.

(10) 일일 사용량란에는 그 설비에서 취급하는 양을 24시간기준 1일 사용량을 기입하고 저장량 란에는 그 저장설비의 설계용량을 기입한다. 그 설비가 회분식 공정인 경우에는 사용량을 24시간 기준으로 환산하여 기입한다.

(11) 유해·위험물질 목록에는 법 제41조 규정에 의하여 작성된 화학물질안전보건자료를 첨부한다.

2) 유해위험설비의 목록 및 사양

(1) 동력기계목록

동력기계목록은 보고서 양식 : 별지 제14호 서식에 그 대상설비에 사용되는 모든 동력기계를 다음과 같이 기입한다. 용기에 설치된 교반기, 창고 등에 설치된 전동 셔터, 양중기(crane/hoist) 등도 빠짐없이 기입한다.

① 사양에는 펌프 및 압축기의 시간당 처리량, 토출측의 압력 및 회전속도, 교반기의 임펠러 반경 및 회전속도, 양중기의 정격용량, 양정, 기타 동력기계의 시간당 처리능력 등을 기입한다.

② 재질에는 해당 기계의 주요부분의 사용재질을 KS 또는 ASTM 등의 분류기호로 기입한다.

③ 전동기의 용량에는 해당 기계에 설치된 전동기의 용량을 kW단위로 기입하며 전동기 이외의 동력수단(스팀 등)에 의해 작동되는 것은 동력 열량단위를 kW로 환산하여 기입한다.

④ 방호장치의 종류에는 그 동력기계에 필요한 방호장치의 이름을 모두 기입하되 산업안전보건법에서 요구하는 방호장치의 이름은 필히 빠짐없이 기록한다.

⑤ 비고란에는 펌프 및 압축기의 경우에 그 형식 분류를 기입한다.

(2) 장치 및 설비사양

장치 및 설비사양의 양식은 별지 제15호 서식에 그 대상 설비에서 사용하는 모든 장치 및 설비에 대하여 다음과 같이 기입한다. 여기서 장치 및 설비라 함은 탑류, 반응기류, 드럼 및 열교환기류, 가열기류, 탱크류, 원심분리기, 집진기 등 모든 고정장치를 말한다.

① 장치번호는 P & ID상의 장치번호와 일치시켜 기입한다.

② 용량에는 탑류의 직경, 전체길이 및 처리단수 또는 높이, 반응기 및 드럼류의 직경, 길이 및 처리량, 열교환기류의 시간당 전열량 및 전열면적, 가열로류의 시간당 열량, 직경 및 높이, 탱크류의 저장량, 직경 및 높이 등을 기입한다.
③ 열교환기류는 동체(shell)측과 튜브(tube)측을 구분하여 모든 사항에 대하여 기입하며 튜브측의 사용재질은 본체란에는 양측면의 재질을, 부속품란에는 관의 재질을 기입한다.
④ 이중 구조형 또는 내외부 코일이 설치되어 있는 반응기 및 드럼류는 동체 및 자켓코일에 대하여 구분하여 모든 사항을 기입한다.
⑤ 사용재질은 KS 또는 ASTM 등의 분류기호로 기입한다.
⑥ 가스켓의 재질은 특정 상품명이 아닌 일반명을 기입한다.
⑦ 계산두께는 부식여부를 제외한 강도에 필요한 최소 두께를 기입한다. 즉 계 산두께와 부식여유의 합은 실사용 두께보다 작게(계산두께 + 부식여부 ≤ 사용두께) 되도록 기입한다.
⑧ 용접효율 및 비파괴 검사율은 압력용기 제작기준, 안전기준 및 검사기준에서 정하는 상관관계에 따른 수치표를 이용하여 기입한다.
⑨ 후열처리 여부는 실제 용접작업이 완료된 후에 압력용기 제작기준, 안전기준 및 제작기준에 의하거나 사업주가 요구하는 용접 부위에 대하여 후열처리 여부를 정확히 기입한다. 특히 열교환기 및 탱크류의 열처리 부위는 정확히 기 한다.

(3) 배관 및 가스켓 사양

배관 및 가스켓 사양은 보고서 양식: 별지 제 16호 서식에 의하여 다음과 같이 작성한다.
① 대상 설비에서 사용하는 배관에 관련된 사항은 P&ID상의 배관 재질 코드별 로 기입한다. 여기서 배관재질 코드라 함은 P&ID상의 배관의 번호에 포함되어 있는 재질의 식별을 위한 분류로써 A1B2를 말한다.
② 분류 코드란에는 배관 번호상의 배관재질 코드를 기입한다.
③ 유체의 명칭 또는 구분란에는 P&ID 상의 유체의 명칭기호를 기입하고, 유체가 2상 흐름인 경우에는 이에 대한 내용을 별도로 기입한다.
④ 설계압력란에는 최저 설계온도에서의 설계압력과 최고 설계온도에서의 설계 압력을 구분하여 기입한다.
⑤ 배관 재질란에는 사용재질의 KS 또는 ASTM 등의 분류기호로 기입한다.
⑥ 가스켓 재질 및 형태란에는 그 사용재질을 재질분류 기호로 기입하고 또한 가스켓의 형식을 기입하되 상품명이 아닌 일반명칭을 기입한다.

⑦ 비파괴검사율란에는 실제 그 배관에 실시할 비파괴검사(X-Ray 등)율을 KOSHA Code 또는 ASTM/ANSIB 31.3 등에 준하여 기입한다.

⑧ 후열처리란은 그 재질의 특성에 따라 코드 또는 사업주의 요구에 따라 실시하고 그 실시여부를 기입한다. 후열처리기준을 기입하고, 또한 필요한 경우에 는 용접전 예열처리도 실시하며 예열처리기준에 따른다.

(4) 안전밸브 및 파열판 사양

안전밸브 및 파열판 사양은 보고서 양식: 별지 제17호 서식에 다음과 같이 기입한다.

① 계기번호에는 P&ID상의 안전밸브 또는 파열판 각각의 번호를 기입한다.

② 내용물에는 안전밸브 또는 파열판을 통하여 배출되는 화학물질의 종류를 기입한다.

③ 상태에는 안전밸브 또는 파열판을 통하여 배출되는 화학물질의 상을 액체, 기체 또는 액체와 기체 등으로 구분하여 기입한다.

④ 배출용량에는 안전밸브 또는 파열판을 통하여 배출되는 물질의 양을 kg/hr 단위로 기입한다. 여기에서 요구하는 배출량은 공정의 압력분출요인에 따라 요구되는 분출량 중에서 최대 분출요구량으로 하여야 한다. 배출 용량의 산출은"안전밸브의 배출용량 및 설정압력 산정자료" 등을 참조하여 산정한다.

⑤ 노즐의 크기는 안전밸브의 입구노즐과 출구노즐의 크기를 배관공칭 규격으로 인치 단위로 기입한다.

⑥ 보호기기의 번호는 안전밸브 또는 파열판을 설치하여 보호하고자 하는 장치 및 설비의 번호를 기입하되, 장치 및 설비사양상의 번호를 기입한다. 배관보호를 목적으로 설치되는 경우에는 기입하지 않아도 된다.

⑦ 보호기기의 운전설계압력은 보호하고자 하는 장치 및 설비의 운전설계압력을 기입하되, 장치 및 설비 사양상의 운전설계압력과 일치되도록 기입한다.

⑧ 안전밸브 등의 설정압력에는 안전밸브 또는 파열판의 설정압력을 기입하되, "안전밸브의 배출용량 및 설정압력 산정자료"를 기준하여 설정 기입한다.

⑨ 정밀도(오차범위)는 안전밸브인 경우 설정압력이 5 kg/cm^2G 미만인 경우에는 ±0.14 kg/cm^2G, 설정압력이 5 kg/cm^2G 이상인 경우에는 설정압력의 ±3%라고 기입하고, 파열판인 경우에는 설정압력에 관계없이 설정압력의 ±5%라고 기입한다.

⑩ 배출연결부위란에는 배출물 처리설비에 연결된 경우에는 그 설비 이름을, 대기방출인 경우에는 대기방출이라고 기입한다.

⑪ 비고란에는 배출용량을 정한 안전밸브의 작동원인을 기입한다.

3) 공정 도면

(1) 공정 개요

공정 개요는 단위공정별로 화학반응식, 처리방법 등을 구체적으로 기술하되 다음의 사항들이 필히 포함되어야 한다.

① 운전조건(온도 · 압력 등)

② 반응조건(온도 · 압력 등)

③ 반응열(kcal/mol)

④ 이상반응 여부 및 그 대책

⑤ 이상발생(emergency)시의 인터록 및 정지조건 등

(2) 공정흐름도

공정흐름도(process flow diagram : PFD)는 제조공정을 한눈에 알아볼 수 있도록 되어있는 도면으로 기본적인 제조 개요, 공정제어의 개념, 제조설비의 종류 및 형태 등이 표현되어야 하며, 다음의 사항들이 포함되어야 한다. 공정흐름도상에는 예비용 장치류 및 병열로 연결된 장치류 등은 표시되지 않으며 또한 통상적인 밸브도 표시하지 않는다.

① 물질수지 및 열수지(material & heat balance data)

② 처리방법 및 흐름의 방향(flow scheme & direction)

③ 기본적인 제어계기류(basic control instrument)

④ 온도

⑤ 압력

⑥ 압력용기의 치수(dimension)

⑦ 펌프 · 압축기의 용량(capacity)

⑧ 열교환기 및 가열로의 용량(heat duty)

(3) 공정배관계장도

① 공정배관계장도(P&ID : piping & instrumentation diagram)는 모든 공정의 기본이 되는 도면으로 공정에 꼭 필요한 기본 지침서이며, 다음과 같은 여러 용도에 꼭 필요한 도면이다.

- 제조공정운전의 기본서
- 설비의 시운전시의 길잡이

○ 건설을 위한 상세설계의 기본

② P&ID에는 배관, 계기, 기계장치류 등에 대하여 다음과 같은 상세한 사항 등이 포함되어야 한다.

○ 모든 기계장치류 표시
○ 모든 기계장치류의 이름, 기계장치번호, 칫수, 높이 등
○ 회전기의 동력원
○ 모든 배관의 규격, 배관번호, 재질, 플랜지 율
○ 기기장치 및 배관의 tracing 여부
○ 기계장치 및 배관의 보온여부
○ 모든 종류의 밸브
○ 모든 배관의 부속설비(스트레이너, 팽창용 연결부, 시료 채취구, 드레인, 벤트 등)
○ 모든 계기류(계기류 번호, 종류, 기능 등)
○ 조절밸브의 크기
○ 조절밸브 고장시의 위치(failure close or open)
○ 안전밸브의 크기 및 설정압력
○ 인터록 및 조업중지 여부

③ P&ID에 표시되어야 할 사항

P&ID에는 기계, 배관 계장 등 각 분야별로 운전 및 보수유지에 필요한 사항들이 가능한 빠짐없이 표시되는 것이 바람직하다.

(4) 유틸리티 계통도

유틸리티 계통도(utility balance diagram)는 유틸리티의 종류별로 다음과 같은 사항이 포힘되어야 한다.

○ 소요처
○ 소요처별 소요량 및 총 소요량
○ 공급설비(general system)
○ 공정제어 개념

(5) 유틸리티 배관 공정도

유틸리티 배관 공정도(UFD)의 구성은 P&ID와 동일한 구성을 가지며 다음과 같은 2가지 종류의 공정도를 작성한다.

- ㅇ 제조시설에 관련된 계통도(system UFD)
- ㅇ 소요처별 분배 계통도(distribution UFD)

4) 건물 및 설비의 배치도

(1) 건물 및 설비의 전체 배치도(overall plot plan)**에는 다음 사항 등이 표시되어야 하고 도면은 축척에 의하여 작성한다.**

- ㅇ 각종 건물 및 설비의 위치
- ㅇ 건물과 건물 사이의 거리
- ㅇ 건물과 단위공정 설비간의 거리
- ㅇ 단위공정 설비와 단위공정 설비간의 거리
- ㅇ 단위공정 설비와 후레아스텍간의 거리
- ㅇ 단위공정 설비와 저장탱크 설비간의 거리
- ㅇ 중앙 제어실과 단위공정 설비간의 거리

(2) 설비 배치도(plot plan)

설비의 배치도에는 다음 사항 등이 표시되어야 하고 도면은 축척에 의하여 작성한다.

- ㅇ 각 기계 장치류간의 거리
- ㅇ 각 기계 장치류의 설치 높이
- ㅇ 각 기계 장치류의 보수유지 공간

(3) 건축물의 평면도 및 입면도

다음 건축물에 대한 평면도 및 입면도를 작성하여 제출할 때에는 상세도면은 첨부하지 않는다.

- ㅇ 기계장치 설치용 철구조물
- ㅇ 배관 및 케이블설치용 철구조물
- ㅇ 조정실 및 전기실

(4) 철구조물의 내화처리

① 위험지역 내에 설치되는 다음의 철구조물 및 기계장치류의 지지대는 안전규칙 제290조에 준하여 내화(fire proofing)처리를 하여야 한다.

○ 기계장치 설치용 철구조물
○ 배관 및 케이블설치용 철구조물
○ 기계장치의 자체지지대 등의 부품

② 내화처리 내용을 보고서 양식 : 별지 제 18호 서식에 기입하되 다음과 같이 기입한다.
○ 내화설비 또는 지역란에는 내화처리 대상이 되는 철구조물, 배관지지대, 기계장치류 등의 명칭을 기입한다.
○ 내화부위에는 내화처리범위를 기입한다.
○ 내화시험기준 및 시간은 KS F 2257 "내화시험방법"에 의한 기준 및 시간 이상이 되도록 기입한다.

③ 내화처리 부위 및 방법에 대한 상세도면을 작성하여 첨부한다.

(5) 소화설비 설치계획 및 배치

사업장내의 건축물, 화학설비, 위험물 건조설비, 아세틸렌 용접장치, 폭발화재의 원인이 되는 물질의 취급장소에는 화재탐지 및 경보설비를 갖추어야 하며, 사업장내에는 화재탐지 및 경보설비 배치도와 소화기를 포함한 소화설비 배치도를 작성하여야 한다. 사업장 내에 설치된 모든 소화설비에 대한 설치 현황표를 작성비치하여야 하며, 설치된 고정설비의 소화설비에 대한 계통 설명서 및 설계 기준서를 작성하여 전 근로자에게 주기적인 교육과 실습훈련을 통하여 유사시에 즉각 대응할 수 있는 체계적인 관리가 필요하다.

① 계통설명서에 포함되어야 할 사항은 다음과 같다.
○ 고정식 소화설비에 대한 계통도 및 계통설명서
○ 고정식 소화설비에 대한 기동정지 운전, 정상운전 및 비정상 운전시의 작동방법을 포함한 계통운전 조건
○ 화재탐지 및 경보설비 배치도
○ 소화설비 배치도 및 공사용 도면
○ 화재탐지, 경보설비, 이동식 및 고정식 소화설비를 포함한 사업장내의 전 소화설비 설치 현황표(화학 소방차도 포함)
○ 각 소화설비별 방호대상을 현황표로 작성

② 설계기준서에는 최소한 아래 사항을 포함하여 작성하여야 한다.
○ 설계적용 규격 및 표준
○ 각 소화설비별 주요기기에 대한 사양서(화재탐지, 경보설비, 이동식 및 고정 식 소화설비)

○ 각 소화설비별 약제량 및 용수량 산출근거 및 계산서
○ 각 소화설비별 전체 구성망 해석을 통한 말단 관로에서의 유량 및 압력산출 근거 및 계산서
○ 소화설비 설치 적정여부 검토서
  i. 소화수량, 소화펌프 용량 및 압력의 적정여부
  ii. 포소화설비 등 각종 소화설비 위치의 적정여부
  iii. 탱크주위 방유제 설치의 적정여부
  iv. 예비동력 설치 여부
  v. 화재탐지 및 경보설비 설치의 적정여부

(6) 화재탐지경보설비 배치도

화재탐지경보설비에 대해서는 아래 사항을 작성토록 한다.

○ 화재탐지경보설비에 대한 사양서
○ 화재탐지 및 경보설비 배치도
○ 화재탐지 및 경보설비 설치 적정여부

(7) 가스누출 감지 및 경보기 설치 계획서 또는 배치도

사업장 내에서 취급, 저장하는 화학물질의 누출로 인한 화재, 폭발 및 독성물질의 중독 등에 의한 피해를 방지하기 위하여 누출이 예상되는 장소에는 해당 화학물질에 적합한 가스누출에 대한 감지경보기 설치계획 및 배치도를 작성하여야 한다. 작성해야 할 사항은 아래와 같다.

○ 위험물질 누출탐지 및 경보설비 적정여부
○ 특정 화학물질 누출탐지 및 경보설비 적정여부
○ 감지대상 화학물질별 수량
○ 감지기 종류, 형식 및 사양서
○ 가스탐지기 배치도면, 경보기 설치계획

(8) 안전보호 설비의 설치·배치계획

① 사업장내에서 근로자 보호를 위하여 필요한 세척·세안시설, 안전보호장비 등의 설치·배치계획과 관련하여 다음 사항을 작성한다.

○ 세척·세안시설 설치계획서 및 배치도

○ 안전보호장비 배치계획서 및 배치도

② 배치계획서에는 종류 · 용도 · 수량 · 위치 등이 명기되어야 한다.

(9) 국소배기장치 설치계획

건축물내에서 화학물질을 비 밀폐식으로 투입, 충전, 포장 등을 하는 경우에는 보고서 양식 : 별지 제19호 서식에 다음과 같이 작성한다.

① 발생원 란에는 유해 · 위험물질 발생설비를 기입한다.

② 유해물질 종류에는 발생되는 유해, 위험물질(가스 또는 분진)이름을 기입한다.

③ 후드 형식에는 후드의 형태 즉 포위식, 측방흡인형, 하방흡인형, 상방흡인형 등을 기입한다.

④ 후드의 제어 풍속란에는 발생원의 후드입구에서의 흡입풍속을 "국소배기장치에 관한 기준"(노동부 고시 제90-45호)에서 정하는 수치 이상으로 기입한다.

⑤ 배기 및 처리 순서란에는 배기원에서부터 처리후 최종배기까지의 모든 설비를 순서대로 기입한다.

5) 방폭지역 구분도 및 전기 단선도

(1) 방폭지역 구분도

① 방폭지역의 구분은 인화성 또는 가연성 물질이 지속적으로 존재하는 장소(0종장소), 상용의 상태에서 위험분위기가 존재하기 쉬운 장소(1종 장소), 이상 상태하에서 위험분위기가 존재할 수 있는 장소(2종 장소)로 구분된다.

② 분진폭발에 의한 방폭지역의 구분은 정상적인 상태에서 분진이 부유하거나 퇴적되어 위험분위기를 생성하는 장소(21종 장소), 설비의 고장이나 비정상적인동작으로 인하여 위험분위기가 간헐적으로 조성될 수 있는 장소에서 분진이 퇴적되어 전기기기가 열 방산을 방해 받거나 고장, 비정상적인 운전에 의해 점화의 우려가 있는 장소(22종 장소)로 구분된다.

③ 방폭지역의 범위는 가연성 또는 폭발성 물질의 량, 물질의 증기밀도, 사용온도, 사용압력 또는 저장압력, 환기 등 운전 및 취급조건에 따라 범위를 결정한다.

④ 구분 도면의 작성은 공정설비중의 누출원이 될 수 있는 회전기기의 밀봉장치, 회전기기, 용기 및 열교환기 등의 플랜지 혹은 연결부위, 밸브 및 계기류의 연결부위 등이 방폭지역 경계를 정하는 기준으로 방폭지역의 범위에 따라 공정, 설비 및 전기안

전에 관한 엔지니어링 개념을 충분히 갖춘 사람이 작성하여야 한다.

⑤ 방폭지역 구분도의 작성은 "사업장 방폭구조 · 전기기계 · 기구, 배선 등의 선 정, 설치 및 보수 등에 관한 기준"(노동부 고시 제93-19호)에 의하여 정확하게 작성하여야 한다.

(2) 방폭전기/계장기계 · 기구의 설정기준

① 방폭지역 등급에 따라 해당지역에 적합한 기기의 선정이 이루어져야 하고, 모든 전기기기의 최고 표면온도는 그 기기가 사용되는 장소의 가스, 증기의 발화온도에 도달되지 않는 등급의 기기를 사용하며, 사용되는 장소의 가스, 증기의 종류에 따라 적합한 등급의 전기기기를 사용한다.

② 분진으로 인한 방폭지역에 사용되는 전기기기는 폭연성 금속분진 장소, 그 외의 금속분진장소, 비도전성 분진장소로 구분하여 선정되어야 한다.

③ 방폭기기형식 표시기호는 "방폭형 전기기계기구 성능 검정규격"(노동부 고시 제92-23호) 에서 정하는 바에 준하여 기입해야 한다.

④ 대상설비에서 사용하는 전기/계장 기계 · 기구는 보고서 양식: 별지 제20호 서식에 다음과 같이 기입한다.

- 설치장소 또는 공정란에는 전기/계장 기계 · 기구가 설치되는 장소 이름을 기입한다.
- 전기/계장 기계 · 기구명 란에는 전기/계장 기계 · 기구를 품목별로 기입한다.
- 방폭지역별 선정기준(방폭형식)란에는 방폭등급 장소별로 방폭형식 기호를 기입하되 "방폭형 전기 기계기구 성능 검정 규격"(노동부 고시 제92-23호)에서정하는 방법에 의하여 기입한다.

(3) 전기 단선도

① 전기 단선도에는 수전설비의 책임 분계점에서부터 저압 변압기의 2차측(부하설비 1차측)까지를 나타내야 하며, 부스 바(bus-bar), 케이블의 굵기, 가닥수, 변압기, 각종 보호장치 등을 작성하여야 한다.

② 변압기는 변압기의 종류, 1차/2차 정격전압, 1차/2차의 결선방법, 접지방식, 보호장치 등을 표시하고, 그리고 각종 보호장치에는 차단기의 종류, 정격 및 차단용량, 보호장식, 기타를 표시하여야 한다.

③ 예비동력 및 비상전원의 용량과 단선도는 전기 단선도에 포함되어야 한다.

④ 각종 보호장치에 대해서는 단락전류를 계산하고, 적정한 단락용량의 기기를 사용하

여야 하며, 그 단락용량 계산서를 제출하여야 한다.

⑤ 진상용 콘덴서에는 방전장치와 유효한 직렬 리액터를 설치하여야 하고, 반드시 개폐할 수 있는 장치를 하여야 한다.

(4) 접지계획 및 배치도

① 접지계획에는 접지의 목적, 적용 법규 및 규격, 적용 범위, 접지 종류(계통접지, 기기접지, 피뢰설비의 접지, 정밀장비 접지, 정전기 등), 접지저항의 계산서, 접지설비의 유지관리 등을 포함시켜야 한다.

② 접지 배치도에는 접지극의 수량 및 위치, 접지선의 종류 및 굵기, 접지종류에 따르는 분류 등을 표기하여야 한다.

6) 안전설계제작 및 설치관련 지침서

(1) 안전설계제작 및 설치관련 지침서 작성 목적

각 설비별 설계관련 코드 및 기준을 작성하여야 하며, 설계시 필요한 계산서 및 설치시방서, 운전보수 지침서 등을 작성하여 유사시에 즉각 활용할 수 있도록 되어야 한다.

(2) 안전설계제작 및 설치관련 지침서 내용

① 안전설계 지침서

안전설계 지침서에는 다음과 같은 사항이 포함되어야 한다.

- 각 기기에 대한 제작기준, 안전기준 및 검사기준(운전조건, 설계조건, 재질, 사용두께, 열처리 및 비파괴검사 등 제작, 안전기준 적정여부)
- 각종 기기에 대한 사양서
- 계산서
- 설계시에 특별히 고려해야 할 사항(부식, 진동 및 소음 등)

② 설치 지침서

설치 지침서에는 다음과 같은 사항이 포함되어야 한다.

- 기계, 장치 및 설비의 위험요소를 파악할 수 있는 외관도, 카탈로그
- 각 기기에 대한 운전 및 정지방법(정상, 비정상 운전조건 포함)
- 각 기기 및 그 부속품에 대한 보수 및 유지방법
- 부속품에 대한 부품 목록표(spare part list) 및 생산 업체명

ㅇ 특별한 안전장치가 있을시 안전장치 사양
ㅇ 각 기기장치 설치방법 및 설치시 유의해야 할 점

7) 기타 관련된 자료

(1) 후레아스텍

후레아스텍 등에 관련하여 다음과 같은 사항들을 작성한다.

① 후레아스텍의 용량 산출근거
용량 산출근거는 안전밸브의 작동원인별 즉 공정상의 원인, 동력고장, 냉각수고장, 화재에 의한 원인, 기타 등으로 구분하여 대상 설비내에서 동시에 발생할 수 있는 최대량을 산출하여야 한다.

② 후레아스텍의 높이 산출근거
높이는 API 코드 등에서 정하는 방법으로 계산하여야 하며, 지상에서의 복사열이 4,000 kcal/m²·hr 이하가 되도록 하여야 한다.

③ 공정 상세도면(P&ID)
공정 상세도면은 안전밸브 및 파열판으로부터 역화방지용 드럼(liquid knock out drum), 후레아스텍에 이르기까지 관련된 모든 사항이 공정배관, 계장도와 같이 표시되며, 역화방지용 액체로 자동드레인이 되도록 구성되어야 한다.

(2) 환경오염물질 처리설비

대상 설비내에서 발생되는 환경오염물질 특히 황화합물 및 독성물질을 처리하기 위한 설비를 설치하고 이와 관련하여 다음 사항을 작성한다.

① 환경오염물질의 물질수지, 원료와 배출량간의 상호 물질수지를 작성한다.
② 처리방법
③ 최종 배출량 및 농도, 오염물질별로 배출량 및 농도를 계산하여 작성한다.

3.2.2 위험성 평가의 기법

위험성평가 기법에는 여러 가지 방법이 있으며 구체적인 내용은 2장의 내용을 참조하여 사업장의 공정 특성에 맞게 선정하여 활용하여야 한다. 위험성평가는 다음과 같은 질문에 대한 해답을 얻기 위해 시행되는 것이다.

- 위험이 어떤 곳(공정 · 설비)에 있는가?
- 위험이 있다면 사고 발생 가능성은 있는가?
- 이 사고가 발생하면 피해는 얼마나(어떻게) 되는가?
- 이런 위험을 제거 또는 발생 확률을 감소시킬 수 있는 방안은 무엇인가?
- 사고 발생시 피해를 최소화할 수 있는 대책은 무엇인가?

위와 같은 해답을 얻기란 쉬운 일이 아닐 것이다. 따라서, 각 공정의 복잡성, 특수성을 고려하여 기법을 선택하되, 그 기법에 따라 전문 기술자들이 설계도면이나 각종 자료로부터 체계적으로 위험성을 분석하여 대책을 수립하여야 한다.

위험성분석, 평가기법의 선정기준을 일률적으로 규정하기는 매우 어려운 문제이나 앞에서 언급한 해답을 얻기 위해서는 대체적으로 다음을 참고하여 선정하는 것이 바람직하다.

- 기존 제조공정(반응, 증류 등 분리, 이송시스템, 전기, 계장시스템)
  위험과 운전분석기법(HAZOP)
  공정위험분석기법(Process Hazard Review)
  이상위험도 분석기법(FMECA)
  원인 결과 분석기법(CCA)
  결함수 분석기법(FTA) 등

- 기존의 저장탱크, 유틸리티, 고체 건조 · 분쇄 설비 등
  체크리스트 기법(Check List)
  작업자실수 분석기법(HEA)
  사고예상질문 분석기법(What-if)
  위험과 운전분석기법(HAZOP)
  상대위험 순위결정 기법(Dow/Mond Indices) 등

- 공정, 원료, 제품, 설비 등의 변경
  예비위험 분석 기법(PHA)
  사고예상질문 분석기법(What-if)
  위험과 운전분석기법(HAZOP)
  이상위험도 분석기법(FMECA) 등

- 신규 설치, 이전 사업장
  위험과 운전분석기법(HAZOP)

이상위험도 분석기법(FMECA)
원인 결과 분석기법(CCA)
사건수 분석기법(ETA)
결함수 분석기법(FTA) 등

3.2.3 안전운전계획

1) 안전운전 지침서

(1) 안전운전 지침서 작성 목적

안전운전 지침서는 여러 종류의 운전, 정지 및 시동에 대한 절차를 규정하여 설비를 연속적으로, 효율적으로, 또한 안전하게 운전하기 위하여 꼭 필요하다. 그러므로 운전 지침서는 설비를 운전하는 근로자가 쉽게 이해하고 항상 가까이 할 수 있어야 하며, 향상, 수정, 보완 및 현실화하여야 한다. 운전절차를 정확히 함으로써 위험을 줄이고 보다 좋은 제품의 질을 확보하고자 한다. 근무 교대시에도 안전하게 설비를 운전할 수 있으며, 이러한 모든 것이 운전경비를 줄이는데 기여하게 된다.

(2) 안전운전 지침서의 내용

① 안전운전 지침서에는 최소한 다음의 내용이 기술되어야 하며, 수시로 향상, 수정 및 보완하여 최근판으로 유지 관리하여야 한다.

- 최초의 시운전(initial start-up) 절차
- 정상운전(normal operation) 절차
- 비상시 운전(emergency operation) 절차
- 정상적인 운전정지(normal shut-down) 절차
- 비상정지(emergency shut-down) 절차
- 정비후의 운전정지(start-up following a turnaround or maintenance) 절차
- 운전범위를 벗어났을 경우의 조치
- 화학물질의 누출 예방조치 절차
- 개인보호구 사용방법
- 위험물질에 폭로시의 조치 요령과 절차
- 안전설비 계통의 기능, 운전방법 및 절차 등

② 안전운전 지침서의 작성 책임자, 승인절차, 변경절차, 보관 및 폐기절차 등에 대한

규정이 지침서에 포함시키거나 별도로 작성, 보관하여야 한다.

③ 안전운전 지침서 작성시에는 다음 사항을 필히 정확히 기술하여야 한다.

- ○ 운전자의 운전 담당설비, 운전분야 및 운전위치에 대한 규정
- ○ 공정 및 설비별 명확한 운전조건 범위에 대한 규정
- ○ 운전범위를 벗어났을 경우의 조치에 대한 규정
  운전범위를 벗어났을 경우에 예상되는 결과
  운전범위를 벗어났을 경우에 정상운전이 되도록 하기 위한 방법 및 절차
  운전범위를 벗어나지 않도록 하기 위한 사전 조치방법 및 절차
- ○ 장치, 설비 등의 변경시 즉시 수정보완 등에 대한 규정

2) 설비점검검사와 보수유지계획 및 지침서

(1) 지침서 작성 목적

유해위험설비를 규정하고 그 설비에 대하여 점검검사 및 보수유지에 관한 절차를 정하고 그 절차에 따라 유해위험설비를 유지 관리하여, 예방정비 및 설비의 수명을 예측하고 그에 대한 대책을 세움으로써 보다 안전하게 운전할 수 있는 절차를 정하는데 목적이 있다.

(2) 대상 유해·위험설비의 종류

대상 유해·위험설비의 종류에는 다음의 설비는 필히 포함되어야 하며, 그 외의설비는 사업장의 특성에 따라 추가한다.

- ○ 압력용기와 저장탱크 계통설비
- ○ 배관 계통설비
- ○ 압력방출 계통설비
- ○ 비상정지 계통설비
- ○ 계측제어 계통설비(감지기, 경보기 및 연동장치 포함)
- ○ 펌프압축기 등 회전기기류
- ○ 위험물질 처리설비

(3) 지침서의 내용

지침서의 내용에 최소한 다음의 사항 등이 포함되어야 하며 자세한 작성방법 및 내용은 KOSHA 코드 P-21-95 "점검·정비·유지관리 지침"에 준하여 작성하되 사업장의 실정에

맞게 작성하여야 한다.

- ○ 목적
- ○ 적용범위
- ○ 구성기기의 우선순위 등급
- ○ 기기의 점검
- ○ 기기의 결함관리
- ○ 기기의 정비
- ○ 기기 및 기자재의 품질관리
- ○ 외주업체관리
- ○ 설비의 유지관리 등

3) 안전작업 허가 및 지침서

(1) 지침서 작성 목적

사업장내에서 유해위험요소가 잠재되어 있는 설비를 운전중 또는 정지중에 점검, 정비, 교체, 배관 연결작업, 전기계장작업 등을 실시할 때에는 작업자 및 설비를 보호하기 위하여 작업전에 취하여야 할 안전조치 등에 대하여 그 절차를 정하고 그에 따라서 작업을 실시하여 사고 가능성을 최소화하는데 작성목적이 있다.

(2) 지침서의 내용

지침서의 내용에 최소한 다음의 사항 등이 포함되어야 하며, 자세한 작성방법 및 그 내용은 KOSHA 코드 P-22-95 "안전작업허가 지침"에 준하여 작성하되, 사업장의 특성에 맞게 작성하여야 한다.

- ○ 목적
- ○ 적용범위
- ○ 안전작업허가의 일반사항
- ○ 안전작업 준비
- ○ 화기작업 허가
- ○ 상온작업 허가
- ○ 제한공간 출입허가
- ○ 전기차단 허가

○ 굴착작업 허가
○ 방사능 허가 등

4) 협력업체에 안전관리 계획

(1) 협력업체 안전관리의 목적

사업장 내에서 사업 또는 공사의 일부 또는 전부를 도급에 의하여 실시하는 경우에 협력업체에 의하여 시행되는 부분에 대하여도 사업장의 자체 근로자에 의하여 시행되는 부분 이상으로 안전관리를 할 수 있도록 하는데 목적이 있다.

(2) 협력업체 안전관리계획 지침의 내용 지침서의 내용에 최소한 다음의 사항 등이 포함되어야 하며, 자세한 작성방법 및 내용 KOSHA 코드 P-23-95 "협력업체의 안전관리계획 지침"에 준하여 작성하되 사업장의 특성에 맞게 작성하여야 한다.

○ 목적
○ 적용범위
○ 적용대상
○ 사업주의 의무
○ 협력업체 사업주의 의무
○ 계획서 작성 및 승인 등

(3) 지침서의 내용 중에 사업주 및 협력업체 사업주의 의무에 다음 사항이 필히 포함되어야 한다.

① 사업주의 의무

○ 협력업체 선정시에 협력업체의 안전업무 수행실적 및 능력에 관한 자료와 안전작업계획의 평가에 대한 사항
○ 협력업체의 작업시행 이전에 작업자들에게 화재, 폭발, 독성물질누출위험과 예방교육실시에 관한 사항
○ 협력업체의 작업자들에게 사고 발생시의 비상조치계획 및 도급자가 취해야할 조치요령에 관한 교육실시에 관한 사항
○ 협력업체가 수행할 작업에 대하여도 안전운전지침 및 절차를 규정화하고 협력업체 작업자가 이를 준수토록 하는 감독에 대한 사항
○ 협력업체 작업자의 사고나 재해발생에 대한 기록유지와 이행여부에 대한 정 기적인

확인에 관한 사항

② **협력업체 사업주의 의무**

- 작업자들이 안전하게 작업을 수행할 수 있도록 하는데 필요한 교육 및 훈련 실시에 관한 사항
- 작업자들이 화재폭발독성물질 누출위험과 예방에 관한 사항 및 비상조치내용의 숙지 여부 확인기록유지에 관한 사항
- 작업자가 이수한 교육 및 훈련일시와 내용 그리고 숙지상태의 기록 관리에 관한 사항
- 작업자가 안전운전지침 및 절차의 준수·확인 에 관한 사항
- 작업자가 작업중에 인지된 위험요인이 있을 경우 이를 지체없이 사업장의 안 전보건 총괄책임자에게 통보조치에 관한 사항

5) 근로자 등의 교육계획

(1) 근로자 등의 교육계획 목적

설비의 안전운전, 안전작업, 정비보수유지, 비상조치 등에 대하여 필요한 교육을 근로자, 관리감독자, 협력업체 사용주 및 근로자, 기타 일용 근로자에게 실시하는데 필요한 계획을 작성하는데 목적이 있다.

(2) 교육계획 지침서의 내용

지침서의 내용에 최소한 다음의 사항 등이 포함되어야 하며, 자세한 작성방법 및 내용은 KOSHA 코드 P-24-95 "근로자 교육훈련 지침"에 준하여 작성하되 사업장의 실정에 맞게 작성하여야 한다.

- 목적
- 적용범위
- 교육대상
- 교육의 종류
- 교육계획의 수립
- 교육의 실시
- 교육의 평가 및 사후관리

6) 가동전 점검지침

(1) 가동전 점검지침 작성목적

사업장에 새로운 설비를 설치하거나, 공정 또는 설비를 변경한 후에 설비의 안전운전을 위하여 설비를 가동하기 전에 점검하는데 필요한 지침을 정하여 점검시에 그 절차에 따라 시행하기 위한 필요사항을 누락없이 점검할 수 있도록 하는데 목적이 있다.

(2) 지침서의 내용

지침서의 내용에 최소한 다음의 사항 등이 포함되어야 하며, 자세한 작성방법 및 내용은 KOSHA 코드 P-25-95 "가동전 점검 지침"에 준하여 작성하되 사업장의 특성에 맞게 작성하여야 한다.

- ○ 목적
- ○ 적용범위
- ○ 점검팀의 구성
- ○ 점검시기
- ○ 점검표의 작성
- ○ 점검보고서
- ○ 점검결과의 처리

7) 변경요소 관리계획

(1) 관리의 목적

제조공정설비에 대하여는 현장에서 수시로 변경이 이루어지고 있으며, 사소한 변경도 설비의 안전운전에 커다란 영향을 주는 경우가 종종 있다. 여기서 변경이라 함은 노동부 고시 제96-4호(1996. 1. 20) 제2조 제1항 제1호에 언급된 것 이외에도 설비내에서 일어나고 취급, 제조하는 화학물질의 변경, 주요 구조변경에 해당되지 않는 사소한 설비 및 부속설비의 변경, 각종 운전·작업절차의 변경 등을 모두 포함한다.

변경관리의 목적은 설비의 안전성을 보다 확보하여 사고로 인한 인적 손해 및 재산상의 손실을 줄이고, 설비의 정비시간을 줄여 효율적으로 운전할 수 있도록 하는데 있다.

(2) 관리의 대상

변경관리의 대상에는 최소한 다음의 사항이 포함되어야 한다.

- ○ 신설되는 설비와 기존설비를 연결할 경우의 기존설비
- ○ 기존설비의 변경없이 운전조건(온도, 압력, 유량 등)을 변경할 경우
- ○ 제품생산량의 변경없이 새로운 장치를 추가, 교체 또는 변경할 경우
- ○ 경보계통 또는 계측제어계통을 변경할 경우
- ○ 압력방출계통의 변경을 초래할 수 있는 공정 또는 장치를 변경할 경우
- ○ 장치와 연결된 비상용 배관을 추가 또는 변경할 경우
- ○ 시운전 절차, 정상조업 정지절차, 비상조업 정지절차 등을 변경할 경우
- ○ 위험성 평가분석결과에 따라 공정, 장치설비 또는 작업절차를 변경할 경우
- ○ 첨가제(촉매, 부식방지제, 안정제, 거품생성 방지제 등)를 추가 또는 변경할 경우
- ○ 장치의 변경시에 필연적으로 수반되는 부속설비의 변경이나 가설설비의 설치 가 필요할 경우

(3) 관리절차의 내용

변경요소 관리절차에는 최소한 다음과 같은 내용이 포함되어야 하며, 자세한 내용 및 작성방법은 KOSHA 코드 P-26-95 "변경요소 관리지침"을 참조하되 사업장의 특성에 맞게 작성한다.

- ○ 목적
- ○ 적용범위
- ○ 변경요소 관리의 원칙
- ○ 정상변경 관리절차
- ○ 비상변경 관리절차
- ○ 변경관리위원회의 구성
- ○ 변경시의 검토 항목
- ○ 변경업무 분담
- ○ 변경에 대한 기술적 근거
- ○ 변경요구서 서식 등

(4) 변경요소 관리절차 작성시에는 특히 다음 사항을 정확히 기술하여야 한다.

① 변경시의 절차에 대한 규정

② 변경 실시 전에 다음과 같은 사전 검토항목에 대한 규정

- ○ 변경계획에 대한 공정 및 설계의 기술적 근거의 타당성

- ㅇ 변경부분의 전후 공정 및 설비에 대한 영향
- ㅇ 변경시의 안전보건환경에 대한 영향
- ㅇ 변경 일정의 적합성
- ㅇ 변경시의 관련기관에 필요한 보고 업무 등

③ 변경실시 이전에 그 내용을 정확하게 운전원, 정비원 및 협력업체 등에게 공지절차에 대한 규정

④ 변경설비의 시운전 이전에 변경에 따른 내용을 운전원, 정비원 및 협력업체등에 대한 교육 실시에 관련된 규정

⑤ 변경시의 공정안전 기술자료, 안전운전 계획 및 비상조치 계획 등의 즉시 보 완, 수정에 관한 규정

8) 자체감사 계획

(1) 지침서 작성 목적

공정안전보고서가 작성 완료되면 각 담당부서에서 안전관리를 규정대로 이행하고 있는지의 여부를 평가, 확인하기 위하여 사업장 자체에서 감사를 실시해야만 한다. 감사를 실시할 때는 자체 감사계획을 수립하여야 하며, 감사 업무에 선정된 사람은 감사 업무를 전담하게 하여야 한다.

(2) 지침서 내용

자체감사 계획 지침서에는 최소한 다음과 같은 내용이 포함되어야 하며, 자세한 내용 및 작성방법은 KOSHA 코드 P-27-95 "자체감사계획 지침"을 참조하여 작성한다.

- ㅇ 목적
- ㅇ 적용범위
- ㅇ 감사계획
- ㅇ 감사팀의 구성
- ㅇ 감사시행
- ㅇ 평가 및 시정
- ㅇ 문서화 등

(3) 작성방법 및 운영 내용

① 공정이 복잡하고 계측제어 설비를 갖춘 공장일 경우에 각 분야별(공정기술, 계측제어, 전기, 방폭, 기계배관, 검사장비, 비상조치계획, 안전관리) 전문가들로 구성된 감사팀을 운영하여야 하며, 특별한 전문기술이 필요할 때에는 해당분야 전문가를 임시요원으로 활용하여야 한다.

② 감사시에 최우선적으로 안전관련 정보 및 서류들을 검토하고 점검표를 사용하여 표준, 규정 및 기타 관련 정보와 비교하여 조직적 분석을 한다. 또한 감사팀은 자료들을 체계적으로 분석하여 철저한 안전관리와 효과적인 시행을 위해 필요한 제반 시정요구사항들을 문서화하여야 하며 정보의 분석, 결함사항의 확인, 시정작업 권고 등 감사결과를 작성하여 사업주에게 제출토록 한다.

③ 사업주는 제출된 감사보고서에 지적된 각각의 사안에 대하여 경영적인 측면에서 검토 시정작업 이행여부를 결정하여야 하며, 작업의 우선순위, 작업개요, 목적, 이유 등을 기재한 시정작업보고서를 작성한다.

④ 자체감사에서 문제점이 도출된 것에 대해서는 필요한 조치가 이행되도록 한다.

⑤ 서식은 감사내용 및 감사결과에 대한 시정내용을 기재할 수 있어야 하며, 사후관리할 수 있도록 작성되어야 한다.

⑥ 감사주기는 대상설비 및 공정의 특성을 감안하여 정하되, 적어도 3년마다 감사가 시행될 수 있도록 감사주기를 정한다.

⑦ 감사 절차서, 감사결과 보고서 및 시정보고서는 차기 감사를 위하여 문서화 하여 보관한다.

9) 공정사고조사 계획

(1) 조사 지침서 작성 목적

사업장내에서 공정사고 및 중대 산업사고로 발전될 수 있었던 앗차 사고(near miss)를 조사하여야 한다. 조사할 때는 조사계획을 수립하여야 하며, 조사팀을 구성하고, 조사보고서를 작성하여 사고의 유형 및 관련된 위험물질, 사고로 인한 피해크기와 범위를 조사하여 유사 사고의 재발방지에 그 목적이 있다.

(2) 조사 지침서 내용

조사 지침서에는 최소한 다음과 같은 내용이 포함되어야 하며, 자세한 내용 및 작성방법은 KOSHA 코드 P-28-95 “공정사고 조사지침”을 참조하여 작성한다.

○ 목적
○ 적용범위
○ 공정사고 조사팀의 구성
○ 공정사고조사 보고서의 작성
○ 공정사고조사 결과의 처리

(3) 작성방법

① 사고 조사팀은 공정을 잘 알고 있는 공정 담당자가 반드시 1인 이상 포함되어야 하며, 사고를 분석 할 수 있는 경험이 있는 기술자들로 구성되어야 한다.

② 사고 발생에 협력업체가 관련되었을 경우 협력업체 담당자 1인 이상이 포함되어야 한다.

③ 사고 보고서에는 다음 사항이 포함되어야 한다.

○ 사고발생 일시 및 장소
○ 사고조사 기간(일시)
○ 사고의 상황 개요
○ 사고유형 및 관계된 위험물질
○ 사고발생 원인
○ 사고로 인한 피해의 크기와 범위
○ 수행된 비상조치 사황
○ 비슷한 유행의 사고재발을 방지하기 위한 장단기 대책

④ 사고 보고서에서 지적되고 권고된 개선사항들은 즉시 검토되어 시행될 수 있는 업무처리 체계를 갖추어야 하며, 사고 보고서는 협력업체 담당자를 포함한 모든 작업자들에게 알리고 교육을 하여야 한다. 또한 사고 조사보고서는 통상 5년 이상 보관하여야 한다.

3.2.4 비상시 조치계획

1) 목적

위험물을 취급하는 사업장의 사고는 화재, 폭발, 위험물 누출 등 대형사고로 이어질 수 있고, 이로 인한 인적, 물적피해는 크며 또한 경미한 사고와 대참사의 차이는 긴급시에 5분 이내의 적절한 조치여부로 판가름 난다.

따라서 화재, 폭발, 위험물 누출 등의 중대 산업사고로 인한 비상사태발생에 대처하기 위하여 치밀한 준비 및 신속한 사후조치를 통해 종업원의 안전을 도모하기 위하여 비상사태의 국소화 또는 제거, 인적, 물적 및 환경적 유해영향의 최소화, 인근주민에 대한 피해를 최소화 시킬 수 있는 비상조치계획을 작성하여야 한다.

비상사태는 통상 조업상의 비상사태와 자연재해로 인한 비상사태로 구분할 수 있으며, 조업상의 비상사태는 사업장내에서 중대한 화재사고나 폭발사고가 발생한 경우 또는 독성물질의 누출사고로 인한 환경피해사고가 발생한 경우를 말하며, 자연재해로 인한 비상사태는 홍수, 지진, 눈사태 등으로 인하여 사업장의 인명손실이나 조업중지를 야기할 수 있는 경우를 말한다.

2) 조치계획 지침 내용

비상조치계획 지침서에는 최소한 다음과 같은 내용이 포함되어야 하며, 자세한 내용 및 작성방법은 KOSHA 코드 P-29-95 "비상조치계획 수립 지침"을 참조하여 작성한다.

- ㅇ 목적
- ㅇ 비상사태 구분
- ㅇ 위험성 및 재해의 파악 분석
- ㅇ 유해·위험물질의 성상 조사
- ㅇ 비상조치계획의 수립
- ㅇ 비상조치계획의 검토
- ㅇ 비상대피계획
- ㅇ 비상사태의 발령
- ㅇ 비상경보의 체계
- ㅇ 비상사태의 종결
- ㅇ 사고조사
- ㅇ 비상조치 위원회의 구성
- ㅇ 비상통제 조직의 기능 및 책무
- ㅇ 장비 보유현황 및 비상통제소의 설치
- ㅇ 운전정지 절차
- ㅇ 비상훈련의 실시 및 조정
- ㅇ 주민 홍보계획

3) 작성방법

(1) 위험성 및 재해의 분석

사업주는 공정에 게재된 위험을 찾아내어 평가하고 제어하는 공정위험분석을 실시해야 하며, 위험성평가시의 기법은 공정의 특성 및 단계, 평가대상 또는 평가팀의 경험과 지식에 따라 매우 다양하게 선택될 수 있으나, 어떤 위험요소에 대하여 존재여부를 규명하고 위험요인을 제거하거나 그로부터 인명과 재산손실을 보호하기 위한 조치사항을 결정하는 공통된 특징을 갖게 된다. 따라서 위험요소확인은 사고로서 중요한 의미가 있는 손실결과를 제기할 수 있는 위험의 인식과정이며, 위험평가는 손실로 나타날 수 있는 유력한 사고결과의 확인과정이라 할 수 있다.

위험성 평가방법은 어떠한 위험요소가 존재하는지를 찾아내는 정성적 분석방법과 위험요소를 확률적으로 분석하여 평가하는 정량적 평가방법으로 분류한다. 평가대상을 선정함에 있어서 단위공정별 우선순위를 결정하여 가장 위험성이 높은 공정부터 평가해야 하며, 단위공정의 운전기간, 단위공정의 과거 사고사례 또는 고장빈도 등을 고려해야 한다.

평가기법 선정은 공정특성에 맞게 결정하며, 평가는 위험의 소재여부(공장, 설비, 인간실수 등), 사고발생 가능성, 예상피해를 최소화 할 수 있는 대책들을 규명하기 위해 시행되어야 한다. 또한 평가팀도 대상공정에 대한 전문지식과 경험이 있어야 하고, 팀의 책임자는 적용하고자 하는 평가기법을 완전히 숙지하고 있어야 한다. 예상되는 사태에 대한 분석에는 다음 사항을 포함시킨다.

① 공정별, 예상 비상사태별 목록 작성
② 예상 비상사태별 피해상황의 가정
③ 비상사태 전개과정과 차단대책

위험요소의 확인과 평가를 통하여 사업주와 안전보건총괄책임자는 사업장의 보유설비와 취급하고 있는 위험물질에 의해 발생가능한 재해와 예상되는 사태를 체계적으로 파악, 분석하여야만 한다. 또한 사업장 내외의 위험성 파악은 발생가능성이 큰 재해에 기초하고, 발생가능성은 적으나 심각한 결과를 초래할 수 있는 사건도 포함시켜야 한다.

발생가능한 재해의 분석시에 화재, 폭발의 손실, 피해 시나리오의 물리적 강도는 예상되는 에너지 방출(방열, 연기 또는 부식성가스 오염, 과압에 의한 폭발 등), 지역, 기간을 포함하는 관점에서 정량화되어야 하며, 어떤 상황에서도 가능한 기술적 평가와 결정적인 화재, 폭발 모델링을 사용하여야 한다.

구체적인 재해파악 내용에는 최대 피해규모, 피해의 발생과정, 피해 최소화를 위한 조치시간, 조기진압시의 피해감소정도의 예측, 유사한 중대사고의 기록과 각 사건의 결과예측이 필수적으로 포함되어야 한다.

(2) 유해·위험물질의 성상조사

각 공정별로 사용하는 원재료 및 보조재료와 중간제품 및 완제품 등에 대한 가연성, 유해성 등의 성상을 조사하고 그 물질의 저장, 취급 및 폐기에 관하여 아래와 같은 안전지침을 작성하여 취급하는 근로자가 쉽게 볼 수 있는 장소에 게시 또는 비치하여야 한다.

① 화학물질의 명칭
② 안전·보건상의 취급 주의사항
③ 환경에 미치는 영향

또한 사업주는 화학물질을 취급하는 근로자의 안전, 보건을 위하여 경고표지를 부착하고 근로자에 대한 교육을 실시하는 등 적절한 조치를 하여야 한다.

(3) 비상조치계획의 수립

① 사업장에서 비상조치계획 수립시에 유의하여야 할 점은 무엇보다도 사업장에 근무하는 종업원들이 공공 소방대원보다 사업장의 위험물질에 대하여 잘 알고 있다는 점이다. 이러한 점에서 비상조치계획 수립시는 내부조치계획과 외부조치계획을 포함하여 피난에서부터 종업원의 조직, 훈련 및 조직된 자체 소방대등을 갖추어야 된다. 비상조치계획 수립에는 다음과 같은 원칙이 지켜져야 한다.
   - 근로자의 인명보호 및 재산손실 방지에 최우선 목표를 둔다.
   - 모든 가능한 비상사태를 포함시킨다.
   - 내부 비상조치계획에 비상통제 조직의 업무분장과 임무를 분명하게 한다.
   - 비상조치계획은 분명하고 명료하게 작성하여 모든 근로자가 이용할 수 있도록 한다.
   - 비상조치계획은 문서로 작성하되 모든 근로자가 쉽게 활용할 수 있는 장소에 비치한다.

② 비상조치계획의 전형적인 구성요소를 살펴보면 조직의 책임, 위험도 평가시에 비상사태 인지절차 및 사고 전달체계, 비상조치 설비, 정상 운전으로의 복귀절차, 교육과 훈련, 비상조직 절차에 대한 정기적 검증, 계획의 수정보완절차, 상세운전 메뉴얼 등

비상사태후의 절차, 교육 및 정보, 대외 활동절차 등을 포함하여 비상조치계획을 수립하여야 하며, 최소한 다음 사항은 꼭 포함되어야 한다.

○ 긴급 피난경로 및 절차
○ 중요 운전에 대한 조업정지 절차
○ 피난후 종업원의 행동지침 절차
○ 구호 및 의료조치 절차
○ 긴급사태보고 절차

③ 비상계획 수립시에 부여된 비상조치요원의 임무가 변경된 경우를 위해 조치계획 자체가 변경되면 조치계획을 검토하여야 하며, 이때는 근로자 및 근로자 대표의 의견을 청취하여 자발적인 참여가 이루어지도록 한다.

(4) 비상대피계획

비상대피계획의 목적은 비상사태의 통제와 억제, 발생예상은 물론 확대전파를 저지하고 이로 인한 근로자의 안전을 도모하며 인명피해를 최소화 하는데 있기 때문에 비상조치계획에서 가장 중요한 부분이다. 대피계획은 근로자들이 철저히 이해하고, 정기적으로 검토하며, 실제 대피훈련을 하여야 한다.

이러한 신속한 대피계획을 확립하기 위해서는 평상시에 대피경보 발령절차를 치밀하게 준비하여야 하며, 또한 모든 근로자들이 경보발령절차를 교육훈련을 통하여 정확히 알고 있어야 한다. 또한 대피계획시에 피난경로와 피난장소가 결정되면 모든 근로자들이 알아볼 수 있는 피난경로 및 장소, 철수절차, 비상통로 및 비상구의 명확한 표시가 요구된다.

대피후의 행동요령도 중요하다. 근로자의 절대적인 심적인 안정이 필요하므로 대피장소별 책임자 선정 및 그들의 임무, 비상통제 센터와 보고체제 확립, 또한 대피장소에서의 근로자 및 일반대중의 행동요령을 작성하여 교육하여야 하며, 훈련을 통하여 평상시에 습득하여야 한다.

(5) 비상사태의 발령

조업중에 비상 또는 재난의 발생을 확인한 직원은 발견 즉시 방재센터로 신고해야 하며, 신고시에 비상사태의 발생지역, 종류와 상태, 신고자의 소속과 성명을 반드시 알려야 한다. 사태 발생신고를 접수한 방재센터에서는 방송을 통해 사태의 종류, 발생장소, 소방대 동원사항 등을 반복적으로 방송해야 하며, 필요한 경우에는 인근주민에게 비상사태를 알리고 필요한 조치를 취하도록 한다. 비상경보가 발신되는 시점부터 비상사태의 돌입을 의미하며, 모든 안전작업 허가가 취소된다.

비상사태 발령을 위하여 확실한 경보시설을 확보해야만 하며, 설비규모에 따라 적당한 숫자를 설치하고 정기적인 점검과 성능시험을 하여야 한다. 비상경보의 종류에는 경계경보, 가스누출경보, 대피경보, 화재경보를 구분하여 각 경보의 신호 및 발생음을 구별되게 하여야 하며, 주기적인 훈련을 통하여 모든 근로자가 인식할 수 있어야 한다. 경보 발령시에는 모든 작업허가서의 효력이 상실되어 발행권자에게 반납되며 근무 중의 운전요원은 비상지휘자의 지시에 따라 비상운전조치를 취한다.

비상사태의 종결은 지휘자의 결정에 의하며 해제경보와 함께 종결하고, 정상체제로 복귀한 다음 각 부서장은 정상체제에서의 인원과 장비를 파악하여 비상통제단에 보고한다. 비상통제단은 소방지원단 인원과 장비에 대한 상황을 파악하고 복귀한다. 또한, 공정사고가 발생하면 사고조사팀을 구성하여 사고조사를 수행하며, 조사보고서에는 사고발생 일시 및 장소, 상황개요, 발생원인, 피해의 범위, 수행된 비상조치사항 등이 포함되어야 한다.

(6) 비상통제 조직 및 통제소의 책무

비상통제 조직의 목표는 최소한의 필수요원을 활용하여 수습토록 하고 인명 및 물적 피해를 최소화 하는데 있으며, 발생장소에서 파급되는 사고의 수습 및 문제점 관리, 통제 및 인접지역으로 확산방지를 주요한 임무로 한다. 비상지휘자는 정상근무 시간일 때는 사태발생 부서장으로 하고 부재시에는 담당 조업과장이 되며, 휴무일 또는 일과시간 이후의 비상지휘는 각 교대근무 선임자가 대처하되 발생 부서장 또는 책임자가 도착할 때까지 그 임무를 수행한다.

비상통제 조직은 지휘자를 비롯하여 보좌하는 지휘반, 관리조직을 소집하는 연락반, 인명구조 및 의료반, 외부 인원의 출입통제와 교통정리를 담당하는 경비반, 화재진압을 위한 소방반, 재난공정과 관련된 비상정지 조치 및 비상발전기, 소방펌프의 작동을 담당하는 운전조치반 등으로 구성되어야 한다. 비상사태를 효과적으로 지휘, 통제 협조할 수 있는 비상통제소를 설치해야 하며, 외부관련 단체와의 연락이 가능한 통신장비, 개인보호구 및 풍향 풍속계, 시설물 관련 도면 및 자료를 갖추어야 한다.

(7) 비상훈련의 실시 및 조정

비상 및 재난대책은 비상운전절차에서 부터 피난, 소방계획에 따른 전반적인 훈련을 실시하여야 하며 비상훈련은 월 1회 이상 공정단위별로 실시하여야 하며, 특히 소방훈련시에 소방설비 계통설명서 또는 설계기준서 등을 작성하여 근로자들에게 정기적인 교육과 훈련을 실시함으로서 유사시에 모든 근로자가 화재 및 폭발사고에 신속히 대응하여 초기에 진압할 수 있는 체제를 갖추어야 한다.

비상훈련시에는 반드시 비상조치계획시에 수립된 외부 관련 단체들과의 합동훈련을 실시하고 지원체제의 계통을 수시로 점검한다. 또한 훈련 완료시에는 평가회의를 실시하여 문제점을 보완하고 계획을 수정하여 현실적으로 적합한 계획을 수립하여 실행한다.

(8) 주민 홍보계획 및 교육

사업장은 비상사태 발생에 대비하여 인근 주민에게 유해, 위험설비에 관한 정보를 제공하여야 한다. 특히 사업장내의 유해, 위험설비의 종류, 비상사태 발생 경보체계 및 인지방법, 비상사태시의 주민행동요령, 중대사고가 주민에게 미치는 영향 및 지휘방법 등에 대하여 주민에게 수시로 홍보하여야 하며, 홍보시에는 지방기관 및 인근사업장과 협조하여야만 한다.

3.3 시행비용과 기대효과

공정안전관리제도의 시행에 따른 사업장의 관심은 이 제도시행으로 인한 비용부담에 관한 사항과 이 제도시행으로 얻게 되는 효과는 무엇이냐 하는 것이다.

우리나라는 이와 관련한 자료가 부족하기 때문에 미국에서 시행중에 있는 공정안전관리제도의 소요비용과 효과에 관한 분석자료를 소개함으로써 이 문제에 대한 해답을 대신하고자 한다.

1) 소요비용

공정안전관리제도에 의해 요구되는 주요 업무는 다음 3가지로 대별할 수 있다.

- ○ 각종 절차, 기준을 제개정하여 체계화시키는 일
- ○ 종업원들에게 공정안전관리제도, 각종절차, 기준을 교육시키는 일
- ○ 위험 공정설비를 진단, 검사하여 개선하는 일

따라서 공정안전관리제도를 실행하기 위하여 많은 시간과 시설비용이 소요될 것으로 판단된다. 미국은 OSHA에 의해 1993년부터 공정안전관리제도를 시행하고 있는데, 공정안전관리제도를 시행함으로써 소요되는 비용을 OSHA는 다음 같이 산정하여 공포한 바 있다.

미국의 공정안전관리제도 시행비용(예)

◎ 시행 초기 5년간 : 8.9억불/년 평균

- ○ 위험성평가 분석 및 개선 : 4.7(53%) 억불/년 평균
- ○ 변경관리 : 1.8(20%) 억불/년 평균
- ○ 기타 : 2.4(27%) 억불/년 평균

◎ 시행 6~10년간 : 4.1 억불/년 평균

공정안전관리제도의 시행 5년 이후부터 소요경비가 급격히 감소하는 이유는 도입초기 5년 동안은 기존공장의 위험성평가, 분석 및 개선을 위한 경비가 소요되기 때문인 것으로 분석하고 있다.

2) 비용감소

한편 공정안전관리제도를 시행함으로써 비용감소효과를 얻을 수 있는데 그 주요 형태는 다음과 같다.

- ○ 작업 생산성(worker productivity) 향상
- ○ 재산 손실 사고(property damage) 감소
- ○ 생산품 손실(lost production) 감소(조업기간 증가)
- ○ 작업자의 배치 전환(employee turnover) 감소

미국 산업안전보건청은 Kearny/Centaur의 분석을 기초로 하여 공정안전관리제도 시행으로 인해 산업체가 얻는 비용감소효과를 다음과 같이 발표한 바 있다.

미국의 공정안전관리제도에 의한 비용감소(예)

- ○ 시행 초기 5년간 : 7.2억불/년 평균
- ○ 시행 6~10년간 : 14.4억불/년 평균

따라서 미국은 공정안전관리제도의 시행으로 인해 초기 5년간은 년 평균 1.7억불이라는 비용을 부담하는 결과이며, 시행후 6년부터 10년까지는 사업장에서 년 평균 10억불 이상이라는 직접적인 경제적인 이익을 보고 있는 것이다. 상기와 같은 경제적 이익 외에도 중대산업사고 예방으로 인한 막대한 간접적인손실방지, 환경오염 감소 등의 효과를 얻을 수 있다고 발표한 바 있다.

3) 기대효과

OSHA가 보유하고 있는 IMIS(Integrated Management Information System)데이터 베이스에 근거하여 Charles River Associates와 Kearney/Centaur의 공정안전관리제도 시행효과를 분석하여 OSHA가 발표한 산업재해 예방효과에 관한 내용은 다음과 같다.

미국의 공정안전관리제도 시행에 따른 재해감소효과(예)

○ 8년간 적용결과(1983~90) : 사망 330명 감소, 부상 1,918명 감소

○ 제도시행 초기 5년간 : 40% 재해감소/년 평균
  사망자 132명 감소/년 평균
  부상, 직업병 767명 감소/년 평균

○ 제도시행 6~10년간 : 80% 재해감소/년 평균
  사망 264명 감소/년 평균
  부상, 직업병 1,534명 감소/년 평균

위와 같은 산업재해예방 이외에도 작업장의 안전, 보건분야가 향상됨으로써 보이지 않게 산업체의 경쟁력 강화, 기업활동의 활성화 등에 기여하고 있는 것으로 평가하고 있다.

4. 관련법령

4.1 유해위험방지계획서 관련법

4.1.1 제조업관련 사항

법 제48조 (유해 · 위험방지계획서의 제출 등) ① 대통령령으로 정하는 업종 및 규모에 해당하는 사업의 사업주는 당해 사업에 관계있는 건설물 · 기계 · 기구 및 설비 등을 설치 · 이전하거나 그 주요 구조부분을 변경하는 때에는 이 법 또는 이 법에 의한 명령에서 정하는 유해 · 위험방지사항에 관한 계획서(이하 "유해 · 위험방지계획서"라 한다)를 작성하여 노동부령이 정하는 바에 의하여 노동부장관에게 제출하여야 한다.

② 제1항의 규정은 기계 · 기구 및 설비 등으로서 유해 또는 위험한 작업을 필요로 하는 것, 유해 또는 위험한 장소에서 사용하는 것 또는 건강장해를 방지하기 위하여 사용하는 것으

로서 노동부령이 정하는 것을 설치·이전하거나 그 주요 구조부분을 변경하고자 하는 사업주에 대하여 준용한다.

③ 건설업중 노동부령이 정하는 규모의 사업을 착공하려고 하는 사업주는 노동부령이 정하는 자격을 갖춘 자의 의견을 들은 후 이 법 또는 이 법에 의한 명령에서 정하는 유해·위험방지계획서를 작성하여 노동부령이 정하는 바에 의하여 노동부장관에게 제출하여야 한다.

④ 노동부장관은 제1항 내지 제3항의 유해·위험방지계획서를 심사한 후 근로자의 안전과 보건상 필요하다고 인정할 때에는 공사의 착공을 중지하거나 계획을 변경할 것을 명할 수 있다.

⑤ 제1항 내지 제3항의 규정에 의하여 유해·위험방지계획서를 제출한 사업주는 노동부령이 정하는 바에 의하여 노동부장관의 확인을 받아야 한다.

시행령 제33조의2 (유해·위험방지계획서 제출 대상 사업장) 법 제48조제1항에서 "대통령령으로 정하는 업종 및 규모에 해당하는 사업"이란 다음 각 호의 어느 하나에 해당하는 사업으로서 전기사용설비의 정격용량의 합이 300킬로와트 이상인 사업을 말한다.

1. 금속가공제품(기계 및 가구는 제외한다) 제조업
2. 비금속 광물제품 제조업

시행규칙 제120조 (대상사업장의 종류 등) ①~② 삭제

③ 법 제48조제2항에서 "노동부령이 정하는 것"이라 함은 다음 각 호의 어느 하나에 해당하는 기계·기구 및 설비를 말한다. 이 경우 제1호부터 제5호까지에 해당하는 기계·기구 및 설비의 구체적인 대상 범위는 노동부장관이 정하여 고시한다.

1. 금속이나 그 밖의 기타 광물의 용해로
2. 화학설비
3. 건조설비
4. 가스집합용접장치
5. 허가대상·관리대상 유해물질 및 분진작업 관련 설비

④~⑥ <생략>

제121조 (제출서류 등) ① 사업주가 법 제48조제1항 및 제2항에 따라 유해·위험방지계획서를 제출하려면 사업장별로 별지 제25호서식의 제조업 유해·위험방지계획서에 다음 각 호의 서류를 첨부하여 해당 공사 착공 15일 전까지 공단에 2부를 제출해야 한다. 이 경우 유해위험방지계획서의 작성기준, 작성자 및 심사기준, 그 밖에 심사에 필요한 사항은 노동부 장관이 정하여 고시한다.

1. 건축물 각 층의 평면도
2. 기계 · 설비의 배치도면
3. 제조공정 및 기계 · 설비 규모
4. 방호장치 그 밖에 유해 · 위험방지에 관하여 노동부장관이 정하는 도면 및 서류

②~③ <생략>

제122조 (계획서의 검토 등) ① 공단은 제121조에 따라 유해 · 위험방지계획서 및 그 첨부서류를 접수한 때에는 접수일부터 15일이내에 심사하여 사업주에게 그 결과를 통지하여야 한다. <이하생략>

② 공단은 제1항의 규정에 의한 유해 · 위험방지계획서 심사시 관련분야의 학식과 경험이 풍부한 자를 심사위원으로 위촉하여 해당분야의 심사에 참여하게 할 수 있다.

③ 공단은 유해 · 위험방지계획서 심사에 참여한 위원에 대하여는 수당 및 여비를 지급할 수 있다. 다만, 소관업무와 직접 관련되어 참여한 위원의 경우에는 그러하지 아니하다.

제123조 (심사결과의 구분) ① 공단은 유해 · 위험방지계획서의 심사결과에 따라 다음 각 호와 같이 구분·판정한다.

1. 적정 : 근로자의 안전과 보건상 필요한 조치가 구체적으로 확보되었다고 인정될 때
2. 조건부 적정 : 근로자의 안전과 보건을 확보하기 위하여 일부 개선이 필요하다고 인정될 때
3. 부적정 : 기계 · 설비 또는 건설물이 심사기준에 위반되어 공사착공시 중대한 위험발생의 우려가 있거나 계획에 근본적 결함이 있다고 인정될 때

② 공단은 심사결과 적정판정 또는 조건부 적정판정을 한 경우에는 별지 제26호의 5서식의 유해·위험방지계획서 심사결과 통지서에 보완사항을 포함(조건부 적정판정을 한 경우에 한한다)하여 해당사업주에게 교부하고 지방노동관서의 장에게 보고하여야 한다.

③ 공단은 심사결과 부적정 판정을 한 경우에는 지체없이 별지 제26호의6서식의 유해·위험방지계획서 심사결과(부적정)통보서에 그 이유를 기재하여 지방노동관서의 장에게 통보하고 사업장 소재지 시장 · 군수 · 구청장에게 그 사실을 통보하여야 한다.

④ 제3항의 규정에 의한 통보를 받은 지방노동관서의 장은 사실여부를 확인한 후 공사착공중지명령 · 계획변경명령 등 필요한 조치를 하여야 한다.

⑤ 사업주는 지방노동관서의 장으로부터 공사착공중지 명령 또는 계획변경 명령을 받은 경우에는 계획서를 보완 또는 변경하여 공단에 제출하여야 한다.

제123조의2 (계획서의 비치 등) ① 유해 · 위험방지계획서의 심사를 받은 사업주와 제121조제1항

단서에 따라 유해 · 위험방지계획서 자체심사서를 제출한 사업주는 유해 · 위험방지계획서를 해당사업장 에 비치하여야 한다.

② 사업주는 유해 · 위험방지계획서의 변경사유가 발생한 경우에는 이를 보완하여 비치하여야 한다.

제124조 (확인) ① 법 제48조제1항 및 제2항에 따라 유해 · 위험방지계획서를 제출한 사업주는 해당 건설물 · 기계 · 기구 및 설비의 시운전단계에서, 법 제48조 제3항에 따른 사업주는 건설공사 중 3개월에 1회(제120조 제4항 제1호의 사업장중 냉동창고 및 호텔을 제외한 사업장은 6월에 1회)이상 법 제48조 제5항에 따라 다음 각 호의 사항에 관하여 공단의 확인을 받아야 한다.

1. 유해 · 위험방지계획서의 내용과 실제공사 내용과의 부합여부
2. 제123조의2 제2항의 규정에 의한 유해 · 위험방지계획서 변경내용의 적정성
3. 추가적인 유해 · 위험요인의 존재여부

②~③ <생략>

④ 공단은 제1항 및 제2항의 규정에 의한 확인을 실시할 경우에는 그 일정을 사업주에게 미리 통보하여야 한다.

⑤ 공단은 확인실시 결과 당해 사업장의 유해 · 위험의 방지상태가 적정하다고 판단되는 경우에는 5일 이내에 별지 제26호의 7서식의 확인결과통지서를 사업주에게 교부하여야 하며, 확인실시 결과 경미한 유해 · 위험요인이 발견된 경우에는 일정한 기간을 정하여 이를 개선하도록 권고하되, 당해 기간내에 개선되지 아니한 경우에는 기간만료일부터 10일이내에 별지 제26호의 8서식의 확인결과조치요청서에 그 이유를 기재한 서면을 첨부하여 지방노동관서의 장에게 보고하여야 한다.

⑥ 공단은 확인실시 결과 중대한 유해 · 위험요인이 있어 작업의 중지, 사용중지 및 주요시설의 개선 등이 필요하다고 인정되는 경우에는 지체없이 별지 제26호의 8서식의 확인결과조치요청서에 그 이유를 기재한 서면을 첨부하여 지방노동관서의 장에게 보고하여야 한다.

⑦ 제5항 또는 제6항의 규정에 의한 보고를 받은 지방노동관서의 장은 사실여부를 확인한 후 필요한 조치를 하여야 한다.

제124조의2 (보고 등) 공단은 유해 · 위험방지계획서의 작성 · 제출 · 확인업무와 관련하여 다음 각 호의 1에 해당하는 사업장을 발견한 경우에는 지체없이 당해 사업장의 명칭 · 소재지 및 사업주명 등을 명시하여 지방노동관서의 장에게 보고하여야 한다.

1. 유해 · 위험방지계획서를 제출하지 아니한 사업장
2. 유해 · 위험방지계획서 제출기간이 경과한 사업장

3. 제120조 제5항의 규정에 의한 자격자의 의견을 듣지 아니하고 유해·위험방지계획서를 작성한 사업장

4.1.2 통합작성 지침

통합작성지침서는 산업안전보건법 제48조 제3항 및 시행규칙 제120조 내지 제123조의 2 규정에 의하여 작성·제출토록 되어 있는 유해·위험방지계획서와 건설기술관리법 제26조의2 제2항 및 시행령 제46조의 2의 규정에 의한 건설공사 안전관리계획서(이하 "양 계획서"라 한다)를 수립함에 있어 양 계획서를 모두 제출해야 하는 건설공사에 대하여 해당업체가 희망하는 경우 동시에 작성할 수 있는 세부적인 기준을 정함으로써, 계획서 작성을 용이하게 하여 체계적이고 효율적인 건설안전관리를 정착시킴은 물론 업체의 부담을 경감시켜 안전관리업무를 원활하게 수행토록 함을 목적으로 한다.

본 지침서는 유해·위험방지계획서와 안전관리계획서를 동시에 작성하여 제출해야 하는 경우에 사업주가 희망하면 양 계획서를 통합하여 작성·제출할 수 있도록 정해 놓은 기준이기 때문에, 양 계획서를 통합하여 제출하는 건설공사에 적용한다. 본 기준에서 정해 놓은 사항 외의 필요한 사항 및 명시되지 않은 사항은 관계법령 및 해당규정의 세부기준에 따른다.

작성지침서에 의거 양 계획서에 대한 통합계획서를 작성하고자 하는 경우에는 양 계획서와 관련된 관련 법령 및 세부기준을 충분히 이해하고 통합계획서를 작성하여야 한다. 양 계획서에 대한 관계법령의 주요 내용은 다음 표 7-2 및 7-4와 같다.

표 7-2 유해·위험방지계획서 관계 법령

관계법령	관련조항
산업안전보건법	제48조(유해 · 위험방지계획서의 제출 등) ① 노동부령이 정하는 업종 및 규모에 해당하는 사업의 사업주는 당해 사업에 관계있는 건설물 · 기계 · 기구 및 설비 등을 설치 · 이전하거나 그 주요 구조 부분을 변경할 때에는 노동부령이 정하는 자격을 갖춘 자의 의견을 들은 후 이 법 또는 이 법에 의한 명령에서 정하는 유해 · 위험방지사항에 관한 계획서(이하 "유해 · 위험방지계획서"라 한다)를 작성하여 노동부령이 정하는 바에 의하여 노동부장관에게 제출하여야 한다. ③ 건설업중 노동부령이 정하는 규모의 사업을 착공하려고 하는 사업주는 노동부령이 정하는 자격을 갖춘 자의 의견을 들은 후 이 법 또는 이 법에 의한 명령에서 정하는 유해 · 위험방지계획서를 작성하여 노동부령이 정하는 바에 의하여 노동부장관에게 제출하여야 한다. ④ 노동부장관은 제1항 내지 제3항의 유해 · 위험방지계획서를 심사한 후 근로자의 안전과 보건상 필요하다고 인정할 때에는 공사의 착공을 중지하거나 계획을 변경할 것을 명할 수 있다. ⑤ 제1항 내지 제3항의 규정에 의하여 유해 · 위험방지계획서를 제출한 사업주는 노동부령이 정하는 바에 의하여 노동부장관의 확인을 받아야 한다.
동법 시행규칙	제120조[대상사업장의 종류] ④ 법 제48조제3항에서 "노동부령이 정하는 규모의 사업"이라 함은 다음 각호의 1에 해당하는 규모의 사업을 말한다. 1. 지상 높이가 31미터 이상인 건축물 또는 공작물, 연면적 3만 제곱미터 이상인 건축물 또는 연면적 5천 제곱미터 이상의 문화 및 집회시설(전시장 및 동물원 · 식물원 제외) · 판매 및 영업시설 · 의료시설 중 종합병원 · 숙박시설 중 관광숙박시설 또는 지하도상가의 건설 · 개조 또는 해체(이하 "건설 등"이라 한다) 2. 최대지간 길이가 50미터 이상인 교량건설 등 공사 3. 터널건설 등의 공사 4. 다목적댐 · 발전용댐 및 저수용량 2천만톤 이상의 용수전용댐 · 지방상수도 전용댐 건설 등의 공사 5. 깊이가 10미터 이상인 굴착공사 ⑤ 법 제48조제3항에서 "노동부령이 정하는 자격을 갖춘 자"라 함은 다음 각 호의 1에 해당하는 자를 말한다. 1. 건설안전분야 산업안전지도사 2. 건설안전기술사 또는 토목 · 건축분야 기술사 3. 건설안전산업기사 이상으로서 건설안전관련 실무경력 7년(기사는 5년) 이상인 자 ⑥ 법 제48조제3항에서 "착공"이라 함은 유해 · 위험방지계획서 작성대상 시설

관계법령	관련조항
	물 또는 구조물의 공사를 시작하는 것을 말한다. 이 경우 대지정리 및 가설사무소 설치 등의 공사준비 기간은 착공으로 보지 아니한다. 제121조[제출서류 등] ① 법 제48조 제3항의 규정에 의하여 유해·위험방지계획서를 제출하고자 하는 사업주는 별지 제26호 서식의 건설공사 유해·위험방지계획서에 별표 15의 서류를 첨부하여 당해 공사 착공전일까지 공단에 2부를 제출하여야 한다. 다만, 노동부장관이 산업재해 발생률 등을 고려하여 자율안전관리능력이 있다고 인정하여 지정하는 건설업체(이하 "자율안전관리업체"라 한다)의 경우에는 지정통보 후 1년의 범위 내에서 노동부장관이 정하는 기간에 한하여 유해·위험방지계획서에 대한 자체심사를 거쳐 당해 공사의 착공전일까지 별지 제26호의2 서식의 유해·위험 방지계획서 자체심사서류를 공단에 제출할 수 있으며, 당해 공사가 건설기술관리법 제26조의2의 규정에 의한 안전관리계획을 수립하여야 하는 건설공사에 해당하는 경우에는 유해·위험방지계획서와 안전관리계획서를 통합하여 작성한 서류를 제출할 수 있다. ② 동일한 사업장내에서 제120조 제4항의 각호의 규정에 의한 공사의 착공시기를 달리하여 행하는 사업의 사업주는 당해 사업별 또는 당해 사업의 작업공종별로 유해·위험방지계획서를 분리하여 각각 제출할 수 있다. 이 경우 이미 제출한 유해·위험방지계획서의 첨부서류와 중복되는 서류는 이를 제출하지 아니할 수 있다. ③ 제1항 단서의 규정에 의한 자율안전관리업체의 지정기준, 지정방법 및 자체심사 절차는 별표 15의 2와 같다. 제122조[계획서의 검토 등] ① 공단은 제121조의 규정에 의하여 유해·위험방지계획서 및 그 첨부서류를 접수한 때에는 접수일부터 15일 이내에 심사하여 사업주에게 그 결과를 통지하여야 한다. 다만, 제121조 제1항 단서의 규정에 의하여 자율안전관리업체가 유해·위험방지계획서 자체심사서 등을 제출한 경우에는 심사를 하지 아니할 수 있다. ② 공단은 제1항의 규정에 의한 유해·위험방지계획서 심사 시 관련분야의 학식과 경험이 풍부한 자를 심사위원으로 위촉하여 해당 분야의 심사에 참여하게 할 수 있다. ③ 공단은 유해·위험방지계획서 심사에 참여한 위원에 대하여는 수당 및 여비를 지급할 수 있다. 다만, 소관업무와 직접 관련되어 참여한 위원의 경우에는 그러하지 아니하다. 제123조[심사결과의 구분] ① 공단은 유해·위험방지계획서의 심사결과에 따라 다음 각 호와 같이 구분·판정한다.

관계법령	관련조항
	1. 적 정 : 근로자의 안전과 보건상 필요한 조치가 구체적으로 확보되었다고 인정될 때 2. 조건부 적정 : 근로자의 안전과 보건을 확보하기 위하여 일부 개선이 필요하다고 인정될 때 3. 부적정 : 기계·설비 또는 건설물이 심사기준에 위반되어 공사착공 시 중대한 위험발생의 우려가 있거나 계획에 근본적 결함이 있다고 인정될 때 ② 공단은 심사결과 적정판정 또는 조건부 적정판정을 한 경우에는 별지 제26호의 5서식의 유해·위험방지계획서 심사결과통지서에 보완사항을 포함(조건부 적정판정을 한 경우에 한한다)하여 해당 사업주에게 교부하고 지방노동관서의 장에게 보고하여야 한다. ③ 공단은 심사결과 부적정 판정을 한 경우에는 지체없이 별지 제26호의 6서식의 유해·위험방지계획서 심사결과(부적정)통보서에 그 이유를 기재하여 지방노동관서의 장에게 통보하고 사업장 소재지 시장·군수·구청장에게 그 사실을 통보하여야 한다. ④ 제3항의 규정에 의한 통보를 받은 지방노동관서의 장은 사실여부를 확인한 후 공사착공중지 명령·계획변경 명령 등 필요한 조치를 하여야 한다. ⑤ 사업주는 지방노동관서의 장으로부터 공사착공중지 명령 또는 계획변경 명령을 받은 경우에는 계획서를 보완 또는 변경하여 공단에 제출하여야 한다. 제123조의 2[계획서의 비치 등] ① 유해·위험 방지계획서의 심사를 받은 사업주와 제121조제1항 단서의규정에 의한 자체 심사서를 제출한 사업주는 유해·위험방지계획서를 당해 사업장에 비치하여야 한다. ② 사업주는 유해·위험방지계획서의 변경사유가 발생한 경우에는 이를 보완하여 비치하여야 한다. 제124조[확인] ① 법 제48조 제3항의 규정에 의한 사업주는 건설공사중 3월에 1회(제120조제4항 제1호의 사업장중 냉동 창고 및 호텔을 제외한 사업장은 6월에 1회) 이상 법 제48조 제5항의 규정에 의하여 다음 각 호의 사항에 관하여 공단의 확인을 받아야 한다. 1. 유해·위험방지계획서의 내용과 실제공사 내용과의 부합 여부 2. 제123조의2제2항의 규정에 의한 유해·위험방지계획서 변경내용의 적정성 3. 추가적인 유해·위험요인의 존재 여부 ② 제1항의 규정에 불구하고 자율안전관리업체 등에 대하여는 다음 각 호의 기준에 따라 확인을 실시한다. 다만, 제1호·제3호 및 제4호에 해당하는 사업주가 그 공사 중 안전·보건조치의무를 이행하지 아니하여 중대재해가 발생한 경우에는 제1항의 규정에 의하여 확인을 실시한다.

관계법령	관련조항
	1. 자율안전관리업체 : 당해공사 준공시까지 면제 2. 영 제3조의2 제2항의 규정에 의한 안전·보건 관리수준 평가결과 그 성적이 우수하여 노동부장관으로부터 인증을 받은 건설업체 : 인증유효기간 만료시까지 면제. 3. 노동부장관이 정하여 고시하는 일정 규모이상으로서 최근 2년간 환산재해율이 매년도 건설업 평균 환산재해율 미만인 건설업체 : 1년에 1회. 다만, 제120조 제4항 제1호의 사업장중 냉동 창고 및 호텔을 제외한 사업장은 2년에 1회로 한다. 4. 노동부장관이 정하여 고시하는 일정 규모 이상으로서 직전 사업연도 환산재해율이 당해연도 건설업 평균 환산 재해율 미만인 건설업체 : 6개월에 1회. 다만, 제120조 제4항 제1호의 사업장 중 냉동창고 및 호텔을 제외한 사업장은 1년에 1회로 한다. ③ 공단은 노동부장관으로부터 제2항 제3호 및 제4호에 해당하는 건설업체를 통보받은 경우에는 그 사실을 해당 사업주에게 통보하여야 한다. ④ 공단은 제1항 및 제2항의 규정에 의한 확인을 실시할 경우에는 그 일정을 사업주에게 미리 통보하여야 한다. ⑤ 공단은 확인실시 결과 당해 사업장의 유해·위험의 방지상태가 적정하다고 판단되는 경우에는 5일 이내에 별지 제26호의 7서식의 확인결과통지서를 사업주에게 교부하여야 하며, 확인실시 결과 경미한 유해·위험 요인이 발견된 경우에는 일정한 기간을 정하여 이를 개선하도록 권고하되, 당해 기간내에 개선되지 아니한 경우에는 기간만료일부터 10일 이내에 별지 제26호의 8서식의 확인결과조치요청서에 그 이유를 기재한 서면을 첨부하여 지방노동관서의 장에게 보고하여야 한다. ⑥ 공단은 확인실시 결과 중대한 유해·위험요인이 있어 작업의 중지, 사용 중지 및 주요시설의 개선 등이 필요하다고 인정되는 경우에는 지체없이 별지 제26호의 8서식의 확인결과조치요청서에 그 이유를 기재한 서면을 첨부하여 지방노동관서의 장에게 보고하여야 한다. ⑦ 제5항 또는 제6항의 규정에 의한 보고를 받은 지방노동관서의 장은 사실여부를 확인한 후 필요한 조치를 하여야 한다. 제124조의2[보고 등] 공단은 유해·위험방지계획서의 작성·제출·확인업무와 관련하여 다음 각 호의 1에 해당하는 사업장을 발견한 경우에는 지체 없이 당해 사업장의 명칭·소재지 및 사업주명 등을 명시하여 지방노동관서의 장에게 보고하여야 한다. 1. 유해·위험방지계획서를 제출하지 아니한 사업장 2. 유해·위험방지계획서 제출기간이 경과한 사업장 3. 제120조제5항의 규정에 의한 자격자의 의견을 듣지 아니하고 유해·위험방지계획서를 작성한 사업장

시행규칙 제121조 제1항과 관련하여 유해위험방지계획서 제출시에 첨부하여야 할 서류는 다음과 같다.

1) 공사개요
  (1) 공사개요서(별지 제45호 서식)
  (2) 공사현장의 주변현황 및 주변과의 관계를 나타내는 도면(매설물 현황 포함)
  (3) 건설물·공사용 기계설비 등의 배치를 나타내는 도면 및 서류
  (4) 전체공정표
2) 안전보건관리계획
  (1) 산업안전보건관리비 사용계획(별지 제46호 서식)
  (2) 안전관리 조직표·안전보건교육계획
  (3) 개인보호구 지급계획(별지 제47호 서식)
  (4) 재해발생 위험시 연락 및 대피방법
3) 작업공종별 유해위험방지계획

대상공사와 작업공종별로 분류된 내용은 표 7-3과 같다.

표 7-3 대상공사와 작업공종 분류

대상공사	작업공종	첨부서류
제120조 제4항 제1호에 따른 건축물, 공작물 등의 건설 등	가. 가설공사 나. 굴착 및 발파공사 다. 구조물공사 라. 강 구조물공사 마. 마감공사 바. 전기 및 기계 설비공사 사. 기타공사(해체공사 등)	가. 작업개요 나. 해당 작업 공종별 유해위험요인 및 재해예방계획
제120조 제4항 제2호에 따른 교량건설 등의 공사	가. 가설공사 나. 굴착 및 발파공사 다. 하부공 공사 라. 상부공 공사 마. 포장공사 바. 기타공사	
제120조 제4항 제3호에 따른 터널건설 등의 공사	가. 가설공사 나. 굴착 및 발파공사 다. 구조물공사 라. 기타공사	
제120조 제4항 제4호에 따른 댐 건설 등의 공사	가. 가설공사 나. 굴착 및 발파공사 다. 댐 축조 공사 라. 전기 및 기계 설비공사 마. 기타공사	
제120조 제4항 제6호에 따른 굴착공사	가. 가설공사 나. 굴착 및 발파공사 다. 흙막이지보공 공사 라. 되 메우기 공사 마. 기타공사	

4) 작업환경 조성계획 ; 작업공종별 유해위험방지계획과 분리하여 별도로 작업환경 조성계획을 작성하여야 한다.

(1) 분진 및 소음발생공종에 대한 방호대책

(2) 위생시설물 설치 및 관리대책(식당, 화장실, 세면장 등)

(3) 근로자 건강진단 실시계획

(4) 조명시설물 설치계획

(5) 환기설비 설치계획

(6) 위험물질의 종류별 사용량과 저장·보관 및 사용시 안전작업계획

표 7-4 안전관리계획서 관계 법령

관계법령	관련조항
건설기술관리법	제26조의2 (건설공사의 안전관리) ② 건설업자 및 주택건설등록업자는 건설공사의 안전을 확보하기 위하여 안전점검 및 안전관리조직 등 건설공사의 안전관리계획(이하 "안전관리계획"이라 한다)을 수립하고 이에 따라 안전점검을 실시하여야 한다. 이 경우 건설업자 및 주택건설등록업자에 고용되어 안전점검업무를 수행하는 건설기술자는 안전관리계획에 따라 성실하게 그 업무를 수행하여야 한다. ③ 제2항의 규정에 의한 안전관리계획을 수립하여야 할 건설공사의 범위, 안전관리계획의 수립기준 및 절차, 안전점검의 실시시기·방법 및 대가 등에 관하여 필요한 사항은 대통령령으로 정한다.
동법 시행령	제46조의2 (안전관리계획의 수립) ① 법 제26조의2제3항의 규정에 의한 안전관리계획(이하 "안전관리계획"이라 한다)을 수립하여야 하는 건설공사는 다음 각 호와 같다. 다만, 원자력시설공사를 제외한다. 1.「시설물의 안전관리에 관한 특별법」 제2조 제2호 및 제3호의 규정에 의한 1종 시설물 및 2종 시설물의 건설공사 2. 지하 10미터 이상을 굴착하는 건설공사. 이 경우 굴착 깊이 산정시 집수정(集水井), 엘리베이터피트 및 정화조 등의 굴착부분은 제외하고 토지에 고저차가 있는 경우 깊이 산정은 「건축법 시행령」 제119조 제2항의 규정에 의한다. 3. 폭발물을 사용하는 건설공사로서 20미터 안에 시설물이 있거나 100미터 안에 양육하는 가축이 있어서 당해 건설공사로 인한 영향을 받을 것이 예상되는 건설공사

4. 10층 이상 16층 미만인 건축물의 건설공사 또는 10층 이상인 건축물의 리모델링 또는 해체공사
5. 제1호 내지 제4호 외의 건설공사로서 발주자가 특히 안전관리가 필요하다고 인정하는 건설공사

② 건설업자 또는 주택건설등록업자는 안전관리계획을 작성한 때에는 공사감독자 또는 감리원의 확인을 받아 건설공사를 착공(건설공사 현장의 부지정리 및 가설사무소의 설치 등의 공사 준비 행위는 착공으로 보지 아니한다)하기 전에 발주자에게 제출하여야 한다. 안전관리계획의 내용을 변경한 때에도 또한 같다.

③ 제2항의 규정에 의하여 안전관리계획을 제출받은 발주자중 발주청이 아닌 자는 건설업자 또는 주택건설등록업자가 제출한 안전관리계획의 내용을 당해 건설공사를 허가 · 인가 · 승인 등을 한 행정기관의 장에게 제출하여야 한다.

④ 제2항 및 제3항의 규정에 의하여 안전관리계획을 제출받은 발주자 또는 행정기관의 장은 15일 이내에 안전관리계획의 내용을 심사하여 건설업자 또는 주택건설등록업자에게 그 결과를 통보하여야 한다.

⑤ 발주자 또는 행정기관의 장은 제4항의 규정에 의한 안전관리계획의 내용을 제46조의4 제2항 각 호의 어느 하나에 해당하는 기관에 의뢰하여 검토하게 할 수 있다.

⑥ 발주자 또는 행정기관의 장은 제4항의 규정에 의한 안전관리계획의 심사결과를 다음 각 호와 같이 구분·판정한다.
1. 적정 : 안전에 필요한 조치가 구체적이고 명료하게 계획되어 건설공사의 시공상 안전성이 충분히 확보되어 있다고 인정될 때
2. 조건부 적정 : 안전성 확보에 치명적인 영향을 미치지는 아니하지만 일부 보완이 필요하다고 인정될 때
3. 부적정 : 시공시 안전사고 발생의 우려가 있거나 계획에 근본적인 결함이 있다고 인정될 때

⑦ 발주자 또는 행정기관의 장은 건설업자 또는 주택건설등록업자가 제출한 안전관리계획서가 제6항 제3호의 규정에 의한 부적정 판정을 받은 경우에는 안전관리계획의 변경 등 필요한 조치를 하여야 한다.

제46조의3 (안전관리계획의 내용)

① 안전관리계획에는 다음 각호의 사항이 포함되어야 한다.
1. 건설공사의 개요 및 안전관리조직
2. 공정별 안전점검계획
3. 공사장 주변의 안전관리대책
4. 통행안전시설의 설치 및 교통소통에 관한 계획
5. 안전관리비 집행계획
6. 안전교육 및 비상시 긴급조치계획
7. 공종별 안전관리계획(대상시설물별 건설공법 및 시공절차를 포함한다)

② 제1항 각호에 규정된 사항의 세부적인 내용은 건설교통부령으로 정한다.

동법시행규칙	제21조의3 (안전관리계획) ① 법 제26조의2제2항의 규정에 의한 안전관리계획(이하 "안전관리계획"이라 한다)의 작성기준은 별표 14와 같다. ② 영 제46조의2제1항의 규정에 의하여 안전관리계획을 수립하여야하는 건설공사가 「산업안전보건법」 제48조의 규정에 의한 유해·위험방지계획을 수립하여야 하는 건설공사에 해당하는 경우에는 안전관리계획과 유해·위험방지계획을 통합하여 작성할 수 있다. ③ 영 제46조의3제1항제3호의 규정에 의한 공사장주변의 안전관리대책에는 건설공사 중 발파·진동·소음이나 지하수차단 등으로 인한 주변지역의 피해방지대책이 포함되어야 한다.

건설기술관리법 시행규칙 제21조의 3 제1항과 관련한 안전관리계획서 작성기준은 다음과 같다.

1) 안전관리계획

(1) 공사의 개요

공사전반에 대한 개략을 파악하기 위한 위치도·공사개요·전체공정표 및 설계도서(공사 인·허가 또는 승인한 행정기관 등에 이미 제출된 경우 제외)

(2) 안전관리조직

공사관리 조직 및 임무에 관한 사항으로서 시설물의 시공안전 및 공사장 주변 안전에 대한 점검·확인 등을 위한 관리 조직표

(3) 공정별 안전점검계획

자체·정기 안전점검 시기·내용·안전점검공정표 실시계획 등에 관한 사항

(4) 공사장 주변 안전관리계획

공사중 지하매설물의 방호, 인접시설물의 보호등 공사장 및 공사현장주변에 대한 안전관리에 관한 사항

(5) 통행안전시설 설치 및 교통소통계획

공사장 주변의 교통소통대책, 교통안전시설물, 교통사고 예방대책 등 교통 안전 관리에 관한 사항

(6) 안전관리비 집행계획

안전관리비의 계상금액, 산정내역, 사용계획 등에 관한 사항

(7) 안전교육계획

안전교육계획표, 교육의 종류·내용 및 교육 관리에 관한 사항

(8) 비상시 긴급조치계획

공사현장의 비상사태에 대비한 비상연락망, 비상동원조직, 경보체제, 응급조치 및 복구 등에 관한 사항

2) 대상시설물별 세부 안전관리계획(해당 공종착공 전에 제출가능)

(1) 가설공사

- 가설구조물의 설치개요, 시공 상세도면
- 안전시공절차 및 주의사항
- 안전점검계획표 및 안전점검표
- 가설물 안전성계산서

(2) 굴착공사 및 발파공사

- 굴착·흙막이·발파·항타 등의 개요, 시공상세도
- 안전시공절차 및 주의사항
- 안전점검계획표 및 안전점검표
- 굴착 비탈면, 흙막이 등 안전성계산서

(3) 콘크리트공사

- 거푸집·동바리·철근·콘크리트등 공사개요, 시공 상세도면
- 안전시공절차 및 주의사항
- 안전점검계획표 및 안전점검표
- 동바리 등 안전성계산서

(4) 강구조물 공사

- 자재·장비 등의 개요, 시공 상세도면
- 안전시공절차 및 주의사항
- 안전점검계획표 및 안전점검표
- 강구조물의 안전성계산서

(5) 성토 및 절토공사(흙댐공사를 포함한다)

- 자재·장비 등의 개요, 시공 상세도면
- 안전시공절차 및 주의사항

- 안전점검계획표 및 안전점검표
- 안전성계산서

(6) 해체공사
- 구조물해체의 대상·공법 등의 개요, 시공 상세도면
- 해체순서, 안전시설 및 안전조치 등에 대한 계획

(7) 건축설비공사
- 자재·장비 등의 개요 및 시공 상세도면
- 안전시공절차 및 주의사항
- 안전점검계획표 및 안전점검표
- 안전성 계산서

3) 그 밖에 건설공사의 안전 확보를 위하여 안전관리계획에 포함하여야 하는 세부사항은 건설교통부장관이 정하여 고시할 수 있다.

4.1.3 통합계획서

1) 통합계획서의 작성

(1) 통합계획서는 기본사항, 공사현장 및 주변 안전관리계획, 작업공종별 안전관리계획, 작업환경조성계획으로 구성한다.

① 기본사항은 유해·위험방지계획서와 안전관리계획서에서 기본적으로 요구하고 있는 사항으로서 공사개요, 안전관리조직, 안전교육계획, 재해발생 등 비상시 긴급조치 계획이 여기에 해당된다.

② 공사현장 및 주변 안전관리계획은 기본사항이외에 유해위험방지계획서와 안전관리계획서에서 요구하는 일반적인 안전관리계획을 말하며 여기에는 안전보건관리계획, 개인보호구 지급계획, 공정별 안전점검계획, 공사장 주변 안전관리계획, 통행안전시설 설치 및 교통소통 대책 등으로 구성된다.

③ 작업공종별 안전관리계획은 건설공사의 특성에 맞추어 공사단계별 작업공정에 대하여 유해위험방지계획서와 안전관리계획서의 요구조건을 충족시킬 수 있도록 설치개요, 안전시공계획, 시공 상세도면, 안전성 검토결과 등을 작성하도록 한다.

④ 작업환경 조성계획은 근로자의 안전 확보를 위해 요구되는 분진, 소음, 조명, 환기대책 및 근로자의 건강진단 실시계획 등에 대한 계획을 작성하도록 한다.

(2) 통합계획서는 당해 공사의 시공자(건설업자 또는 주택건설등록업자)가 직접 작성함을 원칙으로 한다.

(3) 통합계획서의 작성 규격은 A4 용지 종으로 작성함을 원칙으로 하며, 공정표 및 도면 등 규격이 다른 경우에는 A4 크기에 맞게 접어서 제출한다.

(4) 통합계획서의 내용 중 구조계산서 및 안전성 검토서 등을 당해 공사 시공자가 작성한 경우에는 도서에 작성일과 책임자의 서명날인을 한다.

(5) 통합계획서는 작성지침서 순서에 따라 작성하되 당해 공사와 관련 없는 항목은 제외하고 관련 있는 항목만 작성하도록 한다.

(6) 작업공종별 안전관리계획은 작업공종별로 분리 작성하여 해당 공종 착공 전에 제출할 수 있다.

2) 통합계획서의 구성

(1) 기본사항
- ① 공사개요
- ② 안전관리조직
- ③ 안전교육계획
- ④ 재해발생 등 비상시 긴급조치계획

(2) 공사현장 및 주변 안전관리계획
- ① 안전보건관리 계획
  - 가. 산업안전보건관리비 사용계획(유해・위험방지계획서)
  - 나. 안전관리비 집행계획(안전관리계획서)
- ② 개인보호구 지급계획
- ③ 공정별 안전점검계획
- ④ 공사장 주변 안전관리계획
- ⑤ 통행안전시설 설치 및 교통소통 계획

(3) 작업공종별 안전관리계획
- ① 가설공사
- ② 굴착공사 및 발파공사(흙막이지보공 공사, 되 메우기 공사 포함)
- ③ 성토 및 절토공사(흙댐공사 포함)
- ④ 구조물공사

가. 콘크리트 공사

나. 강구조물 공사

다. 하부공 공사(교량공사)

라. 상부공 공사(교량공사)

마. 댐 축조 공사(댐 공사)

⑤ 마감공사

⑥ 전기 및 기계 설비공사(건축설비공사 포함)

⑦ 기타공사(해체공사, 포장공사 등 포함)

(4) 작업환경 조성 계획

① 분진 및 소음발생공종에 대한 방호대책

② 위생시설물 설치 및 관리대책(식당, 화장실, 세면장 등)

③ 근로자 건강진단 실시계획

④ 조명시설물 설치계획

⑤ 환기설비 설치계획

⑥ 위험물질의 종류별 사용량과 저장·보관 및 사용시 안전작업계획

3) 통합계획서의 제출

시공자(건설업자 또는 주택건설등록업자)가 통합계획서를 작성한 경우에는 유해·위험방지계획서(별지 제1호 서식) 및 안전관리계획서(별지 제2호 서식) 관련 규정에 따라 관계기관에 제출한다.

(1) 유해·위험방지계획서

① 유해·위험방지계획서 작성 대상공사를 착공하려고 하는 사업주는 일정한 자격을 갖춘자의 의견을 들은 후, 동 계획서를 작성하여, 공사착공 전일까지 한국산업안전보건공단 관할 지역본부 및 지도원(이하 "안전공단"이라 한다)에 2부를 제출한다. 여기에서 일정한 자격을 갖춘자란 아래의 자격 소지자를 의미한다.

- 건설안전분야 산업안전지도사
- 건설안전기술사 또는 토목·건축분야 기술사
- 건설안전산업기사 이상으로서 건설안전관련 실무경력 7년(기사는 5년) 이상인 자

② 자율안전관리업체로 지정된 업체는 자체심사를 거쳐 공사착공전일까지 자체 심사서류를 안전공단에 제출한다.

(2) 안전관리계획서

① 시공자는 통합계획서를 2부 작성하여 공사감독자 또는 감리원의 확인을 받아 공사착공 전일까지 발주자에게 제출한다. 단, 안전관리계획을 제출받은 발주자중 발주청이 아닌 자는 당해 건설공사를 인가·허가·승인 등을 한 행정기관의 장에게 제출한다.

② 공종별 안전관리계획서의 제출(확인신청)기간은 당해 공종의 착공전일까지로 한다.

4) 통합계획서의 심사 및 확인

(1) 유해·위험방지계획서

① 안전공단은 동 계획서 접수일로부터 15일 이내에 심사하여 결과를 사업주에게 통보한다. 여기에서 심사결과 구분은 다음과 같이 한다.

- 적정 : 근로자의 안전과 보건상 필요한 조치가 구체적으로 확보되었다고 인정될 때
- 조건부 적정 : 근로자의 안전과 보건을 확보하기 위하여 일부 개선이 필요하다고 인정될 때
- 부적정 : 중대한 위험발생 우려가 있거나 계획에 근본적 결함이 있다고 인정될 때

② 부적정 판정을 한 경우에는 지방노동관서에 통보하여 공사착공중지 또는 계획변경명령 등 필요한 조치를 취하도록 한다.

③ 확인검사(산업안전보건법 시행규칙 제124조)는 3월에 1회(제120조 제4항 제1호의 사업장 중 냉동창고 및 호텔을 제외한 사업장은 6월에 1회)이상 실시한다.

4.2 공정안전관리 관련법

4.2.1 안전관련법

1) 고압가스안전관리법 등

화학물질에 의한 화재·폭발·누출 등 중대사고와 관련된 제도는 정부의 여러 부처에서 각기 다른 법에 의해 단독 또는 중복하여 수행되고 있다. 고압가스의 제조·저장·판매·운반사용의 안전은 고압가스 안전관리법을 중심으로, 액화석유가스의 안전 및 사업관리법, 도시가스 사업법 등에 의해 지식경제부에서 관장하고 있으며, 가연성·자연발화성·부식성 물질 등의 위험물은 소방법에 의해서 관리되고 있고, 화약·기폭제·폭약 등 화약류의 안전에 관한 사항은 산업용이면 경찰청, 군수용이면 국방부에서 관리하고 있다.

또한 사람의 건강 또는 환경에 위해를 미칠 독성이 있는 화학물질인 독극물에 대한 관리는 환경처에서, 살균제 · 살충제 · 제초제 등 농약에 관해서는 농림수산식품부에서 관장하고 있다. 기타 핵물질 · 방사성물질의 연구개발 및 생산 · 이용과 이에 따른 안전관리사항은 교육과학기술부에서 관장하고 있는 등 표 7-5에 나타낸 바와 같이 다소 복잡하게 되어 있다.

표 7-5 우리나라의 중대 산업사고 예방관련 법령

연번	법	제정 년월일	주요내용	담당부처
1	산업안전보건법	'81.12.31	산업재해예방을 위한 사업장 안전보건에 관한 사항	노동부
2	고압가스 안전관리법	'83.12.31	고압의 압축가스 제조 · 저장 · 판매 · 운반 · 사용 등에 관한 사항	지식경제부
3	액화석유가스의 안전 및 사업관리법	'83.12.31	프로판, 부탄, 가스용품 등 액화석유가스(LPG)의 충진 · 저장 · 판매사용에 관한 사항	〃
4	도시가스사업법	'83.12.31	메탄등 천연가스의 제조, 취급 사용 등에 관한 사항	〃
5	총포 · 도검 · 화약류 등 단속법	'84. 8. 4	총포류, 도검류 및 화약류 등의 사용허가 등에 관한 사항	경찰청(산업용) 국방부(군수용)
6	유해화학물질 관리법	'90. 8. 1	사람 및 환경에 위해를 미칠 수 있는 독성화학물질에 관한 사항	환경부
7	대기환경보전법	'90. 8. 1	공기오염방지 등 대기환경보전 등에 관한 사항	〃
8	농약관리법	'80.12.31	살균제 · 살충제 · 제초제 등 농약의 시설제조 등에 관한 사항	농림수산식품부
9	원자력법	'82. 4. 1	핵물질, 방사성물질의 연구개발 및 제조이용과 안전에 관한사항	교육과학기술부
10	소방법	'91.12.14	위험물의 제조 · 허가와 안전에 관한 사항	소방방재청

주) 표의 제정 년월일은 제정 또는 가장 최근의 전면 개정일을 나타냄.

2) 산업안전보건법

위와 같은 법은 그 주요 목적이 공공안전. 환경보호에 있는 반면에 근로자 보호를 주요 목적으로 제정된 산업안전보건법은 근로자의 안전과 보건에 관계될 경우, 다른 법과 일부 중복하여 화학물질의 사용에 의한 화재·폭발 또는 누출사고 등의 예방을 위한 안전조치를 광범위하게 규정하고 있다.

중대 산업사고와 관련하여 산업안전보건법에는 안전담당자의 임명·자격 등에 관한 취업제한, 관련 근로자의 교육훈련, 중대재해조사 등의 일반적 사항과 유해위험방지계획서의 심사 및 확인, 안전거리의 유지 등 안전상의 조치, 유해위험설비의 검사 및 자체검사 등 기술적인 사항, 그리고 긴급한 위험이 있을 경우의 사용중지 또는 작업중지 등 점검·감독 등에 관한 사항이 규정되어 있다.

4.2.2 공정안전관리제도 관련법

산업안전보건법 제49조의 2에 의해 시행령에서 정하는 중대 산업사고를 야기할 수 있는 유해위험설비를 보유한 사업장에서는 규칙에서 정하는 방법에 따라 공정위험성을 평가하고 위험이 발견될 때에는, 이를 제거하거나 적절히 제어하여 위험이 사고로 전이되지 않도록 조치하고, 그 내용을 보고서로 작성하여 산업안전보건위원회의 심의나 근로자 대표의 의견을 들어 기간내에 노동부장관에게 제출하도록 되어 있다. 그리고 노동부장관은 동 보고서의 적절성을 심사하고, 또한 심사한 보고서 내용대로 이행되고 있는지를 확인하도록 하며, 사업주 및 근로자 모두는 이 보고서의 내용을 준수하여야 한다는 내용 등이다.

1) 관계법

제49조의2 (공정안전보고서의 제출 등)

① 대통령령이 정하는 유해·위험설비를 보유한 사업장의 사업주는 당해 설비로부터의 위험물질의 누출, 화재 및 폭발 등으로 인하여 사업장내의 근로자에게 즉시 피해를 줄 수 있는 사고(이하 이 조에서 "중대 산업사고"라 한다)를 예방하기 위하여 대통령령이 정하는 바에 의하여 정기적으로 공정 안전보고서를 작성하여 노동부장관에게 제출하여야 한다.

② 사업주는 제 1항의 규정에 의하여 공정안전보고서를 작성할 때에는 산업안전보건위원회의 심의를 거쳐야 한다. 산업안전보건위원회가 설치되어 있지 아니한 사업장에는 근로자대표의 의견을 들어야 한다.

③ 노동부장관은 공정안전보고서를 심사한 후 근로자의 안전과 보건의 유지·증진을 위하여 필요하다고 인정하는 경우에는 당해 공정안전보고서의 변경을 명할 수 있다.

④ 제1항의 규정에 의하여 공정안전보고서를 제출한 사업주는 노동부령이 정하는 바에 의하여 노동부장관의 확인을 받아야 한다.

⑤ 사업주 및 근로자는 공정안전보고서의 내용을 준수하여야 한다.

2) 시행령

시행령 제33조의 5 (공정안전보고서의 제출대상)

① 법 제49조의 2 제1항에서 "대통령령이 정하는 유해·위험설비"라 함은 다음 각 호의 1에 해당하는 사업을 행하는 사업장의 경우에는 그 보유 설비를, 그 외의 사업을 행하는 사업장의 경우에는 별표 10의 규정에 의한 유해·위험물질의 하나 이상을 동표에 의한 규정량 이상 제조·취급·사용·저장하는 설비 및 당해 설비의 운영에 관련된 일체의 공정설비를 말한다.

1. 원유정제 처리업
2. 달리 분류되지 아니한 석유정제 분해물 재 처리업
3. 석유화학계 기초 유기화합물 제조업
4. 질소질비료 제조업
5. 복합비료 제조업
6. 농약 제조업(원제제조에 한한다)
7. 화약 및 불꽃제품 제조업

② 제 1항의 규정에 불구하고 다음 각 호의 설비는 이를 유해·위험설비로 보지 아니한다.

1. 원자력 설비
2. 군사시설
3. 사업주가 당해 사업장내에서 직접 사용하기 위한 연료의 저장설비
4. 도·소매시설
5. 차량 등의 운송설비
6. 액화석유가스의 안전 및 사업관리법에 의한 액화석유가스의 충전·저장시설
7. 도시가스사업법에 의한 가스공급시설
8. 기타 노동부장관이 누출·화재·폭발 등으로 인한 피해의 정도가 크지 아니하다고 인정하여 고시하는 설비

표 7-6 시행령 [발표 10]의 유해·위험물질 규정수량(영 제33조의 5관련)

번호	유해 · 위험물질명	규정수량 (kg)
1	가연성가스	취급 : 5,000, 저장 : 200,000
2	인화성물질	취급 : 5,000, 저장 : 200,000
3	메틸이소시아네이트	150
4	포 스 겐	750
5	아크릴로니트릴	20,000
6	암모니아	200,000
7	염소	20,000
8	이산화황	250,000
9	삼산화황	75,000
10	이황화탄소	5,000
11	시안화수소	1,000
12	불화수소	1,000
13	염화수소	20,000
14	황화수소	1,000
15	질산암모늄	500,000
16	니트로글리세린	10,000
17	트리니트로톨루엔	50,000
18	수소	50,000
19	산화에틸렌	10,000
20	포 스 핀	50
21	실란(Silane)	50

[비 고]

1. 가연성가스라 함은 폭발한계 농도의 하한이 10퍼센트 이하 또는 상하한의 차가 20퍼센트 이상인 것으로서 1기압 35℃에서 가스상태인 물질을 말한다.
2. 인화성물질이라 함은 대기압(1기압)하에서 인화점이 65℃ 이하이거나 고온 · 고압의 공정운전조건으로 인하여 화재 · 폭발위험이 있는 상태에서 취급되는 가연성 물질을 말한다.
3. 인화점의 수치는 타구밀폐식, 펜스키말테식 또는 크리브랜드 개방식 등의 인화점 측정기에 의해 1기압에서 측정한 수치 중 적은 수치임.
4. 유해 · 위험물질의 규정수량이라 함은 제조 · 취급 등 설비에 있어서 공정과정 중에 저장되는 양을 포함하여 하루에 최대로 제조 또는 취급할 수 있는 수량을 말함.
5. 수량에 기재된 수치는 화학물질의 순도 100퍼센트를 기준으로 산출한 수치임.
6. 2종 이상의 유해 · 위험물질을 취급하는 경우에는 당해 유해 · 위험물질 각각의 취급량을 구한 후 다음 공식에 의해 산출한 값 R이 1이상인 경우 유해 · 위험 설비로 본다.

$$R=\frac{C_1}{T_1}+\frac{C_2}{T_2}\cdots\ldots+\frac{C_n}{T_n}$$

주) C_n : 위험물질 각각의 사용량 T_n :위험물질 각각의 규정수량

7. 가스를 전문으로 저장 · 판매하는 시설내의 가스를 제외한다.

규정수량의 산출

현재 사업장에서 취급하는 위험물질의 양이 표 7-6의 규정수량 미만일 경우에는 공정안전보고서의 제출대상이 아니지만, 공정변경이나 증설 등으로 인하여 기존의 사용량과 변경으로 증가되는 화학물질량을 추가했을 경우에 규정수량을 초과하면 제출대상이 되며, 이때에는 가연성가스나 인화성물질 화학물질의 종류에 관계없이 모두 합산하여 산정한다.
또한 별표 10의 비고 2에서 규정한 고온·고압이라 함은 운전압력이 게이지압력으로 10kg/cm^{2}G 이상이거나 운전온도가 취급물질의 인화점 이상에서 운전되는 것을 의미한다.
가스를 전문으로 저장·판매하는 시설이라 함은 산소, 질소 등과 같은 가스제조시설을 가지고 있지 않고 저장판매만을 행하는 것을 의미한다.

시행령 제 33조의 6 (공정안전보고서의 내용)

법 제49조의 2의 규정에 의한 공정안전보고서에는 다음 각 호의 사항을 포함하여야 한다.

1. 공정안전자료
2. 공정위험성평가서
3. 안전운전계획
4. 비상조치계획
5. 기타 공정안전과 관련하여 노동부장관이 필요하다고 인정하여 고시하는사항

시행규칙 제 130조의 2 (공정안전보고서의 세부내용 등)

영 제 33조의 6의 규정에 의한 공정안전보고서에 포함되어야 할 세부내용은 다음 각호와 같다.

1. 공정안전자료

가. 취급. 저장하고 있거나 취급. 저장하고자 하는 유해위험물질의 종류 및 수량

나. 유해·위험물질에 대한 물질안전보건자료

다. 유해·위험설비의 목록 및 사양

라. 유해·위험설비의 운전방법을 알 수 있는 공정도면

마. 각종 건물·설비의 배치도

바. 방폭지역 구분도 및 전기단선도

사. 위험설비의 안전설계·제작 및 설치관련 지침서

2. 공정위험성평가서 및 잠재위험에 대한 사고예방·피해 최소화 대책

공정위험성평가서는 공정의 특성을 고려하여 다음 각 목의 위험성평가기법중 한가지 이상을 선정하여 위험성평가를 실시한 후 그 결과에 따라 작성하여야 하며, 사고예방·피해 최

소화 대책의 작성은 위험성평가결과에 의해 잠재위험이 있다고 인정되는 경우에 한한다.
가. 체크리스트 기법(Check List)
나. 상대위험순위 결정기법(Dow and Mond Indices)
다. 작업자 실수 분석(HEA)
라. 사고예상질문 분석(What-if)
마. 위험과 운전 분석(HAZOP)
바. 이상위험도 분석(FMECA)
사. 사건수 분석(ETA)
아. 원인결과 분석(CCA)
자. 가 목내지 자 목과 동등 이상의 기술적 평가기법
3. 안전운전계획
가. 안전운전 지침서
나. 설비점검 · 검사 및 보수계획, 유지계획 및 지침서
다. 안전작업허가
라. 협력업체 안전관리계획
마. 근로자 등 교육계획
바. 가동전 점검지침
사. 변경요소 관리계획
아. 자체감사 및 사고조사계획
자. 기타 안전운전에 필요한 사항
4. 비상조치계획
가. 비상조치를 위한 장비 · 인력보유 현황
나. 사고 발생시 각부서 · 관련기관과의 비상연락체계
다. 사고 발생시 비상조치를 위한 조직의 임무 및 수행절차
라. 비상조치계획에 따른 교육계획
마. 주민홍보계획
바. 기타 비상조치 관련사항

시행령 제 33조의 7 (공정안전보고서의 제출)

① 사업주는 제33조의 5의 규정에 의한 유해 · 위험설비를 설치 · 이전하거나 노동부장관이 정하는 주요 구조부분을 변경할 때에는, 노동부령이 정하는 바에 의하여 법 제49조의 2 제1항의 규정에 의한 공정안전보고서를 작성하여 노동부장관에게 제출하여야 한다.

② 사업주는 제1항의 규정에 의하여 공정안전보고서를 노동부장관에게 제출한 날로부터 5년마다 당해 설비에 대한 공정안전보고서를 작성하여 노동부장관에게 제출하여야 한다.

③ 제1항의 경우에 제출하여야 할 공정안전보고서가 고압가스 안전관리법 제2조의 규정에 의한 고압가스를 사용하는 단위공정설비에 관한 것인 경우로서 당해 사업주가 동법 제11조 및 제13조의 2의 규정에 의한 안전관리규정 및 안전성 향상계획을 작성하여 한국산업안전공단 및 한국가스안전공사가 공동으로 검토·작성한 의견서를 첨부하여 허가관청에 제출한 때에는 당해 단위공정설비에 관한 공정안전보고서를 제출한 것으로 본다.

시행령 제33조의 7 (공정안전보고서의 제출)

④ 제2항의 경우에 제출하여야 할 공정안전보고서가 고압가스 안전관리법 제2조의 규정에 의한 고압가스를 사용하는 단위공정 설비에 관한 것인 경우로서 당해 사업주가 그 단위공정 설비에 대하여 제1항의 규정에 의한 공정안전 보고서 또는 제3항의 규정에 의한 안전관리규정 및 안전성 향상계획을 제출한 날부터 5년마다 제3항이 규정에 의한 안전관리규정 및 안전성 향상계획을 작성하여 동항의 규정에 의한 의견서를 첨부하여 허가관청에 제출한 때에는 당해 단위공정설비에 관한 제2항의 공정안전보고서를 제출한 것으로 본다. 이 경우 안전관리규정 및 안전성향상계획의 기재내용은 공정안전보고서의 기재 내용과 동일하여야 한다.

시행규칙 제 130조의 3 (공정안전보고서의 제출시기)

사업주는 영 제33조의 7의 규정에 의하여 유해·위험설비의 설치·이전·주요구조부분의 변경에 착공하기 60일전까지 공정안전보고서를 2부 작성하여 공단에 제출하여야 한다.

시행령 제33조의 8 (유해·위험방지계획서의 제출면제)

사업주가 법 제 49조의 2의 규정에 의한 공정안전보고서를 제출한 때에는 당해유해·위험설비에 관하여 법 제48조의 규정에 의한 유해·위험방지계획서를 제출한 것으로 본다.

부 칙 제2조(기존의 유해·위험설비에 관한 경과조치)

① 이 영 시행 당시 제33조의 5의 개정 규정에 의한 유해·위험설비를 보유하고 있는 사업장의 사업주는 1996년부터 4년간 매년 전체 설비의 4분의 1씩에 해당하는 설비에 대한 공정안전보고서를 작성하여 매년 9월 30일까지 노동부장관에 게 제출하여야 한다.

② 제1항의 규정에 의하여 공정안전보고서를 제출한 사업주는 제33조의 7 제2항의 개정규정에 의하여 5년마다 당해설비에 대한 공정안전보고서를 노동부장관에게 제출하여야 한다.

3) 시행규칙

시행규칙 제130조의 4 (공정안전보고서의 심사 등)

① 공단은 제130조의 3의 규정에 의하여 공정안전보고서를 제출받은 때에는 60일 이내에 이를 심사하여 1부를 사업주에게 송부하여야 한다.

② 공단은 제1항의 규정에 의한 심사결과 소방법에 의한 화재의 예방·소방 등과 관련된 부분이 있다고 인정되는 경우에는 그 관련내용을 관할 소방관서의 장에게 통보하여야 한다.

③ 사업주는 제1항의 규정에 의하여 송부받은 공정안전보고서를 송부받은 날부터 5년간 보존하여야 한다.

시행규칙 제 130조의 5(작성기준 등)

영 제33조의 7 제1항의 규정에 의한 공정안전보고서의 작성기준, 작성자 및 심사기준, 기타 심사에 필요한 사항은 노동부장관이 정한다. 참조: 노동부 고시 제96-4호(1996. 1. 20) 공정안전보고서의 제출·심사 및 확인 등에 관한 규정

시행규칙 제 130조의 6(확인 등)

① 공정안전보고서를 제출하여 심사를 받은 사업주는 법 제49조의 2 제4항의 규정에 의하여 다음 각 호의 시기별로 공단에 확인을 받아야 한다.

1. 신규로 설치될 유해·위험설비에 대해서는 설치과정 및 설치완료후 시운전 단계에서 각 1회
2. 기존에 설치되어 사용중인 유해위험설비에 대해서는 심사완료후 2개월 이내
3. 유해·위험설비와 관련한 공정의 중대한 변경의 경우에는 변경완료후 1개월 이내

② 공단은 사업주로부터 확인요청을 받은 날로부터 1개월 이내에 공정안전보고서 내용의 이행여부에 대하여 확인을 행하고, 확인한 날부터 15일 이내에 그 결과를 사업주에게 통보하여야 한다.

부 칙

제1조(시행일) 이 규칙은 공포한 날부터 시행한다. 다만, 제 130조의 2 내지 제130조의 7의 규정은 1996년 1월 1일 부터 시행한다.

4) 벌칙 관련

법 제49조의 2 ⑤ 사업주 및 근로자는 공정안전보고서의 내용을 준수하여야 한다.

법 제68조(벌칙) ① 1년 이하의 징역 또는 1천만원 이하의 벌금 (법 49조의 2 제1항 및 제2항)

법 제69조(벌칙) ① 500만원 이하의 벌금 (법49조의 2 제4항 및 5항)

공정안전보고서 내용의 철저한 이행

법 제49조의 2 제5항에는 사업주와 근로자가 함께 공정안전보고서의 내용을 성실히 이행하도록 하는 의무를 부여하고 있으며, 이를 위반한 때에는 법 제69조에 의하여 500만원 이하의 벌금을 부과할 수 있도록 규정하여 공정안전관리의 철저한 이행을 촉구하고 있다.

부 칙

① (시행일) 이 법은 공포한 날부터 시행한다.

- 이하생략 -

② (유해·위험설비에 관한 경과조치) 이 법 시행당시 제 49조의 2 제1항의 규정에 의한 유해·위험설비를 보유하고 있는 사업장의 사업주는 대통령령이 정하는 기한 내에 각 유해·위험설비에 관한 공정안전보고서를 작성하여 노동부장관에게 제출하여야 한다.

4.3 관련고시

4.3.1 유해위험방지계획서에 관한 고시

제조업 유해위험방지계획서 제출 · 심사 · 확인에 관한 고시 및 규칙

(노동부고시 제2008-82호)

제1장 총 칙

제1조(목적) 이 규정은 「산업안전보건법」(이하 "법"이라 한다) 제48조, 같은 법 시행령(이하 "영"이라 한다) 제33조의2 및 같은 법 시행규칙(이하 "규칙"이라 한다) 제120조부터 제124조2까지에 따라 유해·위험방지계획서(이하 "계획서"라 한다)의 제출대상 업종 및 설비, 계획서의 작성·심사기준 및 확인 등에 관하여 필요한 사항을 정함을 목적으로 한다.

제2조(정의) ① 이 규정에서 사용하는 용어의 정의는 다음 각 호와 같다.

1. 법 제48조 제1항에서 "주요 구조부분을 변경(이하 "구조변경"이라 한다)"이란 영 제33조의 2 제출대상 사업장 중에서 제품 생산량의 증가 또는 제품의 변경을 위하여 설비 증설, 교체 또는 개조 등을 말하는 경우로서 변경되는 설비 및 부대설비 등의 전기 정격용량 증가의 합이 100킬로와트 이상일 경우를 말한다.

2. 법 제48조 제2항에서 "구조변경"이란 규칙 제120조 제3항의 유해 또는 위험한 작업 및 장소에서 사용하는 기계·기구 및 설비 중 다음 각 목의 주요구조부분을 변경할 때를 말한다.

가. 금속이나 그 밖의 광물의 용해로 : 용해용량의 증가, 열원의 종류 또는 내화물 등 내부구조를 교체·변경하는 경우

나. 화학설비 : 생산량의 증가, 원료 또는 제품의 변경을 위하여 대상 특수 화학설비를 교체·변경 또는 추가하는 경우

다. 건조설비 : 건조부의 내용적의 증가 또는 열원의 종류를 변경하는 경우

라. 가스집합용접장치 : 가스집합량 설비기준으로 용량의 증가 또는 주관을 변경하는 경우

마. 허가대상·관리대상 유해물질 및 분진작업 관련설비 : 후드형식, 덕트형식, 공기정화장치, 송풍기를 신설, 추가, 변경하는 경우

3. "단위공정"이란 제출대상 기계·기구 및 설비를 이용하여 제품 또는 중간제품(다른 제품의 원료)을 생산하는데 필요한 원료처리 공정에서부터 제품(중간제품)의 생산·이송·저장(부산물 포함)까지의 일관공정을 말한다.

4. "공사착공"이란 계획서 제출 대상 건설물·기계·기구 및 설비 등을 설치·이전하거나

구조 변경하는 공사시작을 말한다.

5. 규칙 제124조제1항에서 "시운전단계"란 모든 건설물·기계·기구 및 설비 등이 설치완료되고 원료(또는 원재료)를 공급하여 완제품을 생산하기 전에 성능을 확인하기 위하여 운전하는 단계를 말한다.

6. "국소배기장치"란 허가대상·관리대상 유해물질 및 분진작업에서 발생하는 유해물질을 후드, 덕트, 송풍기, 공기정화장치, 배풍기 및 배출구 등을 설치하여 포집, 제거 및 배출하는 장치를 말한다. 여기서 허가대상 유해물질이란 영 제30조에서 규정한 물질을 말하며, 관리대상 유해물질이란「산업보건기준에 관한 규칙」(이하 "보건규칙"이라 한다) 별표 7에서 규정한 물질을 말하고, 분진작업은 보건규칙 별표 1에서 규정한 작업을 말한다.

7. "안전성 분석"이란 설비 등의 안전성을 확보하기 위해 설비 등에 존재하는 위험요인을 파악·분석하여 동 위험을 제거하기 위한 대책을 말한다.

② 그 밖에 이 고시에서 사용하는 용어의 정의는 이 고시에 특별한 규정이 있는 것을 제외하고는 법·영·규칙·「산업안전기준에 관한 규칙」(이하 "안전규칙"이라 한다) 및 보건규칙에서 정하는 바에 따른다.

제3조(비밀보장) ① 사업주는 제출된 제조업 계획서의 내용 중 기업의 정보 유출로 인한 피해가 우려되는 부분에 대하여는 기업의 비밀보장을 한국산업안전보건공단(이하 "공단"라 한다)에 요구할 수 있다.

② 공단은 사업주로부터 비밀보장을 요구받은 부분에 대하여는 특별한 관리절차를 규정하고 이에 따라 관리하여야 한다.

제2장 계획서 제출 대상·제출·심사 및 확인 등

제1절 계획서 제출대상 설비

제4조(계획서 제출 대상) 규칙 제120조 제3항에 따른 계획서 제출대상 기계·기구 및 설비(이하 "위험설비"라 한다)의 구체적인 대상범위란「통계법」에 따른 한국표준산업분류표상의 제조업으로서 다음 각 호의 설비를 포함하는 단위공정을 말한다.

1. 규칙 제120조 제3항 제1호의 "금속이나 그 밖의 광물의 용해로"는 금속(철) 또는 비금속 광물을 해당물질 녹는점 이상으로 가열하여 용해하는 로로 용량 3톤 이상일 것.

2. 규칙 제120조 제3항 제2호의 "화학설비"는 안전규칙 제292조 "특수 화학설비"로 단위공정 과정 중에 저장되는 양을 포함하여 최대로 제조 또는 취급할 수 있는 양이 안전규칙 별표 1의 위험물질을 안전규칙 별표 3의3 기준량 이상인 경우(영 제33조의 5 제2항에서 정한 설비는 제외한다)

3. 규칙 제120조 제3항 제3호의 "건조설비"는 건조기본체, 가열장치, 환기장치를 포함하

며, 열원기준으로 연료의 최대사용량이 매 시간당 50킬로그램 이상이고, 전열의 경우 매 시간당 50킬로와트 이상인 경우로 열원을 직접 이용하는 설비로서 다음 각 목의 어느 하나에 해당할 것

가. 건조물에 포함되는 수분, 용제를 건조하는 경우

나. 도료, 피막제의 도포코팅 등 표면을 건조하여 가연성 가스를 발생하는 경우

다. 건조를 통한 가연성 분말로 인해 분진이 발생하는 설비

4. 규칙 제120조 제3항 제4호의 "가스집합 용접장치"는 고정식의 가스집합장치(소형 용기 또는 저장탱크 등)가 있고 가스 집합량이 1000킬로그램 이상일 것

5. 규칙 제120조 제3항 제5호의 허가대상·관리대상 유해물질 및 분진작업 관련설비(이하 "국소배기장치"라 한다)는 후드, 덕트, 배풍기, 공기정화장치를 포함하며, 유해물질 또는 분진을 제거하기 위해 설치하는 국소배기장치(이동식은 제외한다)로 다음 각 목과 같다

가. 법 제36조 및 영 제28조의3 제7호에 따른 유해물질을 제거하기 위해 설치하는 국소배기장치

나. 가목에서 정한 유해물질 이외의 물질 및 보건규칙 별표1의 분진작업에 설치한 국소배기장치의 경우 배풍량의 합이 분당 150세제곱미터 이상의 것

제2절 계획서의 작성·제출 등

제5조(제출서류) 사업주가 영 제33조의2 및 규칙 제121조 제1항에 따라 공단에 제출하는 계획서에 첨부하여야 할 도면 및 서류는 별표 1과 같다. 다만, 구조변경으로 인하여 계획서를 작성·제출하는 경우에는 그 변경부분 및 그와 관련된 부분에 한한다.

제6조(제출서류의 일부 면제) 사업주가 계획서를 제출하여 공단의 심사를 받은 후 다른 설비에 대한 계획서를 새로이 제출하는 경우 이미 심사받은 계획서의 내용과 동일한 내용이 포함되어 있을 때에는 공단은 그 내용에 한하여 제출을 면제할 수 있다.

제7조(계획서의 제출 면제) 영 제33조의2 각 호에 해당하는 사업의 사업주가 규칙 제120조제3항의 기계 등을 해당사업에 사용하는 경우로서 법 제48조 제1항에 따른 계획서를 제출한 때에는 법 제48조 제2항에 따른 계획서의 제출을 면제한다.

제8조(작성자) ① 사업주는 보고서를 작성할 때 다음 각 호의 자격을 갖춘자 또는 공단이 실시하는 관련교육을 20시간 이상 이수한 자 1인 이상을 포함시켜야 한다.

1. 기계, 금속, 화공, 전기, 안전관리, 산업보건관리, 산업위생 또는 환경분야 기술사 자격을 취득한 자

2. 기계, 전기, 화공안전 등 산업안전지도사 또는 산업위생지도사 자격을 취득한 자

3. 제1호 관련분야 기사 자격을 취득한 자로서 해당 분야에서 5년 이상 근무한 경력이 있는 자

4. 제1호 관련분야 산업기사 자격을 취득한 자로서 해당 분야에서 7년 이상 근무한 경력이 있는 자

② 제1항에 따라 공단에서 실시하는 관련교육은 다음 각 호와 같다.

1. 법 제48조의 제조업 유해·위험방지계획서 작성과 관련된 교육과정
2. 법 제49조의2의 공정안전보고서 작성과 관련된 교육과정

제9조(제출처 등) 규칙 제121조 제1항에 따라 작성한 계획서는 공사착공 15일 전에 사업장이 소재하고 있는 공단 지역본부(지도원)장에게 첨부서류를 포함하여 2부씩 제출하여야 한다. 다만 첨부서류는 전자문서로 제출할 수 있다.

제3절 계획서의 심사·확인 등

제10조(심사 등) ① 공단은 규칙 제122조에 따라 계획서를 심사할 경우에는 소속직원 중 다음 각 호의 분야에 해당하는 2명 이상의 전문가로 심사반을 구성하고, 심사책임자를 임명하여 제2항의 내용을 심사해야 한다.

1. 공정 및 장치설계
2. 기계 및 구조설계, 용접, 재료 및 부식
3. 계측제어·컴퓨터제어 및 자동화
4. 전기설비 및 방폭전기
5. 비상조치 및 소방
6. 안전성 분석
7. 산업보건위생

② 계획서에 대한 세부적인 심사기준은 별표 2와 같고, 공단은 보고서를 심사할 때 특정사항에 대하여 외부 전문가의 조언이 필요하다고 판단되는 경우에는 다음 각 호의 자격을 갖춘 자 중 제1항에서 규정하는 각 분야의 외부전문가를 부분적으로 심사에 참여시킬 수 있다. 이 경우 심사에 참여하는 외부전문가는 보고서를 공정하게 심사하여야 하고 심사 중 알게 된 사실에 대하여는 타인에게 누설하여서는 아니 된다.

1. 해당분야 기술사 자격을 취득한 자
2. 해당 분야의 박사학위를 취득한 후 그 분야의 실무경력 3년 이상인 자
3. 해당 분야에 실무경력이 10년 이상인 자

③ 공단은 제2항의 규정에 의하여 외부전문가를 심사에 참여시킨 때에는 여비와 수당을 지급할 수 있다.

제11조(사업장 관계자의 참여) 공단은 제10조에 따라 심사를 함에 있어 계획서의 내용설명 등을 위하여 관계자의 참석을 요청할 수 있다.

제12조(서류의 보완 등) ① 공단은 심사과정 중 서류의 보완 그 밖에 추가 도면 및 서류가 필

요한 경우에는 별지 제1호 서식에 따라 보완할 사항을 작성하여 사업주에게 요청할 수 있다.

② 제1항에 따른 서류보완 등에 소요된 기간은 심사기간에 포함하지 않으며, 그 기간은 10일을 초과할 수 없다. 다만, 사업주의 요청이 있는 경우에는 10일 이내의 범위에서 연장할 수 있다.

제13조(심사결과 후 조치) 공단은 계획서 심사결과를 별표 3 심사필인 또는 서명이 날인된 계획서 1부를 첨부하여 해당 사업주에게 통보하여야 한다.

제14조(확인의 변경신청) ① 사업주는 법 제48조제5항 및 규칙 제124조에 따른 확인의 일정(최초 계획서 제출시 선정한 확인 일자)이 변경된 경우에는 확인을 받고자 하는 날의 15일이전에 별지 제2호 서식에 따라 공단에 변경신청을 하여야 한다.

② 공단은 제1항에 따라 사업주로부터 확인 변경신청을 받은 때에는 신청서 접수일로부터 7일 이내에 확인실시 일정을 다시 결정하여 사업주에게 통보해야 한다.

제15조(수수료) 계획서 심사를 받고자 하는 자는 법 제66조 제1항에 따라 공단이 지정하는 금융기관 등을 통하여 수수료를 납부하고 그 증빙서류를 계획서에 첨부해야 한다.

부 칙

제1조(시행일) 이 규정은 2009년 1월 1일부터 시행한다.

제2조(작성자에 대한 경과 조치) 제8조 제2항의 규정 중 공단이 실시하는 관련 교육 이수자

4.3.2 공정안전보고서에 관한 고시

공정안전보고서의 제출 · 심사 등에 관한 규정

제정 1996. 1. 20. 노동부 고시 제 96-4호

제1장 총 칙

제1조(목적) 이 규정은 산업안전보건법(이하 "법"이라 한다) 제49조의 2, 동법 시행령(이하 "영"이라 한다) 제 33종의 5 내지 제 33조의 7 및 동법 시행규칙(이하 "규칙"이라 한다) 제 130조의 2내지 제 130조의 6의 규정에 의하여 공정안전보고서(이하 "보고서"라 한다)의 제출·심사 및 확인 등에 관하여 필요한 사항을 규정함을 목적으로 한다.

제2조(정의) ①이 규정에서 사용하는 용어의 정의는 다음과 같다.

1. 영 제33조의 7 제1항에서 "노동부장관이 정하는 주요 구조부분의 변경"이라 함은 다음 각목의 1에 해당하는 경우를 말한다.

가. 제품 생산량의 증가, 제품·원료 또는 공정변경을 위하여 설비 등의 규모를 증가 시키거나 추가로 설치하는 경우

나. 설비교체 등을 위하여 변경되는 생산설비 및 부대설비의 당해 전기정격용량의 합이 300킬로와트 이상인 경우

2. 영 [별표10]의 [비고] 제2호에서 "고온·고압의 공정운전조건으로 인하여 화재·폭발위험이 있는 상태"라 함은 운전압력이 게이지압력으로 10기압 이상인 상태 또는 취급물질의 인화점 이상에서 운전되는 상태를 말한다.

3. 규칙 제130조의 3의 규정에서 "착공하기 60일전까지"라 함은 유해·위험설비를 설치·이전할 경우에는 대상설비를 설치·이전하는 공사를 시행하기 전, 주요 구조부분을 변경하는 경우에는 그 변경공사를 시행하기 60일전까지를 말한다.

4. 규칙 제130조의 6 제1항 제1호에서 "설치 과정"이라 함은 주요 기계장치의 설치, 배관, 전기 및 계장 작업이 진행되고 있는 과정을 말한다.

5. 규칙 제130조의 6 제1항 제1호에서 "설치완료후 시운전 단계"라 함은 모든 기계적인 작업이 완료되고 원료를 공급하여 성능을 확인하기 위하여 운전하는 단계를 말한다.

6. "위험성평가기법"이라 함은 사업장내에 존재하는 위험에 대하여 정성적 또는 정량적으로 위험성 등을 평가하는 방법으로서 체크리스트기법, 상대위험순위결정기법, 작업자 실수 분석기법, 사고예상질문 분석기법, 위험과 운전분석기법, 이상위험도 분석기법, 결함수 분석기법, 사건수 분석기법, 원인결과 분석기법, 예비위험 분석기법, 공정위험 분석기

법 등을 말한다.
7. "체크리스트기법"이라 함은 공정 및 설비의 오류, 결함상태, 위험상황 등을 목록화한 형태로 작성하여 경험적으로 비교함으로써 위험성을 파악하는 방법을 말한다.
8. "상대위험순위결정기법"이라 함은 공정 및 설비에 존재하는 위험에 대하여 상대위험 순위를 수치로 지표화하여 그 피해정도를 나타내는 방법을 말한다.
9. "작업자 실수분석기법"이라 함은 설비의 운전원, 보수반원, 기술자 등의 실수에 의해 작업에 영향을 미칠 수 있는 요소를 평가하고 그 실수의 원인을 파악·추적하여 정량적으로 실수의 상대적 순위를 결정하는 방법을 말한다.
10. "사고예상 질문분석기법"이라 함은 공정에 잠재하고 있는 위험요소에 의해
야기될 수 사고를 사전에 예상·질문을 통하여 확인·예측하여 공정의 위험성 및 사고의 영향을 최소화하기 위한 대책을 제시하는 방법을 말한다.
11. "위험과 운전분석기법"이라 함은 공정에 존재하는 위험 요소들과 공정의 효율을 떨어뜨릴 수 있는 운전상의 문제점을 찾아내어 그 원인을 제거하는 방법을 말한다.
12. "이상위험도 분석기법"이라 함은 공정 및 설비의 고장의 형태 및 영향, 고장형태별 위험도순위 등을 결정하는 방법을 말한다.
13. "결함수분석기법"이라 함은 사고를 일으키는 장치의 이상이나 운전자 실수의 조합을 연역적으로 분석하는 방법을 말한다.
14. "사건수분석기법"이라 함은 초기사건으로 알려진 특정한 장치의 이상 또는 운전자의 실수에 의해 발생되는 잠재적인 사고 결과를 정량적으로 평가·분석하는 방법을 말한다.
15. "원인결과분석기법"이라 함은 잠재된 사고의 결과 및 사고의 근본적인 원인을 찾아내고 사고결과와 원인 사이의 상호 관계를 예측하여 위험성을 정량적으로 평가하는 방법을 말한다.
16. "예비위험분석기법"이라 함은 공정 또는 설비 등에 관한 상세한 정보를 얻을 수 없는 상황에서 위험물질과 공정 요소에 초점을 맞추어 초기위험을 확인하는 방법을 말한다.
17. "공정위험분석기법"이라 함은 기존설비 또는 공정안전보고서를 제출·심사받은 설비에 대하여 설비의 설계·건설·운전 및 정비의 경험을 바탕으로 위험성을 평가·분석하는 방법을 말한다.
18. "기존설비"라 함은 1995년 12월 31일 이전에 가동되고 있거나 가동되었던 설비 및 법 제48조의 규정에 의한 유해·위험방지계획서를 심사받을 목적으로 제출한 설비를 말한다.
19. "단위공장"이라 함은 동일 사업장내에서 제품 또는 중간제품(다른 제품의 원료)을 생산하는데 필요한 원료처리 공정에서부터 제품의 생산·저장(부산물 포함)까지의 일관공정을 이루는 설비를 말한다.
20. "단위공정"이라 함은 단위공장내에서 원료처리공정, 반응공정, 증류추출 등 분리공정,

회수공정, 제품저장·출하공정 등과 같이 단위공장을 구성하고 있는 각각의 공정을 말한다.

21. "자체점검"이라 함은 위험설비의 안전성을 확보하기 위하여 적용기준 및 표준에 따라 사업주가 일정주기마다 자율적으로 실시하는 검사 및 시험 등의 점검을 말한다.

② 기타 이 고시에서 정하지 아니한 용어의 정의는 법·영·규칙·산업안전기준에 관한 규칙(이하 "안전규칙"이라 한다) 및 산업보건기준에 관한 규칙(이하 "보건규칙"이라 한다)등이 정하는 바에 의한다.

제3조(비밀보장) ① 사업주는 제출된 보고서의 내용중 기업의 정보유출로 인한 피해가 우려되는 부분에 대하여는 기업의 비밀보장을 공단에 요구할 수 있다.

② 공단은 사업주로부터 비밀보장을 요구받은 부분에 대하여는 특별한 관리절차를 규정하고 이에 따라 관리하여야 한다.

제2장 보고서의 제출·심사 및 확인 등

제1절 보고서의 작성·제출

제4조(제출서류) ① 사업주는 규칙 제130조의 3의 규정에 의하여 공정안전보고서(이하 "보고서"라 한다)를 제출할 때에는 별지 제1호 서식에 의한다.

② 제1항의 보고서는 제3장 "보고서 작성기준"에 의하여 작성·제출하여야 한다. 다만 주요 구조부분 변경으로 인하여 보고서를 작성·제출하는 경우에는 그 변경부분 및 그와 관련된 부분에 한한다.

제5조(제출서류의 면제) 사업주가 보고서를 제출하여 공단의 심사를 받은 후 다른 설비에 대한 보고서를 새로이 제출하는 경우 이미 심사 받은 보고서의 내용과 동일한 내용이 있을 때에는 공단은 그 내용에 한하여 제출을 면제할 수 있다.

제6조(작성자) ① 사업주는 보고서를 작성한 때 다음 각 호의 1에 해당하는 자로서 공단이 실시하는 관련교육을 28시간 이상 이수한 자 1인 이상을 포함시켜야 한다.

1. 기계, 금속, 화공, 요업, 전기, 전자, 안전관리 또는 환경분야 기술사 자격을 취득한 자
2. 기계, 전기 또는 화공안전 분야의 산업안전 지도사 자격을 취득한 자
3. 제1호 관련분야 기사1급 자격을 취득한 자로서 해당 분야에서 10년 이상 근무한 경력이 있는 자
4. 제1호 관련분야 기사2급 자격을 취득한 자로서 해당 분야에서 12년 이상 근무한 경력이 있는 자

② 제1항의 규정중 공단에서 실시하는 관련교육은 다음 각 호의 1의 교육을 말한다.

1. 화학공정위험성 평가 Ⅰ(HAZOP) 과정

2. 화학공정위험성 평가 Ⅱ(정량평가) 과정
3. 공정안전보고서 작성 및 평가 과정
4. 공정안전관리 지도자과정

제2절 보고서의 심사

제7조(심사 등) ① 공단은 규칙 제130조의 4의 규정에 의하여 보고서를 접수하고 심사할 경우에는 소속 직원 중 다음 각 호의 분야에 해당하는 전문가로 심사반을 구성하고 심사책임자를 임명하여 규칙 제130조의 4 제1항의 규정에서 정한 기간 내에 심사를 완료하고 사업주에게 그 결과를 통지하여야 한다.

1. 위험성평가
2. 공정 및 장치 설계
3. 기계 및 구조설계, 응력해석, 용접, 재료 및 부식
4. 계측제어 · 컴퓨터제어 및 자동화
5. 전기설비 · 방폭전기
6. 비상조치 및 소방
7. 가스 확산 모델링 및 환경
8. 안전일반
9. 기타 보고서 심사에 필요한 분야

② 공단은 보고서를 심사할 때 특정 사항에 대하여 외부 전문가의 조언이 필요하다고 판단되는 경우에는 다음 각 호의 자격을 소지한 자 중 제1항에서 규정하는 각 분야의 외부 전문가를 부분적으로 심사에 참여시킬 수 있다. 이 경우 심사에 참여하는 외부전문가는 보고서를 공정하게 심사하여야 하고 심사중 알게 된 사실에 대하여는 타인에게 누설하여서는 아니된다.

1. 해당분야 기술사 자격을 취득한자
2. 대학에서 해당 분야의 조교수 이상의 직위에 있는 자
3. 해당 분야의 박사학위를 취득한 후 그 분야의 실무경력 3년이상인 자
4. 기타 공단 이사장이 인정하는 자

③ 공단은 제2항의 규정에 의하여 외부전문가를 심사에 참여시킬 때에는 여비와 수당을 지급할 수 있다.

제8조(공동심사) ① 공단은 영 제33조의 7 제3항의 규정에 의하여 한국가스안전공사와 공동으로 심사하여야 할 보고서를 접수한 때에는 한국가스안전공사 사장이 지명하는 심사위원 1인 이상이 심사에 참여하도록 요청하여 공동심사를 하여야 한다.

② 공단은 제1항의 규정에 의한 공동심사를 할 경우에는 별지 제2호 서식에 의하여 심사

일정을 통보하여야 한다.

제9조(사업장 관계자의 참여) 공단은 제7조의 규정에 의하여 심사를 실시함에 있어 보고서의 내용설명 등을 위하여 사업주에게 보고서 작성에 참여한 관계자의 참석을 요청할 수 있다.

제10조(서류의 보완 등) ① 공단은 심사과정 중 서류의 보완, 기타 추가서류 및 도면이 필요하다고 판단되는 경우 사업주에게 이를 요청할 수 있다. 이 경우 별지 제3호 서식에 의하여 일괄 요청해야 한다.

② 제1항의 규정에 의한 서류보완 등의 기간은 심사기간에 포함하지 않으며, 그 기간은 30일을 초과할 수 없다.

제3절 심사결과 조치

제11조(심사결과 구분) 보고서의 심사결과는 다음 각 호와 같이 구분한다.

1. 적정 : 보고서의 심사기준을 충족시킨 경우
2. 조건부적정 : 보고서 심사기준을 대부분 충족하고 있으나 부분적인 보완이 필요하다고 판단할 경우
3. 부적정 : 보고서의 심사기준을 충족시키지 못한 경우

제12조(심사결과의 조치 등) ① 공단은 보고서를 심사한 결과 제11조 제1호 및 제2호의 규정에 의하여 적정 및 조건부적정 판정을 한 경우에는 별표1의 심사필 인을 해당 도면 및 서류에 날인 표시한 보고서 1부를 별지 제4호 서식에 첨부하여 당해 사업주에게 통보하여야 한다.

② 공단은 보고서를 심사한 결과 제11조 제3호의 규정에 의하여 부적정 판정을 한 경우에는 별지 제4호 서식에 그 사유를 구체적이고 명확하게 작성하여 사업주에게 통보하여야 하며, 이 경우 접수된 보고서 일체를 사업주에게 반려하여야 한다.

③ 공단은 제2항의 규정에 의하여 보고서를 반려한 경우에는 별지 5호 서식에 의하여 그 사유를 구체적이고 명확하게 작성하여 관할 지방노동관서의 장에게 보고하여야 한다.

④ 지방노동관서의 장은 제3항의 규정에 의한 보고를 받은 때에는 7일 이내에 감독관 집무규정에 따라 조치하여야 한다.

제13조(타 기관과의 협조) ① 공단은 보고서를 심사한 결과 규칙 제130조의 4 제2항에서 규정한 소방법에 의한 예방·소방 등과 관련되는 내용으로서 제11조 제1호 및 제2호의 규정에 의하여 적정 또는 조건부적정 판정을 한 때에는 별지 제6호 서식에 의하여 그 심사결과를 관할 소방관서의 장에게 통보하여야 한다.

② 공단은 제8조의 규정에 의하여 보고서를 한국가스안전공사와 공동심사한 경우에는 그 심사결과를 고압가스시설의 허가관청(별지 제7호 서식에 의한다) 및 한국가스안전공사

사장(별지 제8호 서식에 의한다)에게 각각 통보하여야 한다. 단, 제11조 제3호의 규정에 의하여 부적정 판정을 한 경우에는 고압가스시설의 허가관청에 통보하지 아니할 수 있다.

제14조(재심사 신청) ① 사업주는 제12조 제2항의 규정에 의하여 보고서를 반려 받은 경우에는 반려받은 날로부터 3월 이내에 보고서를 새로이 작성하여 재심사 신청하여야 한다.

② 제1항의 규정에 의한 재심사 신청을 위한 보고서의 작성·제출 등 처리절차는 최초로 심사신청 할 경우의 처리절차와 같다.

제4절 확 인

제15조(확인 요청 등) ① 사업주는 법 제49조의 2 제4항 및 규칙 제130조의 6의 규정에 의하여 확인을 받고자 할 때에는 확인을 받고자하는 날의 20일 이전에 별지 제9호 서식에 의하여 공단에 확인을 요청하여야 한다.

② 공단은 제1항의 규정에 의하여 사업주로부터 확인요청을 받은 때에는 요청서접수일로부터 7일 이내에 확인실시 일정을 결정하여 사업주에게 통보하여야 한다.

제16조(확인실시 등) ① 공단은 규칙 제130조의 6의 규정에 의하여 보고서 내용의 이행여부를 확인한 경우에는 그 결과를 다음 각 호와 같이 구분한다.

1. 적합 : 보고서의 내용을 이행한 경우
2. 부적합 : 보고서의 내용 및 보고서 심사결과에 따른 조건부 적정사항을 이행하지 아니한 경우

② 공단은 확인실시결과 제1항 제1호 또는 제2호의 규정에 의하여 적합 또는 부적합 판정을 한 경우에는 그 확인결과를 별지 제10호 서식에 의하여 사업주에게 통지하여야 한다.

③ 공단은 확인실시결과 제1항 제2호의 규정에 의하여 부적합 판정을 한 경우에는 별지 제11호 서식에 의하여 부적합 판정사유와 변경요구내용 등을 구체적 이고 명확하게 작성하여 관할지방노동관서의 장에게 보고하여야 한다.

④ 지방노동관서의 장은 공단으로부터 제3항의 규정에 의한 보고를 받은 때에는 7일 이내에 감독관 집무규정에 의하여 조치하여야 한다.

⑤ 사업주는 제4항의 규정에 의하여 관할지방노동관서의 장으로부터 확인결과에 대한 시정명령서를 접수한 경우에는 접수일로부터 15일 이내에 변경계획을 작 성하여 공단에 제출하여야 한다.

⑥ 사업주는 제5항의 규정에 의하여 공단에 제출한 변경계획의 이행을 완료한 후에는 별지 제9호 서식에 의하여 공단에 확인요청을 하여야 한다.

⑦ 제6항의 규정에 의한 확인요청의 절차는 최초 확인요청할 경우의 절차와 같다.

제5절 보 고

제17조(보고 등) ① 공단은 규칙 제130조의 2 내지 제130의 6의 규정에 의하여 이 규정에 의한 보고서의 접수·심사 및 확인 등에 관한 사항을 분기별로 관할 지방노동관서의 장에게 보고하여야 한다.

② 공단은 다음 각 호의 1에 해당하는 사업장이 있을 때에는 관할 지방노동관서의 장에게 보고하여야 한다.

1. 보고서 제출기간 경과 사업장
2. 제14조의 규정에 의한 재심사 신청을 하지 않은 사업장
3. 제15조의 규정에 의한 확인요청을 하지 않은 사업장
4. 제16조 제5항의 규정에 의한 변경계획을 제출하지 않은 사업장

③ 지방노동관서의 장은 제2항의 규정에 의하여 보고 받은 사항에 대하여는 근로 감독관 집무규정에 의하여 필요한 조치를 하여야 한다.

제3장 보고서의 작성기준

제1절 일반 사항

제18조(사업개요 등) ① 사업주는 별지 제12호 서식에 의하여 보고서 제출대상설비에 대한 사업개요를 작성·제출하여야 한다.

② 보고서 제출 대상설비가 전체설비 중 일부분 또는 변경설비인 경우에는 그 해당 부분에 한하여 보고서를 작성·제출할 수 있다. 이 경우 다음 각 호의 사항을 첨부하여야 한다.

1. 전체 설비 개요
2. 전체 설비에서 사용되는 원료의 종류 및 사용량
3. 전체 설비에서 제조되는 생산품의 종류 및 생산량
4. 전체 설비의 배치도

제2절 공정안전자료

제19조(유해·위험물질의 종류 및 수량) ① 보고서의 대상설비에서 취급·저장하는 원료, 부원료, 첨가제, 촉매, 촉매보조제, 부산물, 중간 생성물, 중간제품, 완제품 등 모든 유해·위험물질은 별지 제13호 서식에 기입하여야 한다.

② 저장량은 설비의 최대 저장량을, 취급량은 그 설비에서 하루동안 취급할 수 있는 최대

량을 기입하여야 한다.

제20조(유해 · 위험물질 목록) ① 유해·위험 물질목록은 별지 제13호 서식에 기입하여야 한다.

② 허용농도란에는 노동부장관이 고시한 "유해물질의 허용농도"에 규정된 시간 가중평균농도(TWA)를 우선적으로 기입하여야 한다. 노동부 고시에 규정되어있지 않은 물질에 대하여는 통상적으로 사용하고 있는 시간가중 평균농도를 문 헌 등에서 조사하여 기록하여야 한다.

③ 독성치란에는 취급하는 물질의 상태가 액체 또는 고체인 경우에는 치사량(LD_{50} : 경구, 쥐 또는 경피, 쥐 또는 토끼)을, 기체인 경우에는 치사농도(LC_{50} : 흡입, 쥐, 4시간)를 기입하여야 한다.

④ 이상반응 유무란에는 이상반응을 일으키는 물질 및 조건을 기입하여야 한다.

⑤ 유해·위험물질목록에는 법 제41조 규정에 의하여 작성된 화학물질안전보건 자료를 첨부하여야 한다.

제21조(유해 · 위험설비의 목록 및 사양) ① 유해·위험설비중 동력기계 목록은 별지 제14호 서식에 의하여 다음 각 호와 같이 작성하여야 한다.

1. 대상 설비에 포함되는 모든 동력기계는 모두 기입
2. 사양란에는 펌프 및 압축기의 시간당 처리량, 토출측의 압력, 분당 회전속도 등, 교반기의 임펠러의 반경, 분당회전속도 등, 양중기의 들어 올릴 수 있는 무게, 높이 등, 기타 동력기계의 시간당 처리량 등을 기입
3. 주요 재질란에는 해당 기계의 주요 부분의 재질을 재질분류기호로 기입
4. 방호장치의 종류란에는 당해 설비에 필요한 모든 방호장치의 종류를 기입

② 장치 및 설비 사양은 별지 제15호 서식에 의하여 다음 각 호와 같이 작성하여야 한다.

1. 용량란에는 탑류의 직경·전체길이 및 처리 단수 또는 높이, 반응기 및 드럼류의 직경·길이 및 처리량, 열교환기류의 시간당 전열량 및 전열면적(동체측과 튜브측을 구분), 가열로류의 시간당 열량·직경 및 높이, 탱크류의 저장량·직경 및 높이 등을 기입
2. 이중 구조형 또는 내외부의 코일이 설치되어 있는 반응기 및 드럼류는 동체 및 자켓 또는 코일에 대하여 구분하여 각각 기입
3. 사용 재질은 재질분류 기호로 기입
4. 가스킷의 재질은 상품명이 아닌 일반명을 기입
5. 계산 두께는 부식 여유를 제외한 수치를 기입

③ 배관 및 가스킷 사양은 별지 제16호 서식에 의하여 다음 각 호와 같이 작성하여야 한다.

1. 해당 설비에서 사용되는 배관에 관련된 사항은 공정 배관·계장도(P&ID) 상의 배관 재질 코드별로 기입
2. 분류코드란에는 공정 배관·계장도 상의 배관분류 코드를 기입

3. 유체의 명칭 또는 구분란에는 관련 배관에 흐르는 유체의 종류 또는 이름을 기입
4. 배관 재질란에는 사용 재질을 재질분류 기호로 기입
5. 가스킷 재질 및 형태란에는 상품명이 아닌 일반적인 명칭 및 형태를 기입

④ 안전밸브 및 파열판 사양은 별지 제17호 서식에 의하여 다음 각 호와 같이 작성하여야 한다.

1. 배출용량 및 설정압력은 안전규칙 제288조의 규정에 의하여 산출하고 설정함
2. 보호기기 번호란에는 안전밸브 또는 파열판이 설치되는 장치 및 설비의 번호를 기입
3. 보호기기의 운전압력 및 설계압력은 장치 및 설비사양 (별지 제15호 서식)에 기록된 운전압력 및 설계압력과 일치
4. 안전밸브 및 파열판의 트림(trim) 재질은 취급하는 물질에 대하여 내식성 및 내마모성 재질 사용
5. 정밀도는 안전밸브인 경우에는 설정압력의 ±3% 이내, 파열판인 경우에는 설정압력의 ±5% 이내
6. 배출구 연결부위란에는 배출물 처리설비에 연결된 경우에는 그 설비 이름을, 대기 방출인 경우에는 대기방출이라고 기입
7. 비고란에는 안전밸브 등의 작동원인을 기입

제22조(공정도면) ① 공정개요에는 해당 설비에서 일어나는 화학반응 및 처리방법 등이 포함된 공정에 대한 운전조건, 반응조건, 반응열, 이상반응 및 그 대책 이상발생시의 인터록 및 조업중지조건 등의 사항들이 구체적으로 기술되어야 한다.

② 공정흐름도(PED)에는 주요 동력기계, 장치 및 설비의 표시 및 명칭, 주요 계장 설비 및 제어설비, 물질 및 열 수지, 운전온도 및 운전압력 등의 사항들이 포함되어야 한다.

③ 공정배관·계장도(P&ID)에는 다음 각호의 사항이 상세히 표시되어야 한다.

1. 모든 동력기계와 장치 및 설비의 명칭, 기기번호 및 주요 사양(예비기기포함) 등
2. 모든 배관의 공칭직경, 라인번호, 재질 플렌지의 공칭압력 등
3. 설치되는 모든 밸브류 및 모든 배관의 부속품 등
4. 배관 및 기기의 열유지 및 보온·보냉
5. 모든 계기류의 번호, 종류 및 기능 등
6. 조절밸브의 작동 중지시의 상태
7. 안전밸브 등의 크기 및 설정압력
8. 인터록 및 조업중지 여부

④ 유틸리티 계통도에는 유틸리티의 종류별로 사용처, 사용처별 소요량 및 총 소요량, 공급설비 및 제어개념 등의 사항이 포함되어야 한다.

⑤ 유틸리티 배관 계장도(UFD)에는 공정배관·계장도(P & ID)에 표시되는 모든 것이 포함되어야 한다.

제23조(건물 설비의 배치도 등) 각종 건물, 설비 등의 전체배치도에 관련된 사항들은 다음의 각 호와 같이 작성하여야 한다.

1. 각종 건물, 설비의 전체배치도에는 각종 건물 및 설비위치, 건물과 건물사이의 거리, 건물과 단위설비간의 거리 및 단위설비와 단위설비간의 거리 등의 사항들이 표시 되어야 하고 도면은 축척에 의하여 표시
2. 설비배치도에는 각 기기간의 거리, 기기의 설치높이 등을 축척에 의해 표시
3. 기기설치용 철구조물, 배관설치용 철구조물, 조정실 및 전기실 등의 평면도 및 입면도 등을 각각 작성
4. 철구조물의 내화처리에 관한 사항은 다음 각호와 같이 작성

가. 설비내의 철구조물에 대한 내화(fire proofing)처리 여부를 별지 제18호 서식 "내화구조 사양"에 기입하고 이에 관련된 상세도면을 작성

나. 상세도면에는 기둥 및 보 등에 대한 내화처리 방법 및 부위를 명확히 표시

다. 내화처리 기준은 안전규칙 제290조를 참조하여 작성하되 이 기준은 내화에 대한 최소의 기준이므로 사업장의 상황에 따라 동 기준이상으로 실시

5. 소화설비 설치계획 및 배치에 관한 소화설비 용량산출 근거 및 설계기준, 소화설비 계통도 및 계통 설명서, 소화설비 배치도 등의 서류 및 도면 등을 작성
6. 화재탐지 · 경보설비 설치 및 배치에 관한 화재탐지 및 경보설비 사양, 배치도 등의 서류 및 도면 등을 작성
7. 심사대상 설비에서 취급 · 저장하는 화학물질의 누출로 인한 화재 · 폭발 및 독성물질의 중독 등에 의한 피해를 방지하기 위하여 누출이 예상되는 장소에는 해당 화학물질에 적합한 가스누출감지 경보기 설치계획 · 배치에 관하여 감지대상 화학물질별 수량 및 감지기의 종류 · 형식, 감지기 종류 · 형식별 배치도 등의 서류 및 도면 등을 작성
8. 심사대상 설비에서 취급 · 저장하는 화학 물질에 근로자가 폭로되었을 경우에 대한 세척 · 세안시설 및 안전보호장구 등의 설치계획 · 배치에 관하여 안전보호장구의 수량 및 확보계획, 세척 · 세안시설 설치계획 및 배치도 등의 서류 및 도면 등을 작성
9. 해당설비에 설치하는 국소배기장치 설치계획은 별지 제19호 서식에 의하여 작성하되 발생원란에는 유해물질 발생설비명을 기입하고, 유해물질 종류란에는 발생되는 유해가스명 또는 물질명을 기입하며, 후드의 제어 풍속은 발생원에서 후드입구로 흡입되는 풍속으로서, 노동부장관이 고시한 "국소배기장치에 관한 기준"에서 정하는 수치이상으로 기입하고, 배기 및 처리순서란에는 발생원에서부터 처리 · 배출까지의 모든 설비를 순서대로 기입

제24조(방폭지역구분도 및 전기단선도 등) ① 화재폭발 우려가 있는 가스방폭지역 또는 분진방폭지역에 해당되는 경우에는 노동부장관이 고시한 "사업장 방폭구조 · 전기기계 · 기구, 배선 등의 선정, 설치 및 보수 등에 관한 기준"에 따라 방폭지역구분도 및 방폭기기

선정기준을 다음 각호와 같이 작성하여야 한다.

1. 방폭지역 구분도에는 가스 또는 분진방폭지역 구분도와 각 설비별 방폭지역 구분도표를 포함.

2. 방폭기기 선정기준 작성시에는 별지 제20호 서식 "방폭전기/계장 기계 · 기구 선정기준"에 의하여 작성하되, 각 공장 또는 공정별로 구분하여 해당되는 모든 전기 · 계장기계 · 기구를 품목별로 기입

3. 방폭기기 형식 표시기호는 노동부장관이 고시한 "방폭형 전기기계 · 기구성능 검정규격"이 정하는 바에 준하여 기입

② 전기단선도는 수전설비의 책임분계점부터 저압변압기의 2차측(부하설비 1차측) 까지를 말하며 이 단선도에는 다음 각 호의 사항이 포함되어야 한다.

1. 부스바 또는 케이블의 종류, 굵기 및 가닥수 등

2. 변압기의 종류, 정격, 1·2차 결선 및 접지방식, 보호장치 등

3. 각종 보호장치 (차단기, 단로기)의 종류와 차단 및 정격 용량, 보호방식 등

4. 예비 동력원 또는 비상전원 설비의 용량 및 단선도

5. 각종 보호장치의 단락용량 계산서 및 비상전원 설비용량 산출계산서(해당될 경우에 한함)

③ 심사대상기기 · 철구조물 등에 대한 접지계획 및 배치에 관한 서류 · 도면 등은 다음 각 호에 의하여 작성하여야 한다.

1. 접지계획에는 접지의 목적, 적용법규 · 규격, 적용범위, 접지방법, 접지종류(계통접지, 기기접지, 피뢰설비접지, 정밀장비접지 및 정전기 등으로 포함) 및 접지설비의 유지관리 등을 포함

2. 접지 배치도에는 접지극의 위치, 접지선의 종류와 굵기 등을 표시

제25조(안전설계 제작 및 설치관련 지침서) 모든 유해위험설비에 대해서는 안전설계 · 제작 및 설치 등에 관한 설계 · 제작 · 설치 관련 코드 및 기준을 작성하여야 한다.

제26조(기타 관련된 자료) ① 후레아 스택을 포함한 압력방출설비에 대하여는 후레아 스택의 용량산출 근거, 후레아 스택의 높이 계산근거 및 압력방출설비의 공정 상세도면(P&ID) 등의 사항을 작성하여야 한다.

② 환경오염물질의 처리에 관련된 설비에 대하여는 설비내에서 발생되는 환경오염물질의 수지, 처리방법 및 최종배출농도 등의 사항을 작성하여야 한다.

제3절 공정 위험성 평가서

제27조(공정위험성 평가서의 작성 등) ① 규칙 제130조의 2의 규정에 의하여 작성하는 공정위험성평가서에는 다음 각호의 사항이 포함되어야 한다.

1. 위험성 평가의 목적

2. 공정 위험특성
3. 위험성 평가결과에 따른 잠재위험의 종류 등
4. 위험성 평가결과에 따른 사고빈도 최소화 및 사고시의 피해 최소화 대책 등
5. 기법을 이용한 위험성 평가보고서
6. 위험성 평가수행자 등

② 제1항의 규정에 의한 공정위험성평가서를 작성할 때에는 공정상에 잠재하고 있는 위험을 그 특성별로 구분하여 작성하여야 하고, 잠재된 공정 위험특성에 대하여 필요한 방호방법과 안전시스템을 작성하여야 한다.

③ 선정된 위험성평가기법에 의한 평가결과는 잠재위험이 높은 순위별로 작성하여야 한다.

④ 잠재위험 순위는 사고빈도 및 그 결과에 따라 우선순위를 결정하여야 한다.

⑤ 기존설비에 대해서 이미 위험성평가를 실시하여 그 결과에 따른 필요한 조치를 취하고 보고서 제출시점까지 변경된 사항이 없는 경우에는 이미 실시한 공정 위험성평가서로 대치할 수 있다.

제28조(사고빈도 및 피해 최소화 대책 등) 사업주는 잠재위험 순위별로 사고발생빈도를 최소화하기 위한 대책을 수립하여 야 하며, 사고시의 피해정도 및 범위 등을 산정하고 피해 최소화 대책을 수립하여야 한다.

제29조(위험성 평가기법) ① 위험성평가기법은 규칙 제130조의 2 제2호 각목에 규정된 기법 중에서 당해공정의 특성에 맞게 사업장 스스로 선정하되, 다음 각호의 선정기준에 의하여 선정하여야 한다.

1. 기존설비의 제조공정중 반응, 분리(종류, 추출 등), 이송시스템 및 전기·계장시스템 등의 단위공정에 대해서는 다음 각목의 평가기법중 하나 이상을 선정하여 실시
가. 위험과 운전분석(HAZOP)기법
나. 공정위험 분석(Process Hazard Review)기법
다. 이상위험도 분석(FMECA)기법
라. 원인결과 분석(CCA)기법
마. 결함수 분석(FTA)기법
바. 사건수 분석(ETA)기법

2. 기존설비의 저장탱크설비, 유틸리티설비 및 제조공정중 고체건조·분쇄설비 등 간단한 단위공정은 다음 각목의 평가기법 중 하나 이상을 선정하여 실시
가. 체크리스트(Check List)기법
나. 작업자 실수분석(HEA)기법
다. 사고예상질문 분석(What-if)기법
라. 위험과 운전 분석(HAZOP)기법
마. 상대위험순위 결정법(Dow/Mond Indices)기법

3. 공정, 원료, 제품 및 공정설비 등과 같이 주요구조의 변경시에는 다음 각목의 평가기법 중 하나이상을 선정하여 실시

가. 예비위험 분석(PHA)기법

나. 사고예상질문 분석(What-if)기법

다. 위험과 운전분석(HAZOP)기법

라. 이상위험도 분석(FMECA)기법

4. 설비의 신규설치, 이전시에는 다음 각목의 평가기법중 하나 이상을 선정하여 실시

가. 위험과 운전분석(HAZOP)기법

나. 이상위험도 분석(FMECA)기법

다. 원인결과 분석(CCA)기법

라. 사건수 분석(ETA)기법

마. 결함수 분석(FTA)기법

② 하나의 공장이 반응공정, 증류·분리공정 등과 같이 여러 개의 단위공정으로 구성되어 있을 경우 각 단위 공정특성별로 별도의 위험성 평가기법을 선정할 수 있다.

③ 위험성평가 보고서는 한국산업안전공단의 기준(KOSHA CODE) 중 위험성평가기법에 관한 사항을 규정한 기준을 참조하여 작성하여야 한다.

제30조(위험성평가 수행자) 위험성평가를 수행할 때에는 다음 각 호의 전문가가 참여하여야 하며, 위험성 평가에 참여한 전문가 명단을 별지 제21호 서식에 기록하여야 한다.

1. 위험성 평가 전문가
2. 설계 전문가
3. 공정운전 전문가

제4절 안전운전 계획

제31조(안전운전 지침서) 규칙 제130조의 2의 제3호 가목의 안전운전 지침서에는 다음 각 호의 사항이 포함되어야 한다.

1. 최초의 시운전
2. 정상운전
3. 비상시 운전
4. 정상적인 운전정지
5. 비상정지
6. 정비후 운전개시
7. 운전범위를 벗어났을 경우 조치 절차
8. 화학물질의 물성과 유해 · 위험성
9. 위험물질 누출예방 조치

10. 개인보호구 착용방법
11. 위험물질에 폭로시의 조치요령과 절차
12. 안전설비 계통의 기능 · 운전방법 및 절차 등

제32조(설비점검 · 검사 및 보수계획, 유지계획 및 지침서) 규칙 제130조의 2 제3호 나목의 설비점검 검사 및 보수계획, 유지계획 및 지침서 는 한국산업안전기준(KOSHA CODE) "점검, 정비, 유지관리지침"을 참조하여 작 성하되, 다음 각 호의 사항이 포함되어야 한다.

1. 목적
2. 적용범위
3. 구성 기기의 우선순위 등급
4. 기기의 점검
5. 기기의 결함관리
6. 기기의 정비
7. 기기 및 기자재의 품질관리
8. 외주업체 관리
9. 설비의 유지관리 등

제33조(안전작업허가) 규칙 제130조의 2 제3호 다목의 안전작업허가는 한국산업안전보건공단기준(KOSHA CODE) "안전작업허가 지침"을 참조하여 작성하되, 다음 각 호의 사항이 포함되어야 한다.

1. 목적
2. 적용범위
3. 안전작업허가의 일반사항
4. 안전작업 준비
5. 화기작업 허가
6. 상온작업 허가
7. 제한공간 출입허가
8. 전기차단 허가
9. 굴착작업 허가
10. 방사능 허가 등

제34조(협력업체 안전관리계획) 규칙 제130조의 2 제3호 라목의 협력업체 안전관리 계획은 한국산업안전보건공단 기준(KOSHA CODE) "협력업체의 안전관리계획지침"을 참조하여야 작성하되 다음 각호의 사항이 포함되어야 한다.

1. 목적
2. 적용범위
3. 적용대상

4. 사업주의 의무
5. 협력업체 사업주의 의무
6. 계획서 작성 및 승인 등

제35조(근로자 등 교육계획) 규칙 제130조의 2 제3호 마목의 근로자 등 교육계획은 한국산업안전보건공단 기준(KOSHA CODE) "근로자 등 교육훈련 지침"을 참조하여 작성하되 다음 각 호의사항이 포함되어야 한다.

1. 목적
2. 적용범위
3. 교육대상
4. 교육의 종류
5. 교육계획의 수립
6. 교육의 실시
7. 교육의 평가 및 사후관리

제36조(가동전 점검지침) 규칙 제130조의 2 제3호 바목의 가동전 점검지침에는 한국산업안전보건공단 기준(KOSHA CODE) "가동전 점검지침"을 참조하여 작성하되 다음 각 호의 사항이 포함되어야 한다.

1. 목적
2. 적용범위
3. 점검팀의 구성
4. 점검시기
5. 점검표의 작성
6. 점검보고서
7. 점검결과의 처리

제37조(변경요소 관리계획) 규칙 제130조의 2 제3호 사목의 변경요소관리계획은 한국산업안전보건공단 기준(KOSHA CODE) "변경요소 관리 지침"을 참조하여 작성하되 다음 각 호의 사항이 포함되어야 한다.

1. 목적
2. 적용범위
3. 변경요소 관리의 원칙
4. 정상변경 관리절차
5. 비상변경 관리절차
6. 변경관리위원회의 구성
7. 변경시의 검토항목
8. 변경업무분담

9. 변경에 대한 기술적 근거
10. 변경요구서 서식 등

제38조(자체감사 계획) 규칙 제130조의 2 제3호 아목의 자체감사 계획은 한국산업안전보건공단 기준(KOSHA CODE) “자체감사 계획 지침”을 참조하여 작성하되 다음 각 호의 사항이 포함되어야 한다.

1. 목적
2. 적용범위
3. 감사계획
4. 감사팀의 구성
5. 감사 시행
6. 평가 및 시정
7. 문서화 등

제39조(공정 사고조사 계획) 규칙 제130조의 2 제3호 아목의 사고조사 계획은 한국산업안전보건공단 기준(KOSHA CODE) “공정 사고조사 계획 지침”을 참조하여 작성하되 다음 각 호의 사항이 포함되어야 한다.

1. 목적
2. 적용범위
3. 공정 사고 조사팀의 구성
4. 공정 사고조사 보고서의 작성
5. 공정 사고조사 결과의 처리

제5절 비상조치계획

제40조(비상조치 계획의 작성) 규칙 제130조의 2 제4호의 비상조치 계획은 한국산업안전보건공단 기준(KOSHA CODE) “비상조치계획 수립 지침”을 참조하여 작성하되 다음 각 호의 사항이 포함되어야 한다.

1. 목적
2. 비상사태의 구분
3. 위험성 및 재해의 파악 분석
4. 유해, 위험물질의 성상 조사
5. 비상조치 계획의 수립
6. 비상조치 계획의 검토
7. 비상대피 계획
8. 비상사태의 발령
9. 비상경보의 체계

10. 비상사태의 종결
11. 사고조사
12. 비상조치 위원회의 구성
13. 비상통제 조직의 기능 및 책무
14. 장비보유현황 및 비상통제소의 설치
15. 운전정지 절차
16. 비상훈련의 실시 및 조정
17. 주민 홍보계획 등

제4장 보고서 심사기준

제1절 공정안전자료

제41조(공정안전자료) 규칙 제130조의 2 제1호의 공정안전자료는 다음 각 호의 기준에 의하여 심사하여야 한다.

1. 보고서에 포함되어야 할 다음 각목의 필수적 기술자료의 분류여부
가. 화학물질에 대한 안전보건자료
나. 제조공정에 관한 기술자료 · 도면
다. 공정설비에 관한 기술자료 · 도면
2. 다음 각목의 기술적 사항을 포함한 화학물질 안전보건자료의 체계적 정리 여부
가. 사업장내에서 사용 · 취급 · 제조되는 순수화학물질 뿐만 아니라 복합 화학물질을 포함한 원료, 중간제품 및 완제품 등에 대한 안전 · 보건 자료
나. 화학물질의 화재 · 폭발 특성에 관한 정확한 자료와 반응위험성, 독성을 포함한 유해성, 허용농도, 물리 · 화학적 안정성, 다른 물질과 혼합시 위험성, 장치 설비에 대한 부식성 및 마모성, 소화 방법, 누출시 처리 방법
다. 제조공정 특성에 맞도록 자체적으로 알기 쉽게 정리하고 보완된 화학물질의 안전·보건 자료
3. 다음 각목의 기술적 사항을 포함한 제조공정 기술자료 · 도면의 정리 여부
가. 다음 사항이 포함된 제조공정 흐름도의 확보
(1) 모든 주요공정의 흐름도의 확보
(2) 물질 및 열수지
(3) 공정을 이해할 수 있는 제어계통과 주요 밸브
(4) 주요장치 및 회전기기의 명칭과 주요사양

(5) 모든 원료 및 공급유체와 중간제품의 압력과 온도
(6) 주요장치 및 회전기기의 유체의 입출구 표시

나. 유해 위험물을 포함한 모든 화학물질의 종류와 최대 보유량
다. 제조공정에 대한 화학반응식 및 조건
라. 정상운전 범위의 선정, 이상 운전조건과 경보치 설정 및 비상시 운전정지조건
마. 장치 및 설비의 재질과 내용물과의 물리 화학적 영향 검토
바. 펌프, 압축기의 기능 및 용량 검토
사. 운전조건을 감안한 설계압력과 온도의 검토
아. 운전중에 발생할 수 있는 이상상태(운전조건 범위의 벗어남)에 대 한 조치사항

4. 다음 각목의 기술적 사항을 포함한 공정설비 기술자료・도면의 체계적 정리 여부

가. 각종 장치 및 배관계통의 사양서
나. 다음 내용이 포함된 공정배관 계장도의 확보
(1) 모든 동력기계와 장치 및 설비의 기능과 주요사양
(2) 장치의 계측제어 시스템과의 상호관계
(3) 안전밸브의 크기 및 설정압력
(4) 연동시스템 및 자동 조업정지 등 운전방법에 대한 기술
(5) 기타 필요한 기술정보

다. 각종 운전정지 절차와 연동시스템에 대한 자료와 도면
라. 건물 및 설비의 전체 배치도
마. 설비 배치도
바. 건물 및 철구조물의 평면도 및 입면도
사. 철구조물 등의 내화처리 기준
아. 소화설비, 화재탐지 및 경보설비의 설치계획 및 배치도
자. 가스누출 감지경보기 설치계획
차. 세척・세안시설 및 안전보호장구 설치계획
카. 국소배기 설치계획
타. 방폭지역 구분도 및 방폭설계 기준에 대한 자료
파. 전기단선도
하. 접지계획

5. 장치 및 설비의 설계・제작・설치에 관련된 기준의 적정여부(한국산업규격 또는 동등 이상일 것)
6. 안전밸브 및 후레아 스택을 포함하는 압력방출설비 및 환경오염을 야기하는 배출물의 설계기준 및 사양의 적정여부
7. 최신 설계기준이전의 설계기준에 따라 설치되어 사용되고 있는 장치 및 설비에 대한

설계기준을 그 장치 및 설비를 사용하는 동안 서류로 비치하여 관리하고 있는지 여부
8. 제3호의 제조공정 기술자료 · 도면 및 제 4호의 공정설비 기술자료 · 도면은 공정, 장치 및 설비, 배관, 계측제어 계통 등의 변경시 즉시 보완되고 있는지 여부

제2절 공정위험성 평가서

제42조(공정위험성 평가서) ① 공정위험성평가서 심사시에는 유해 · 위험 화학물질을 취급하는 제조공정 및 설비를 대상으로 화재 · 폭발 · 위험물 누출 등과 같은 잠재적 위험을 도출하고 잠재적 위험이 실제사고로 연결될 가능성에 따라 공정 및 설비의 개선 방안을 강구하고 있는지의 여부를 심사하여야 한다.

② 위험성평가 기법이 제29조의 규정에 의하여 적절히 선정되었는지 여부를 심사하여야 한다.

③ 공정위험성 평가의 결과에는 각각의 잠재적 위험에 대한 다음 각목의 사항이 명확히 기술되었는지 여부를 심사하여야 한다.

가. 잠재위험이 있는 공정 또는 설비

나. 위험이 있다면 사고발생 가능성에 대한 검토

다. 사고발생시 피해예측에 대한 검토

라. 위험제거 또는 발생확률 감소방안

마. 사고발생시 피해최소화 대책

바. 잠재적 위험제거 방안에 대한 실행일정 계획

제43조(위험성평가 실시) 위험성평가 실시여부는 다음 각호의 기준에 따라 심사하여야 한다.

1. 여러 분야의 전문가로 구성된 팀에 의해 시행되었는지 여부
2. 평가팀에 최소한 설계전문가 · 공정운전 전문가가 각 1인 이상 참여하였는지 여부
3. 팀 구성원중 일인은 팀 책임자로 지정되고 팀 책임자는 평가대상공정에 대한 전문지식과 경험이 있고, 또한 적용하고자 하는 평가기법을 완벽히 숙지하고 있는지 여부
4. 모든 팀구성원에게 해당 공정기술, 공정설계, 정상 및 이상운전절차, 경보시스템, 이상조작절차, 계측제어, 정비절차, 비상시 운전절차 등 관련 자료를 평가이전에 상호 교환하고, 필요시 설명하여 팀 모두가 이해할 수 있도록 함으로써 평가업무가 원활히 시행되었는지 여부
5. 평가 과정에서 상호 전문분야가 다르고 상호 이해의 정도가 다르기 때문에 팀책임자는 팀간의 원활한 의견조정이 필요하며, 도출된 잠재위험성과 개선대책에 대한 의견이 일치되었는지 여부
6. 팀의 평가과정에서 잠재 위험성을 도출하고 개선 대책을 토론하는 내용을 체계적으로 정리하여 문서화하여 관리하고 있는지 여부
7. 팀이 제시한 개선대책을 우선순위를 정하여 적절한 기한 내에 사업주의 이행여부와 그

계획의 서류화 여부
8. 이행 계획서에 다음 각목의 내용이 포함되었는지 여부
가. 행위가 취해질 구체적 내용
나. 각 행위별 완료 일정
다. 각 행위 내용을 사전에 해당 공정관계자, 운전원, 정비원, 기타 행위 결과로 영향을 받는 자에게 알릴 방법과 일정
9. 위험성 평가는 대상 공정에 대해 매 5년마다 정기적으로 실시하고 있는지의 여부 및 변경이 있을 때는 변경 부분에 대해서도 제1호 내지 제8호까지의 내용을 동일하게 적용하여 설계단계에서 부터 위험성 평가를 실시하고 있는지의 여부

제3절 안전운전 계획

제44조(안전운전지침과 절차) 안전운전지침과 절차는 다음 각 호의 기준에 따라 지켜지고 있는지 여부를 심사하여야 한다.
1. 안전운전지침과 절차(이하 "운전 절차"라 한다)가 공정안전 기술자료, 도면 및 공정 설비 기술자료의 내용과 일치하고 있는지 여부
2. 운전절차는 안전운전을 위하여 명확하고 구체적이며 쉽게 알 수 있도록 서류화하여 관리하고 있는지 여부
3. 모든 운전절차에 운전자의 운전담당 설비 및 운전분야가 명확하게 기술되고 또한 운전자의 운전 위치가 분명하게 기술되어 있는지 여부
4. 운전절차에는 각 운전공정 및 설비별 운전조건 범위가 명확히 기술되어 있는지 여부
5. 다음 각목의 사항이 포함된 운전단계별 운전 절차의 기술 여부
가. 최초의 시운전
나 정상 운전
다. 비상시 운전(비상시 운전정지 절차, 운전정지를 하지 아니하고 운전되어야 할 분야에 대한 운전방법, 제한적인 운전분야 및 절차 등을 포함하여야 하며 운전 장소, 담당자 등이 포함되어야 함)
라. 정상적인 운전정지
마. 비상 정지 및 정비후의 운전 개시
6. 운전범위를 벗어났을 경우의 조치 절차의 기술 여부
가. 운전범위를 벗어났을 경우 예상되는 결과
나. 운전범위를 벗어났을 경우 정상 운전이 되도록 하기 위한 방법 및 절차 또는 운전범위를 벗어나지 않도록 하기 위한 사전 조치 방법 및 절차
7. 다음과 같은 안전운전을 위해 유의해야 할 사항의 기술
가. 운전공정에 취급되는 화학물질의 물성과 유해・위험성

나. 위험물질 누출 예방을 위하여 취해야 할 사항
다. 위험물 누출시 각종 개인 보호구 착용 방법
라. 작업자가 위험물에 접촉되거나 흡입하였을 때 취해야 할 행동 요령과 절차
마. 원료 물질의 순도 등 품질유지와 위험물 저장량 조절 등 관리에 관한 사항
8. 안전설비 계통의 기능과 운전방법 및 절차의 기술 여부
9. 운전절차에 관한 서류는 운전원, 검사원 및 정비원이 항상 쉽게 볼 수 있는 장소에 비치하고 있는지 여부
10. 운전실에 운전자가 공정을 쉽게 이해할 수 있도록 주요 공정장치, 주요 배관별 유량·온도·압력 등이 포함된 공정 개략도를 보기 쉬운 곳에 비치하고 있는지 여부
11. 운전절차는 장치, 설비 등의 변경시에 즉시 보완하여 현재의 장치, 설비 등과 일치되게 관리되고 있는지 여부
12. 사업장 안전보건총괄책임자는 매년 현재의 운전절차가 현재의 설비와 일치되게 작성되었고 안전하게 운전할 수 있는 절차임을 검토하여 확인하고 그 결과를 서면으로 기록하여 보관하고 있는지 여부

제45조(위험설비 품질과 안전성확보) 공단은 위험설비의 품질과 안전성이 확실히 확보되었는지 여부를 다음 각 호의 기준에 따라 심사하여야 한다.
1. 위험설비에 다음 사항을 포함하고 있는지 여부
가. 압력용기와 저장탱크 계통 설비
나. 배관 계통 설비(밸브와 같은 부속설비 포함)
다. 압력방출 계통 설비
라. 비상정지 계통 설비
마. 계측제어 계통 설비(감지기, 경보기 및 연동장치 포함)
바. 펌프 · 압축기 등 회전기기류
사. 위험물질 처리설비
2. 사업장에서는 위험설비의 안전성을 유지하기 위하여 위험설비 안정관리규정을 제정하여 시행하고 있는지 여부
3. 사업장에서는 위험설비에서 운전, 작업하는 작업자들에게 제조공정과 잠재위험성 및 위험설비 안전관리규정에 대해 구체적으로 교육을 실시하고 있으며, 작업자들이 이를 숙지하여 안전한 방법으로 운전 · 작업할 수 있는지를 확인하고 있는지 여부
4. 제1호의 위험설비는 위험성평가 결과로 얻어지는 기기의 위험정도에 따라 기기별로 우선순위를 정하고 검사, 시험 등 점검의 주기를 달리하고 있는지 여부
5. 사업장에서 위험설비에 대하여 자체점검절차를 규정화하고 이를 실시하고 있는지 여부
6. 자체점검 절차는 구체적이어야 하며 일반적으로 통용되는 기준에 따르고 있는지 여부

7. 자체점검 실시주기는 최소한 위험설비 제작 회사가 권장하는 주기로 하고 있으며, 사업장이 설비의 안전성을 유지하는데 필요할 경우 주기를 증가할 수 있는지 여부
8. 자체점검 실시결과는 위험설비별로 서류로 작성하여 관리되고 있으며 다음 각목의 내용이 포함되었는지 여부
가. 검사 또는 시험 실시 일자
나. 검사자의 소속과 성명
다. 위험설비의 일련번호 및 설비명
라. 검사항목별 검사내용
마. 검사결과 및 판정
바. 검사결과에 따른 조치사항
9. 사업주는 위험설비의 결함이 발견된 때에 사용을 중지하고 결함사항을 제거하고 있는지 여부
10. 위험설비마다 사용가능함을 확인하고 있으며 사용가능기준을 정하여 관리하고 있는지 여부
11. 신설되는 위험설비에 대하여 위험설비가 설계 및 제작기준에 맞게 제작되고 있는지 여부
12. 위험설비가 설치 조립되고 있는 과정에는 설치기준 및 사양과 일치하고 제작자의 설치기준에 따라 안전하게 설치되고 있음을 점검 또는 검사를 통하여 확인하고 있는지 여부
13. 위험설비를 정비하는데 필요한 장비・자재・예비부품을 확보하여 위험설비의 결함이 발견될 때에는 즉시 정비할 수 있도록 하고 있는지 여부

제46조(안전작업허가 및 절차) 안전작업허가서는 다음 각호의 기준에 따라서 수행되고 있는지 여부를 심사하여야 한다.
1. 공정지역내에서 또는 공정지역과 가까운 지역에서 용접, 용단 등의 화기작업과 같이 유해·위험 요소가 잠재되어 있는 경우에는 "안전작업허가서"를 발급 받은 후에 작업하고 있는지 여부
2. 안전작업 허가기준, 각 부서의 업무와 책임한계, 허가절차 등을 문서화하여 사업자의 자체규정으로 제정하고 있는지 여부
3. 안전작업을 하기전에 안전작업 관리책임자는 안전작업에 필요한 안전상의 조치를 취하고 있으며 안전작업 허가책임자는 이를 확인한 후에 "안전작업 허가서"를 발급하고 있는지 여부
4. 안전작업전에 취하여야 할 안전상의 조치는 사업장 특성에 맞게 작성하여 규정화하고 있는지 여부
5. 안전작업허가서의 허가일시와 안전작업일시가 명확히 기재되는지 여부
6. 안전작업허가서는 당해 작업이 완료후 1년간 보관하도록 하는지 여부

7. 안전작업 시간전에 작업내용을 당해지역 및 인접지역의 운전원, 정비원 및 협력업체 등 안전작업으로 인해 영향을 받을 수 있는 작업자에게 알려주는지 여부

제47조(협력업체 안전관리) 공정설비의 보수, 설비의 개선 및 가동정지후 일체정비와 같이 공정과 설비의 안전에 관련된 업무를 협력업체로 하여금 수행하도록 할 경우 다음 각호의 기준에 따라 안전관리가 수행되고 있는지 여부를 심사하여야 한다.

1. 사업장의 안전보건총괄책임자가 다음 각목의 안전관리내용을 협력업체에 대해 시행하고 있는지 여부

가. 협력업체 선정시 협력업체의 안전업무 수행실적 및 능력에 관한 자료와 안전작업계획의 평가

나. 협력업체의 작업시행이전에 작업자들에게 화재, 폭발, 독성물질 누출위험과 예방에 관한 교육 실시

다. 협력업체의 작업자들에게 사고발생시의 비상조치계획 및 도급자가 취해야 할 조치요령에 관한 교육 실시

라. 협력업체가 수행할 작업에 대하여도 안전운전지침 및 절차를 규정화하고 협력업체 작업자가 이를 준수토록 감독

마. 협력업체 작업자의 사고나 재해발생에 대한 기록유지와 이행여부에 대한 정기적인 확인

2. 협력업체의 사업주가 다음 각목의 안전관리 내용을 준수하고 있는지 여부

가. 작업자들이 안전하게 작업을 수행할 수 있도록 교육 및 훈련이 충분히 실시되었는지를 확인

나. 작업자들이 화재, 폭발, 독성물질 누출 위험과 예방에 관한 사항, 그리고 비상조치 내용을 충분히 숙지하고 있는지 여부를 확인하고 기록 유지

다. 작업자가 이수한 교육 및 훈련일시와 내용 그리고 숙지상태를 기록관리

라. 작업자가 안전운전지침 및 절차를 준수하고 있는지를 확인

마. 작업자가 작업 중에 인지된 위험요인이 있을 경우 이를 지체없이 사업장 안전보건 총괄책임자에게 통보

제48조(공정 · 운전에 대한 교육 · 훈련) 공정운전자 및 정비작업자가 해당공정에 대하여 다음 각호의 기준에 따라 교육을 이수하였는지 여부를 심사하여야 한다.

1. 공정상세도면의 이해를 위한 제조공정, 안전운전 지침 및 절차 등에 관한 교육내용의 포함 여부

2. 사업장 안전보건총괄책임자는 공정운전원이 충분한 교육과 훈련을 통하여 공정운전에 관한 지식과 기술 그리고 충분히 안전하게 운전할 능력을 갖추었음을 확인하고 해당 공정운전 자격을 부여하고 있는지 여부

3. 사업장에서 최소한 3년마다 1회 이상 교육을 실시하고 있으며 교육시마다 해당 공정

운전 능력이 충분함을 확인하고 있는지 여부

4. 사업장 안전보건총괄책임자는 공정운전원, 정비원 및 하도급업자에 대한 교육·훈련 실시내용과 공정운전 자격부여 현황을 기록·보존하고 있는지 여부

제49조(가동전 안전점검) 사업자에서 새로운 설비를 설치하거나 공정 또는 설비의 변경시 시운전 전에 안전점검을 실시하고 있는지 여부를 심사하여야 한다. 시운전 전의 안전점검은 최소한 다음 각호의 사항이 확인되어야 하며 점검결과를 기록하여 보존하여야 한다.

1. 추가 또는 변경된 설비가 설계기준에 맞게 설계되었는지의 확인 여부
2. 추가 또는 변경된 설비가 제작기준대로 제작되었는지의 여부와 규정된 검사에 의한 합격판정의 확인 여부
3. 설비의 설치공사가 설치기준 또는 사양에 따라 설치되었는지의 확인 여부
4. 안전운전절차 및 지침, 정비기준 및 비상시 운전절차가 준비되었는지와 그 내용이 적절한지의 확인 여부
5. 신설되는 설비에 대하여 위험성 평가의 시행과 평가시 제시된 개선사항이 이행되었는지의 확인 여부
6. 변경된 설비의 경우 규정된 변경관리 절차에 따라 변경되었는지의 확인여부
7. 신설 또는 변경된 공정이나 설비의 운전절차에 대한 운전원의 교육·훈련과 이를 숙지하고 있는지의 확인 여부

제50조(변경요소관리) 사업장이 제조공정에서 취급되는 화학물질의 변경이나 제조공정의 변경, 장치 및 설비의 주요구조 변경 또는 각종 운전·작업 절차의 변경이 있을 경우에 다음 각 호의 기준에 따라 변경관리가 수행되고 있는지 여부를 심사하여야 한다.

1. 변경관리의 대상에 최소한 다음 각목의 사항이 포함되어 있는지 여부

가. 신설되는 설비와 기존설비를 연결할 경우의 기존설비
나. 기존설비의 변경은 없어도 운전조건을 변경할 경우
다. 제품생산량 변경은 없으나 새로운 장치를 추가, 교체 또는 변경할 경우
라. 경보계통 또는 계측제어 계통을 변경할 경우
마. 압력 방출계통의 변경을 초래할 수 있는 공정 또는 장치를 변경할 경우
바. 장치와 연결된 비상용 배관을 추가 또는 변경할 경우
사. 시운전 절차, 정상조업 정지절차, 비상조업 정지절차 등을 변경할 경우
아. 위험성평가·분석결과 공정이나 장치·설비 또는 작업절차를 변경할 경우
자. 첨가제(촉매, 부식방지제, 안정제, 포말생성방지제 등)를 추가 또는 변경할 경우
차. 장치의 변경시 필연적으로 수반되는 부속설비의 변경이나 가설설비의 설치가 필요할 경우

2. 변경관리 방법에 있어서 먼저 변경시의 절차를 규정화하여 실행하는 체계를 구축하고 있는지 여부

3. 변경 절차에서 변경전 다음 사항을 검토하는 내용이 포함되었는지 여부
가. 변경계획에 대한 공정 및 설계의 기술적 근거의 타당성 여부
나. 변경 부분의 전·후 공정 및 설비에 대한 영향
다. 변경시 안전·보건·환경에 대한 영향
라. 변경시 뒤따르는 운전절차상의 수정 내용의 타당성 여부
마. 변경 일정의 적합성 여부
바. 변경시 관련기관에 필요한 보고 업무 등
4. 사업장에서 변경이전에 변경할 내용을 운전원, 정비원 및 협력업체 등에게 정확히 알려 주고, 변경설비의 시운전 이전에 충분한 훈련을 실시하고 있는지 여부
5. 변경시 앞에서 언급한 공정안전 가술자료의 변경이 수반될 경우에는 이들 자료의 보완이 즉시 이행되고 있는지 여부
6. 운전절차, 위험작업허가절차 및 도급절차 등 안전운전 관련자료의 변경이 수반 될 때도 즉시 변경되는지 여부

제51조(자체감사) 사업장에서는 공정안전관리가 규정대로 이행되고 있는지를 평가·확인하기 위하여 매 1년마다 자체감사가 실시되고 있는지 여부를 다음 각호의 기준에 따라 심사하여야 한다.
1. 자체감사시에는 사용 중인 안전작업지침 및 절차 등 각종 기준과 절차가 현재의 공정 및 설비에 적합한지 여부
2. 자체감사팀에는 감사대상공정에 전문적인 지식을 갖춘자 1인 이상이 참여하고 있는지 여부
3. 자체감사에서 제시된 평가·분석의 결과에 따라 지속적인 조사연구가 필요하거나 정밀검토가 필요한 사항에 대해서는 지속적으로 조사·연구가 이루어지고 있는지 여부
4. 자체감사에서 도출된 문제점에 대해서는 필요한 조치가 이행되어야 하며 그 내용을 문서로 기록 관리하고 있는지 여부
5. 자체감사 보고서를 3년 이상 보관하고 있는지 여부

제52조(공정사고조사) 중대 산업사고가 발생하거나 중대 산업사고를 일으킬 요인을 제공할 수 있는 공정사고가 발생한 경우 사업주가 사고조사를 실시하고 있는지 여부를 다음 각호의 기준에 따라 심사하여야 한다.
1. 공정사고조사는 사고발생즉시 실시하여야하며 늦어도 사고발생후 48시간이내 조사가 착수되고 있는지 여부
2. 공정사고조사팀에는 사고공정 및 시설에 대한 지식과 경험이 풍부한자 1인 이상과 사고조사 및 분석방법에 경험이 있는 전문가로 구성되었는지 여부
3. 공정사고조사 보고서에는 최소한 다음 각 목의 사항이 포함되었는지 여부
가. 사고발생 일시와 조사일시

나. 사고발생 개요와 사고발생 원인
다. 개선해야 할 내용과 재발방지 대책
4. 사고조사 보고서에 사고와 관련이 있는 공정운전 전문가와 개선 및 방지대책 수행책임부서 전문가가 최종적으로 검토 확정하고 있는지 여부
5. 사고조사 보고서에 제시된 개선해야할 사항과 재발방지 대책을 수행하기 위하여 책임부서를 지정하고 있으며 수행결과를 서류화하여 정확한 수행여부를 관리하고 있는지 여부
6. 사고조사 보고서를 5년 이상 보관하고 있는지 여부

제4절 비상조치계획

제53조(비상조치계획) 사업장에서 화재·폭발·위험물 누출 등 중대산업사고가 발생하였을 때 인명과 재산을 보호하고 피해를 최소화하기 위한 비상조치계획을 다음 각호의 기준에 따라 수립하고 실행하고 있는지 여부를 심사하여야 한다.
1. 비상조치계획에 다음 각목의 사항이 포함되었는지 여부
가. 전근무자의 사전 교육계획
나. 비상시 대피절차와 비상대피로의 지정
다. 대피전 주요 공정설비에 대한 안전조치를 취해야 할 대상과 절차
라. 비상대피후의 전 직원이 취해야 할 임무와 절차
마. 피해자에 대한 구조·응급조치 절차
바. 중대 산업사고 발생시에 내·외부와의 통신체계 및 방법
사. 비상조치시의 총괄부서 및 조직
아. 사고발생시 및 비상대피시 보호구착용 지침
자. 주민홍보 계획
차. 외부기관과의 협력체제
2. 사업장에서 비상조치가 취해져야 할 경우 전직원에게 긴급경보조치를 취하고 있으며 필요시 인근지역 주민에게 비상사태를 알리고 안전에 필요한 조치를 할 수 있는지 여부
3. 사업장에서는 전 직원이 안전하고 질서있게 비상조치를 실행할 수 있도록 안내하고 지도하는 자를 지정하고 안내·지도에 필요한 교육을 시행하고 있는지 여부
4. 사업장의 안전보건 총괄책임자는 다음 각목의 경우에 있어서 비상조치계획을 검토하고 있는지 여부
가. 처음 비상조치계획 수립시
나. 각 비상조치 요원의 비상조치시 임무가 변경될 경우
다. 비상조치계획 자체가 변경되었을 경우
5. 비상조치계획은 서류로 알기 쉽게 작성되어 접근이 용이한 곳에 비치하고 있는지 여부

제5장 수수료

제54조(수수료 등) ① 보고서의 심사를 받고자 하는 자는 법 제66조 제1항의 규정에 의하여 공단이 지정하는 금융기관 등을 통하여 수수료를 납부하고 그 증빙서류를 보고서에 첨부하여야 한다.

② 제1항의 규정에 의한 수수료는 노동부장관이 따로 정하는 수수료 규정에 따른다.

부칙

제1조(시행일) 이 규정은 1996년 1월 1알부터 시행한다.

제2조(작성자에 대한 경과조치) 제6조의 규정은 1999년 1월 1일부터 시행하되, 1998년 12월 31일 이전까지는 공정안전보고서를 작성할 수 있는 자를 다음 각 호의 1에 해당하는 자로서 제6조 제2항의 규정에 의한 교육을 28시간 이상 이수한 자로 한다.

1. 이공계 대학을 졸업하고 2년 이상의 실무경력이 있는 자
2. 이공계 전문대학을 졸업하고 4년 이상의 실무경력이 있는 자
3. 공업계 고등학교를 졸업하고 6년 이상의 실무경력이 있는 자

제3조(기존설비의 보고서 제출순위) 기존설비에 대하여 당해연도의 위험성평가 대상을 선정할 때에는 다음 각호의 기준에 의하여 보고서 제출순위를 정하여야 한다.

1. 단위공정별 위험물질의 취급량과 별표2에 표시된 화학물질위험지수와의 곱이 큰 것부터 우선실시
2. 단위공정의 복잡성(발열반응, 2차반응) 및 운전조건(압력, 온도)에 따라 위험이 큰 것부터 우선실시
3. 단위공정에 종사하는 작업자의 수 또는 사고시 피해예상자수가 많은 것부터 우선실시
4. 단위공정의 과거 사고사례 또는 고장빈도가 많은 것부터 우선실시
5. 단위공정의 운전시간이 오래된 것부터 우선실시

연습문제

1. 유해위험방지계획서와 공정안전보고서의 차이점을 비교하여 설명할 것

2. 중대재해란 무엇이며 공정안전보고서가 필요한 이유에 대하여 설명할 것

3. 공정안전보고서의 주요 구성요소와 관리기법에 대하여 구체적으로 설명할 것

4. 협력업체의 안전관리계획이 중요한 이유에 대하여 설명할 것

5. 변경관리란 무엇이며 그 중요성에 대하여 설명할 것

6. 공정의 사고조사는 왜 필요하며 어떠한 방법으로 수행되어야 하는가?

7. 공정안전관리제도의 시행에 따른 기대효과는 무엇인가?

8. 산업안전보건법과 건설기술관리법에 의한 통합계획의 작성법에 대하여 설명할 것

9. 위험물질의 규정수량이란 무엇이며 그 계산방법에 대하여 설명할 것

참고문헌

1. Daniel A. Crowl and Josheph F. Louvar, Chemical Process Safety : Fundamentals with Applications, PTR Prentice Hall, Englewood Cliffs, New Jersey, 1990.
2. Standard Test Method for Thermal Instability of Confined Condensed Phase System, ASTM E 476-73., 1979.
3. A.C.Hordijk, J.Verhoeff, J. J. De Groot, Thermochim, Acta.., 43, 1981
4. Tadao Yoshida, Safety of Reactive Chemicals, Volume 1. Elsevier, 1987.
5. Sylvius Hartwig, Schwere Gase bei StÖrfallfreisetzung Grundlagen zur StÖ-mungsmechanik bei Sicherheitsanalyen, VDI Verlag Gmbh, 1989.
6. Gas-Atlas, Schriftenreihe der Bundesanstalt für Arbeitsschutz, Gefährliche Arbeitsstoffe-GA32, Dortmund, 1989.
7. Sylvius Hartwig, Gefährliche Stoffe Universität Gesamthochschule Wuppertal, 1988.
8. Frank T. Bodurtha, Industrial Explosion and protection, McGrow-Hill Book Company, 1980.
9. G. W. Castellen, Physical Chemistry, 3rd Edition, Addison Welsley, 1982.
10. N. S. C., Fundamentals of Industrial Hygiene, 3rd edition, 1982.
11. K. H. Naser, Physikalische Chemie, 17 Auflage, VED, 1982.
12. G. M. Barrow, Physical Chemistry, 4th.edition, Cabfornia, 1979.
13. S. L. Kittsley, Physical Chemistry, 3rd.edition, Barnce & Noble Books, 1969.
14. James L. Goddy, Robert A. Mollen Kamp, Chemical/Petroleum Process Fundamentals for Non-chemical Engineers, Bioengineering Resources, Inc. 1996.
15. Dr. Chester Grelecki, Fundamentals of Fire and Explosion Hazards Evaluation, American Institute of Chemical Engineers, 1983.
16. Guideline for Process Safety Fundamentals in General Plant Operation, American Institute of Chemical Engineers, 1995.
17. Guideline for Engineering Design for Process Safety, American Institute of Chemical Engineers, 1993.
18. EU 신화학물질관리제도 가이드, www.N-CER.com
19. 환경부 REACH 대응 추진기획단, 국내기업을 위한 REACH사전등록 안내서, 2008.
20. 환경부 국립환경과학원, REACH 대응 추진기획단, EU REACH 관령법령집, 2008.
21. 이영순 외 3, 화학안전공학, 대영사, 1994.
22. 한국산업안전공단, 공정위험평가, 1993.

23. 노동부 한국산업안전공단, 물질안전보건자료 작성실무, 보건자료 96-2-12.
24. 한국산업안전공단, 공정안전관리업무편람, 1996.
25. 한국산업안전공단, 안전보건, Vol. 3, PP 40-42, 1996.
26 한국산업안전공단, 안전보건, Vol. 4, PP 60-63, 1996.
27. 한국산업안전공단, 안전보건, Vol. 6, PP 60-65, 1996.
28. 한국산업안전공단, 안전보건, Vol. 7, PP 30-33, 1995.
29. 한국산업안전공단, 맹독성물질(MIC)의 사용 및 취급안전대책에 관한 연구, 화학연 95-1-10, 1995.12.
30. 한국산업안전공단, 공정안전관리보고서 작성 및 평가, 1996.
31. 한국산업안전공단, 공정안전보고서 작성 및 평가, 전문과정 2-003-AO-246, 1996.
32. 한국산업안전공단, 부산지역본부, 기술직 직무교육교재, 1996.
33. 萬元基, 大氣汚染概論, 東和技術, 1989.
34. 李圭星 外 5名, 大氣汚染概論, 螢雪出版社, 1991.
35. 조규상, 산업보건학, 수문사, 1986.
36. 정국삼, 산업안전공학개론, 도서출판 동화기술, 1985.
37. 서연선 외 共著, 最新 物理化學, 圖書出版, 創文閣, 1989.
38. 兪光植 外 15名, 一般化學, 螢雪出版社, 1986.
39. 한국산업안전공단 부산지역본부, 화학공장위험성평가(HAZOP, PSR), 2008.
40. 한국산업안전공단, 기술상담자료, 화공안전 자료집(1), 1989.
41. 한국산업안전공단, 제24회 산업안전보건대회, 직업병예방대책, 세미나, 1991.
42. 한국산업안전공단, 제1회 안전공학심포지움(KISCO-S-88-60-01)자료, 1988.
43. 한국산업안전공단, 화학물질의 위험특성 자동검색 시스템의 개발에 관한 연구보고서(화학 90-081-7), 1990.
44. 한국산업안전공단, 기술자료, 火災・爆發 防災技術, 1991.
45. 한국산업안전공단, 교육교재, 유해・위험방지계획서 심사제도, 1991.
46. 한국산업안전공단, 유해・위험방지계획서 심사제도(건설업), 1991.
47. 한국산업안전공단, 유해・위험방지 계획서 사전안전성심사 기술지침(화학설비분야), 1990.
48. 한국산업안전공단, 관리감독자를 위한 산업안전보건, 직무교육 51-109, 1991.
49. 社團法人 大韓金屬學會編 金屬處理工學 塔出版社, 1981.
50. 田大熙, 腐植과 防蝕의 管理(補訂版), 圖書出版 一中社, 1985.
51. 金武吉, 腐植・防蝕學, 釜山工業大學 出版部, 1989.
52. 吳伊植, 金屬表面處理學, 釜山工業大學 出版部, 1988.
53. 한국전력공사 삼천포연수원 A-Ⅰ-1, 88.5, 新入社員敎材(化學分野), 예문사, 1988.

54. 한국전력공사 삼천포연수원 A-Ⅰ-1, 89.1, 化學實務, 예문사, 1989.
55. 勞動部 國立勞動部科學研究所, 安全性評價方法研究, 研報-51號(88-2號), 1988.
56. 朴弼洙, 改訂 增補版, 産業安全管理理論 三版, 중앙경재사, 1989.
57. 安全工學協會編, 安全工學講座 2, 爆發, 海文堂, 1983.
58. 安全工學協會編, 安全工學講座 1,. 火災, 海文堂, 1983.
59. 대한산업안전협회, 관리감독자교재(노동부승인 제1호), 사업장안전보건, 1991.

부 록

A. MSDS의 대상화학물질의 분류기준 및 유해그림, 작업순서, 경고표시의 양식과 규격

B. 금속재료의 내식등급

부록A. MSDS의 대상화학물질의 분류기준 및 유해그림, 작업순서, 경고표시의 양식과 규격

[별표 1] 대상화학물질의 분류기준 및 유해그림

분 류	정 의	유해그림
폭발성물질	대기 중의 산소없이 급속하게 기체를 발생시킴으로써 발열적으로 반응하며 폭발 또는 폭연되는 고체, 액체 페이스 상태의 물질	
산화성물질	다른 물질(특히 가연성 물질)과 접촉하여 심한 발열반응을 나타내는 물질	
극인화성물질	① 인화점이 0℃ 미만이고 끓는점이 35℃ 이하인 액체물질 또는 ② 상온 · 상압하에서 공기와 접촉하면 인화성을 갖는 기체물질	
고인화성물질	① 인화점이 21℃ 미만인 액체물질 또는 ② 에너지 공급없이 주위의 온도에서 공기와 접촉하여 발열하며 최종적으로 발화하는 물질	
인화성물질	인화점이 21℃ 이상, 55℃ 이하인 액체물질	

분 류	정 의	유해그림
금수성물질	물 또는 습기찬 공기와 접촉하여 폭발성 또는 인화성 기체를 방출하는 물질	
고독성물질	흡입, 섭취 또는 피부를 통하여 흡수될 때 매우 적은 양으로 사망케하거나 건강에 급성 또는 만성장해를 일으키는 물질로서, 다음 각호 중 어느 하나에 해당하는 물질을 말한다. ① 경구투여시, $LD_{50} \leq 25mg/kg$ ② 24시간 경피처리시, $LD_{50} \leq 50mg/kg$ ③ 4시간 연속흡입시, $LC_{50} \leq 0.5mg/L/4hr$	
독성물질	흡입, 섭취 또는 피부를 통하여 흡수될 때 소량으로 사망케하거나 건강에 급성 또는 만성장해를 일으키는 물질로서 다음 각호 중 어느 하나에 해당하는 물질을 말한다. ① 경구투여시, $25 < LD_{50} \leq 200mg/kg$ ② 24시간 경피처리시, $50 < LD_{50} \leq 400mg/kg$ ③ 4시간 연속흡입시, $0.5 < LC_{50} \leq 2mg/L/4hr$	
유해물질	흡입, 섭취 또는 피부를 통하여 급성 또는 만성독성을 일으킬 우려가 있는 물질로서, 다음 각호의 급성 또는 만성적 범주에 해당하는 물질을 말한다. (1) 급성장해 ① 경구투여시, $200 < LD_{50} \leq 2000mg/kg$ ② 24시간 경피처리시, $400 < LD_{50} \leq 2000mg/kg$ ③ 4시간 연속흡입시, $2 < LC_{50} \leq 20mg/L/4hr$ (2) 만성장해 ① 해당물질에 반복적 또는 장기적으로 노출될 경우의 사망 또는 심각한 손상 ② 임상관찰 또는 기타 적절한 방법에 따른 평가에 의해 시각, 청각 및 후각을 포함한 중추 또는 말초신경계의 주요 기능장애 ③ 혈액세포의 골수세포 생산감소 등 임상학적으로 나타나는 일관된 변화 ④ 간, 신장, 신경계, 폐 등의 표적기관의 손상 ⑤ 헤모글로빈의 기능을 약화시키는 등 혈액이나 조혈계의 장애 ⑥ 기타 해당물질로 인한 신체기관의 기능장해 또는 비가역적 변화 등	

분 류	정 의	유해그림
부식성물질	생체조직에 접촉하면 그 조직(세포)을 파괴할 우려가 있는 물질	
자극성물질	순간적, 지속적 또는 반복적으로 피부 또는 안점막 접촉으로 인해 염증 등을 일으킬 우려가 있는 비부식성물질	
과민성물질	흡입 또는 피부로 침투하는 경우에는 알레르기를 유발하는 등 피부에 특정적인 악영향을 일으키는 물질	
발암성물질	흡입하면 발암성이 있다고 알려진 물질로서, 다음 각호에 해당하는 물질을 말한다. ① 법 제37조에 의한 제조사용 금지물질 및 법 제 38조에 의한 제조사용 허가물질 ② 법 제42조 및 시행규칙 제93조에 의한 노동부 고시에서 규정하고 있는 발암성확인물질(A_1), 발암성 추정물질(A_2) ③ 국제암연구기관(LARC)에서 규정하고 있는 그룹 1, 2A, 2B에 해당하는 물질	
변이원성물질	흡입 또는 섭취되거나 피부를 통하여 흡수될 때 유전자변이 또는 결함을 유발하거나 그 발생률을 증대시킬 우려가 있는 물질	

분 류	정 의	유해그림
생식독성물질	흡입 또는 섭취되거나 피부를 통하여 흡수될 때 그 자손에 비유전성 악영향 또는 암수의 생식기능·능력장애를 일으키거나 그 발생률을 증대시킬 우려가 있는 물질	
환경유해물질	환경에 유해한 영향을 미치는 물질로서 환경관련 법령에서 규제하고 있는 물질	

[별표 2] 물질안전보건자료(MSDS)

[이 자료는 산업안전보건법 제41조 규정에 의거 작성된 것임]

1. 화학제품과 회사에 관한 정보

가. 제품명 : 경고표지상에 사용되는 것과 동일한 명칭 또는 분류코드를 기재한다.
나. 일반적 특성 : 제품의 전반적인 화학적 특성을 기술한다.
다. 유해성분류 : 별표 1에 의한 분류기준에 따라 기재한다.
라. 제폼의 용도
마. 제조자 정보 : 제조회사명, 주소, 정보제공서비스 또는 긴급연락 전화번호, 담당부서, 담당자(수입의 경우 생략 가능)
바. 공급자/유통업자 정보 : 공급회사명, 주소, 정보제공서비스 또는 긴급연락 전화번호, 담당부서, 담당자
사. 작성부서 및 이름
아. 작성일자
자. 개정횟수 및 최종개정일자

2. 구성성분의 명칭 및 조성

화학물질명	이명(異名)	CAS번호 또는 식별번호	함유량(%)

3. 위험·유해성

가. 긴급한 위험·유해성 정보
나. 눈에 대한 영향
다. 피부에 대한 영향
라. 흡입시의 영향
마. 섭취시의 영향
바. 만성징후와 증상

4. 응급 조치요령

가. 눈에 들어갔을 때 :
나. 피부에 접촉했을 때 :
다. 흡입했을 때 :
라. 먹었을 때 :
마. 의사의 주의사항 :

5. 폭발·화재시 대처방법

가. 인화점 :
나. 자연발화점 :
다. 최저인화한계치/최고인화한계치 :
라. 소방법에 의한 분류 및 규제내용 :
마. 소화제 :
바. 소화방법 및 장비 :
사. 연소시 발생 유해물질 :
아. 사용해서는 안되는 소화제 :

6. 누출사고시 대처방법

가. 인체를 보호하기 위해 필요한 조치사항 :
나. 환경을 보호하기 위해 필요한 조치사항 :
다. 정화 또는 제거 방법 :

7. 취급 및 저장방법

가. 안전취급요령 :
나. 보관방법 :

8. 노출방지 및 개인보호구

가. 공학적 관리방법 :
나. 호흡기보호 :
라. 눈보호 :
마. 신체보호 :
바. 위생상 주의사항 :
사. 노출기준 : 노동부고시에 의한 노출기준을 기재한다.

9. 물리화학적 특성

가. 외관 :
나. 냄새 :
다. pH :
라. 용해도 :
마. 끓는점/끓는점 범위 :
바. 녹는점/녹는점 범위 :
사. 폭발성 :
아. 산화성 :
자. 증기압 :
차. 비중 :
카. 분배계수 :
타. 증기밀도 :
파. 점도 :
하. 분자량 :

10. 안전성 및 반응성

가. 화학적 안정성 :
나. 피해야 할 조건 및 물질 :
다. 분해시 생성되는 유해물질 :
라. 반응시 유해물질 발생가능성 :

11. 독성에 관한 정보

가. 급성경구독성 :
나. 급성흡입독성 :
다. 아급성독성 :
라. 만성독성 :
마. 변이원성 영향 :
바. 차세대 영향(생식독성) :
사. 발암성 영향 :
아. 기타 특이사항

12. 환경에 미치는 영향

가. 수생 및 생태독성 :
나. 토양이동성 :
다. 잔류성 및 분해성 :
라. 동생물의 생체 내 축적가능성 :

13. 폐기시 주의사항

가. 폐기물관리법상 규제현황 :
나. 폐기방법 :
다. 폐기시 주의사항 :

14. 운송에 필요한 정보

가. 선박안전법 위험물 선박운송 및 저장규칙에 의한 분류 및 규제 :
나. 운송시 주의사항 :
다. 기타 외국의 운송관련 규정에 의한 분류 및 규제 :

15. 법적 규제현황

가. 산업안전보건법에 의한 규제 :
나. 유해화학물질관리법 등 타부처의 화학물질관리 관련법에 의한 규제 :
다. 기타 외국법에 의한 규제 :

16. 기타 참고사항

가. 자료의 출처 : 원자료의 작성기관명, 작성시기, 참고문헌명 등을 기록

[별표 3]

경고표지의 양식 및 규격

1. 양식

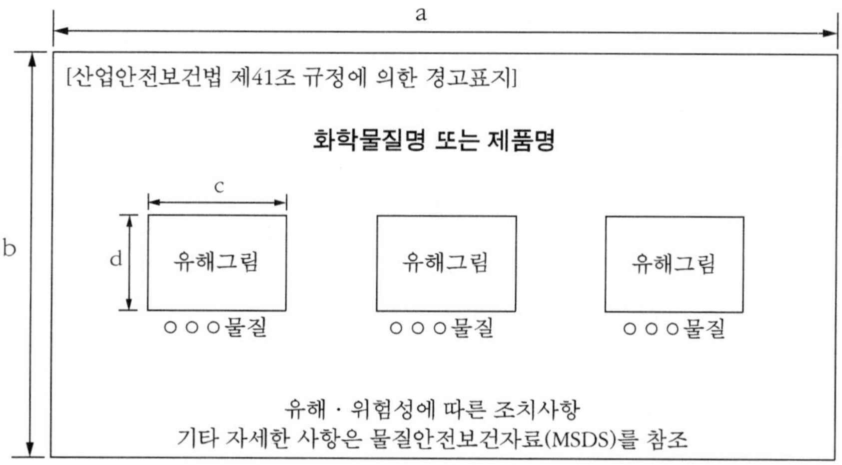

※ 유해물질의 분류기준에 해당하는 것은 모두 유해그림을 제시

2. 규격

명칭 등을 표시하여야 할 용기 또는 포장의 용량	인쇄 또는 표찰의 규격	
500리터 이상	· $a \times b \geq 900cm^2$	· $0.25b \leq a \leq 4b$ · $0.1(a \times b) \leq c \times d$
200리터 이상 500리터 미만	· $a \times b \geq 450cm^2$	· $0.25b \leq a \leq 4b$ · $0.1(a \times b) \leq c \times d$
100리터 이상 200리터 미만	· $a \times b \geq 300cm^2$	· $0.25b \leq a \leq 4b$ · $0.1(a \times b) \leq c \times d$
20리터 이상 100리터 미만	· $a \times b \geq 180cm^2$	· $0.25b \leq a \leq 4b$ · $0.1(a \times b) \leq c \times d$
20리터 미만	용기 또는 포장의 상하면적을 제외한 전체 표면적의 5% 이상	
	· $0.25b \leq a \leq 4b$	· $0.1(a \times b) \leq c \times d$

[별표 4] 발암성물질을 함유한 고형화된 완제품 경고표지의 양식 및 규격

1. 양식

시기. 참고문헌명 등을 기록

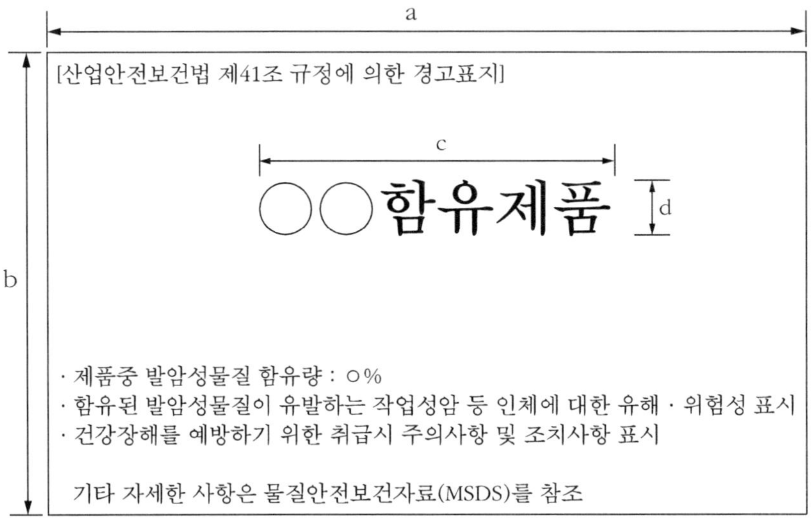

※○○에는 함유된 발암성물질 명칭 기재

2. 규격

[별표 3]의 규격과 동일

부록 B. 금속재료의 내식등급

내식등급	부식률(mm/y)	적 용
A	0.125 이내	부식율이 작아 선정함이 좋음
B	0.125～1.25	경제적 측면을 고려하여 선정이 가능하다.
C	1.25 이상	사용불가

부 식 제	부식조건		탄소강	주철	스텐레스강					청동	니켈	몬넬	하스테로이B	하스테로이C	인코넬	티타늄	지르코늄	비고
	농도(%)	온도(℃)			SUS 304	SUS 316	SUS 440C	SUS 630 (174 pH)	20Cr 30Ni									
아 세 톤	100	상온	A	A	A	A	A	A	A	A	A	A	A	A	A	A	A	
		100	A	A	A	A	A	A	A	A	A	A	A	A	A	A	A	
아 세 틸 렌	100	상온	A	A	A	A	A	A	A	A	A	A	A	A	A	A	A	주1
		100	A	A	A	A	A	A	A	–	–	–	A	A	A	–	–	
아세트알데히드		상온	A	A	A	A	A	A	A	A	A	A	–	A	A	–	A	
아 닐 린	100	상온	A	A	A	A	A~B	A~B	A	C	A~B	A~B	A	A	A	A	A	
아황산가스 건		상온	A	A	A	A	A	A	A	–	–	–	–	A	A	A	–	
		100	A	A	A	A	A	A	A	–	–	–	–	A	A	A	–	
아황산가스 습	5	상온	C	C	A	A	A	–	A	–	C	–	A	A	A	B	–	
	전농도	100	C	C	B	B	C	–	A	B	C	C	A	A	A	V	–	
에 틸 알 콜	전농도	상온	A~B	A~B	A	A	A	A	A	A	A	A	A	A	A	A	A	
메 틸 알 콜	전농도	상온	A~B	A~B	A	A	A	A	A	A	A	A	A	A	A	A	A	
안 식 향 산	전농도	상온	C	C	A~B	A~B	A~B	A~B	A~B	A~B	A~B	A~B	A	A	A~A	A	A	
암 모 니 아	100(무수)	상온	A	A	A	A	A	A	A	A	A~B	A~B	A	A	A	–	–	
암모니아습증기		상온	A	A	A	A	A	A	A	C	C	C	A	A	A	A	–	
		70	B	B	A	A	–	–	A	C	C	C	A	A	A	A	–	
황 (용 융)	100		A	A	A	A	A	A	A	C	A	A	–	A	A	–	–	
에 탄			A	A	A	A	A	A	A	A	A	A	A	A	A	A	A	
에 틸 렌			A	A	A	A	A	A	A	A	A	A	A	A	A	A	A	
에틸렌그리콜		30	A	A	A	A	A~B	A	A	A~B	–	–	A	A	–	A	A	

부식제	부식조건		탄소강	주철	스텐레스강					청동	니켈	몬넬	하스테로이B	하스테로이C	인코넬	티타늄	지르코늄	비고
	농도(%)	온도(℃)			SUS 304	SUS 316	SUS 440C	SUS 630 (174 pH)	20Cr 30Ni									
염화아연	5	상온	C	C	C	B	C	C	A	B	A~B	A~B	A~B	A~B	–	A	A	주2
		비등	C	C	C	C	C	C	A	B	–	A~B	A~B	A~B	–	A	A	
염화알미늄	5	상온	C	C	A	A	–	A	A	C	B	A~B	–	A	A~B	A	A	
염화암모늄	1	상온	C	C	A	A	C	–	A	B	A	A	A	A	A	A	A	
	10	비등	C	C	C	B	C	–	A~B	C	A~B	A~B	A~B	A	A~B	A	A	
	28	비등	C	C	C	B	C	–	A~B	C	A~B	A~B	A	A	A~B	–	A	
	50	비등	C	C	C	B	C	–	A~B	C	A~B	A~B	–	A	A~B	–	–	
염화에틸	5	상온	C	C	A	A	B	–	A	A~B	A	A	A	A	A	A	A	
염화에틸렌	100	상온	A	A~B	A	A	A	A	A	A	A	A	A	A	A	A	–	주3
염화칼슘	0~60	상온	A~B	A~B	A~B	A~B	A~B	A~B	A~B	A	A	A	A	A	A	A	A	
염화은		상온	C	C	C	C	C	C	B	C	A~B	A~B	C	A~B	–	A	–	
염화제1철	5	상온	C	C	C	B	C	C	A~B	C	C	C	A~B	A~B	C	–	A	
염화2철	5	상온	C	C	C	B	C	C	A~B	C	C	C	A~B	A~B	C	A	C	
염화나트륨			C	C	B	A~B	B	B	A	A~B	A	A	A	A	A	A	A	
염산	1~5	<30	C	C	C	B	C	C	B	B	B	B	A	A	B	A~B	A	
초산	무수	상온	C	C	A~B	A	–	–	A	–	–	–	–	A	–	A	A	
초산나트륨			A~B	A~B	A~B	A~B	A~B	A~B	A~B	A~B	A~B	A~B	A~B	A~B	A~B	A	A	
치아염소산나트륨	20	상온	C	C	C	B	C	C	B	C	C	C	C	A	C	A	A	
사염화탄소			B	B	A	A	B	A	A	A	A	A	A	A	A	A	A	
질산	≦0.5	≦30	C	C	A	A	A	A	A	C	C	C	C	A	A	A	A	
		≦60	C	C	A	A	A	A	A	C	C	C	C	A	A	A	A	
		비등	C	C	A	A	A	A	A	C	C	C	C	A	A	A	A	
	0.5~20	≦30	C	C	A	A	A	A	A	C	C	C	C	A	A	A	A	
		≦60	C	C	A	A	A	A	A	C	C	C	C	A	–	A	A	
		비등	C	C	A	A	–	–	A	C	C	C	C	A	–	A	A	

부 식 제	부식조건		탄소강	주철	스텐레스강					청동	니켈	몬넬	하스테로이B	하스테로이C	인코넬	티타늄	지르코늄	비고
	농도 (%)	온도 (℃)			SUS 304	SUS 316	SUS 440C	SUS 630 (174 pH)	20Cr 30Ni									
질 산	20~40	≦30	C	C	A	A	A	A	A	C	C	C	C	A	A	A	A	
		≦60	C	C	A	A	—	—	A	C	C	C	C	A	—	A	A	
		비등	C	C	A	A	—	—	A	C	C	C	C	—	—	C	A	
	40~70	≦30	C	C	A	A	A	A	A	C	C	C	C	—	—	A	A	
		≦60	C	C	A	A	—	—	A	C	C	C	C	—	—	A	A	
		비등	C	C	B	B	—	—	B	C	C	C	C	—	—	C	A	
	70~80	≦30	C	C	B	A	A~B	A~B	A	C	C	C	C	—	—	A	A	
		≦60	C	C	A	A	—	—	B	C	C	C	C	—	—	A	A	
		비등	C	C	C	C	—	—	C	C	C	C	C	—	—	C	A	
	80~95	≦30	C	C	A	A	—	—	A	C	C	C	C	—	—	A	A	
		≦60	C	C	A	A	—	—	B	C	C	C	C	—	—	A	A	
		비등	C	C	C	C	—	—	C	C	C	C	C	—	—	—	—	
	95	30	A	—	A	A	—	—	A	—	—	—	—	—	—	A	A	
질 산 은			C	C	A	A	A~B	A~B	A	C	C	C	A~B	A~B	—	A	A	
수 산 화 칼 륨	5	상온	A~B	A~B	A	A	A~B	A	A	B	A	A	A~B	A	A~B	A	A	
	27	비등	A~B	A~B	A	A	A~B	—	A~B	B	A	A	A~B	A~B	A~B	C	A	
	50	비등	—	—	B	A	—	—	A~B	—	A	A	A~B	A~B	A~B	C	A	
수산화마그네슘(농)		상온	A	A	A	A	A	A	A	A	A	A	A	A	A	A	A	
수 소			A	A	A	A	A	A	A	A	A	A	A	A	A	A	A	
염 산	1~5	<50	C	B	C	C	C	C	B	A	B	B	A	B	B	B	A	
		비등	C	B	C	C	C	C	C	C	C	C	A	C	C	C	A	
	5~10	<30	C	C	C	C	C	C	B	C	B	B	A	A	B	B	A	
		<70	C	C	C	C	C	C	C	B	C	C	A	C	C	C	A	
		비등	C	C	C	C	C	C	C	C	C	C	A	C	C	C	A	
	10~20	<30	C	C	C	C	C	C	C	C	C	B	A	B	B	C	A	
		<80	C	C	C	C	C	C	C	C	C	C	A	B.AC	C	C	A	
		비등	C	C	C	C	C	C	C	C	C	C	B	C	C	C	B	

부식제	부식조건 농도(%)	부식조건 온도(℃)	탄소강	주철	스텐레스강 SUS 304	스텐레스강 SUS 316	스텐레스강 SUS 440C	스텐레스강 SUS 630 (174 pH)	스텐레스강 20Cr 30Ni	청동	니켈	몬넬	하스테로이B	하스테로이C	인코넬	티타늄	지르코늄	비고
염산	>20	<30	C	C	C	C	C	C	C	C	C	C	A	C	C	C	A	
		<80	C	C	C	C	C	C	C	C	C	C	A	C	C	C	A	
		비등	C	C	C	C	C	C	C	C	C	C	B	C	C	C	B	주4
염소 건		<30	A	A	A	A	A	A	A	A	A	A	A	—	A	C	A	
염소 습		<30	C	C	C	C	C	C	—	A	—	—	—	—	—	A	—	
해수		상온	C	C	A	A	C	A	A	A	—	A	A	A	—	A	A	주5
과산화수소	30	상온	—	—	A	A	A~B	A~B	A	C	A	A	A	A	A	A	A	
수은			A	A	A	A	A	A	A	C	A~B	A~B	A	A	A	—	—	
스텐아린산		50	—	C	A	A	A~B	A~B	A	C	A~B	A~B	A	A	A~B	A	—	
타르			A	A	A	A	A	A	A	A	A	A	A	A	A	A	A	
규산나트륨	전농도	상온	A	A	A	A	A	A	A	A	A	A	A	A	A	A	A	
티오황산나트륨	20	상온	C	C	A~B	A~B	—	—	A	—	—	—	A	A	—	—	—	
테레핀			B	B	A	A	—	—	A	—	—	B	A	A	A	A	A	
트리콜렌			A~B	A~B	A	A	A	A	A	A	A	A	A	A	A	A	—	
이산화규소 건		상온	A	B	A	A	A	A	A	A	A	A	A	A	A	A	A	
이산화규소 습			C	A	A	A	A	A	A	A	A	A	A	A	A	A	A	
이산화규소			A	C	A	A	B	—	A	B	—	B	A	A	A	A	A	
피토린산			C	A	A~B	A~B	A~B	A~B	A	C	C	C	C	A	A~B	—	—	
불산			C	C	C	C	C	C	C	C	C	A~B	A	B	C	C	C	
			C	C	C	A	C	C	C	C	C	A	A	A~B	C	C	C	주6
프레온 건			A~B	C	A	A	A	A	A	C	—	A	A	A	—	A	—	주7
프레온 습			B	A~B	B	A	—	—	A	A	—	A	A	A	—	A	—	
가성소다	10	<30	A	A	A	A	A	A	A	B	A	A	A		A	A	A	
		<90	A~B	A~B	A	A	A	A	A	B	A	A	A	A	A	A	A	
		비등	—	—	A	A	A	A	A	B	A	A	A	A	A	A	A	

부식제	부식조건		탄소강	주철	스텐레스강					청동	니켈	몬넬	하스테로이B	하스테로이C	인코넬	티타늄	지르코늄	비고
	농도(%)	온도(℃)			SUS 304	SUS 316	SUS 440C	SUS 630 (174 pH)	20Cr 30Ni									
가성소다	10~30	<30	A	A	A	A	A	A	A	B	A	A	A	A	A	A	A	
		<100	A	A	A	A	A	A	A	C	A	A	A	A	A	A	A	
		비등	–	–	B	B	–	–	A	C	A	A	A	A	A	–	–	
	30~50	<30	A	A	A	A	A	A	A	C	A	A	A	A	A	–	–	
		<100	B	B	A	A	–	B	A	C	A	A	A	A	A	–	–	
		비등	–	–	–	–	–	–	–	C	A	A	A	A	A	–	–	
	50~70	<30	C	C	B	B	–	–	B	C	A	A	A	A	A	–	–	
		<80	C	C	–	–	–	–	–	C	A	A	A	A	A	–	–	
		비등	C	C	–	–	–	–	–	C	A	A	A	A	A	–	–	
	70~100	≦260	–	–	B	B	–	–	B	–	A	B	B	B	B	–	–	
	100	≦480	–	–	C	C	–	–	C	–	A	B	B	B	B	–	–	
개미산	10	상온	C	C	A	A	C	B	A	C	–	A~B	A	A	A~B	–	A	
구연산	5	<70	C	C	A~B	A	A	A	A	C	A~B	A~B	A	A	A	A	A	
	15	상온	C	C	A~B	A	B	A~B	A	C	A~B	A~B	A	A	A	A	A	
		비등	C	C	A~B	A	B	–	A	C	A~B	A~B	A	A	A~B	A	A~B	
	농	비등	C	C	C	B	–	–	A	C	–	–	A	A	–	A	–	
크롬산	5	66	C	C	B	B	C	–	A~B	C	C	C	–	A~B	A~B	A	A	
	10	비등	C	C	C	C	C	–	–	C	C	C	–	A~B	B	A	A	
	농	비등	C	C	C	B	–	–	A	C	–	–	A	A	–	A	–	
크롬산	5	66	C	C	B	B	C	–	A~B	C	C	C	–	A~B	A~B	A	A	
	10	비등	C	C	C	C	C	–	–	C	C	C	–	A~B	B	A	A	
	농	비등	C	C	C	C	C	–	–	C	C	C	–	–	–	A	A	
크롬산나트륨			–	–	A	A	–	A	–	A	A	A	–	–	A	–	–	
초산	≦10	≦30	C	C	A	A	A~B	A	A	B~C	A	A	A	A	A	A	A	
		비등	C	C	A	A	–	–	A	B~C	–		A	A	A	A	A	
	10~20	<60	C	C	A	A	–	–	A	–	A	–	–	A	–	A	A	
		비등	C	C	A	A	–	–	A	–	–	–	–	A	–	A	A	

부 식 제	부식조건		탄소강	주철	스텐레스강					청동	니켈	몬넬	하스테로이B	하스테로이C	인코넬	티타늄	지르코늄	비고
	농도(%)	온도(℃)			SUS 304	SUS 316	SUS 440C	SUS 630 (174 pH)	20Cr 30Ni									
초 산	20~50	<60	C	C	A	A	–	–	A	–	A	A	A	A	–	A	A	
		비등	C	C	A	A	–	–	A	–	–	–	A	A	–	A	A	
	50~99.5	<60	C	C	A	A	–	–	A	–	–	–	A	A	–	A	A	
		비등	C	C	A	A	–	–	A	–	–	–	A	A	–	A	A	
프 로 탄			A	A	A	A	A	A	A	A	A	A	A	A	A	A	A	
부 탄			A	A	A	A	A	A	A	A	A	A	A	A	A	A	A	
벤 젠			A	A	A	A	A	A	A	A	A	A	A	A	A	A	A	
붕 산			C	C	A	A	B	A	A	A~B	A~B	A~B	A	A	A~B	A	A	
프롬알데히드			B	B	A	A	A	A	A	A	A	A	A	A	A	A	A	
우 유			–	–	A	A	–	–	A	–	–	A	A	A	–	–	–	
M E K			A	A	A	A	A	A	A	A	A	A	A	A	A	A	A	
황 화 수 소			B~C	C	A~B	A~B	–	–	B	C	C	–	–	A	B	A	–	
황 산	≦0.25	≦30	C	C	A	A	C	A~B	A~B	C	A	A	A	–	–	A	–	
		≦60	C	C	A	A	C	A~B	A	A~B	C	A	A	A	–	–	A	
		비등	C	C	–	–	C	–	A	C	C	A	A	A	–	–	A	
	0.5~5	≦30	C	C	B	B	C	–	A	C	C	C	A	A	C	C	A	
		≦60	C	C	C	B	C	–	A	C	C	C	A	A	C	C	A	
		비등	C	C	C	C	C	C	A	C	C	C	A	A	C	C	A	
	5~25	≦30	C	C	C	B~C	C	C	A	C	C	C	A	A	C	C	A	
		≦50	C	C	C	C	C	C	A	C	C	C	A	A	C	C	A	
		비등	C	C	C	C	C	C	B80℃	C	C	C	A	B	C	C	A	
	25~50	≦30	C	C	C	C	C	C	A	C	C	C	A	A	C	C	A	
		≦50	C	C	C	C	C	C	A	C	C	C	A	A	C	C	A	
		비등	C	C	C	C	C	C	C	C	C	C	B	C	C	C	–	
	50~60	≦30	C	C	C	C	C	C	A	C	C	C	A	A	C	C	A	
		≦60	C	C	C	C	C	C	B	C	C	C	A	C	C	C	A	
		비등	C	C	C	C	C	C	C	C	C	C	B	C	C	C	A~B	

부식제	부식조건		탄소강	주철	스텐레스강					청동	니켈	몬넬	하스테로이B	하스테로이C	인코넬	티타늄	지르코늄	비고
	농도(%)	온도(℃)			SUS 304	SUS 316	SUS 440C	SUS 630 (174 pH)	20Cr 30Ni									
황산	60~75	≦30	C	C	C	C	C	C	A	C	C	C	A	A	C	C	A~B	
		≦50	C	C	C	C	C	C	B	C	C	C	A	B	C	C	A~B	
		비등	C	C	C	C	C	C	C	C	C	C	B	C	C	C	C	
	75~95	≦30	B	–	B	B	C	C	A	C	C	C	A	–	–	–	A	
		≦50	C	–	C	B	C	C	B	C	C	C	A	–	–	–	A	
		비등	C	–	C	C	C	C	C	C	C	C	–	–	–	–	–	
황	95~100	≦30	A98%	A98%	A98%	–	–	A	–	C	C	A	A	–	–	–	–	
		≦50	B98%	B98%	B98%	C	C	4A~B	–	C	C	A	B~C	–	–	–	–	
		비등	–	–	–	–	–	–	C	–	C	C	C	C	–	–	–	
황화아연	5	상온	–	–	A	A	–	–	A	A	A~B	A~B	A	A	A~B	–	–	
	포화	상온	–	–	A	A	–	–	A	A	–	–	A	A	A~B	–	–	
	25	비등	–	–	A	–	–	–	A	B	–	–	A	A	–	–	–	
황산암모늄	1~5	상온	–	–	A	A	–	–	A	–	A	A	A	A	A	A	A	
황산동	25	100	–	–	–	–	–	–	A	–	–	–	–	A	–	A	A	
인산	≦65	≦30	C	C	A50%	A	–	–	A	–	–	–	A	A	A50%	–	A	
		≦70	C	C	A	A	–	–	A	–	–	A	A	A	–	A25%	A	
		비등	C	C	A~B	A	–	–	A	–	–	–	A	A	–	–	A50%	주8
	65~85	≦30	C	C	C	A	–	–	A	–	–	B	A	–	–	–	–	
		≦90	C	C	C	A	–	–	A	–	–	B	A	–	–	–	–	
		비등	C	C	C	C	–	–	A	–	–	C	A~B	–	–	–	–	

주) 1. 동 및 동합금은 수분존재 하에 폭발한다.
2. SUS 304, 316은 응력 부식 크랙이 있을 수 있음
3. 스텐레스 및 탄소강은 수분존재 하에 "C" 등급이 된다.
4. Ta는 30% 이상, 비등상태에서 B~C등급이 된다.
5. 스텐레스강은 공식을 발생시킬 수 있다.
6. 공기 혼입 경우
7. 공기 미혼입 경우
8. 몬넬의 경우는 공기혼입이 없는 경우

찾아보기

ㅁ

ㅂ

ㅅ

영문 · 기타

· **이내우** 부경대학교 안전공학과 교수
· **김정훈** 독일 부퍼탈대학교 안전공학 박사
· **백종배** 충주대학교 안전공학과 교수
· **이수길** 호주 아델라이드대학교 안전보건학 박사
· **이영순** 서울과학기술대학교 안전공학과 교수
· **이진우** 한국산업안전보건공단 부산지역본부 안전기술팀장
· **정영진** 강원대학교 소방방재공학전공 교수

산업안전기술자를 위한
안전성평가 정가 20,000원

인 쇄 2009년 9월 1일 초판 1쇄
발 행 2011년 9월 10일 초판 2쇄
저 자 이내우·김정훈·백종배·이수길·이영순·이진우·정영진
발행인 정우용
발행처 도서출판 동화기술
경기도 파주시 교하읍 문발리 파주출판도시 500-13
Tel (031)955-4211~6 donghwae@kornet.net
Fax (031)955-4217 www.donghwapub.co.kr
(등록) 1977년 12월 19일/9-16호

Printed in Korea
ISBN 978-89-425-1444-1